デヴィッド・フィッシャー
金原瑞人・杉田七重＝訳

the war MAGICIAN
the man who conjured victory in the desert
David Fisher

スエズ運河を消せ

トリックで戦った男たち

マジックを戦争に生かしたいと思っていたジャスパーだが、しばしば乞われて部隊の娯楽のために、マジックを披露した。写真は、中東軍事参謀会議のインド代表を務める司令官、プライアー中佐が開いた「アット・ホーム」という催し物での風景。インド軍将校らの働きをたたえて、カイロのメナ・ハウスにて行われた。1942年4月10日。*Imperial War Museum E10821*

砂漠における戦車擬装——擬装網と樹木の葉でカモフラージュした戦車（上）。シャーマン戦車のダミーをつくっているところ（下）。
IWM E8360, NA14415

大型トラックの荷台にのせて運んできたダミー戦車を砂漠で動かしているところ。1942年4月。*IWM E10147*

ロンメルがガザラに到達後、前線へ向かう路上に現れた、イギリスのダミー戦車。1942年2月。*IWM E12289*

西方砂漠のガザラライン の戦いでおとりに使われたボフォース高射砲と砲手のダミー。ダミーの大砲は、連合国にとってなくてはならないものだった。
IWM E13758

戦闘機のダミーをつくっているところ。1942年2月。*IWM E8344*

トラックを模した初期のダミー。第四機甲師団が西方砂漠で使用。1940年11月。
IWM E1005

自動車輸送車の荷台にのせて大型トラックに見せかけた戦車。
IWM E12293

エル・アラメインの戦いで敵の判断を誤らせるため、大型トラックに見えるよう擬装した戦車。*IWM E18461*

エル・アラメインの戦いで監視所から振り返って見たイギリスの砲列——何百もの25ポンド砲の放つ閃光に、救急車や歩兵輸送車が浮かびあがる。*IWM E18466*

ジャスパーのマジックギャングは、エル・アラメインの戦いに深く関わり、モントゴメリーの兵がロンメルの不意をつくのに大きな役割を果たした。戦闘の序盤、何時間にもわたって25ポンド砲で砲撃しているあいだ、兵士たちがライン突破を試みた。1942年10月。*IWM E18467*

敵陣の夜間爆撃のあと、イギリスの歩兵隊が地雷原を突破し、ドイツ・イタリア軍の陣地へ向かって進むところ。歩兵を輸送するトラックが激しい砲火をあびている。
IWM E18542

ジャスパー・マスケリンは、戦後イギリスでショー・マジックの世界に復帰した。ベイズウォーターにあるキングズコート・ホテルの支配人A・G・フォーブス大尉は、ジャスパーのマジックショーを見た後、ホテルのバーで、密封した棺から脱出できるかと持ちかけた。写真は、20秒で賭けに勝ったジャスパーが祝杯をあげているところ。
©Hulton Archive/Getty Images

スエズ運河を消せ　トリックで戦った男たち

スエズ運河を消せ　トリックで戦った男たち

目次

主な登場人物

ジャスパー・マスケリン……………ロンドンで人気を博するマジシャン。イギリス軍工兵隊に入隊。

●ジャスパーを支えるマジックギャングの仲間たち

フランク・ノックス………………動物の擬態を専門とする、心やさしい大学教授。

マイケル・ヒル……………………若くてハンサムだが、無作法で荒っぽい二等兵。

セオドア・グレアム………………きまじめで質実剛健な大工。通称ネイルズ（釘）。

ウィリアム（ビル）・ロブソン……『パンチ』誌で活躍したひょうきんな漫画家。

フィリップ・タウンゼンド　………仲間と打ちとけない陰気な画家。

ジャック・フラー…………………規則を厳守する堅物の軍曹。

●イギリス軍

リチャード・バックリー…………陸軍少佐。イギリス陸軍工兵隊カモフラージュ訓練開発部隊の指揮者。

アーチボルド・ウェイベル………陸軍元帥。中東軍司令官。西方砂漠軍を指揮して、ロンメルと戦う。

オコーナー将軍……………………在エジプトのイギリス軍部隊の司令官。

ニーム中将…………………………キレナイカ（リビアの北東部）地域の司令官を経て、オコーナーの後任となる。

レスリー・モーズヘッド……………トブルク戦でロンメルと戦ったオーストラリア人少将。〝情け知らずのミン〟

クロード・オーキンレック　…………一九四一年六月、ウェイベルと交替して中東軍司令官に就任。

アラン・ゴードン・カニンガム　……中将。西方砂漠軍を改組した〝第八軍〟の司令官。

ジェフリー・バーカス…………陸軍少佐。ジャスパーの上司。中東における全擬装の責任者。

ダドリー・クラーク…………准将。秘密のスパイ組織A部隊の責任者。

キャシー・ルイス…………伍長。A部隊の隊員。マスケリンのマジックショーを手伝う。

アーサー・テッダー…………空軍中将。中東方面の司令官。ジャスパーにマルタ島の擬装を依頼。

アンドルー・ブラウン・カニンガム……海軍大将。ジャスパーに潜水艦づくりを依頼。

バーナード・ロー・モントゴメリー……陸軍元帥。北アフリカでロンメル指揮の独伊枢軸軍を破る。愛称モンティ。

●ドイツ軍
エルヴィン・ロンメル…………陸軍元帥。アフリカ方面軍司令官。〝砂漠のキツネ〟の異名をとる。

ヴィルヘルム・バッハ…………予備役少佐。ハルファヤ峠攻防戦で活躍し、〝業火の牧師〟と呼ばれた。

北アフリカ戦線　主な戦場

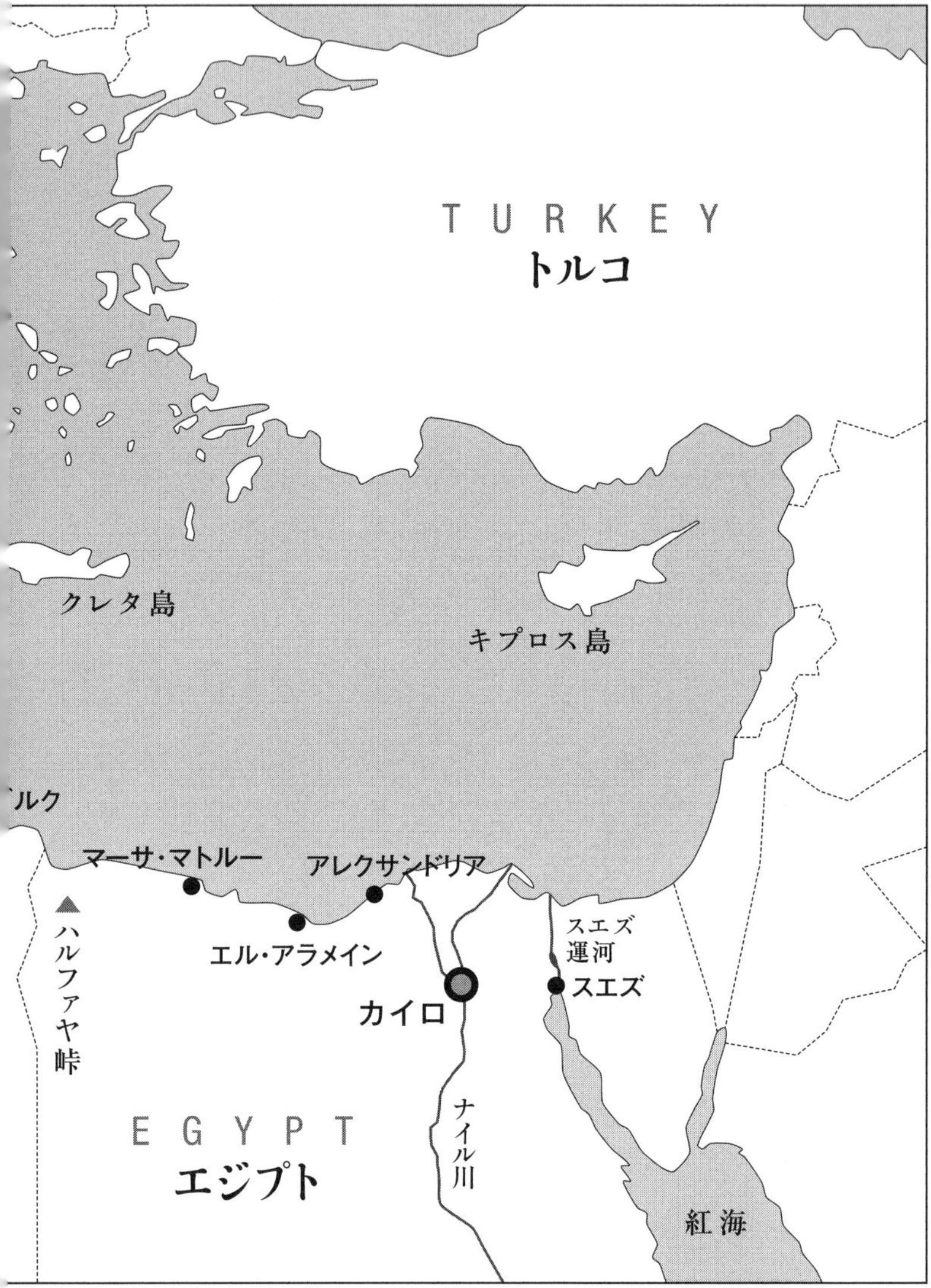

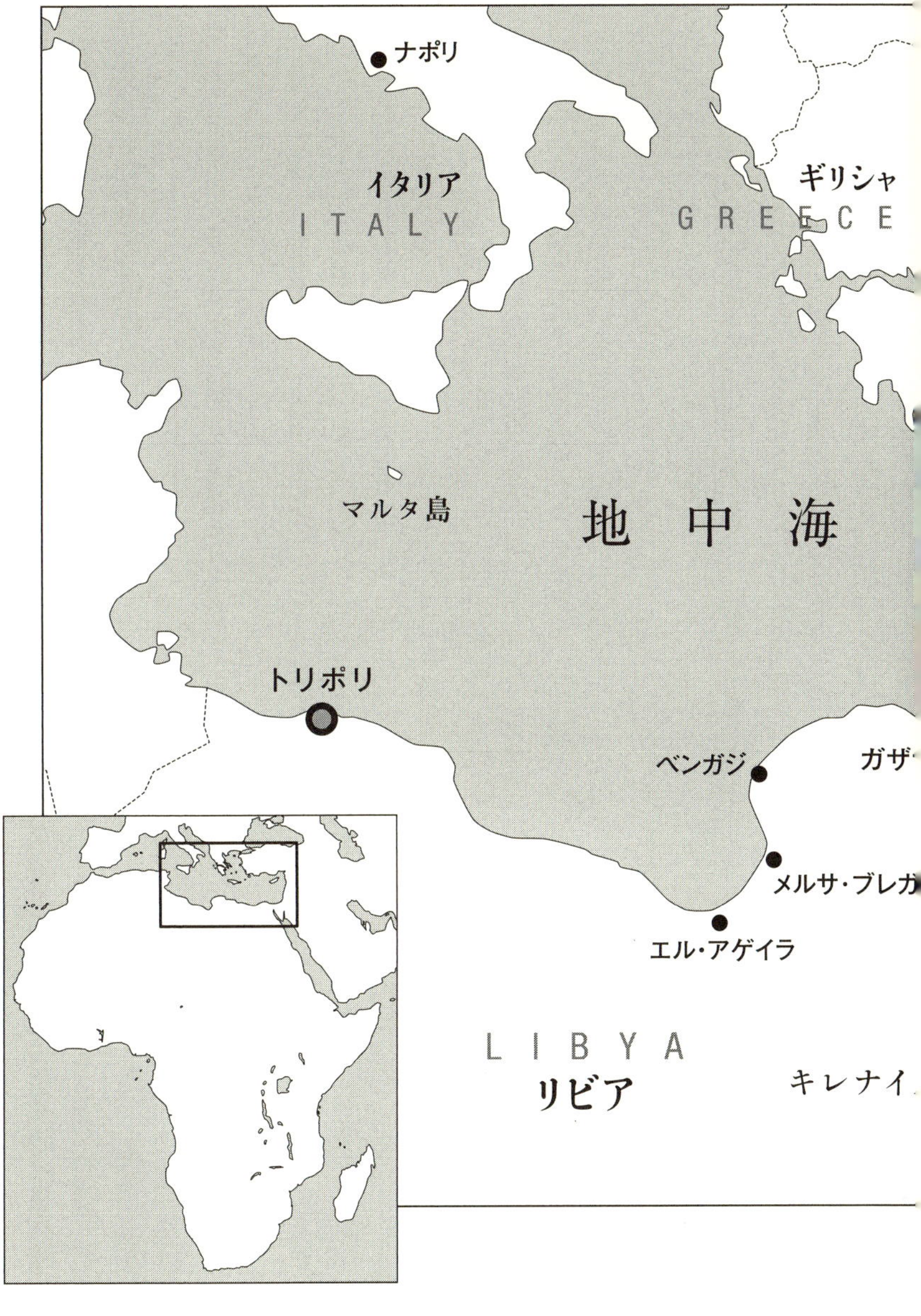

ナポリ
イタリア
ITALY
ギリシャ
GREECE
マルタ島
地中海
トリポリ
ベンガジ
ガザ
メルサ・ブレガ
エル・アゲイラ
LIBYA
リビア
キレナイ

装丁／トサカデザイン（戸倉 巌・小酒保子）

表紙写真©Susanne Bjorkman/Folio Images/amanaimages

画像協力／タケナカ・ユウキ

一九三九年に勃発した戦争で、あらゆる人間が苦境に立たされることになったが、その中身は人それぞれであった。わたしの場合それは、まったく思いがけない、まさに風雲急を告げる任務であった——持てるかぎりの想像力と知識を注いで、マジックの力でヒトラーを倒せというのである。

——ジャスパー・マスケリン

THE WAR MAGICIAN by David Fisher

序

言い伝えによると十六世紀、ジョン・マスケリンという英国のずんぐりした農夫が、チェルテナム地区の治安判事を務めていたという。それがある日、怪しい人物の裁判をまかされた。その地区にひょっこり姿を現した黒人で、節くれだった小さな体に一風変わった黒絹のスーツを着こみ、太鼓の音で物を自在に動かす芸を披露して見物料を取っていたという。人々から〝テッドワースの太鼓叩き〟と呼ばれていたその男は、黒魔術を使っていると非難された。証拠もそろっていたので、ジョン・マスケリンは男に有罪の判決を下し、アメリカのプランテーションへ追放した。

ところがそれからまもなく、マスケリンの農場は次々と不運に見舞われた。どういうわけか作物がとれず、牛は鼓腸症にかかって死んでしまった。わずかばかりの小麦のたくわえも、納屋の火事で燃えてしまった。そして夜には、とりわけ闇の濃い時分に、農場のあちこちで、黒人の小男が足をひきずりながら歩いている姿が見られたという。

その農場が突如として勢いを盛りかえした。作物は空に向かってすくすく伸び、雌牛は乳をたっぷり出した。飢饉《ききん》で地元の農家が苦しんでいても、マスケリンの納屋にだけは小麦があふれ、マスケリンのポケットには金貨がうなっていた。

国じゅうにこんなうわさが広まった。農場主ジョン・マスケリンは、魂とひきかえに黒魔術の力を手に入れ、自分をふくめ、十代先の子孫まで自在に魔法を操ることができるようになったのだと。

人々のうわさを実証するかのように、それから長い年月にわたってマスケリンの子孫たちはまさに尋常ではない力を発揮した。この家系から、科学者やマジシャン、高い地位にのぼる人物が続々と世に出たのである。三代目のネヴィル・マスケリンは宮廷天文学者としてジョージ三世に仕え、世界で初めて一秒の十分の一の時間を測定し、地球の重さを計算し、天空の星の動きについて目をみはる発見をした。五代目のピーター・マスケリンは錬金術に傾倒し、本人の死後、公衆の面前で焚き火にくべられたノートは、この世のものとは思えない多彩な炎をあげたという。

八代目のジョン・ネヴィル・マスケリンは並外れた発明の才に恵まれ、現代マジックの父と謳《うた》われた。彼の披露した〝魔法の箱〟は、ふたりの人物が一瞬のうちに入れ替わるという、当時としては驚くべきトリックだった。ステージからジャンプしてシャンデリアにすわってみせたり、自分の体から恰幅のいい精霊を呼びだして、話をさせたりした。〝マジックサークル〟という選り抜きのグループを作り、ロンドンにある有名なエジプシャンシアターで〝マスケリンのマジカルツアー〟の初回公演を行った。さらに、のちの業界標準となるタイプライターのキーボード配列を発案し、一八七〇年代にはまさに驚異としか言いようのない、ホイスト（ブリッジの初期の形）を完璧にやってみせる機械仕掛けの人形〝サイコ〟を作った。

そして十代目がジャスパー・マスケリン、〝戦場のマジシャン〟である。彼には、かつて例を見ない難題が突きつけられた――歴史上まれにみる邪悪な敵にマジックで立ち向かえというのである。しかし、この途方もない戦いの終わりには、輝かしいマスケリン一族の歴史に、前代未聞の重大なページが追加されることになるのである。

1
入隊志願

戦争が始まったとき、ジャスパー・マスケリンはステージでかみそりの刃を飲んだところだった。伝説のマジシャンとして名高い祖父、ジョン・ネヴィル・マスケリンが流行らせた古いトリックで、父のネヴィル・マスケリンもしょっちゅうステージでやっていたが、いつも大受けだった。祖父や父と同じように、ジャスパーは今、鋭いかみそりの刃を六枚、口からするすると引っぱり出していた。かみそりの刃は都合よく、一枚一枚木綿の糸で結ばれていて、洗濯ひもにずらりと吊るした小さな鋼板のようだ。ちょうどこのトリックを始めたとき、中央通路を気づかわしげに歩いてくる若い陸軍大尉の姿がジャスパーの目に入った。気をそがれてはいけないと、じろじろ見ることはしなかったものの、大尉が客席に目を走らせているのはわかった。やがて最前列近くで足をとめ、美しい女性越しに身を乗りだして、隣にいる陸軍大佐に何事かをささやいた。ジャスパーが舞台の床から生えているバラをみつけ、それを摘んだころには、すでに大佐はきびきびした足取りで劇場出口に向かって歩いていた。ふりかえりもしなかった。

ジャスパーが真紅のバラを鼻に近づけ、香りを楽しんでから放り上げると、バラはふいにはじけ、煙になって消えた。客席はこのトリックに大喝采で、ジャスパーはお辞儀をしてそれに応えたが、同時にふたりの軍人のことを考え、消えたのはバラではなく平和だと気がついた。

その日は一九四〇年四月九日。少し前にドイツ軍の電撃部隊がノルウェーとデンマークに侵攻していた。それは九か月にわたる「退屈な戦争」、「見せかけの戦争」が終わったことを示していた。戦いが始まるのをひたすら待つだけの長い冬が終わり、とうとうイギリス軍が敵に直面することになったのだ。

前年の一九三九年九月三日、イギリスがドイツに対して公式に宣戦布告をしたとき、ナチスは電撃戦を仕掛けてポーランドに侵攻していたが、これまでのところ戦いの舞台は海上に限られていた。布告直後の一時的な興奮が収まったあとは、レストランも劇場も映画館も営業を再開し、イギリス国内では、以前とほぼ変わらない生活が続いた。しかし翌年四月九日にヒトラーがスカンジナビア半島に侵攻したのをきっかけに、地上戦の火蓋が切られ、イギリス国民の愛国心に火がついた。国中の入隊センターの前に志願者の長い列ができ、ジャスパー・マスケリンも、とっておきのハリーホール（英国の高級ウエアメーカー）のスーツに身を包み、襟に生花を挿して、ホバートハウスにある予備役将校入隊センター前にできた列に加わった。しかし人々が従来の武器を手にドイツ軍に立ち向かおうというとき、ジャスパー・マスケリンだけは、奇想天外な想いを抱いていた。彼はマジックを使ってヒトラーを倒そうと考えていたのだ。

ジャスパー・マスケリンの生家は、数々の有名なマジシャンを輩出している。時計職人だったジョン・ネヴィル・マスケリンが、ピカデリー街のさびれたエジプシャンホールをイギリスの〝マジックの聖地〟に変えて以来、マスケリン家は七十年近くにわたってヨーロッパ初の奇術一家として名を馳せてきた。〝現代マジックの父〟と謳われ、もはや伝説的人物となったジョン・ネヴィルは、なんの仕掛けもないと見える密閉した戸棚から、アシスタントを消す〝魔法の箱〟や、鋼板にあけた小さな穴を通って、箱のなかに密閉された人間と外の人間が入れ替わったように見える〝針の穴〟など、さまざまなイリュージョンを編みだして、のちのマジックショーの基礎を築いた。さらには、煙草を吹かしながらホイストをプレイする機械仕掛けの人形〝サイコ〟でヨーロッパじゅうを夢中にし、業界はじまって以来の昼の興行を始めたばかりか、タイプライターのキーボードを発案したり、選り抜きのマジシャンを集めた「マジック・サークル」というグループを作ったりした。

その息子ネヴィル・マスケリンは、ウェストエンドのリージェント通りに建つ豪奢なセントジョージズ・ホールに舞台を移した。興行ポスターのトップを飾ってきた〝マスケリンのマジカルミステリー〟は、当時ロンドン最大の人気を誇る出し物となり、セントジョージズ・ホールのステージには、ヨーロッパでも指折りのマジシャンたちが顔をそろえて観客たちの度肝を抜いた。第一次世界大戦当時、ネヴィル・マスケリンは軍役につき、大砲の逆火から砲兵隊の兵士の手を守る軟膏を開発したり、〝マジシャンスパイ〟を養成してアラビアのT・E・ロレンスに送ったりした。そのネヴィルが死んだ一九二六年、スポットライトの下に躍り出たのが、二十四歳のジャスパー・マスケリンだった。

この務めができるよう、ジャスパーは幼いころから徹底的に仕込まれてきた。子ども時代、現実が変幻自在に変わるのを目の当たりにしてきた。物を出現させ、消し、宙に浮かべ、現実ではないものを現実に見せかける方法をステージ下の作業場で見て育ったのだ。想像力と知識をつかえば空想が現実になることを祖父から教わった。

ジャスパーのステージデビューはわずか九歳のときだった。英国王の臨席するパレス・シアターの御前興行で、デヴィッド・デヴァントという有名マジシャンのアシスタント役を務めたのが最初で、以来セントジョージズ・ホールの舞台裏でよく働いた。自分の番がまわってくれば、すぐにでもステージの中央に立てる準備が整っていたのだ。

ジャスパーはたちまちロンドン屈指のマジシャンとの評判をとるようになった。百八十センチを越える長身の、いかにも当世風の美男。つやのある黒い髪をオールバックにし、口ひげはいつもきれいに刈りこみ、深いグリーンの目と頰のえくぼが、あごにできた男性的な割れ目によってさらに引き立ち、冒険映画の美男俳優と並ぶほどのルックスだった。

そのほれぼれする男ぶりと洗練された物腰には、疑ぐり深いファンもすっかり魅了され、ほんの小手先の技を見ても、世紀の離れ業を見ているような気分にさせられるのだった。そんなことからトーキー映画でも活躍することになり、マジックで事件を解決する刑事役で映画シリーズの主役を張ったりもした。

しかしそんなジャスパーも一九三九年、世の中が戦時体制に入ると、ショービジネスの世界を離れ、舞台で披露するマジックの技術を戦場で活用したいと考えるようになる。祖父から教えられたように、想像力と知識さえあれば、どんなことでも可能になると固く信じていたのだ。

軍隊に入ることを考えただけでジャスパーの胸は躍った。名声はヨーロッパ中に広がっていたものの、自分はだれかの作った芝居のなかの、一役を演じているにすぎないという気がいつもしていた。マスケリン家に生を受け、生まれるまえからマジシャンへの道が敷かれていたジャスパーは、ひたすらその道を歩いてきた。戦争は、そんな自分が偉大な祖父や父の威光の影から一歩を踏み出す機会だった。戦場ではマスケリンという名前はなんの力も持たない。一家のコネでナチスの弾道をそらすことはできないし、マジックショーの大道具係に、あざやかなイリュージョンを作り出してもらうこともできない。自分自身の技術だけを頼りにやっていくことになるのだ。

しかし皮肉なことに、これまでの名声がそんな彼の邪魔をした。予備役将校入隊センターの新兵募集官とアポイントをとるのは造作なかったが、いざ会って話をしてみると、相手はまじめに受け取ってくれなかった。軍隊に必要なのは即戦力になる若い男であって、三十八歳のマジシャンではないのですと丁重に断られる。そしてたいていの場合、あのセントジョージズ・ホールで見せてくれたマジックは、いったいどんな仕掛けになっているのですかと、気軽な調子できいてくるのが落ちだった。

自分は塹壕から前線に飛び出していくには年を取りすぎているし、乗り物酔いをすることもあるとジャスパーは認めたが、それでも砲弾の餌食になるだけでは終わらない、きっとなにか重大な働きができると訴えた。「フットライトに煌々《こうこう》と照らされたなかで、オーケストラピットの距離しか離れていない観客の目をくらますことができるんです。四千五百メートルの上空、あるいは数キロ離れた陸上にいるドイツ兵の目を騙すことだって、当然できるわけです」

しかし受け入れてもらおうと力めば力むほど、相手もあきらめさせようと必死になるようで、真剣な殺し合いに、ミュージックホールの芸人を参加させるなど、まるで軍の恥とでも言わんばかりの態度になった。自分が戦場で役に立つことを新兵募集官に納得させるのは難しく、合唱の途中で団員すべてを空中浮遊させる方が簡単だと、ジャスパーにも次第にわかってきた。応募書類には、光学や機械学についての専門知識ばかりか、電子技術から文書、通貨の偽造といったものまで、実用的な技術にたけている旨を書きこんだ。しかし陸軍の新兵募集官にしてみれば、戦場にマジシャンを置くと言われても、若きアーサー王を鳥に変えたマーリンや、紅海をふたつに割ったモーセを思い浮かべるのが関の山だった。制空権をかけた熾烈《しれつ》な戦いが繰り広げられる今、身を守る武器がないために、勇敢な戦士が次々と戦場に散っている。そんなときに、魔法の杖や敵を脅す呪文が出る幕など、とてもありそうに思えなかったのだ。

一九四〇年春、ドイツ軍の突撃部隊が快進撃を続けるなか、ジャスパーは軍の入隊センターを包囲攻撃する勢いで日参した。北海沿岸の低地帯が降伏したときも、ホバートハウスの予備将校入隊センターで辛抱強く待っていたし、チェンバレン内閣が面目を失って辞任し、ブルドッグを思わせる顔つきのチャーチルが政権についたときも、入隊センターの長い灰色の廊下を行ったり来たりしていた。そして、ベルギーの降伏やダンケルクの惨事の際にも、ホワイトホール通りにある中央官庁の控え室に座っていた。六月二十二日、フランスが降伏した陰鬱な夜には、十四年をともに過ごした妻のメアリーと最後の一本になったボルドーワインを飲みながら苦々しく言った。「結局ぼくは戦場に行く必要はなさそうだ。いい加減自分でもそれがわかってきた」

九月には、連日一千ものドイツ空軍《ルフトヴァッフェ》の航空機がイギリス海峡の上空を轟音を立てて飛び回るようになり、リビアに駐屯していたムッソリーニのイタリア軍は防備手薄なエジプトを目指して西方砂漠を進軍していった。ジャスパーはこのとき、無給の市民軍、国防市民軍に入る決心を固めた。しかしその応募に先立って、家族一同の友人で政府の高官でもあるH・ヘンドリー・レントンが、チャーチル首相と連絡をとってくれることになった。レントンは首相に宛てて次のような手紙をしたためた。「ミスター・ジャスパー・マスケリン（あのマスケリン家の子息です）と話をしました。彼は戦場におけるマジックの有効性について熱心に語ってくれました。彼の言う〝トリック〟のいくつかを、強力なものに改良するなり、別の形で活用すれば、現在の戦況において大変貴重な武器になると、自信を持って言っております。現在の戦況において、特に航空機に対しては、大きな威力を発揮するとのことです」

首相はこの手紙を読んで、科学顧問フレデリック・アレグザンダー・リンデマン教授にジャスパーの提案を送り、教授とジャスパーとの面談が設定された。

ジャスパーは、ホワイトホール通りの居心地良い部屋で、いかにも真面目そうなリンデマンを前にしてすわり、提案の概要を話した。リンデマンは感心したように耳を傾けていたものの、目には終始疑わしげな色が浮かんでいた。準備万端に整えた劇場で、初心《うぶ》な観衆の目をくらますのと、史上最も洗練された軍隊を騙すのとはまったくわけがちがうとでも言いたげだった。やがてリンデマンが具体的な計画をきいてきた。

「実際のところ、どんなことをしてみようというのです?」

ジャスパーは冷静に答えた。「自由にやらせていただけるなら、戦場でどんなことでも可能にしてみせます。あるはずのない大砲を出現させ、幻の船を海に浮かべてみせます。ご所望なら、何もない戦場に突如一軍隊を出現させ、飛んでいる航空機を敵の目から隠すこともできます。ヒトラーがトイレの便座に腰掛けている映像を地上三百メートルの空に映し出すことさえ……」

リンデマンは初め、ジャスパーの提案を芸人の調子のいい話として片付けるつもりだったが、なぜかそうするのがためらわれてもいた。そしてふと気づけば、あり得ないことを想像しはじめていた。便座に腰掛けるヒトラー? リンデマンの口の端にかすかな笑みが浮かんだ。「いくらなんでも、そいつは荒唐無稽だ。どうやると言うんだね?」

「あちらを」ジャスパーはそう言って、リンデマンのうしろの、しっくい塗りの天井の一点を指差した。

リンデマンは椅子の上で体を回し、ジャスパーが指差すあたりを見つめた。何も変わったものは見えない。さらに近づき、眼鏡をかけ直して再びそこに目を注いだが、やはり天井にはなにも見えなかった。「なにも見えないが」

「おっしゃる通りです。なぜなら、あそこにはなにもありませんから。しかし、あなたはほかの人間と同じように反応なさった。おそらく一言も言わなくても、わたしがその場所にじっと目を注いでみせるだけで、ふりかえったことでしょう。それが人間の習性というものです。ステージマジック、すなわちわたしのやっていることは、そんなふうに相手の意識をそっとついてやるだけなんです。人間の行動に関するささやかな知識と、初歩的な科学の応用。相手の胸に期待を念入りに植えつけておいて、それに応えてやる。実際、軍隊のカモフラージュだってそれと大差ありません。ドイツ軍が、大砲があるはずだと思っている場所に大砲を出現させ、兵がいるはずだと信じているところに兵を出してやる。じつに単純なことです」

リンデマンは腕組みをし、椅子の背にもたれてマジシャンの顔をじっと観察した。なるほど、悪くないかもしれない。ヒトラーの掟破《おきてやぶ》りのやり方は、これまでの戦争の常識を完全に変えた——新しい手を試してみたところで、失うものは何もない。「なるほど」とうとうリンデマンは同意した。「この時機において、戦場にマジックを投入するというのは、一種の強壮剤の役目を果たすかもしれない。わたしがきみにかわって、しかるべき筋に話をつけよう」

入隊に必要な書類に必要事項を記入するように言ってジャスパーを部屋から送り出したあと、リンデマンは目を閉じ、ヒトラーが便座に腰掛けている様子を想像しようとした。考えただけで、いたずらっぽい、ふくみ笑いが漏れてきた。

ジャスパーがホワイトホール通りを後にするころには、あたりは暗くなってきて、ロンドンの住人たちは夜を過ごす隠れ家に向かいはじめていた。何千という人々がマットレスや毛布を持って地下鉄の駅へ避難しに行くのだ。学童疎開に送り出せない小さな子どもを抱えている人々は、遊び道具や粉ミルクを持っている。ジャスパーはしばらく停留所に立って路面電車を待っていた。しかし地上の交通は、ドイツ軍の空襲を恐れて、夕闇が降りたあとはほぼ全面的にストップしていた。しょうがないので、多少不便だが地下鉄で帰ることにした。地下鉄を使うと駅から家まで、かなりの距離を歩かねばならない。

最後の数ブロックは霧に守られながら歩いた。木の幹や歩道の縁石に目印として塗られた白ペンキを目で追いながら、家までの道のりを急ぐ。

オールバニー通りの自宅のまえに来ても、ジャスパーはしばらく外に立っていた。とうとう自分も戦場に向かうことになったことを、メアリーにどう話せばいいのだろう。結婚してから十四年のあいだ、夫婦はどこにいてもいっしょだった。オーストラリアの鉱山街やアフリカの奥地にもいっしょに巡業に出たし、ヨーロッパのグランドオペラ劇場へも揃って出かけてマスケリン・マジックを披露してきた。イギリス国内ではほとんどの舞台をふたりでやってきた。メアリーは舞台のセットをデザインするだけでなく、勘定を払い、トラブルを解決し、ときにはステージにも立って、箱のなかから消えたり、大砲から打ち出されて梁の上に着地したりもした。しかしなにをしていようと、つねにメアリーはジャスパーにとって、心を打ち明けられる腹心の友であることに変わりはなかった。そんな相手を残して、ひとり戦場に旅立つことを考えるとぞっとした。

ジャスパーの家は赤レンガとモルタル作りのがっしりとした二階建てで、屋根は勾配のきつい切妻になっている。どういうわけか一階部分にしか這わないツタが、まるで黒っぽいあごひげのように家の下のほうを覆っている。夜、灯火管制の暗幕を下ろした家は、いかにも暗くさびしげに見えるが、なかはまぶしいほどで、薪の火が居間の空気を温め、ダイニングルームとキッチンに明かりが灯っている。どの窓にも劇場からもらってきた黒いベルベットの暗幕がかかっていて、わずかな光も外に漏らさないようにしてあった。ジャスパーの十三歳の息子アリスターと、十二歳の娘ジャスミンは、学童疎開で爆撃の激しいロンドンを離れていたから、家ではメアリーがひとりで夫の帰りを待っていた。

ジャスパーが部屋に入ると、妻のメアリーはにぎやかに夕食の仕度をしていた。鍋やフライパンの音や、特別なときにしか使わない結婚式の銀食器を並べる音が響くなか、流行歌の旋律をハミングしている。イーブリン・イーニッド・メアリー・ヒューム・ダグラス・マスケリン、つまりメアリーは、小柄で丸顔、黒い髪をショートヘアにしている。家のなかで起きた何気ない出来事をいつでも面白がるような、そんな陽気な女だ。メアリーはふりかえり、キスで夫を迎えた。ジャスパーはそんな妻の様子から、すぐに気がついた。メアリーはもう知っている。女性特有の不思議な勘で、自分のいないところで何が起きているか、ちゃんとわかっているのだ。

「あなたを心から誇りに思うわ」夫から詳しい話をきいて、メアリーはすぐそう言った。

ふたりは努めて笑おうとした。メアリーは平静を装っていたが、それでもふいに涙がこぼれてくると、さっと手で払った。

「勇ましい将校さんになりそう」いかにも誇らしげな口調だ。「楽しみだわ。あなたが戦場に現れるときいたら、ヒトラーはどうするかしら。きっといまいましそうに地団駄ふむと思う」

メアリーは心配を口にしないよう気をつけた。夫のような人間に軍隊生活は楽ではないだろう。年齢や体力が一番の問題になりそうだが、メアリーが心配しているのは、夫の楽観的な性格だ。夢をつかまえて形にする、それがジャスパーという男だった。彼にとって、未知は挑戦であり、困難な問題を解決したときに最大の喜びを感じる。それを温かく見守る自分のような存在は、軍隊では望みようもない。途方もない夢を好きなだけ見ている時間もないだろうし、失敗が避けられなくなったときに支えてくれる人間もそばにいない。戦闘で負傷するのは恐ろしいが、夢見る力を失ってしまうのもそれと同じくらい恐ろしかった。

いっぽうジャスパーも同じように妻への心配を口にしないよう気をつけた。離れて暮らせば、きっと四六時中メアリーのことを思い、ふたたびいっしょになれるまで、心が満たされることはないとわかっていた。

その夜は、思い出を語りあう一夜になった。温かく優しい時間だった。ふたりは夕食のあと、居間にある花柄のソファに並んですわり、これまでの人生をひとつひとつふりかえっていった。メアリーは一九二五年にジャスパーのアシスタントとなり、それから一年もしないうちにふたりは結婚した。

「覚えてるかしら。あなたがオートバイを消そうとして、幕に火が移ってしまったときのこと」メアリーが子供をしかるような口調で言った。「勇敢にも自分で消そうとして、舞台係からホースを取り上げたのよ。それで観客はずぶ濡れ」

これをきいて、ジャスパーも黙ってはいなかった。「それを言うなら、ぼくがきみを中国製の戸棚から消したときのことを思い出してごらん。きみは劇場の後ろから出てくるはずったのに、だれかが観衆席下の通路のドアに鍵をかけてしまった。今でも耳に残ってるよ、『だれか開けて！』って叫んでいたきみの声がね。そのあいだぼくは、どうやって間をもたせようかと必死に知恵をしぼっていた」

そのあとふたりは、鋼鉄と木でできたモリソン社製のごつい室内用シェルターではなく、夫婦のベッドで眠った。ドイツの爆撃機も、この日ばかりはふたりの邪魔をしなかった。

三日後、ジャスパーのもとへ茶色の封筒が手渡しで配達された。ファーナムにあるイギリス陸軍工兵隊カモフラージュ訓練開発部隊へ出頭されたし、という文面だった。

「カモフラージュ？」メアリーがきいた。

「敵の目をくらますってことさ」ジャスパーが説明した。

メアリーがうなずく。「あなたにぴったりね」

マスケリン家には、去るところを見せず、ただ消えるのみという家訓があった。しかしこのときばかりは、そうも言っていられない。メアリーは近所中を駆けずり回って配給物資を分けてもらい、お別れのディナーにウールトンパイを焼いた。ときの食糧大臣ウールトンが推奨した残り物と野菜で作るパイだ。メアリーは、ニンジン、アメリカボウフウ、カブ、ジャガイモを混ぜたものにホワイトソースをかけ、パン生地で蓋をした。

「うまい」ジャスパーがむりやり飲みくだして言った。

「まずいわよ」メアリーが言った。

「たしかにまずい」

「ヒトラーのせいね」メアリーは食物がまずいのも敵のせいにした。「ドイツ軍も一度これを作ってヒトラーに食べさせてみればいいんだわ」

ディナーのあと、ジャスパーは二階に上がって荷造りをした。古い革のトランクには、世界中を旅して回ったときのステッカーがにぎやかに貼られていた。そこにハリーホールのスーツを一着、指の訓練に使う小さな球を五つ、シャツ、ソックス、洗面道具、下着と詰めていった。それからちょっと迷ったあとで、使い古したウクレレを最後に入れ、トランクを閉じた。

メアリーはドア口のところに立って夫をじっと見ていた。ジャスパーはふりかえり、そこに立っている妻を見て驚いた。なにか言おうとしたがすぐには言葉がみつからなかった。メアリーは結婚式の夜に着ていた白いシルクのローブを着て立っていた。

「きれいだ」ジャスパーが言った。「愛してるわ、ジャスパー」

ジャスパーは妻を腕に抱いてキスを三回した。初めは友達にするさわやかなキス。その次は妻やパートナーにする親愛のキス。そして最後は、恋人にする情熱的なキス。ふたりは優しく、激しく愛し合った。声を上げて笑い、泣き、永遠の愛をささやきあった。ジャスパーは妻の体を愛撫しながら、このやわらかな肌の手触りも、耳をふるわす息遣いも、唇の感触も、髪の香りも、なにひとつ忘れるまいと心に刻みつけた。やがてふたりはぴったりくっついたまま眠りに落ちた。それがふたりの精一杯のさよならだった。深夜に目を覚ましたジャスパーは白いシルクのローブをていねいにハンガーにかけると、一家の伝統に従ってだまって消えた。

ジャスパーが軍事訓練を受けることになったファーナムの村は、ロンドンからそう遠くないサリー州にあった。ウォータールー駅から国鉄に乗れば、四十分ほどで着ける。歴史のある村だが、ここも時代の流れと無縁ではいられなかった。平時にはロンドンへ通勤する人々のベッドタウンとして栄え、日帰り旅行客が訪れる憩いの場でもあったのが、戦争によってすべてが変わってしまった。ハイストリートに軒を連ねる小さな店は、みな窓に板を張り、そこここの庭からはおなじみのアンダーソン防空シェルターが小山のようにひょこひょこ顔を出している。風格のある鉄の杭垣《くいがき》は取り外され、溶かして軍需品にするため工場に送られてしまった。毎朝、八百屋のまえには長い列ができた。安全な場所を求める人々は、この地はさっさと通過して、先の辺鄙《へんぴ》な地域へ向かった。夕闇が降りるころになると、ファーナム城の、あちこちにがたのきている縦仕切りの窓からは、町の人々が家路を急ぐ姿が見られた。だれもが小さな茶色の箱にガスマスクを入れて携帯し、ときどき気遣わしげに空に目をやっている。まちがいなく戦争はこのファーナムの村にも及んでいた。

　ジャスパーは、この村のファーナム城で、〝行進〟、〝気をつけ〟、〝敬礼〟などを学びながら、史上最強の敵軍をあざむくイリュージョンを創り出すことになった。

　ジャスパーを含むイギリス陸軍工兵隊カモフラージュ訓練開発部隊の第一期生は、十月十四日に召集された。三十人の隊員は、私服からきちんとしたオースティンリード社製の軍服に着替え、肩にはサムブラウン・ベルト（右肩に掛けたつりひもで支える帯剣用ベルト）をつけ、国の主権と領土を守ることを右手を掲げて宣誓した。それからゆっくり紅茶を飲んだり、糊の利いた制服を体になじませたりしながら、いかにも軍人らしく見えるように心を砕いた。なにを言うにも、一区切りごとに〝ダム・ジェリーズ《いまいましいドイツ兵》〟という言葉をはさみこむのもそのひとつだった。

　カモフラージュ部隊は、フレデリック・ベディントン中佐の指揮下にあり、主任教官はリチャード・バックリー少佐だった。バックリー少佐は、第一次世界大戦の際、ソロマン・J・ソロマンの下、擬装将校の任にあたった。ソロマンは画家で、実際に〝戦時下のカモフラージュ〟について本を著したが、その中身は貧弱だった。戦場におけるカモフラージュといっても、飛行船に乗った敵の目から大砲の存在を知らせる影や反射光を隠すため、擬装した網をかぶせるとか、大きな帆布を木々の梢のあいだに張って、その下で戦闘指令所を安全に運営できるようにするとか、敵軍との中間地帯に枯木の陰に隠れた狙撃手を配置するというぐらいが関の山だった。しかしこの程度のカモフラージュでも、戦地での経験を持つという点でバックリー少佐の存在は貴重であり、軍はイートン校内の菓子店から彼を引き抜いて、主任教官に抜擢《ばってき》したのだった。

「諸君がここで学ぶのは、カモフラージュのノウハウだ」バックリー少佐はその日、隊員たちのでこぼこの列を眺めながら、第一声を発した。「カモフラージュとは、我が軍の行動を隠蔽《いんぺい》し、敵の目をくらますことだ。さあ、ここまでで、話についてこれない者はいるか？」

だれも手をあげなかった。

「けっこう」バックリー少佐が言った。「うまくやっていけそうだ」

カモフラージュを専門とする将校でありながら、皮肉なことに、バックリー少佐はどこにいても人目についた。背はジャスパーと同じくらい高く、肩幅はもっと広い。頭にはまぶしいばかりの赤毛がぼうぼうと生え、落ちくぼんだ緑色の瞳の上に、一本につながった眉が走っている。燃えるように赤い髪と強烈な緑の瞳の取り合わせは、色白の肌を背景にすると、不思議とアイルランドの国旗に似ていて、本人もそれを自慢にしていた。しかし彼の場合、アイルランド人らしさを最も如実に示すのは気質だった。「若い頃はしょっちゅうキレたもんだ。いまもつながっちゃいないがね」と部隊の連中をおびえさせ、それが嘘でないことを示すように、折に触れて部屋の端から端まで電話やテーブルを投げた。そのいっぽうで、訓練中に長々と詩を暗誦してみせたり、夜中になると戦時下のファーナムの味気なさを嘆くようなセンチメンタルな面もあった。

バックリー少佐は、カモフラージュは視覚芸術であると考え、ベディントン中佐と協力してその方面に能力のある人材を集めた。彼自らが見出し、部隊に引きいれた者もいれば、ジャスパー・マスケリンのように、ほかに適当な配置場所がなくて差しむけられた者もいた。その結果、この隊はなんとも奇妙な集団になった。マジシャンのジャスパーのほかに、有名な婦人服デザイナーのヴィクター・スティーベル、画家のブレア・ヒューズ・スタントン、エドワード・シーゴ、フレデリック・ゴア、ジュリアン・トレヴェリアン、デザイナーのスティーヴン・サイクス、ジェイムズ・ガードナー、アシュリー・ハヴィンドン、彫刻家のジョン・コドナー、四十二歳という最年長の新兵で動物の擬態を専門とするオックスフォード大学教授フランク・ノックス、サーカス団のマネージャー、ドナルド・キングズリー、動物学者のヒュー・コット、ファーナム城の自分の部屋にロンドンに所有する画廊からルオーやマティスの絵を運んで飾っている美術の専門家フレッド・メイアー、ウェストエンドの舞台装置家ジャック・キーファー。ほかにも宗教美術の修復士、電気技術者、ステンドグラス職人ふたり、雑誌の編集者、『パンチ』誌の漫画家、シュールレアリスムの詩人といった面々が顔を揃えていた。

個性豊かな隊員たちに軍人の行動規範を叩きこむのは、バックリー少佐にとってかなりの難問であることがわかってきた。最初の数週間は、軍の歴史始まって以来の珍妙な敬礼に腹を立て、断固としてやり直させたりもした。密集部隊の行進教練で負傷者が出なかったのには胸をなでおろしたが、手足をぶつけて怪我をするのは日常茶飯事だった。兵器の使い方を教える授業に至っては、バックリー少佐もとうとう妥協して、こんなことを言いだした。「諸君が、その肩に背負っている棒切れをライフルにみせかけることができたら、その使い方もマスターしているものと、こっちもだまされることにする」

訓練は全般的な軍事教練、カモフラージュの理論と応用、体練に分かれていた。まもなくバックリー少佐は、カモフラージュにおける特定の分野については、自分よりよく知っている隊員がいることに気づき、それぞれの得意分野について、隊員たちに講義をさせることにした。たとえばジャスパー・マスケリンは長年、光と影を使って人々の目を欺く仕事をしてきたわけで、その方面の優秀な講師になった。

いっしょにいる時間が長くなれば、友情も芽生える。学びあうなかで固い絆が生まれた。フランク・ノックス教授は、ファーストネームのアルファベット順では、ちょうどジャスパー・マスケリンの前にくる。そのこともあってふたりは訓練の休み時間によくお互いの話をし、親しくなっていった。ジャスパーのたどたどしいウクレレ演奏に、フランクが見事なハーモニカで応じるといったことも重なり、ふたりの友情はさらに深まった。

フランク・ノックスの外見は、ぱりっとしたジャスパーとは正反対で、乱れたままのベッドというのが一番的確な形容かもしれない。背は百七十センチと標準的で、好感のもてる肥満型なのだが、その人生はつねにサイズとの戦いだった。なにを着ても長すぎるか、短すぎるか、あるいはだぶだぶか、きつきつか。いつでもシャツの裾がズボンからはみ出ているのだが、このズボンというのがまた、ぶかぶか。ベルトも長すぎて、歩いていると余った先が腹をぴしゃぴしゃ叩く。そうでなければ、短すぎて腹がくびれ、はみでた肉がベルトの上でたぷたぷしているといった具合だ。丸顔で頬はほとんど真ん丸だが、セイウチのような口ひげを大事に生やしているため、みんなからよくセオドア・ローズヴェルト元米大統領に似ていると言われた。ファーナムにやってきて各種の物品が支給されると、フランク・ノックスは彼のトレードマークである、あちこちテープで補修した黒い角縁《つのぶち》の眼鏡を、軍指定のメタルフレームのものに変えようと考えた。しかし軍で支給された眼鏡は不思議なことに彼がかけると鼻のずっと下のほうにずり下がってしまった。前方を直視するためには、顔を一度、天井に向けないとだめだった。それでもとの角縁眼鏡にもどってしまったが、バックリー少佐もこの件については文句を言わなかった。

おそらく、フランク・ノックスにぴったり合っていたのは、見ている側も思わずつられてしまう、ほほえみだろう。ジャスパーもたちまちその笑顔にひきつけられた。

世の中には生涯他人を支える役にまわる者がいるが、フランクはまさにそんな運命の下に生まれた男だった。いつでも陽気さを失わず、穏やかで人当たりもいい。自分の置かれた状況に満足していて、他人をうらやむこともなかった。

「人生でほんとうに大切なものは少ない」フランクはそんなことをジャスパーに言ったことがある。「愛と友情が一番大切で、その次に誠実と信頼がくる。あとは暮らしに必要なわずかばかりの金と時間。時間は貴重だよ」

「それだけかい？」

「十分じゃないか」

「そんなはずはない」ジャスパーは食い下がった。

「まあ、きみがそう言うなら……」とフランクはすぐさま応じる。

フランクは自分のことはあまり話さない人間だったが、ジャスパーと気心が知れるようになるにつれ、身の上話をするようになっていった。フランクが言うには自分の置かれた環境に文句を言わずに順応するようになったのは、妻の死がきっかけだったらしい。彼の妻は娘をふたり産んだあと、一九三二年に流行した肺炎にかかって死んだ。妻を失うという悲劇を経験したあとでは、どんなことが起きてもありのままに受け入れるしかないと思えるようになった。

カモフラージュの訓練は、大きな変化もなく冬に入った。そのほとんどはバックリー少佐の即興授業と、第一期生の仲間の持ち回りの講義で成り立っていた。ジャスパーはステージでの経験から、彩色や陰影を使ったテクニック、対象を周囲に溶け込ませる方法、遠近法の利用の仕方、おとりの利用法などについて、仲間たちに専門的な知識を提供したが、それを戦場に応用するのは初めてのことだった。航空偵察の写真をいかにして〝読む〟か、敵の航空偵察隊のカメラの目をいかにしてあざむくか、味方の監視を攪乱《かくらん》させようとする敵の動きをいかに見抜くか、学ぶべきことは山ほどあった。最終的には、砲口からの光を見るだけで、重火器の口径を推定したり、タイヤ跡の深さから戦車のタイプやサイズを推定したり、また野営跡に残されたゴミの量から敵の戦力を推定したり、影の不自然な部分から隠れた部隊を発見したりできるようになった。

「なにもない野原に大部隊を完璧に隠すこともできる」ジャスパーはフランクにそう言った。午後、体練で城の周りを息を切らして走っているときのことだった。「残念ながらナチスの爆撃で、この国にはもうだだっ広い野原なんてものはどこにも残っていないがね」

「それを言うなら、大部隊だって残っちゃいない」フランクが言いかえした。

信じられないことにバックリー少佐は、いわばおちこぼれの群れを立派なカモフラージュ部隊に育てていっただけでなく、全員をなんとか軍人らしく仕立てあげた。みな、基本的な命令は楽にこなせるようになっていた。たまに、近くのオールダショットにある陸軍基地に隊員を送って、軍事訓練を受けさせることもあったが、バックリー少佐はそれを最小限にとどめた。通常の軍事訓練に明け暮れて隊員の特殊技能が失われるのを恐れたのだ。しかし陸軍基地から離れても、戦況はいやでも彼らの耳に届いた。

しかもそれは、悪い知らせばかりだった。ドイツ軍はヨーロッパ本土のほとんどを占領し、フランスの海岸では全ドイツ軍の半分が集結して、九百年ぶりにイギリスの地に進出する号令が出るのを待ち構えているという。いっぽう空では、ヘルマン・ゲーリング元帥《げんすい》率いるドイツ空軍が毎日約千五百回の出撃を繰り返し、勇敢な、しかし数ではまったく及ばないイギリス空軍を蹴散らしているとのこと。九月になるとドイツは爆撃の主な標的を軍事基地から市街へ移した。ロンドンは壊滅寸前だと言われ、ほかの都市も同様に危機に直面していた。十一月十四日には、ナチスの爆撃機五百機が、歴史と産業の街コベントリーを十時間にわたって爆撃し、五百五十四人が死に、五万の家屋が崩壊した。ミュンヘンのビアホール——一九二三年にヒトラーがミュンヘン一揆を起こしたビアホール——をイギリス空軍が爆撃したことへの報復だった。爆撃後一週間たっても、コベントリーの街はまだ燃えていたという。

中東ではムッソリーニがヒトラーの向こうをはって、三十万の兵士を率いるグラツィアーニ元帥のイタリア第十軍に命令を下し、イギリス軍をエジプトから撤退させようとしていた。ムッソリーニは、とりあえず自軍から千人ほど戦死者が出れば、会議の場でヒトラーと同席できると考えていたらしい。グラツィアーニ元帥に対抗するのはイギリス軍のアーチボルド・ウェイベル将軍。しかしウェイベル将軍の率いる西方砂漠軍は英連邦に属するオーストラリア、ニュージーランド、インドなどから加わった部隊を加えても、兵力の点では比べものにならないほど劣っていた。イタリア軍とスエズ運河のあいだに待機していたのはわずか三万人の兵士。その背後にはペルシアの油田が控えており、もしイタリア軍に突破されれば、イギリスは石油の重要な供給源を失うことになる。なんとしても守らねばならなかった。

相変わらずファーナムで訓練を続けているカモフラージュ部隊は、早く戦場に出たくてうずうずしていた。まだ戦況を変えられる可能性があるうちに戦場に出たかったのだ。しかし訓練には最終目標があるわけでもなく、いつそれが終わるのかはだれにもわからない。「もうすぐだ」とバックリー少佐は約束するが、その「もうすぐ」は、やがて「あとしばらく」に変わり、いつになっても埒《らち》があかない。当面は、いつ戦地への命が下りるかということが部隊の中心的な話題になっていた。

ジャスパーは、エジプト行きを希望していた。「当然だろう。ぼくはナイル川流域をマジックショーの巡業で回ったことがあるし、アラビア語もいくらかわかる。あそこは軍需物資の不足に深刻に悩んでいる。それに、父も第一次世界大戦でエジプトへ従軍した」

「なるほど、筋は通ってる」フランクが賛成した。「しかし筋の通ったことはまず実現しないもんだ」十二月九日の夜、カモフラージュ部隊の隊員は城のなかにある大きな石造りの暖炉を囲んで、配給のコニャックを飲んでいた。そこへ、ふだんは冷静沈着な工業デザイナーのジェイムズ・ガードナーが、血相を変えて飛びこんできた。「ウェイベル将軍が動きだしたぞ。いまBBCが報じている」

考えられることはひとつしかない。グラツィアーニ元帥が攻撃を開始し、数では及ばないイギリス陸軍は撤退を始めるのだろう。またダンケルクの二の舞だ。みなは意気消沈して無線室に流れていったが、ちょうどそこでニュースキャスターのジョン・スナッグの口から驚くべき報せをきく。攻撃を開始したのはウェイベル将軍のほうだった。イタリア軍が撤退を始めたのだ。「イギリス陸軍省は、エジプト時間で今朝七時十五分、ウェイベル将軍率いるイギリス軍がイタリアの要塞に攻撃を開始したと発表。緒戦《しょせん》で敵軍の車輌二十台を破壊し、二千人を捕虜にした。グラツィアーニ元帥の兵は明らかに意表をつかれた模様で……」

「そりゃそうだ。こっちだって意表をつかれたくらいだ……」ジェイムズ・ガードナーが言った。

驚くべきことに、ウェイベル将軍の三万人の兵士たちは、砂漠のなかを猛進した。砂嵐や慣れない柔らかい砂にたびたび足止めをくらったものの、ひるむことはなかった。しゃにむに前進し、ついに敵を圧倒。町も要塞も抵抗することなく降伏した。数万人のイタリア兵は武器も軍靴も放りだしてリビア国境へ逃げた。あるイギリス軍大隊の指揮官は、自分の部隊が得た捕虜の数を、土地面積の単位を使って、「五エーカー分の将校、さらに二エーカー分の下級兵士」と概算した。

ジャスパーは部隊の仲間たちとともに、陸上におけるこの最初の勝利を地元の居酒屋〝アイヴィー〟で祝った。居酒屋の主人は自分のおごりで客に酒をついで回り、「三万人の兵士たちに！」の乾杯の声が夜通し響いた。

最初はジャスパーも乾杯に加わり、愛国的な曲をウクレレで奏でたりもしていたが、しばらくすると言葉少なに黙りこんだ。

　フランクがいち早くそれに気づいた。ふたりは店の隅で頭を寄せ、周りを気づかって小さな声で話を始めた。

「なにをそんなにしょげてる？」

「そう見えるかい？」

「まわりから完全に浮いてる」

　バーカウンターの上に立った恩給生活者が、自分は先の大戦で砂漠で戦ったと自慢している。どんなところだったかときかれると、「暑い。とにかくべらぼうに暑かった」と答える。

　ジャスパーは首を横に振った。砂漠の勝利を報じたニュースをきいて初めこそ喜んだものの、祝っているうちに気持ちが沈んでいき、しまいには胸のなかが空っぽになった。戦争が自分の前を素通りしていく。砂漠で壮大な戦いが繰り広げられているときに、自分は暖炉のそばでコニャックをちびちびやっている。ジャスパーは、そこそこの毎日を送っているうちに無気力になり、いつのまにか当初の目的を見失いつつあった。しかし今こうして居酒屋で砂漠の勝利を祝っていると、胸のうちに怒りが湧いてきた。あれだけの時間と努力を費やして、やっとのことで軍に入隊することができたというのに、あげくの果てがファーナムで高みの見物。このままでいいはずがない。「フランク、きみがこのあいだ言った通りだ」ジャスパーはきっぱりと言った。「今ここで自分たちの力を見せないと、結局はブライトン（ファーナムの南にある海浜保養地）で魚の網を繕わされて終わりということになりかねない」

　フランクは肩をすくめた。「ぼくはあんまり考えずに物を言うほうだからね。とりあえず不平のひとつもこぼしてみただけさ。苦しい兵隊生活のうっぷん晴らしだ」

「ああ、だがやはりきみの言ったことは正しい。どこかからチャンスが転がりこんでくるのを待っているわけにはいかない」ジャスパーはいったん言葉を切り、それからふいに解決策をみつけたように、にやっと笑った。「来週、指令官の視察がある、そこでゴート司令官の度肝をぬくようなことをやってみせよう。そうしたらぼくらだって放っておかれはしないだろう」

フランクが青ざめ、「ぼくら?」と気弱な声でつぶやいた。

十二月半ばの暗い朝、ジョン・スタンディッシュ・サーティーズ・プレンダーガスト・ヴェレカー六代子爵、簡単にいえば、陸軍元帥のゴート司令官が視察にやってきた。なだらかにうねるフィールドの縁で側近たちに囲まれたゴート司令官の横に、バックリー少佐が緊張して立っている。空気はさわやかだったが、空では不吉な前兆のように雲が太陽を隠していた。

「では閣下、ご視察を」バックリー少佐が得意顔で言った。

ゴート司令官がうなずいた。カモフラージュ部隊の将校たちには、各々のカモフラージュの腕前を披露するために、あらかじめ、武器、車輛、身を隠すための要塞が割り当てられていた。ゴート司令官はフィールド内を歩き回って、彼らの努力の結晶であるカモフラージュを見破ることになっている。

ジャスパーとフランクには機関銃の射手が身を潜める掩蓋陣地《えんがいじんち》があてがわれていた。ジャスパーはまるでセントジョージズ・ホールで一世一代のイリュージョンを披露するかのように、このプロジェクトに嬉々《きき》として取り組んだ。細部まで入念な計画を練り、必要な仕掛けを作り上げる。できあがった仕掛けを正確な場所に配置したあとは、何度もテストを繰り返し、その結果に応じて配置をし直す。これなら失敗する可能性はまずないと満足するまで、徹底した準備を重ねていった。部隊の仲間たちは夕暮れまでに作業を終えた。しかしジャスパーとフランクは夜の凍てつく寒さのなかでも作業をつづけ、細部まで確実に準備を整えた。寒さが耐えがたくなって城にもどると、ジャスパーは戦艦の縮尺模型に取り組んだ。これを使って、ふつうの掩蓋陣地をマジックシアターに変えるのだ。

視察の前夜には準備をすべて終えた。翌朝、ゴート司令官がフィールドを回り始めたときには、ふたりとも腹ばいになって狭苦しい場所に体をおさめていた。ゴート司令官はダミーの戦車をあっという間に見破った。三トンの無蓋貨車に見せかけたそれは、実際は十キロほどの張り子で、吹きさらしの地平線上にわびしい姿をさらしていた。ゴート司令官はさらに、狙撃手ふたりが隠れた二本の木と、飾り網の下に隠した多数の掩蓋陣地もみつけた。やわらかい土の上についた足跡をたどっていくと、ホウキの柄を銃代わりに持ったライフル銃兵が四人、土がこびりついたキャンバス地の下に横たわっているのがみつかった。

掩蓋陣地の内側では、ジャスパーがゴート司令官の動きに全身の神経を集中させていた。司令官の注意がこちらに向くたびに、緊張が走る。まるで戦争の勝敗はすべて司令官を騙せるかどうかにかかっているという感じだった。

そしてとうとうゴート司令官はすべての隊員が隠れていた場所と仕掛けを見破った。ただひとつ、ジャスパーとフランクが銃を構える第四掩蓋陣地を除いて。ゴート司令官はこの視察をゲームのように考えていたが、それだけに自分が負けるのは許せなかった。「まだだ」と言い放ち、しつこく三度もフィールドのなかを見回った。

それでも結局みつからなかった。バックリー少佐に向き直ると、白い息を小さく吐いて言った。「降参だ、少佐。どこにいる?」

その答えはわずか十メートル先の土の盛りあがっているところから返ってきた。「ここですよ、閣下！」くぐもった声がきこえてきた。ゴート司令官は目をこらして、なだらかに土が盛り上がった部分を見ながら、そちらに向かって歩きだした。やがて、草の茂みが張りだしたなかに、ほとんどそれとはわからない細い長方形のすきまが見えて足をとめた。と、そのすきまから、ふいにホウキの柄が飛び出した。「機関銃だ」と声が言い、それからふざけるように「バン」と叫んだ。

バックリー少佐は顔をしかめた。

掩蓋陣地、すなわち機関銃の隠れ場所は、大地のくぼみに数枚のベニヤ板をかぶせて作られていた。ベニヤ板の上を土と草で覆って周囲に溶けこませ、その前方に不揃いにカットした鏡のかけらがばら撒かれていて、向かい側を映している。地面には偽のタイヤ跡までつけておくという念の入れようで、タイヤ跡はすぐそばに置いたダミーのトラックがつけたように見せかけていた。どう見ても自然に地面が盛りあがっているとしか思えない。

ゴート司令官は感心してうなずき、「見事だ」と大きな声でほめた。

「なかに入ってみてください」ジャスパーが隠れ家のなかから低い声で呼んだ。「ここから、ちょっと面白い光景がみられます」

掩蓋陣地の内部は高さが九十センチあるかないかで、湿っていて窮屈だった。土の上をキャンバスで覆ってあり、ジャスパーが身をかがめてそこを出ると、入れ替わりにゴート司令官がフランクの横にもぐりこんできた。

「少々窮屈じゃないか？」ゴート司令官が言った。

「ええ、少々」フランクが言い、体をすべらせて覗き穴のある場所をあけた。気温は氷点下だったが、フランクは冷や汗をかいていた。まだ軍に入って数カ月しかたっていないというのに、司令官を騙そうだなんて……。彼は手袋で目を覆った。次になにが起きるのか、見るのが怖かった。

ゴート司令官は双眼鏡でフィールドを観察した。右手には遠く朝霜の降りた谷が見える。まっすぐ前方には、隊員たちが退去の許しが出るのをふるえながら待っている。そして左手。そこにはナチスの小型戦艦、グラーフ・シュペーがテムズ川を悠然と航海していた。「なんだ、あれは」ゴート司令官が驚きの声をもらした。

「閣下？」バックリー少佐が不安げに言った。

掩蓋陣地の上ではジャスパーが戦艦の縮尺模型と、ガラスと鏡を複雑に組み合わせた仕掛けを動かしてイリュージョンを作り出していた。これはもともと祖父のジョン・ネヴィル・マスケリンが編み出したもので、あたかも自分の体内から精霊が出てくるように見せかけるのに使われた。オーケストラピットに潜んだアシスタントが鏡を動かすことで、精霊が出たり消えたりするように見せかける。ジャスパーはそれを戦艦の模型に応用したのだった。

ゴート司令官は双眼鏡をはずし、今見たものを忘れようとした。ドイツの戦艦グラーフ・シュペーがテムズ川を下っているわけがない。その戦艦はちょうど一年前、イギリス軍にみつかってあわてて逃げていったはずだ。だいいち、ファーナムには川などない。

バックリー少佐はゴート司令官の横に割りこんだ。霜に覆われた谷と凍えそうな隊員たちが見えた。そして左手には、ジャージー牛が数頭、草を食んでいるのしか見えない。「閣下？」

「だれがこれを準備したんだね？」

「マスケリン中尉とノックス中尉です」

「マスケリン？　あのマジシャンのマスケリンかね？」

フランクが答えた。「そうです、閣下」

もはやブライトンで魚網を繕うことになるのはまちがいないとフランクは思った。

ゴート司令官が身体の向きを変えて外に出たときには、ジャスパーは仕掛けの道具をすっかり片づけおえて、遊説中の政治家のように澄まして立っていた。

「いかがでしたか、閣下？」

「今のはトリックだ、ちがうかね？」

ジャスパーの目がきらりと輝いた。「なんだと思われましたか、閣下？　魔法だとでも？」

ゴート司令官は今回の視察の目的を忘れてはいなかった。そのあとファーナム城で隊員たちが牛ばら肉のローストとヨークシャープディングにかぶりついているときに、ジャスパーに向かってマジックを戦場で使える可能性について質問した。「じつにすばらしいものを見せてもらった。しかし戦場は劇場とはまったく事情が違う。観客はじっとすわっているわけじゃないからな」

「わたしだって、女性をノコギリで半分に切ってみせたり、ピアノを消そうなんてことを考えてはいません」ジャスパーが答えた。「司令官、わたしがやりたいのは、小手先の手品ではなく、ステージマジックの技術を戦場に応用することなんです」

ゴート司令官は芳醇《ほうじゅん》な赤ワインを一口飲んだ。「たとえば？」

「どんなことでもできます。しかし一番力を発揮できるのは、軍備が不足している戦場です」

フランクは自分の出番がきたと察知して話を引き継いだ。「たとえば、エジプトです。ウェイベル将軍は兵士も武器も足りず、せっかくの快進撃をリビアの、敵の本拠地の手前でストップせざるを得ない状況です。ウェイベル将軍が期待して待っていた援軍や軍需品は、ギリシャに向けられてしまいました。これではあそこの兵士たちは砂漠で焼け死ぬのを待つようなものでしょう」

「今の状況では、どこも似たりよったりだが」ゴート司令官が言い、もっと詳しく話してみろとジャスパーを促す。

「極めて単純な話です」ジャスパーが説明を始めた。「バックリー少佐から常日ごろ叩きこまれていることがあります。戦力があるようにみせかければ、それは実際の戦力と同じ効果があると。それができれば敵をこちらの思うままに操れます。攻撃の方向を変えさせたり、あるいは攻撃を遅らせることもできます。偽のターゲットを攻撃させて弾薬を無駄遣いさせてもいいのです。つまり、そのターゲットをわたしが作ろうというのです。そこにないものをあるように見せかける……わたしはこれまでの人生のすべてをそれに費やしてきたと言ってもいいほどです。ご所望なら戦車をお出ししましょう。それとも銃のほうがよろしいですか？　数はどのくらい必要です？　兵士だってお好みのままに――糊とボール紙さえくだされば、閣下のために軍隊を作ってさしあげましょう」

そこでフランクがコホンと咳払いをして注意をひいた。ジャスパーは口を閉じた。「チャンスさえ与えてくだされば、きっとお役に立てるはずです」

ゴート司令官はバックリー少佐を見た。少佐はあっけにとられてマジシャンの口上をきいていた。

「バックリー少佐。きみは戦場で必要な自信だけは、生徒たちにしっかり身につけさせたようだな」

「はい、閣下。おかげさまで」

ゴート司令官は、ジャスパーの提案に明らかに興味をひかれたようで、真剣に検討してみると約束した。「しかし本来は、優秀な兵士と武器に勝るものはないんだぞ」と釘を刺しておいて、さらにこう付け加えた。「もちろんそれが不足しているんだから仕方ないが」

ゴート司令官のテストは合格だった。しかし外地への派兵には長い順番待ちリストがあったので、そこに新しく加わったカモフラージュ部隊の面々は、とりあえずオルダーショット陸軍基地に訓練の場を移し、史上最大のカモフラージュ作戦に向けて、各自のスキルをみがきはじめた。

イギリスの陸海空軍はそれぞれ、侵略を目論むヒトラーに対して、いつでも迎撃の準備が整っていると思いこませるのに必死だった。そのために、ジャスパーがゴート司令官に使ってみせた仕掛けと同様の手口を大いに活用した。ダンケルクの戦いでは十万の兵士と十二万の車輌、二千三百門の重砲を失ったが、それに代わるものとして、イギリスの田園地帯のあちこちに散らばる農場のすべてを、偽の軍隊にみせかけた。布とボール紙で作ったおびただしい数のダミー兵士やキャンバス地で作った大砲を実際の戦闘隊形に並べ、もっともらしい影をつけてナチス諜報部の目をくらました。

いずれにしろドイツ軍がこの地にやってきたら、血の代償を払うことになるはずだった。イギリスの田園地帯はすっかり変貌を遂げ、敵の命を奪う恐ろしいわなに姿を変えていた。貴重な本物の重火器は、急ごしらえの〝田舎の居酒屋〟や〝藁葺き屋根の小屋〟の、ベニヤ板の後ろに慎重に隠されている。ヒツジが草を食む牧草地は、いかにもグライダーの着陸地にふさわしく見えるが、実際は高性能爆弾をヒツジの皮に詰め、いつでも作動できるようになっている。ほかにも敵機の着陸地になりそうな場所は、地雷を埋めるか、人工の森の下にすっぽり隠してしまった。十メートルほどの高さの木を一度切り倒してなかを空洞にし、狙撃兵が入れるようにしたり、戦車の前進を阻むための障害物や高性能爆弾を入れたのちに戦略的に重要な地点に改めて植えなおしたりした。一見のどかにみえる〝ベリー畑〟の下にも巨大なわなが隠れている。これは地面に大きな穴を掘り、その上を木の葉や土の薄い層で覆ってある。さらに偽の標識をあちこちに立て、戦前の地図を使いものにならなくし、新たにでたらめな地図を流布させた。そういった地図に載っている主要な道路をたどっていくと、深い森のなかに入ったところで突然道が消えていたり、いつのまにか湿地帯に誘いこまれたりする。湖も、水を抜かれたり、網で覆われたりしたものが多数あって、ドイツ軍を混乱させるはずだった。

隊員たちが仕掛けの製作や設置に追われているあいだ、ジャスパーのほうは製図板を相手に格闘していた。ジャスパーは昔から、マジックを実演するときよりアイディアを練っているときのほうが、胸が躍る性質《たち》だった。セントジョージズ・ホールの作業場の床には、いつもアイディアを描き散らした紙があちこちに散らばっていた。しかし今は、観客の目の前で光り輝く剣を使って敵役の体を貫くイリュージョンを作るのではなく、戦場で使う仕掛けを設計している。侵略してきた敵の艦隊の上空まで爆弾を運んでいける気球。機雷を岸に敷設して、あたかも岸自体が火を吹いたかのようにみせる仕掛け。あるいは、ゴート司令官にみせたのと同じ地面の下に設置した砲床やトーチカのカモフラージュ効果を向上させるための反射板《リフレクター》。ジャスパーの発明した〝オクトパスマイン《タコ地雷》〟は海で使う通常の機雷だが、起爆装置に長い八本のケーブルがついている。敵の将官艇やモーターボートが上を通過すると、このケーブルがプロペラにからみついて、機雷を爆発させる。これによって限られた数の機雷でも、広範囲の防備が可能になる。

一九四一年、一月初旬のある午後、ちょうどジャスパーがこのオクトパスマインと取り組んでいるときにフランクが部屋に入ってきた。フランクはジャスパーの肩越しに、しばらく図面を見つめてから言った。

「まったくきみはすごいよ。この数カ月で、様々なアイディアを生み出してきた。しかし、どうしてもわからないことがある……」そこで肩をすくめた。「いったいどこからそんなアイディアが湧いてくるんだ？」

ジャスパーは、機雷の図面に影をつけ始めた。どこから？　それは自分でもたびたび考えたことだった。そもそも創造性というやつはどこから生まれるのか？

「特技みたいなもんだ」ジャスパーは言った。「数字に強い者もいれば、語学に強い者もいる。ぼくの場合、ほかの人間とはちょっとばかり物がちがって見えるというだけだ」

ほんとうは、フランクに話せる答えなどなかった。創造性というのは、いわば天賦《てんぷ》の才能だ。アイディアは神が気まぐれに授けてくれるのだ。

「自分も昔はいいアイディアがよく浮かんだのに、このごろはさっぱりダメだ」とフランク。

ジャスパーは肩越しにフランクをちらりと見た。「それでも途中でやめないことだ。改良に改良を重ね、より優れたものにしていく。ぼくはずっとそれをやってきた。一家揃って代々そうしてきたわけだ」

フランクがうなずいた。「いつか、なにも浮かばなくなるんじゃないかって不安になることはないのか?」

ジャスパーはしばらくためらったのちに答えた。「今だってそうさ。一度浮かばなくなったら、もうそこで終わりじゃないかって、いつも脅えてる。だけどそれだけは、どうしようもない。アイディアの泉が涸《か》れないようにとがんばったところで、乾し草用フォークで逃げていく水をかきあつめようとするようなものじゃないか。とにかく神から与えられた才能に感謝をして、それがなくなったらどうしようかなんてことは心配しないようにしている」

「なるほど。きみも大変なんだな」フランクはジャスパーの肩をポンと叩くと、ドアのほうを向いて部屋を出ていきかけたが、途中で足が止まった。「おっと、大事なニュースを忘れていた。決まったよ。船出は来週だ」

とうとうマジシャンが本物の戦争の舞台に飛び出していくことになった。

2 最初の任務

ナチスのイギリス侵攻はなかった。冬のあいだずっと、昼も夜も、沿岸監視員の目には空っぽの海しか映らず、ヒトラーの艦隊は依然としてフランス沿岸にとどまっていた。イギリス国民は、また今年もやってきたかという目で厳しい天候を迎え、海峡を警戒する気持ちも薄れていった。おそらく春までは、侵攻の可能性はなさそうだった。およそ一年ぶりに、イギリスはひと息ついた。

そしてようやく希望の光がさしてきた。チャーチル政権は国民をがっちりと掌握し、目的意識を吹きこんだ。シャルル・ド・ゴールはすでに三万五千人の将兵を集めて自由フランス軍を組織し、千人のパイロットが戦闘の準備を整えていた。北アフリカではウェイベル将軍の下、三万の勇敢な連合軍兵士がエジプトと西方砂漠を支配した。アメリカは公式には中立の立場をとっていたものの、新しく大統領になったフランクリン・D・ローズヴェルトは、〝民主主義の武器庫〟たるべき合衆国は、いつでもしかるべき支援をする用意があることを匂わせていた。

そんななか、ジャスパー・マスケリンとフランク・ノックスは希望を胸に、戦時用に改造した遠洋定期船、スマリア号に乗りこみ、一九四一年一月十九日にリバプール港を出航した。敵に情報が漏れるのを恐れて、行き先は〝J地帯〟と呼ばれていたが、亜熱帯気候に適した旅支度を整えるようにとの命令が出たことから、そこが北アフリカ、あるいはアジアであることは明らかだった。船上では、ほとんどの者がエジプトに賭けていた。

秘密漏洩防止のため、戦地勤務の命令が出て以来、休暇はすべて取り消されていた。電話も禁止で、手紙は一時留め置かれたのち、部隊が無事に海に出てから投函された。ジャスパーはメアリーにこんな手紙を送っていた。

「この手紙をきみが読むころには、ぼくは海に出ている。とうとう戦争に参加することになった。だれかをこれほど愛しく思うとは自分でも信じられないくらい、きみを愛している」

そして子どもたちに宛てて、幸せを祈る言葉を数枚の便箋に書き連ねた。戦地に向かう恐怖を匂わせる言葉は一切なく、再会を約して結ばれていた。

スマリア号は戦前に作られた豪華船で、千七百人の乗客を乗せて大西洋を航海できる仕様になっていたが、ロマンチックなクルージングはもはや過去のものだった。この航海では六千人の将兵と、その装備品が、甲板や船倉にぎゅうぎゅう詰めになった。黒い船体はカーキとオーシャンブルーの迷彩色に塗られ、船体の両側に固定されたコンクリートのブロックの上には、三十六台の空冷式軽機関銃が据えられていた。主甲板のプールには、四十ミリ高射砲を設置し、甲板の端から端までを大きなキャンバス地の天幕で覆って、兵士の寝場所を増やしてあった。

スマリア号はバンド演奏も紙ふぶきもないままに、ひっそりとした夜の港をすべるように出港した。拿捕《だほ》された密輸船、爆撃で破壊された軍用輸送船や貨物船の錆びた船体の横を通り、灯火管制下のリバプールの街を見ながら、スマリア号の属する二十一隻の護送船団は〝J地帯〟を目指して進んだ。

ドイツの潜水艦を避けるため、英国海軍護衛艦はルートを適宜変更して船団を誘導した。そのため航路は毎日変わり、アイスランド沿岸で数日休んだかと思うと、次は南へ向かい、地平線にきらめく夜の明かりを臨めるほどニューヨークの街の近くに停泊する。そうかと思うと、さらに南下してブエノスアイレスを通過するといった具合だった。

スマリア号は数週間にわたって航海を続けた。窮屈な船旅の退屈しのぎに、兵士を対象に様々な船上講座が開かれた。ジャスパーは模型の船を作る講座を受け持ち、フランクは中東の動物について講義を行った。工兵隊の大尉、ピーター・プラウドは、映画セットのデザインをしていたときの経験を生かして、独創的なカモフラージュの技法を披露した。ほかにも、考古学、音楽鑑賞法（音楽抜き）、配給物資を使った料理、救急処置、戦史、フランス語、英文学、絵画、雑誌記事の書き方といった、さまざまな講座が開かれた。

将兵たちは日に三回の柔軟体操を義務づけられ、各甲板にはボクシングリングが設置されて、午後のあいだじゅう将兵どうしの対戦が繰り広げられた。各対戦ごとに賭けが行われ、残念なことに、リングの中より外のほうが苛烈な戦いとなった。

船上では即席の芸人一座も組織された。不幸にも、後にクレタ島の爆撃で命を落とすことになるヴァイオリンの天才もその一座に入っていた。そのほかに歌手がふたり、ヒトラーの人形を操る腹話術師がひとり、声帯模写の芸人がひとりと、ジャスパーがいた。ジャスパーは喜劇の出し物でノズモ・キングという間抜けなマジシャンに扮し、喫煙の規則は守るべしと、軽い皮肉のようなオチをつけた。

海上生活が七週間を経過した頃、ジャスパーは夜のバラエティーショーを開催するようになった。ジャスパー自ら、にわか仕立ての「アラジンと魔法のランプ」に出演し、助手としてフランクが、黄色いモップのかつらをかぶって魅惑的な金髪美女に扮した。フランクが船のランタンをこすると、ジャスパーが雲のような白い煙を出し、その上にターバンを巻いた精霊《ジーニー》を浮かばせてみせる。その精霊が兵士たちの三つの願いをかなえてやる。ジャスパーは観客たちからお決まりのリクエストを受け、フランクをピンナップガールにみせかけたり、七面鳥のディナーを出したりした。なかでも一番受けたのは、好みに応じて好きな飲み物を出してくれるやかんだった。

ページ陸軍大尉が、ショーのためにオリジナル曲をいくつか作曲した。そのうちの数曲にジャスパーがとても感動し、ロンドンの音楽出版社フェルドマンズに送ったらどうかと提案した。このバラエティショーのために作られた『ドーバーの白い崖』は、のちにスタンダードナンバーになった。

ジグザグ航行を続けた最初のころは、スマリア号が敵にまみえることはなかった。しかしある夜、当直将校のプラウドが、近づいてくる軍用機を撃てと命令した。命令を受けたニュージーランド兵の高射砲班のあいだに、気まずい沈黙が数秒流れたあと、班のひとりが、あれは味方の爆撃機ですとプラウドにそっと教えた。

スマリア号がようやくアフリカのシエラレオネにあるフリータウンに寄港したのは三月初めだった。船団の行き先は〝極秘〟とされていたにもかかわらず、フリータウンでは郵便物の入った袋が兵士たちを待っていた。兵士たちは大喜びで自分宛ての手紙や小包を受け取り、情報漏洩があったと深刻に心配する者はいなかった。ジャスパーはメアリーからの手紙の束のほかに、箱に入った高級チョコレートを受け取った。パッケージに書かれた差出人の住所は汚れていて読み取れなかったが、家族か友人のだれかからのプレゼントだろうと思った。

ところが、チョコレートをつまんでから数時間もしないうちに、ジャスパーは胃に激しい痛みを覚えた。「あのチョコレートは敵のスパイから送られてきたのかもな」最初はフランクに冗談を言っていた。「きみのショーを見たファンからのプレゼントじゃないか」フランクも混ぜ返した。

ところがそれから数時間後、冗談ではすまなくなった。ジャスパーの熱がぐんぐんあがりだしたのだ。スマリア号が出港するころには、意識を失っては取りもどす、その繰り返しになった。船医はあらゆる手を尽くしたが、病状は悪化するいっぽうだった。フランクはベッドの横に立ってジャスパーの身体に氷をあててやったが、熱は一向に下がらなかった。何回目かに意識がもどったとき、ジャスパーはウィスキーのボトルを持ってくるようフランクに頼んだ。「たまらなく喉がかわくんだ」

フランクはしぶしぶ船の司厨員《しちゅういん》のところへ行ってウィスキーをもらってきた。ジャスパーが最初の一杯をグラスに注ごうとしたちょうどそのとき、スマリア号の船長が見舞いにやってきた。びくびくした様子で、白い帽子を両手でぎゅっとつかみ、しゃべるときもジャスパーの顔をまともには見なかった。ひどく沈んだ声でジャスパーに航行中の苦労をねぎらい、船医もすぐに良くなると言っていたからだいじょうぶだろうと励ましてくれたが、ジャスパーのほうは告別の言葉を聞いているような気分だった。

ジャスパーは要所要所であいづちを打ちながら、その一方で、口のあいた瓶から中身をこぼさないようにウィスキーのボトルを隠すのに必死だった。意識は朦朧としていたが、ここで酒の瓶がみつかって、船長の心からの言葉を台無しにしてはいけないとわかっていた。

船長が出ていったところで立て続けに八杯ウィスキーを流しこむと、ジャスパーはそのまま倒れるように深い眠りに落ちていった。それから丸一日後に目を覚ますと、まだフランクはジャスパーの枕もとにすわっていた。「熱は下がったよ」フランクがさらりと言う。

「頭が割れるかと思った」ジャスパーがつらそうに言った。

「死ぬよりはましだろう」とフランク。

ジャスパーはかすむ目でフランクの顔をじっと見た。

「他人事だと思って」それから二日すると、甲板の上をよろよろと歩きまわれるようになった。チョコレート事件は情報部に通報されたが、すぐに忘れられた。ところがそれから数カ月後、カイロの売春宿の階下にある情報部で、ジャスパーは驚くべき事実を知ることになる。自分の提出した短い報告書がきっかけで大規模な調査が開始され、ひいてはそれが中東で暗躍する枢軸国のスパイ組織の発見につながったのだ。

護送船団はフリータウンから南極大陸に近いフォークランド諸島をぐるりとまわり、酷暑用の装備をしてきた兵士たちはみな寒さに身をふるわせた。船団はその後、再び北へ向かい、ケープタウンを過ぎ、とうとう南アフリカのダーバンに到着した。そこまでたどり着くのに三カ月もかかったのは、過去にUボートが確認された場所を避けながら、海上をあちこち巡ってきたためだった。長い航海で兵士の神経は極限まではりつめていて、どの船でも、けんかのけが人や、果ては自殺者までが多数記録されるようになった。スマリア号でも、ひとりの兵士が真鍮《しんちゅう》磨き用の洗剤を飲んで自殺し、もうひとりは忽然と姿を消し、海に落ちたものとみなされた。

護送船団はダーバンを出るとマダガスカルへ直行し、それからスエズ運河を目指して紅海を北上していった。ここまでくるともう〝J地帯〟というのが中東であることは疑いようもなかったが、中東の情勢は彼らが海上にいるあいだに大きく変わっていた。

ヒトラーは、同盟国イタリアを北アフリカ戦線での不名誉な敗北から救おうと、ムッソリーニに軍事援助を申し出た。イタリア人たちの知らないところで、ナチスは一九三六年以来、砂漠戦に備えた精鋭軍団を養成していたのだ。北はシュレスヴィヒ・ホルシュタインに、南はバイエルンに、ふたつの巨大な温室を設け、そこで兵士の訓練を続けていた。兵士は砂漠と同じ気候に設定した建物のなかで、数週間単位で暮らした。砂漠の軍用食を食べ、息も詰まる酷暑のなかで訓練は行われ、骨も凍るような寒さのなかで眠り、訓練は砂を敷いた地面の上で続けられた。こうして一九四〇年には〝ドイツ・アフリカ軍団〟の中核ができあがった。

ムッソリーニはヒトラーの軍事援助の申し出を黙って受け入れるしかなかった。ドイツの差し向けた軍は、表向きはリビアのイタリア軍総司令官ガリボルディ将軍の指揮下に入ったものの、実際の指揮権はヒトラーが贔屓《ひいき》にしている戦車戦の専門家、エルヴィン・ロンメル将軍が握っていた。砂漠に到着して二カ月後、ロンメルは歴史的な戦いに突入しようとしていた。

イギリスの護送船団は、ちょうどアルコールの在庫が底を尽きたころスエズ運河に到着し、兵士は自分たちの計算が正確だったことを祝った。しかし港に入る数時間まえに、近くでドイツ空軍の爆撃機が確認され、船団はUターンして紅海を下って逃げることになった。結局スエズ運河に錨《いかり》を下ろしたのは、それから一週間後のことだった。

入港したスマリア号を待っていたのは思いもよらない混沌だった。たしかに海上でも、耳に入ってくるのは悪いニュースばかりだったが、まさかここまで事態がひどいとはだれも予想していなかった。スエズの町はショック状態に陥っていた。イギリス連邦軍の各師団、各種部隊から、戦車隊員、料理人、事務員、射撃兵、土木工兵、運転手、技術工兵まで、あらゆる階級の人々が小さな町のなかで押し合いへし合いし、歩道にテントを張ったり、ぼんやり通りを徘徊《はいかい》したりしていた。町自体が、どうしていいのかわからなくなっているようだった。インフラは古く、数も限られていて、大量に流入してきた将兵たちによる人口増加に対応できるわけがなかった。下水は詰まり、舗道や土の路地のあちこちに、よどんだ水溜りができている。ゴミの山は回収されることなく放っておかれ、公共交通機関はほとんどストップしていた。食物や水が足りないばかりか、公衆衛生施設もまったくと言っていいほど機能していなかった。タウフィーク港に山積みになった荷物はドックに入ったままだった。食糧、医療品、夏の制服の入った箱、ガソリンの缶などが、手もつけられないまま放置され、武器や弾薬までが崩れた箱の山からこぼれ出ていた。港には見渡す限り、多数の船や軍用輸送船、貨物船や小さな戦艦が停泊している。そして、船は港で、兵士は路上で、いつ下されるかわからない命令をひたすら待っていた。

つい数カ月前までは大英帝国の誇りだったウェイベル将軍率いる三万の勇敢な兵士たちが今は惨《さん》憺《たん》たる状態だった。命令系統は崩れ、通信設備も破壊され、部隊はナイル川流域にちりぢりになった。

「ダンケルクの二の舞だ」フランクがぞっとしてつぶやいた。ふたりは混雑した通りを歩いていたが、真新しい制服がいかにも場ちがいで周りから浮いていた。

「そんなことはない」ジャスパーがきっぱり言った。「ここはスエズだ」

やがてふたりは、道の真ん中で立ち話をしている将校たちの群れに入って、いったいどうなっているのか、きいてみることにした。

あるオーストラリア人の大尉は、ふたりを怪訝《けげん》な目でじっと見ると、強烈な臭いの巻きタバコを長々と吸ってから、吸いさしを側溝に落として火を踏み消し、「ロンメルだ」と一言、いまいましそうに言った。

ドイツ軍のエルヴィン・ロンメル将軍は、一九四一年二月十二日、リビアのトリポリにあるカステル・ベニート飛行場に到着した。防御部隊《シュペレフエアバント》を指揮して、イギリス軍がキレナイカ（リビアの北東部の地域）に侵攻するのを阻止せよ、との命を受けていた。その二日後にはドイツ・アフリカ軍団が到着し、午後から始まったパレードは投光照明をつけて夜まで続いた。示威パレードをする兵士の列が切れ目なく続き、大砲や、砂漠用に擬装した機甲部隊の二十五トン戦車、ヨーロッパでの戦勝場面を描いた旗が、トリポリの通りを埋めつくした。数千人のリビア人たちが歓声をもって迎えるなか、そこに紛れこんだイギリスのスパイが敵の巨大な兵力を必死に計算していた。

ロンメルは午後のあいだずっと、焼けつくような陽射しの下に立って閲兵していた。しかし実際のところこれは、群集のなかに紛れこんだイギリス側の大勢のスパイに、ドイツ・アフリカ軍団の兵力を誇示するための演出だった。つまり北アフリカを舞台にした、ロンメルの華々しい擬装作戦の幕開けだった。彼は、たったふたつの大隊を使って、大軍団がやってきたようにみせかけたのだ。各小隊は一度パレードの終点に行き着くと、そこからまたトラックでスタート地点のドックまで運ばれ、再度パレードの列に加わるという仕掛けだった。

数時間のうちにウェイベル将軍の耳にも、ドイツの大軍団がリビアに到着したとの報が届いた。すぐに砂漠一帯で懸命な調査が始まったが、ドイツ軍の形跡はどこにもなかった。ロンメルの軍は、まるで到着したときと同様に、いきなり砂漠の荒野に姿を消してしまったかのように見えた。

それから一カ月ほどたったころ、エル・アゲイラのイギリス駐屯地では、将校や兵士によるサッカー試合が行われていた。情報部から送られる最新の情報では、南東方面に敵の小さな動きが見られたというが、戦況に大きな変化の兆しはなかった。ボールがコートの外に出て小さな砂丘を越えていったのをとってこようと、伍長格上等兵のリチャード・ダックワースが追いかけていった。ボールを拾い、走ってコートにもどりながら、肩越しにちらりと後ろをふりかえった——そして恐怖に凍りついた。口をあけて大声で警戒を叫ぼうとしたが、言葉は出てこなかった。彼の目に映ったのは、熱波のなか、重い地響きを立てながら進む戦車の大群だった。ドイツの装甲部隊がイギリス軍の駐屯地に奇襲攻撃を仕掛けてきたのだった。

サッカーに興じていた兵士たちは、夜までには、死んだか、捕虜になったか、メルサ・ブレガに逃げたかのいずれかだった。足に軽い傷を負ったダックワースは捕虜になった。番兵に見張られながら、ナチスの装甲車が町になだれこんでくるのを見ていたダックワースは、そこでもう一度あっけにとられた。最前列の戦車の後ろにぴたりとついてきているのは、フォルクスワーゲンの胴体に木製の戦車砲を搭載したダミーで、その後ろから箒をつけたトラックが本物の戦車から上がるような砂煙を巻き上げていたのだった。

一週間後、メルサ・ブレガが陥落。イギリス軍は本格的に撤退を始めた。

イギリスの西方砂漠軍にはドイツ軍の攻撃を迎え撃つ準備ができていなかった。情報部では、ドイツ軍は攻撃してこないものと確信していたので、ウェイベル将軍傘下の熟練将兵も軍需品も、すべてギリシャに送られたあとだった（ギリシャ遠征戦は三月一四日に開始された）。前線を守る兵士は新しく送られてきた未熟な新兵ばかりで、それを経験の足りない将校たちが統率するという、なんとも頼りない状況だった。そうして戦いの初期に、在エジプトのイギリス軍部隊の司令官に昇進していたオコーナー将軍と、その後任となってキレナイカの司令官を勤めていたニーム中将はドイツ軍の偵察班に追突し、捕えられてしまった。そのあとイギリス軍は空中分解してしまう。

「やつは奇跡の力を持ってるんだ」オーストラリア人の大尉は説明した。「ドイツ兵はそれを、〝フィンガーシュピッツェンゲフュール〟と呼んでる。なんでも事が起こる前に指先が感じ取るらしい」

そばにいたニュージーランドの中尉がうなずく。

「ロンメルはなにか切り札を用意しているにちがいない。もしトブルクのイギリス軍守備隊がいなかったら、こっちはまだ逃げてなきゃならない」

西方砂漠のロンメルの進撃は、四月初めにはトブルクの港を包囲したところでストップしていた。トブルクは大型の船舶も使える良港で、これを奪取できれば、ドイツ軍への物資の供給は格段によくなる。ドイツ・アフリカ軍団は日に千五百トンの食糧と水を消費した。トブルクを奪取しない限り、前線に兵器や食糧などの軍需品を輸送するには、ベンガジあるいはトリポリからトラックを使わなくてはならない。遮るものもない砂漠のなかを千六百キロにわたって伸びる細い兵站《へいたんせん》線は極めて脆弱《ぜいじゃく》だ。もしドイツ・アフリカ軍団がトブルクの東に進んだ後に、イギリス軍がトブルクの包囲軍を破ったら、兵站線は分断され、ドイツ・アフリカ軍団のほとんどは孤立してしまう。トブルクはロンメルにとって北アフリカの軍事作戦全体の要だった。

いっぽう、ウェイベルは、包囲されたトブルク要塞に大急ぎで援軍を送りこんだ。ロンメルは四月十四日に四十八キロにわたる防衛境界線を攻撃したが、激しい戦いを繰り広げた末、イギリス軍に撃退された。二日後再び攻撃を開始したものの、再度退却せざるを得なかった。傷ついたドイツ・アフリカ軍団は再攻撃に備えて町のすぐ外に塹壕を掘った。

「ロンメルは奇跡を起こす。残忍なハゲワシのように、すぐそこで待っているんだ。いいか、もしやつがトブルクを陥落させたら……」

若いオーストラリア人大尉は次の言葉で話を締めくくった。「きみらが泳げることを祈るよ」

フランクはジャスパーといっしょに人ごみを離れるときいた。

「さっきの男、ロンメルは奇跡を起こすって言ってたが、きみは信じるかい？」

ジャスパーは、ただニヤリと笑ってみせるだけだった。

スエズのイギリス陸軍は、使われなくなった缶詰工場を臨時の司令部にしていた。ジャスパーとフランクは仕事をもらえないかと、それから数日間、そこに居すわった。この混乱のなかで、自分たちのことがすっかり忘れられているのは明らかだった。ゴート司令官がジャスパーの推薦状を送ったという大佐は、今は砂漠のどこかにいるらしいということしかわからない。おまけに、一時間前に実行されることになっていたプランが緊急プランに差し替わったかと思うと、さらにそれが非常プランにとって代わるといった状況で、なにがなんだかわからない。誰もが公式の命令が下るのを待っているものの、しかるべき地位の将校で自ら責任を負って公式命令を出そうとする者は皆無だった。正規軍のなかには、ジャスパーのような人間が戦場にいるのは軍の恥だと感じている者もいた。芸人のトリックごときで、ロンメルの鼻を明かすことなどできるわけがないというのだ。そういった連中は、そもそも、なぜジャスパーが戦地勤務を許されたのかが理解できなかった。

ある下士官は、ジャスパーとその仲間をギリシャに配転して、厄介払《やっかいばら》いをしようと考えたが、配転命令が下る前日にギリシャはドイツ軍の手に落ちた。事務員たちがもっと迅速に仕事をしていれば、ジャスパーとフランクはギリシャで抑留されるはめになっただろう。あやうく助かったふたりは、引き続きスエズの町をぶらぶらした。

耐えがたい蒸し暑さと、ひっきりなしに飛んでくるハエと、いっこうに収まらない喧騒にジャスパーのいらだちが募った。身体の内側で怒りがヘビのようにとぐろを巻き、うっかりなにかにぶつかったり、不愉快な言葉を一言でも投げつけられようものなら、その場で怒鳴り声をあげてしまいそうだった。ようやく戦場のすぐそばまでたどり着き、夜には砂漠を渡る大砲の響きまできこえるというのに、自分は今、ロンドンにいたときよりも役立たずな人間に成りさがっている。故郷では、少なくとも生きがいを感じることができた。しかしこのスエズでは、しがない下級将校に過ぎず、任務も与えられていない。軍にとってみれば飯を食わせる口がひとつ増えただけであり、うわさになっている撤退が現実になれば、退却させる人数がひとり増えるだけだ。

ジャスパーの自尊心は傷ついた。長いこと舞台の中心にいた人間にとって、単なる観客のひとりでいるという事実は耐えがたい。ここへ来るまでの船旅でさえ、単純なパントマイムを披露するだけで、ちょっとした有名人でいられたのだ。そんなわけで、缶詰工場の司令部で待つのも八日目になると、もうたくさんだという気持ちになった。命令がないのだから、担当地域もない。つまりどこへ行こうと自由なのだ。ジャスパーはフランクにマジックの仕掛け一式をとってきてもらい、ふたりでヒッチハイクをしながらカイロに向かった。

紅海からナイル川流域まで、百三十キロにわたって続く本道は、軍の輸送車や難民で混雑していた。道路の両脇を、エジプト人が絶え間なく歩いている。家財道具一式を木の手押し車やロバの背に載せている者がいれば、荷物の包みを頭の上にしばりつけて器用に歩いている者もいる。ふたりが乗せてもらったジープの運転手は兵站伍長《へいたんごちょう》だったが、彼が言うには、スエズに向かって歩いているのは、ドイツがカイロを攻撃してくるのではないかと恐れて町を出ていく者で、カイロに向かって歩いているのは、ナチスに迎合しようとする者か乞食で、町を出ていく者たちが見捨てた家に住み着こうとしているらしい。

ジャスパーは後ろのシートにすわって、まとまりのない人の行列の向こうに広がる砂漠を見ていた。スエズとカイロのあいだに広がる砂漠は穏やかで、のんびり広がる夏の海のようだ。しかし、こんなのどかな春の日でも、砂粒が目や耳、唇にこびりつき、口のなか鼻のなか、服の下にまで入りこんでくるのをみれば、自然の力の凄まじさを嫌でも思い知らされた。

あのいかにも温和そうな砂漠が、人をじりじりと苦しめたあげく死へ追いやるとはとても思えない。だが実際にそうなのだ。一九三〇年代初めにエジプトを巡業した際、ジャスパーは身をもって知った――ここでなにかをしようと思うなら、まず砂漠の機嫌を伺わねばならない。いろいろな話を耳にした。小便をしに小さな砂丘を越えてぶらぶら歩いていって、そのまま帰らない者がいる。大きな隊商が丸ごと、跡形もなく姿を消す。細い道から数メートルほどはずれた車が砂漠に飲みこまれてしまう。遊牧民のベドウィンのあいだでは、ハムシンと呼ばれる砂漠の凄まじい嵐が五日間吹き荒れたら妻を殺しても許され、八日間続いたらラクダを殺しても許されると言われるぐらい、嵐は人の心を狂わせる。

フランクのくしゃみがジャスパーの物思いを破った。「砂アレルギーじゃないといいんだが」フランクは陽気に言った。

砂漠から春のカイロの町に入ると、ふたりは驚きに目をみはった。広い街道沿いにずらりと生えた緑のヤシ、アーモンド、オリーブの木が心地よく葉を揺らすなか、交通渋滞が何キロも続き、リムジン、煙を吐くポンコツ車、タクシー、バス、トラック、軍のあらゆるタイプの車輌が、まるでドラムを叩くようにクラクションを鳴らしまくっている。それだけではない。通りでは物売りたちが、ハエ叩きから怪しげなドラッグまで、あらゆるものを売りつけようと声を限りに叫び、犬がねぐらで騒々しく吠えている。小さな店やカフェは店頭にみなラジオを置き、いろいろな局のアラビア音楽を流し、競い合うかのようにボリュームを最大にしている。歩道には、軍服を着た兵士と軍服そっくりのものを着た民兵がひしめいているかと思えば、ジュラバ（フード付きの長い上着）を着たエジプト人や品よく仕立てた薄手のスーツを着こんだヨーロッパのビジネスマンもいる。女性はアラブの伝統的な衣服を着ている者もいれば、西洋の最新ファッションに身を包んでいる者もいる。こんなふうに、いたってふつうの町の様子をみれば、いままさにロンメルと彼のドイツ・アフリカ軍団がカイロをねらっているとは、とても信じられなかった。

ジャスパーとフランクは、夕方にはもうシャリア・カスル・エル・ニルのそばに立つ、崩れかかった下宿屋に落ちついていた。ジャスパーは窓辺に立って、暮れかかるカイロの町を眺めた。ちらちら光を放つ金色の塵の絨毯《じゅうたん》があたりを覆っていく。遠くにはエレガントなモスクの尖塔がいくつも並び、まるで燃え立つ空に穂先を向けた槍のようだった。建物のあいだからはナイル川の一部が望め、大三角帆のフェラッカ船が夕風に吹かれてゆれているのが見える。するとふいに道路の向こうで、アパートの窓のひとつに明かりがともった。それから右手で、また別の窓に光がともった。街路灯がゆらめき、ネオンサインが点滅し始め、車やトラックも一斉にヘッドライトをつけた。ジャスパーは光の洪水に驚いたものの、それからすぐ、エジプトは公式には戦地ではなく、灯火管制も敷かれていないことを思い出した。イギリスで過ごした闇の一年半は、夜に戸外でマッチをつけただけで、非国民とみなされた。海上で過ごした三カ月も、夕闇の訪れとともに船はすべての明かりを消し、真っ暗になった。夜の街がまぶしい光のなかに浮かび上がっている、そんなごく当たり前の光景も今のジャスパーにとっては新鮮な驚きなのだった。

明るい夜を祝って、ジャスパーは上着のポケットからパイプを取り出して火をつけた。マッチの火を気がねなくいつまでも消さないでいると、指が焦げそうになった。

翌朝ジャスパーは、このままで終わるものかと心を強くして、ガーデンシティーの郊外に向かい、イギリス中東方面司令部に使われている豪邸の集まる一角へ乗りこんでいった。哨舎《しょうしゃ》で身分証明書を提示して、司令部の中枢があるグレイ・ピラーズに向かって胸を張って進んでいく。今度こそ軍部を説得しようと決意を固めていた。これまで、あまりに多くの時間を無駄に費やしてきた。いくつもの廊下をまわって、偉そうな態度の役人らに熱心に訴えかけていくものの、どこでも冷たく鼻であしらわれ、結局あちこちをたらいまわしにされるばかりだった。しかし、今度ばかりはおとなしく引き下がるつもりはなかった。しかるべき任務を得て司令部を出ていくか、あるいは軍法会議にかけられるか、そのどちらかしかない。

グレイ・ピラーズはもともとパシャ、つまりエジプトの裕福な実業家のエレガントな豪邸だったのだが、イギリス陸軍はそれを見事に機能一点張りの無粋なオフィスビルに作り変えた。ロビーに置かれた受付のデスクに、いかめしい顔の伍長がすわり、その両脇を固めるように、武装した憲兵が休めの姿勢で立っている。「ジャスパー中尉だ」そう言ってジャスパーは身分証明書を差し出した。

「カモフラージュ関係に詳しい人間に会わせてほしい。きっとわたしへの命令が……」

伍長はなにかを思い出そうとするように目をこらした。それから指をパチンと鳴らして笑顔をみせた。「ジャスパー・マスケリン。ええ来てますよ」伍長は机の上に置いてあるいろいろな書類をパラパラめくって、やがて目的のものを探し出した。「これですな」書類ファイルを持ったまま言った。「どこかで見た名前だと思っていました。作戦本部でビーズリー大佐がお待ちです。一刻も早くお会いしたいと」そう言うと、建物内に入場するための黄色い許可証を渡して、大きな階段のほうを指差した。「階段を上がってすぐ右、二〇七-D号室です」

ビーズリー大佐は作戦本部の副指揮官のひとりだった。恰幅《かっぷく》がよく、ジャスパーを目にすると、まるで裕福な年上のいとこのように迎えてくれた。「おお、来てくれたか。ありがたい」そう言いながら、手を大きく上下に振って握手をする。「マジシャンの到着を今か今かと待っていたんだ」

けんかをしてでも自分にふさわしい任務をものにしようとやってきたジャスパーは、相手の思いがけない反応に警戒した。しかしビーズリー大佐の大げさな歓迎ぶりから、自分になにが望まれているのか、すぐに察知した。部隊の兵士にマジックショーを見せてくれと言うのだろう。ジャスパーは気色ばんだ。

「失礼ですが、大佐」冷たい口調で言った。「ここでは、わたしは軍人です」

「ああ、わかってる。気を悪くしないでくれたまえ。だがなジャスパー、われわれが今いちばん必要としているのは、マジシャンの力なんだ。これを見てほしい」

ビーズリー大佐はハエ叩きを取りあげ、それでテーブルの上に置かれた大きな地図をさした。戦闘部隊を表すおびただしい数の色つきピンが、地図の中心を覆い尽くすように刺さっていた。さらに地図には曲がりくねった黒い線がひいてあって、その喪章のリボンのような線は、カイロの東からスエズ運河を越え、パレスチナ、トランスヨルダン（現在のヨルダン・ハシミテ王国の主要部）を通過してシリア、トルコ、さらにその先へと伸びている。

ビーズリー大佐の説明では、黒い線は撤退が必要になったときに計画されている退却ルートらしい。「見ての通り」ビーズリー大佐はハエ叩きで退却ルートをたどりながら説明を続ける。「アラブの国々をまっすぐに突っ切っている。となると心配なのが、退却時に邪魔が入るのではないかということなんだ」

紅茶を飲み、菓子をつまみながら、ビーズリー大佐が状況を簡単に説明した。神秘体験を得るために旋回舞踊をするので有名な民族、デルビーシュの長老イマームが、もしイギリスの将兵がデルビーシュの土地に一歩でも足を踏み入れたら聖戦《ジハード》を布告すると脅してきているというのだ。これは深刻な問題だった。長老は武装した民にとって神のような存在であり、その人物がなんらかの形で面目を失えば、狂信的な信徒が聖戦を布告してくるのは当然だ。イマームにこの脅しをひっこめてもらわない限り、撤退するイギリスの部隊はアラブの砲火にさらされるのは必至だった。

ジャスパーは話に注意深く耳を傾けていたものの、その問題を自分のマジックでどう解決できるのか、わからなかった。

「長老は本物の魔力を持っていると自慢している」ビーズリー大佐が話を続けた。「そこできみが彼に会いに行き、仲間だと思わせるんだ。魔法《マジック》を使う者同士のよしみ、とかなんとか言って。必要ならちょっとした装身具をプレゼントするのもいい。あの手の輩はキラキラした金属が好きだからな。どうだい？　協力してもらえないか？」

ジャスパーはためらった。中東の指導者のあいだに伝わるマジックには、数千年の歴史がある。それを道具にして、長いこと支配者の座を保ってきたのだ。くだらないステージマジックの小技で張り合えるはずがない。シルクのハンカチがどんなにたくさん引っ張りだされようと、そんなことで長老が感服するとは思えない。相手は呪文で石壁を動かしてしまうのだから。それでも、やるしかないとわかっていた。とうとう自分の力を発揮するチャンスを軍がくれたのだ。断ることなどできない。深く息を吸ってからジャスパーは答えた。「成功は確約できませんが……」

ビーズリー大佐は、現在の情勢について話し終わると、ジャスパーを中央階段の降り口まで案内していった。まわりでは上級将校らが険しい顔をして、あちこちの部屋を忙しく出たり入ったりしている。

「もしどうやってもうまくいかなかったら」ビーズリー大佐が真剣な顔で言った。「金《きん》を積んで交渉してもいい。ドイツ軍も同じことをしていたら、こっちは向こうより多く出してやればいい。とにかく今は彼と問題を起こすわけにはいかんのだよ。幸運を祈っている」

ジャスパーはビーズリー大佐にぴしっと敬礼をした。バックリー少佐が見ていたらきっと誇らしく思ったことだろう。

ジャスパーは初めての任務をもらった翌四月二十六日に、ステージで使う小道具を詰めた鞄を抱えて、シリアのダマスカスに到着した。ドイツ・アフリカ軍団がトブルクへの三度目の攻撃に向けて兵力を増強している最中であり、司令部はカイロの将校らに、機密文書を破棄するようにとの指示を出していた。ジャスパーは、民間人の着るブッシュジャケット（アフリカ奥地での狩猟服を取り入れたシャツ風上着）を着て、最後の一本になったハリーホールの上等なズボンをはいていた。軍服を着るようになって初めて与えられた任務が、それを脱ぐことだというのは皮肉なものだった。

ストレートと呼ばれる、聖書にも出てくる騒々しい街道で、ジャスパーは人ごみを押し分けながら、イギリスの秘密工作員が接触してくるのを待った。やがてシリア人の幼い少年が小銭を恵んでくれとねだってきた。つねに警戒を怠るなと言われていたこともあり、彼は少年を無視してそのまま人の群れのなかを押し分けて進んでいった。

少年は注意深く間《ま》を取りながら、ずっと跡をつけてきた。市場をぬけて混雑がおさまると、再び近づいてきて、今度は明瞭な英語でこう声をかけてきた。「こんにちは、ジャスパー・マスケリン中尉」

ジャスパーは足を止めて少年をまじまじと見た。相手はどう見ても八歳程度にしか見えない。

「どうしてわたしの名前を？」

少年は身体に似合わない大人びた目でジャスパーを見上げて言った。

「こちらにも諜報組織がありますから。わたしがあなたをご案内する役目を命じられています。どうぞついてきてください」少年はそれだけ言うとジャスパーの返事を待たずに、くるりと背を向けて歩きはじめた。

ジャスパーは一瞬ためらったものの、少年の後について迷路のような狭い路地を歩いていった。やがてそのつきあたりに、おとぎ話に出てくるような馬車がいきなり現われた。馬車には二頭の白馬がつながれている。

「王子がお待ちです」少年が言った。

言われるままにジャスパーが馬車に乗りこむと、後ろでドアが閉まった。王子だって？　どこの王子だ？　ジャスパーには、少年がなにを言っているのかさっぱりわからなかった。しかし今さら尋ねたところでどうしようもない。馬車は動き出し、二頭の馬は軽快に街中を走っていった。引かれたカーテンの隙間から外をのぞいて、たどった道を覚えておこうとするが、馬車は数え切れないほど多くの角を曲がっていき、それも無理だとわかった。市場をぬけ、〝立ち入り禁止〟と書かれた標識を過ぎ、広い街道に出ていく。それからまた狭い路地に入っていった。馬車を通すために、道にいたアラブ人たちは一度家のなかに入らなければならないほど狭い通りだった。

新しい道に入るたびにジャスパーの恐怖が募っていった。どこへ連れていかれるのかさっぱり見当がつかない。今乗っている馬車でさえ、だれの物なのかわからないのだ。戦場で予測できる危険に向き合うのと、狂信的なデルビーシュの民にたったひとりで向き合うのとでは、まったくわけがちがう。ヨーロッパの社会では長いこと、デルビーシュの奇妙な儀式についておどろおどろしく語り継がれてきた。何も悪いことをしていない人間が、デルビーシュにとらえられて、姿を消したという話も伝わっている。ふと、ジャスパーは思った。袋のなかに入れてきたものが、お粗末な手品の道具ではなく、本物のピストルだったらどんなに良かったかと。

馬車は、アーチのついた大きなドアがずらりと並ぶ建物の横に止まった。ドアのほかに見えるのは、がっしりした石目塗りしっくいの高い壁だけだ。ドアが開いて、あごひげを生やしたアラブ人がせきたてた。

「さあ急いで」

ジャスパーは転げるように馬車を降り、未知の世界に踏みこんだ。

背後で両開きのドアにかんぬきがかけられた。街のざわめきが閉め出され、気がつくとジャスパーは堂々とした邸宅のしずかな中庭に立っていた。庭の一角にはザクロの木が枝を広げた木陰があり、その下に腰を下ろしたアラブ人が木のフルートで甘美な旋律を奏でている。別の一角ではベールをかぶった女たちが一カ所にかたまって糸をつむいでいる。庭の真ん中には噴水があって、水がわずかにはねあがりながら、池に落ちていく。四つ葉のクローバー形の池には睡蓮が花を開き、噴水の上には、これまで見たことのない珍しい彫刻があった。

それは巨大な木製の輪のなかに、ちょうど時計の十五分ごとの位置に四人の女がすわっているところを彫ったもので、輪は噴水の水でゆっくり動いている。この奇妙な女の彫刻は、なにか宗教的に重要なものを表しているのだろう、そう思ったとたん、ジャスパーは、ここがデルビーシュの敷地内であることを思い知った。

あごひげを生やした召使いのあとに続いて、タイル張りの中庭をぬけていくあいだずっと、頭上からだれかに観察されているような居心地の悪さを感じていた。しかし内壁の装飾ガラスがはまった窓のどれに目を走らせても、人の姿は映っていない。連れていかれたのは大きな部屋で、窓から差しこんでくる光だけで明かりをとっているようだった。つきあたりには、一段高くなった床の上に優美な玉座がしつらえてあり、整った顔立ちの白髪の老人が、白いガウンを着て座っていた。案内人はお辞儀をすると後ずさって部屋を出ていった。

ジャスパーはふるえる足で部屋の奥に向かって歩いていった。玉座から二メートルほど手前のところで足を止めてみたものの、こういう場面での作法も知らないため、とりあえず礼儀正しく敬礼をして言った。「イギリス陸軍工兵隊のジャスパー・マスケリン中尉です」

老人はジャスパーに、近くへ寄るよう手招きをした。

「ジャスパー・マスケリン中尉」かすれ声で言った。「ハッサン王子だ。お会いできてうれしい。

わたしの名前をご存知かね？」

ジャスパーは老人の名をどこかできいたような気がしたが、結局、思い出せなかった。首を振って言った。「残念ですが……」

「いや、いいんだ。わたしはきみの父上をよく存じ上げているのでね」ジャスパーがあぜんとしてそこに突っ立っていると、ハッサン王子が話を始めた。それは遠い昔、彼がロンドンの暖炉のそばで繰り返しきいた話だった。「わたしはトルコの公演でローレンスといっしょだった」

第一次世界大戦当時、映画『アラビアのロレンス』で有名なT・E・ローレンス中佐は、流浪の民のあいだで聖人になりすますテクニックを教えてくれるマジシャンの派遣をイギリス政府に頼んでいた。ネヴィル・マスケリンはアラブ人三人と、フランス人、イギリス人のひとりずつにマジックの手ほどきをした。この五人の男は、ちょっとした手品と、まだ中東では知られていない科学技術を使って、自分たちを超自然的な力を持つイスラム教の聖人《マラブー》にみせかけるのに成功した。彼らは未来を予言し――ローレンスから前もって提供された情報を使っただけだったが――その正確さで砂漠の民の信頼を勝ち得たあと、トルコに味方する者はすべて、アラーの怒りに触れて苦しむことになると予言した。こうして、しだいにトルコは地元民からの支援を失っていった。

そのマジシャンのうちふたりは、砂漠で姿を消し、二度と人前に現われることはなかった。その運命はいまだに謎のままだ。

ハッサン王子が話を終えると、ジャスパーは、もつれる舌でたわいのないことを二、三言ってお茶を濁した。ふたりが喫煙室に行き、枕にもたれてくつろぐと、そのあいだに召使いが、水ギセルとハッシッシのパイプを用意した。ハッサン王子はジャスパーに、「出迎えもせず、裏口から入っていただいて失礼した」と詫び、デルビーシュの長老が邸宅にいて、彼の乱暴な手下が三人、正面玄関に陣取っていたと説明した。「わたしの家系とデルビーシュの長老たちの関係は、何世紀も昔から続いている」ハッサン王子が続ける。「わたしたちはおたがいに信頼し尊敬しあっている。それで長老はわたしの頼みをきいてきみに会うことに同意した。向こうでもわたしの頼みは断れない。しかし長老としては白人の男と会っていることは知られたくない。相手がイギリス人の場合はなおさらだ」

ジャスパーはハッシッシのパイプを丁重に断り、代わりに自分の持ってきたパイプに火をつけた。

「しかしどうして長老はわれわれに敵意を持っているんでしょう？」

ハッサン王子は肩をすくめた。

「たぶんずっと昔に起きたつまらないいさかいが原因だろう。そういうことを彼は決して忘れない。まあ動機などどうでもいい。きみたちイギリス人がよく言うように、銃はしばしば理由もなしに火を吹くということだ」

「ドイツ軍が長老に賄賂を贈っているというようなことは考えられますか？」

「ああ、しかし金《きん》ではない。長老はすでにあらゆる富を手にしているわけだからな。まあ、戦争が終結した際には、しかるべき権限を与えるからとでも約束したのだろう」

ジャスパーは驚きあきれて首を振った。

「そんなすごい長老を相手に、このわたしになにをしろと……」

ハッサン王子はパイプをゆっくり吸い、煙を味わってから答えた。「長老は知に動かされる男ではない。論理で説き伏せようしても聞く耳をもたないし、お世辞も受け付けない。ただしひとつだけ攻略点がある。彼は自分の魔力に及ぶ力を持つ白人はいないと絶対の自信を持っている。そこでわたしが、今度来るジャスパー・マスケリンという男は、すごい魔力を持っていると吹きこんでやった」ハッサンはそこで弱々しい笑みをみせた。「まあ、ちょっときみを持ちあげ過ぎたかもしれないがね。だからここはなんとしてでも、ジャスパー・マスケリンがデルビーシュの長老にひけをとらない力を持つことを証明してもらわないといけない。もしそれができなかったら……」ハッサン王子の声がしりすぼみになり、最後は風に消えた。

東洋と西洋の香りが混じり合う部屋のなかで、ジャスパーは思案した。鞄のなかにあるものを使って、なんとかデルビーシュに勝つ方法はないものか。長老を感服させるには、大掛かりなパフォーマンスが必要だ。しかし自分が用意してきたのは、まるで子どもだましの道具である。しょうがない、これでやるしかない。ジャスパーは小さな袋のなかから小道具を取り出して、あちこちのポケットのなかに忍びこませた。

それからまもなく、召使いがひとり入ってきた。長老が目を覚まし、客を迎える準備ができたと告げた。

ジャスパーは指示を仰ごうとハッサン王子に目をやった。相手は温かい笑みを浮かべている。「ジャスパー、堂々とやったらいい。向こうのはったりに気圧されないように。きみもマジックの奥義を知っているんだから」

「はい、ありがとうございます」ジャスパーは自信があるふうを装って言った。そして立ち上がり、魔法対決の場に向かっていった。

召使いのあとについて長い廊下を歩きながら、ジャスパーは先ほど忍ばせた仕掛けをひとつひとつ確認していく。袖に隠す効果的な仕掛けはないものの、少なくともポケットのなかから、なにかしら引っ張りだすことができるようになっていた。

歩いているうちに、徐々に自信が出てきた。長老はまちがいなく、すごいトリックを使うだろうが、それでもトリックはあくまでもトリックであり、そのことを忘れてはならないと自分に言いきかせた。たとえデルビーシュの民をそっくり信じこませることができたとしても、トリックを現実に変えることは不可能なのだ。ジャスパーの一族は、これまで真のマジックを求めて多額の財を費やしてきたが、その結果得られたのは、そんなものは存在しないという事実でしかなかった。

心臓の鼓動が速まった。自分は今、マジックの力を使って世界を支配してきた稀有な男と対決しようとしている。ここではマスケリンという天才マジシャン一家の名前はなんの力にもならない。自分ひとりの力で戦わなければならないのだ。

相手は角の小部屋にひとりで待っていた。しっくいを塗った壁に飾りはなく、明かりは小さな吊りランプひとつだった。デルビーシュの長老は思っていたより小柄で、ずっと年をとっていた。顔は革か日照りの砂漠のようにひび割れて皺がより、もじゃもじゃのあごひげでふちどられている。宗教的なリーダーが着る伝統的な長衣ではなく、けばけばしいサテン地で仕立てた緑のシャツを着て白いパンタロンをはいている。さらにそこにベルベットのスカルキャップ（頭にぴったり合う縁なし帽）とサンダルが加わって、まるでノエル・カワード（英国の俳優・劇作家）の芝居に登場する東洋の神秘主義者といった感じだ。長老は見るからにイライラした様子で、ジャスパーが入ってくるなり、とげとげしい言葉を連発した。

召使いがすぐさまお辞儀をし、ジャスパーもそれに習って慌てて頭を下げた。「待たせてすまなかったと謝ってくれ」召使いに命じる。「決してあなたを軽んじているわけではないと言ってくれ」

召使いに伝えてもらっているあいだ、部屋のなかをざっと見回した。この道のプロであるジャスパーの目には、今回の対決のために、部屋中に入念な仕掛けが施されているのがすぐわかった。どこにでもあるようなものがあちこちに転がっているのだが、その置き方がみな、どこかわざとらしい。部屋には窓がひとつしかなく、そこから光が差しこんでいるのだが、土を入れただけでなにも植わっていない陶製の植木鉢は、わざと光が届かない場所に置いてあるし、なにに使っているのかわからないキャビネットが部屋の隅に押しやられている。壁には先のとがった槍が一本立てかけてある。床に敷かれた東洋風のセンターラグも、センターからはずれて、おかしな位置に置いてあった。おそらくその下に跳ね上げ戸を隠しているのだろう。壁と床が接している部分を覆う額縁《モールディング》に沿って、うっすらと影がさしているのは、そこに透明な糸が仕掛けてあるからにちがいない。まちがいなく、ここはマジック対決用に準備された部屋だ。

ジャスパーの詫びの言葉を召使いが通訳し終わると、長老のとげとげしさが一瞬やわらいだ。それから長老が召使いの通訳を通して話し始めた。「あなたはこれまで様々な驚異を生み出したときいている。同席できて光栄だ」言葉ではそう言うものの、吐き出すような口調は敵意がむき出しだった。

ジャスパーはうなずいた。「あなたの素晴らしい力は、世界の人々にあまねく知れ渡っております」お世辞を言ってやる。

長老がにやりとし、その拍子にあちこち抜けた歯があらわになった。長老はさらに話を続け、それが終わると召使いが通訳した。「あなたのようにすごい力を持つマジシャンがはるばるやってきたのに残念だが、自分には今の状況を変えることはなにもできない……とおっしゃっています。異教徒は何人たりともデルビーシュの領土に足を踏み入れることは許されない。それは自分の意志ではなく、アラーのご意志なのだ、と」

召使いは再びお辞儀をした。ジャスパーがお辞儀をし、長老もお辞儀をする。

「しかし、どこかに妥協点があるはずです」お辞儀の応酬がすんだところで、ジャスパーが切り出した。「わたしの国の者たちが、どうにかして長老の広いお心とご理解を得られる道はないものでしょうか」

干からびた老人は、我慢強くきいていたが、それからいきなりイギリスを攻撃し始めた。すごい速さでしゃべりまくるものだから、召使いのほうも要点をかいつまんで通訳するしかない。「イマームはイギリスをとことん嫌っていらっしゃいます」召使いがそう説明した。

「そうらしいな。なぜなのか理由をきいてくれ」

質問を無視して、長老は相変わらず脅し文句を並べたてている。まるで中庭の噴水が水をはねあげているような調子だった。

「イマームはこうおっしゃっています。イギリスとドイツとイタリアの問題は、こちらにはまったく関係ない。もしイギリスの兵士がひとりでも聖なるアラブの土を踏んだら、聖戦《ジハード》を布告する」

ジャスパーはイギリスの退却路について説明を始めた。おそらく退却はあり得ないが、もしそうなったとしても、兄のように尊敬するアラブ人に、イギリス人が危険を及ぼすことはあり得ない、と。「ですから」と、そこで言葉を強調するように間を置く。「わが政府はその敬意のしるしとして、しかるべきものを用意しており……」

長老は最後まできかずに勝手に話を打ち切り、土の入った植木鉢のほうへきびきび歩いていった。植木鉢の正面に立つと、両腕を揺らしながら詠唱を始めた。ジャスパーは思わず惹きこまれ、じっと見入った。しばらくすると、長老がわきにどいた。するとなにもなかった鉢の上に、しなびてはいるものの、ちゃんと花を咲かせたオレンジの小さな木が生えていた。

ジャスパーは同じようなトリックを以前に見たことがあった。いや、前に見たもののほうがもっと手がこんでいた。こんなものはシャツの袖のなかに小さな木を忍ばせておけばできる。神から授かった魔力などと呼べるものではない。ジャスパーはポケットのなかからさりげない手つきでパイプを取り出すと、指をパチンと鳴らして炎を出し、それでパイプに火をつけた。そんなものがデルビーシュの最高の魔術だというなら、余裕で勝てるはずだと思えた。

長老の緑の目に怒りが燃えた。なにも持っていないことを示すために、両の手のひらを前に差し出して見せてから、それで両の目を覆った。もったいぶった動作で手をはずすと、どちらの手にも卵が載っていた。

長老は卵をじっとにらんだ。まるで眼力でそれを割ってしまおうとするかのようだ。それからいきなりふたつの卵をぶつけ合うと、結んだ手のなかに一羽のハトが出現した。長老が宙に投げ上げると、ハトは舞いあがって天井の梁にとまった。

ジャスパーは、すっかり気が楽になった。まあこれだけの基礎ができていれば、この老人もセントジョージズ・ホールのステージに立って、かろうじて食べていけるだろうと、そんなことを考える余裕まで出てきた。ハトを出す芸に対抗して、ジャスパーはカラフルなハンカチをズボンのポケットから出し、それをしばらく宙でくるくるまわしてから、結んだこぶしのなかにつめていった。一瞬の間のあと、拳を開くと、なかからハンカチと同じ色の蝶が飛び出して、ひらひら舞いながらドアの外に出て行き、廊下を渡っていった。

長老はそれに対抗して、キャビネットの上にある小さな花瓶を浮上させた。

ジャスパーは口のなかから、次々と小さな安物のアクセサリーを出してみせた。

今度は長老がキャビネットに向かって立ち、片手を差し出して招き寄せるような仕草をする。ゆっくりと手を身体のほうに引き寄せると、それに合わせてキャビネットのドアがひもで引っぱられるかのように開いていく。しかしどこにも糸は見えない。長老の手が止まると、ドアも止まる。両手を打ち鳴らすと、ドアが閉まる。ジャスパーにはこの仕掛けも見当がついた。長老のサンダルか、あるいはつま先から糸が出ていて、それがセンターラグの下に隠れているのだろう。

このころになるともう、ジャスパーは長老との対決をすっかり楽しんでいた。しっくい塗りの壁に囲まれた小さな部屋という奇妙な戦場ではあったが、兵士が戦いに臨むときに感じるような高揚と恐怖の入り混じった思いを、彼もまたこの場で感じていた。ともに舞台上のトリックだとわかっている小技を、いかにも本物の魔法であるように装って戦うのは、洗練された西洋人の目から見れば、陸軍が水鉄砲を持って戦っているのと同じ、馬鹿げたものに見えるだろう。しかし長老やその祖先らは、この場で繰り広げられているトリックとまったく同じものを使って、莫大な数の信心深い民を掌握し、長きにわたって支配してきたのだ。

さて、このキャビネットのトリックに対抗するにはどうしよう？　ハンカチをもっとたくさん出したところで、この老人が感服するとは思えない。たとえどんなに器用にやってみせたところでだめだろう。トランプも使えない。ロープの術も見え透いている。そこでふと、ウェストバンドに忍ばせておいた仕掛けピストルのことを思い出した。魔法の弾丸のトリックなら？

長老はしびれを切らしている。

ジャスパーはポケットのなかからかみそりの刃を取り出しながら、手のひらに弾丸を隠した。かみそりの刃のトリックを見せているあいだに、弾丸の仕掛けをセットするつもりだ。まずかみそりの刃で手首の皮膚にそっと傷をつけて血をもりあがらせ、刃の鋭さを長老に確認させる。それから口をあけて六枚の刃を次々と飲みこんでいく。最後の一枚を飲みこんでしまうと、もう満腹だというように、腹を撫でてみせた。

それから口のなかに手を入れて、かみそりの刃を引っ張り出していった。刃は木綿の糸でつながっている。

長老はジャスパーの手から刃を一枚つかんだ。金属の縁の部分を歯で強く噛んでみて、それから腹立たしげに床へ投げつけた。

ジャスパーはにやっと笑った。「お口に合いましたか？」

召使いはその言葉を通訳する愚は犯さなかった。

長老はセンターラグのほうへ向き直り、両腕を前につき出した。腕を上にあげていくと、布のラグが板のように固まって床から離れた。ジャスパーは天井から糸が下りてきていないか目で探してみたが、見えなかった。そこで、すっかり魅了されたように後ずさった。

長老はそのまま腰の高さまでじゅうたんを浮かび上がらせた。

これにはジャスパーもさすがに感心した。この空中浮遊も、キャビネットの術も、おそらくどこかに隠れているアシスタントの力を借りているにちがいない。しかしそれにしても、じつに見事なイリュージョンだった。ジャスパーはそのまま後ろに下がっていくうちに、背中がしっくい塗りの壁にあたった。

長老はラグを凝視して、胸の高さまで浮上させている。

ジャスパーはかみそりの刃でしっくいに小さな穴を開け、壁から落ちるしっくいの粉を手のひらで受け止めた。十分な深さまでほると、そこに弾丸を押しこんだ。もしこの弾が落ちなければ、空飛ぶじゅうたんのトリックに勝つことができるはずだ。

長老はセンターラグを床に下ろした。

ジャスパーは心から感心したふりを装ってうなずいた。それから手をシャツの下に伸ばして、仕掛けピストルを取り出した。

長老は撃たれるものと誤解し、恐れおののいて後ずさりを始めた。

「いえいえ、心配には及びません」ジャスパーが言ったものの、老人は理解できないようで、恐怖に膨れ上がった目でピストルを凝視している。長老が護衛を呼ぼうと口をあけかけたそのとき、ジャスパーは手際よく、自分に銃口を向けた。

長老はほっとしたものの、ジャスパーとの距離をあけたまま警戒して見守った。

ジャスパーはブッシュジャケットから空弾を六個取り出してピストルに詰める。それから左手を広げて見せ、その二十センチ手前に、右手に持ったピストルを構え、銃口を左の手のひらの真ん中に向けた。深く息を吸いこんで目を閉じ、それから顔をしかめて、引き金を引いた。

通訳の召使いは床に膝をついて、祈りの言葉を唱えた。

そこでジャスパーは左手を差し出して見せた。赤いみみず腫れが手のひらの中央にあるだけで、怪我をしている様子はない。弾丸はたしかに手を突き抜けたように見えた。壁のほうへ向かおうとする長老を追いこして、ジャスパーは弾丸を埋めた場所へ行き、壁から大げさな演技で弾丸を取り出すと、調べてもらおうと長老に差し出した。

「今日の記念に、おひとつどうぞ」

長老はジャスパーの手をはたいた。落ちた弾丸が床の上を転がっていく。長老は怒りに顔をゆがめ、しわがれ声でなにやらつぶやきだした。

やりすぎてしまったことに、ジャスパーは気づいた。

長老はジャスパーを指差して激しい口調で叫んでいる。

恐怖に固まった召使いが、ふるえる声でそれを訳した。「イマームは……偉大なるイマームはこうおっしゃっています。おまえは詐欺師だ。出て行け。イマームの怒りといっしょに……だが、そのまえに、本物の魔術を見せよう。おまえがイマームのことを決して忘れないように……」

ジャスパーは歯噛みをした。失敗だ。調子に乗りすぎて、大事な任務を台無しにしてしまった。

長老は長い鋼鉄の槍を手にとって頭上に掲げた。それから目を閉じて、眠りを誘うような単調な詠唱を始めた。

詠唱が終わると目をあけて、ジャスパーをかっとにらんだ。長老はおろおろするジャスパーに視線を釘付けにしたまま、槍を下ろしていき、その向きを変えた。槍の鋭い先端が長老の腹に押し当てられる。それから彼の目つきがやわらかくなった。何も知らない白人の男に同情するかのように。

その瞬間、長老がなにをしようとしているのかが明らかになった。

ふいに長老は恐ろしい叫びをあげながら、壁に突進していった。

「やめろ！」ジャスパーは叫び、長老を止めようと前に飛び出した。

槍の石突が壁にあたり、槍の先が老人のきゃしゃな身体を深く突き刺した。老人はうなり声をあげながら、槍をさらに深く突き刺して自分の腹をえぐろうとする。槍の先がサテン地のシャツの背中を切り裂いて飛び出した。

ジャスパーの身体が麻痺して、振り上げた手が宙で凍りついた。

召使いは床に膝をつき、声をあげて泣いた。

ジャスパーはふるえていた。もう伝説を信じないわけにはいかなかった。数年前に、きわめて残虐な話をきいたことがあった——高位の聖職者の子として生まれた男児は、儀式で身体を刺し貫かれると言う。臓器が傷つかないよう慎重に、ちょうどヨーロッパの女性が耳たぶに穴を開けるのと同じように。この儀式を生き延びた子どもの体には、体内に傷跡が固まった通り道ができ、そのなかで鋭い物を回転させることができると言う。きいたときには、そんな野蛮な話があるものかと思ったが、いま目の前にその生きた証拠が立っている。

従来のマジックの範疇《はんちゅう》からは外れるものの、これまで見たどんなマジックよりもすごかった。自分のステージトリックのどれをとってもこれに匹敵するものはない。

恐れ入った召使いがすすり泣きながら通訳をする。

「これこそ白人の男には決してなしえない魔術だと、イマームはこうおっしゃっています。こうして槍に身体を貫かれたままでも、おまえの軍隊がアラブの地に足をつけたら、徹底的に交戦する」

そこでいったん言葉を切り、悪魔払いをするかのようにさっと祈りを捧げてから言った。「長老はあなたの手で槍を抜いてほしいと言っています」

ジャスパーは落ちこんだ気分をなんとか隠そうとした。絶望的だ。今後もし、カイロ撤退の命が下れば、イギリス人兵士の血が流れて砂にしみこむ。今は、無事にこの場を逃れることと、トブルクの守備隊がロンメルの攻撃を食い止めてくれることを祈るばかりだった。ジャスパーは槍の柄をつかんで強く引っ張った。じりっと動いた。ねじってもう一度引っ張ると、さらに数センチほど動いた。

長老は汗を浮かべてうなっているが、痛みはまったく感じていないようだった。

一度に二、三センチずつ、あたかも脂肪の万力のあいだから引っ張り出されるように、少しずつ槍が出てくる。そして最後の数十センチは、一回でするっと老人の身体からすべり出た。

ジャスパーは顔をしかめて、槍を持ち上げてたしかめてみた。不思議なことに血は一滴もついていない。長老の破れたシャツに目をやっても、そこにもやはり、一点の染みもなかった。ふいにある記憶が頭の隅をひっかいた。これはトリックだ……前に一度きいたことがあった。そうだ、祖父からきいた話だ。大雑把な説明だったが、よく覚えている。今世紀最高のマジシャンと言われた男が、自らを砂漠のマラブーと称してミュージックホールで行ったマジック。それはロンドンの近郊ではかなりの成功を収めていたものの、ロンドンではしくじって、仕掛けがばれてしまった。革のベルトに仕掛けがあったのだ。

長老は手を傷の上におき、勝ち誇ったようにジャスパーに語りかけた。

ジャスパーはうやうやしく槍を返しながら、長老がそれを受け取る際に、さりげなく相手の脇腹にさわってみた。

長老はまるで悪魔に触れられたかのように後ろに飛びのいた。

しかし遅かった。人間の肉ではない、固いものの感触があった。やっぱりそうだ。これもまたミュージックホールのトリックと同じだった。古典的なマジックのバリエーションに過ぎないのに、あまりに完璧な演技と場のしつらえにすっかり騙されてしまった。これだけ長い年月をステージに立ち、数え切れないほどのパフォーマンスを演じておきながら、こんなところであっさりひっかかってしまうとは……。ジャスパーは自分の馬鹿さ加減に声をあげて笑い出しそうになり、それをこらえようと唇を噛んだ。

長老はまだ偉そうにしゃべっている。

ジャスパーはそれを無視して、次に自分がどう出るべきかを考えた。今の槍のパフォーマンス以上のものを見せることはできない。今手近に持っている仕掛けだけではとても無理だ。しかしときにはきっちり計算されたトリックよりも、演技が物を言うことがある。そう、はったりという手が。

召使いのほうを向いてジャスパーが言った。「長老に伝えてくれ。わたしはこんなくだらないトリックには心を動かされないとね」

召使いがあんぐりと口を開いた。「できません」召使いは懇願してきた。「そんなことを伝えたら

「……」

「言うんだ。でないときみはわたしに逆らったと、ハッサン王子に言いつけてやる」

召使いは身をすくめ、床に目を落としてジャスパーの侮辱的な言葉を通訳した。そして言い終わるなり、ぎゅっと縮こまった。まるで偉大な魔法使いの怒りがわが身にふりかかってくるのを予期しているようだった。

長老は目をいからせて、ジャスパーをののしった。

ジャスパーは挑戦的な態度で腕を組み、一歩もひかない。そして大きな声で召使いに命じた。「ネタは割れていると長老に言ってくれ。その腰周りにつけた革が、槍の通り道だ。槍は曲がるようになっていて、そのなかを通っていく」

召使いがジャスパーの言葉を通訳し始めると、最初の二言、三言をきいて長老が召使いをだまらせた。まるで冬が春になり、夏がきたように、長老のぎらぎらした目つきがやわらいで、穏やかで丁寧な声が響いてきた。

おどろいた召使いは長老の降参の言葉をつっかえながらジャスパーに伝えた。「ち、長老がおっしゃるには……あなたはすばらしい魔術の使い手だと」ジャスパーはありがたくうなずいた。「長老はあなたがテストに合格したとおっしゃっています。つまり、あなたも自分と同じ高い身分に属することが……」

ジャスパーは、ここで勝ちを実感した。年老いたペテン師は、いまさらわが民の前でトリックを暴かれる危険を冒すわけにはいかなかった。もし長老の力が単なるトリックにすぎないことがみなに知れたら……。

「……偉大なる男同士のあいだには必ずや友情の絆が……」

ジャスパーはこれで停戦だと思って、態度をやわらげた。

「わかります。わたしと同じようにあなたを尊敬しているイギリスの兵士たちを、長老はこの土地に喜んで迎えてくださることでしょう。そして必要があれば、水や食糧も補給してくださるはずです」

長老も応じるしかなかった。ふたりのマジシャンは固い握手を交わし、永遠の友情を誓い合ったが、どちらも相手から目を離そうとはしなかった。

ジャスパーはくるりと後ろを向いて、意気揚々と部屋を出ていった。立派に任務を成し遂げたことで気分が高揚していた。廊下のなかほどまできたところで腰をかがめ、自分が持ってきた機械仕掛けの蝶を拾いあげた。

その夜、作戦の成功を喜んだハッサン王子は、ジャスパーにまるまる三回も同じ話をさせた。踊り子たちの熱心な踊りも無視して、話が繰り返されるたびに王子の笑い声は一層大きくなっていく。

「わたしの哀れな通訳が、二度と仕事に復帰できないのではないかと心配だよ」そう言ってハッサン王子は、あのまじめくさった召使いの通訳が恐怖に膝をついた光景を想像し、目尻に涙がにじむまで笑った。

夜になるとジャスパーはハッサン王子の護衛のもとで安心して眠りについた。

翌朝、ジャスパーは裏門から帰路についた。門を出る前に、ハッサン王子と中庭を歩きながら、噴水の上にある木製の輪でできた彫刻について、宗教的にどんな重要な意味があるのかときいてみた。

ハッサン王子は一瞬、怪訝な顔でジャスパーを見たが、なんのことかすぐにわかったようだった。

「ああ、あれがデルビーシュの神秘的な風習に関係があると思ったのか。わたしだってきみと同じで、そんなものはまったく信じちゃいない。あの輪はわたしの実験なんだ。噴水の水力によって生み出されるエネルギーと、あの輪の重量とのバランスをうまくとれば、永久機関を作ることができるのではないかと思っているんだ。いまのところは残念ながら……」

ジャスパーはおとぎ話のような馬車のなかで、戦争の現実にひきもどされていった。

3 カモフラージュ部隊、結成

こうしてジャスパー・マスケリンは〝戦場のマジシャン〟としてデビューを果たしたが、そのあいだには次のような戦況の変化があった。

四月三十日、エジプト標準時の午後六時三十分、トブルクの守備隊が日中を汗だくで過ごした防空壕から、まさに外へ出ようとしたそのとき、ふいにドイツ・アフリカ軍団の猛撃が始まった。ドイツ空軍の急降下爆撃機シュトゥーカと、巨大な大砲による弾幕射撃をバックに、ドイツ陸軍の戦車隊が南西の外郭防御陣地の一角に幅五キロ、奥行き三キロの穴をあけた。しかし、連合軍は〝情け知らずのミン〟と渾名《あだな》されたオーストラリア人のレスリー・モーズヘッド少将率いる部隊が奮闘し、その夜はかろうじてトブルク陥落を阻止した。

カイロでは、イギリス陸軍司令部となっているグレイ・ピラーズで、エジプトから撤退する準備が始まった。数百台の輸送車輌が集結地点に移動。撤退予定者たちに食糧を分配し、水の缶を満杯にして封をした。家族や女性職員は全員退去するようにとの命令が出された。五月二日、シリアのイギリス軍情報部より、デルビーシュの長老が態度を軟化させ、撤退に協力の姿勢をみせたとの報が入った。そして退却路が確保されると、あとはトブルクの戦況を見守る以外、軍はなにもできなかった。トブルクが陥落すれば、撤退を始めることになる。

ナイル川流域で戦争が始まることを見越して、地元の株式市場では株が暴落し、食品の価格が急騰した。ヨーロッパ人はどんなに安い値でも、喜んで自分の車を売った。小売店主はドイツ語を走り書きした看板を用意したが、当座のあいだはそれをカウンターの下に隠しておいた。さらにエジプト軍内では、反イギリスの立場をとる自由将校団員が秘密裡に会議を行い、若いふたりの将校、ガマル・ナセルとアンワル・サダトがドイツを迎え入れる準備を整えた。

良港のトブルク港を巡る激しい戦いは、昼夜を徹し、五日間にわたった。五月四日には両軍ともに消耗。ドイツ・アフリカ軍団は千人の兵を失い、要塞の突出部を突破できなかった。一方、それに対抗するイギリス軍のモーズヘッドの部隊にもドイツ軍を撃退するだけの力はなかった。ついにはロンメルも上官からの命令を受け、トブルクの再攻撃を中止して現在の位置で包囲体制を敷くことになった。一方イギリス軍は〝トブルク・フェリー〟と称して、動きの速いイギリス海軍とオーストラリアの駆逐艦を使って、アレクサンドリアの港から夜間に物資を運ばせた。長期間にわたるトブルク包囲戦が始まっていた。

ここにきて初めて、快進撃を続けてきたロンメルが壁にぶつかった。名将の伝説に傷がついた。当面のあいだナイルデルタに危険はないと人々は判断した。ヨーロッパ人たちは高い値で車を買い戻し、株価は再び上がり始め、小売店主はドイツ語の看板をしまった。西方砂漠軍の将校たちはすっかり安心して、ナイル川中州の社交地、ゲジラに出かけて、競馬やクリケットの試合を楽しむ計画を立て始めた。また昔に逆戻りだった。

ロンメルの血のにおいを嗅ぎつけたチャーチル首相は、ドイツ・アフリカ軍団が補強される前にロンメルを叩くようにウェイベルをせっついていた。折りしも海軍の護送船団がイギリスからマチルダ戦車を運ぶ途上にあり、それが到着したら即、攻撃に出るよう命じていたのだ。しかし五月一日に到着した二百三十八台の戦車は、防砂用のフィルターもついておらず、砂漠の戦闘に耐えられるものではなかった。ウェイベルは、これでは六月中旬以前の攻撃開始など無理だと考えたが、それでもなんとかしなければと、とりあえず〝ブレヴィティ（簡潔）作戦〟を発動することにした。これは来たるべき本格的な攻勢のための陣地を確保しようという限定作戦だった。

このブレヴィティ作戦においてマジシャンの出る幕がないことは明らかだった。しかしビーズリー大佐は、ダマスカスでのジャスパーの成功をとても喜んでいて、どうやって長老を負かしたのか、そのタネ明かしの報告がないのが内心不満だったものの、戦場でマジックを活用するというアイディアにすっかり魅了されていた。ただしそんな考えが、一般の軍人には受け入れられないことも知っていた。きっと鼻で笑われるにちがいない。そんな連中を説得しようとむなしい努力をするよりは、いっそのことジャスパー・マスケリンに自分の部隊を持たせ、好きにやらせてみた方がいいと考えた。ビーズリー大佐は、これならマジシャンを確実に厄介払いできるからと、軍の正式な組織とは別にジャスパーの部隊を置くということで、軍の許可をとりつけることに成功した。そのお返しにジャスパーは、エジプトに駐屯するイギリス部隊にマジックショーをみせることを約束した。

表向きはジャスパーの部隊を、〝カモフラージュ実験分隊〟として、中東における全カモフラージュに責任を持つジェフリー・バーカス少佐の指揮下に置くものの、実際にはジャスパーに自由裁量を与え、彼がこれまでよく口にしてきた途方もないイリュージョンを実際の戦場で試すことができるようにしたのである。

五月の一週目のうちに、ジャスパーとフランクは、カイロの郊外、アバシアにテントを張った。グレイ・ピラーズから遠く離れた、そんなところに軍の分隊があるなどと、だれも思わないだろう。人材を集めるために、フランク自らが宣伝マンとなった。マジシャンのジャスパー・マスケリンが、これまでの軍隊にはなかった、新しい部隊を組織しようとしているという情報を、ナイル川流域の隅々にまで流したのだ。この情報が魅力的に響くよう、フランクはさらに味付けをした。このまったく新しい部隊は、砂漠で死闘を繰り広げるようなこともなく、決まった隊形もなく、査察もなく、ちゃんとした食事ができ、軍規にしばられることもない。フランク個人としても、実際にそういう部隊にしていきたいと考えていた。

ジャスパーは、軍の規則にがんじがらめになって創造性や独創性をはぎとられていない男たちを集めたかった。規律を重んじる態度は必要条件としない。行進や敬礼の仕方を知らなくても、豊かなアイディアを出して、進んで働く者が欲しかった。

指定された日には、七十二人の実に種々雑多な男たちが集まった。なかにはひやかし半分でやってきた者もいたが、そのほとんどは切実に身を落ち着ける場所をさがしていた――というのも彼らはみな、今のポジションでは落ちこぼれだったからだ。映画のスタントマン、調香師、眼鏡屋、クリケットの選手、漫画雑誌の挿絵画家、それに政治家もふたり混じっていた。なかには人の心が読めるという軍曹もいたが、彼はフランクがこう言って丁重に断った。「心が読めると言うなら、なぜおたくを採用しないか、言わなくてもおわかりだろう……」応募者の列に並んでいたある伍長は面接が待ちきれず、まるでトイレの順番待ちに並んでいるような気がしたと言う。

応募者全員の面接が終わって、そのなかの五人を実験分隊で採用することになった。ジャスパーは、最初のメンバーの人数は最小限に抑えようと決めていた。少人数のほうが統率がとりやすいし、もっと必要になれば、あとからすぐに増やせることがわかっていたからだ。

そんなジャスパーが真っ先に採用したのが、マイケル二等兵。世慣れた歩兵といった感じで、これまでどんなことをやっていたかときかれて、こうこたえた。「金さえぽんともらえれば、なんでもやった」年は二十歳、荒っぽいタイプのハンサムで身長百七十センチ。引き締まった身体をしている。鉄釘をぎっしり袋につめ、それをあちこちしぼって男らしい体型に整えていったような感じだった。顔立ちはシャープだが、各部が互いにうまく補い合っていて、緑の目と、規則よりずいぶん長めの砂色の髪が見事にマッチしていた。

「たとえば、どんなことをやっていたんだい？」フランクがきいた。

マイケルは息を吸って考える。物怖じする様子がまったくない。

「たとえば」と自慢げに言う。「物を借りてくる。ただし期間は永久。靴や自転車なんか。機に乗じるっていうか。まあ、それがたたって、今ここにいるってわけです。ここに来るか、それともワークハウス（軽犯罪者用の作業所）に行くか、どっちか選べと言われたんで」

若い兵士の威勢のいい話っぷりに、ジャスパーはうれしくなった。こういう男は、どこにいっても、楽な人生は送れないだろう。しかしこの男には、物事に果敢に立ち向かっていく力がある。いつ結果が出るともわからない、長く辛い戦いを続けていくことができそうだ。フランクのほうはこの無作法な兵士に、初めから相性の悪さを感じているようだった。しかしこの分隊には、正しい方式や手続きといったものを無視しても、なにがなんでも任務を遂行しようとする骨のある人間が必要だった。そしてマイケルは、まさに規則や規律に縛られずに事をやり遂げる若者にちがいなかった。

マイケルは四月初めにはすでにエジプトに到着していたが、いまだに待機中の身だった。本来彼が所属するはずだった部隊は、ロンメルの攻撃にさらされて総崩れとなり、まだ再編されていなかったのだ。

「おかしな話だよ」マイケルが言う。「おれはここにいるってのに、隊のほうが消えちまった。兵士を見捨てていく軍隊なんて初めてきいた」

ジャスパーが、自信満々の二等兵マイケルの名前をリストに載せると、フランクが深いため息をついた。なにもかもうまくいってるってときに、なぜかトラブルを引き起こすやつがいる。それがきっとこのマイケルにちがいないと、いやな予感がしたのだ。

セオドア・アルバート・グレアムは二十八歳の大工で、通称は〝ネイルズ（釘）〟。兵站部で戦車の修理をしていたときに、ジャスパーの分隊の隊員募集を自分へのお告げのようにきいて、すぐさまアバシアへ駆けつけた。「おれは物をつくる人間であって、修理屋じゃない」と言って、〝鉄の棺《ひつぎ》〟のなかで働くのをひどく嫌っていた。彼もジャスパーと同じように、家業を継承してきた三代目であり、自分の腕に大きな誇りを持っていた。「木を素材になにかを作るっていうのは、絵画やステンドグラスと同じ、芸術なんだ」ネイルズは言った。「芸術家と同じように、こっちも頭と手を使ってる。ちがうのは、おれの作ったもんは、ちゃんと使い物になるってだけだ」

ネイルズはがっしりした体格で、背は百七十七センチ。のっぺりした不細工な顔つきで、短く刈りこんだ生真面目そうな髪形をしていた。ウェイベルの陸軍を丸ごと運べそうな広い肩幅を持っていたが、ジャスパーが最も目を奪われたのは、彼の手だった。あちこちにタコのできた大きな手だが、その先に、意外なことに、ほっそりした長い指がついている。それがまたひどく繊細な指だった。肉体労働者の手と名工の指を兼ね備えている。フランクの目には、この男自体が、頼りになる道具のように映った。

ジャスパーは、ネイルズのような男こそ、この部隊で大事な役割を果たすことになると思っていた。壮大なプランを練り、とてつもないアイディアを考え出すのと、プランをもとに実際に完成品を作り出すのは、まったく別の話だ。ネイルズになら、この製作のプロセスを安心して任せることができるだろう。

そしてネイルズが必要とする図面作りには、眼鏡をかけた漫画家のウィリアム・ロブソンが適任と思われた。この平和主義者が描いた漫画は、戦前しばしば、『パンチ』のような風刺雑誌に掲載された。ジャスパーは、この二十九歳の漫画家の作品を知っていて、大雑把なスケッチからすぐさま完成見取り図を描きあげる才能に感服した。

ビル（ウィリアムの愛称）は百八十センチを超える長身で、とても痩せていた。身体の各部が独立した生き物のようで、歩くときにはそれぞれがなんとか同じ方向を目指そうと努力しているかのようだった。それに加えて視力が非常に弱いということもあり、舷窓《げんそう》のように分厚いレンズの眼鏡をかけているにもかかわらず、歩く時はいつでも首を前にのばしていた。ぶつからないよう、目の前の障害物に気をつけているつもりらしいが、それでもしょっちゅうつまずいていた。

面接のときに、フランクは彼にきいた。平和主義者なのに、なぜ残虐な戦場のどまんなかにやってきたのかと。するとビルは蚊の泣くような声で答えた。もう少し大きな声で、とジャスパーが頼むぐらいに小さな声だった。「望んでここにいるわけじゃない」ビルは言った。「だれも傷つけたくはない。けれどドイツに屈服するのはもっと嫌なんだ」ビルが本音をきかれたのは、これが初めてだった。

五人のなかで、唯一芸術家といえるのが、上等兵のフィリップ・タウンゼンドだった。彼は戦争が始まる前は、ずっと油絵を描いて生活していた。「色についてわたしが知らないことはない」と自信たっぷりに言う。「すべての顔料についても、混ぜ方についても熟知している。それによく働く」

ジャスパーの分隊への転属を希望した理由をたずねられるとこう答えた。

「上官の少佐がどうしようもない馬鹿だった。やつが知っているのは床を磨くことと、ドイツ人を殺すことだけだ。ドイツ人をモップで殺すときは、やつに教えてもらうといい。わたしはもう限界だった。だからここに異動の希望を出した。採用してくれたら、ひとりで仕事をさせてほしい。仲間とはうまくやっていけるだろうし、隊のためにすばらしい仕事をしてみせる」

フィリップは気むずかしいアーティストといった雰囲気を全身からにじませていた。目鼻立ちのはっきりした地中海人特有の褐色の顔には温かみが感じられない。大理石に刻めばそのままローマ彫刻になりそうだ。「まわりの人間とうまくやっていけるだろうか」とジャスパーは胸の内を思わず声に出してしまった。「ほっといてくれればだいじょうぶ」フィリップが答えた。「ひとりで仕事に没頭したい。ここにやってきたのは、好きこのんでじゃないし、友だちを作るためでもないんでね」

ジャスパーは、この扱いにくそうな男を採用するのは最初は気が進まなかった。しかし彼ほど完璧に彩色と遠近法について知っている人間、すなわちカモフラージュ部隊で必ず役に立つと思われる人物は、ほかの応募者のなかにはみつからなかった。スケッチブックの絵を見て彼の能力を確認したジャスパーは、フィリップに賭けてみることにした。「きっとしばらくすれば角もとれてくるだろう」ジャスパーは希望的観測をもらした。

フランクはそうは思わなかった。「これまで出会った人間で、笑顔を見るのに予約が必要なのは彼ぐらいだ」

ジャック・フラー軍曹は、この部隊に志願してきた数少ない普通の軍人のひとりだった。二十一歳の誕生日に入隊し、十九年の軍隊生活のうち最後の七年を中東で過ごしていた。第一次世界大戦に参加できなかったことを残念に思いながら軍隊生活を送っているうちに、気がついたら今回の戦争では軍需物資管理の部署に回されていた。規則や規律を徹底的に重んじる彼は、軍の運転免許を持っていることもあって、上官から重宝がられた。そのために、実戦部隊に配属されたいというジャックの要望はいつも却下された。そんなときにジャスパーがまったく新しい隊を組織するという情報を耳にした。ジャックはぴしっと糊をきかせた軍服に身を包み、シュッシュと音をさせながら面接に参加した。

この通常の軍隊とはおよそかけはなれた分隊では、ジャックのような人物は砂漠に置かれた鯨のように場ちがいだったが、カイロの情報、地元の言葉、それに軍隊の手続きに関する知識は得がたいものだったので、ジャスパーは彼の入隊を決めて転属申請を出すことにした。

「申請が通ったら、喜んであなたをわが分隊にお迎えしましょう」そう言って祝いの握手をしようとジャスパーは手を差し出した。

ジャックはいきなり気をつけの姿勢をとり、肩甲骨がくっつきそうなぐらいに背をそらせ、見事な敬礼をしてみせた。「サー！」

ジャスパーはそれに対し、どことなく弱々しげな敬礼を返した。ジャック・フラー軍曹が完璧なまわれ右をして行進するようにテントを出て行ったあと、フランクが不満げにきいた。「いったいどうして、うちの分隊に〝軍人〟を入れたんだ？」

ビーズリー大佐が人事の手続きをすませると、五人の入隊者はすぐにアバシアの野営地に行って仕事の準備を始めた。そこで最初に気づいたのは、自分たちにはなにもすることがないということだった。各部隊の任務は、毎回司令部の正式ルートを通じて指示される——しかしこのルートから、マジックが専門などという部隊ははずされた。もう少し余裕のあるときなら、下級将校のだれかがちょっとした仕事をジャスパーに任せてくれたかもしれない。しかしドイツ軍の攻撃が間近に迫っている今、マジシャンになど用はなかった。ここはのどかなファーナムの町とはちがうのだ。

ジャスパーは再び司令部があるグレイ・ピラーズに乗りこんだ。しかし、今回も以前と同じように、マジシャンとしての名声が仇《あだ》になった。会おうと言ってくれた数少ない将校にも、たいていはおもしろい手品を見せてくれと頼まれるばかりだった。

カモフラージュ分隊に新しく入ったメンバーたちにとって、辛い時期だった。ほかの部隊がみな必死にブレヴィティ作戦の準備をしているいっぽうで、こちらはテントの前でおしゃべりをして、暑い日ざしに身体を焼くだけの毎日だった。殺したハエの数をこまめに記録にとって数を競い合う競争もした。マイケルは競争を始めるにあたって、「殺すだけじゃだめだぞ。きちんと死体の数を数えるんだ」とルールを説明した。

フランクはうんざりだというようにうなった。

「フランク、このハエと同じ運命をたどるのは味方か、敵か？」マイケルがやけに真面目な口調で言った。

ジャスパーはなんとか隊員たちをなだめようと心を砕いた。

「諸君が仕事をしたい気持ちはよくわかる。このわたしだってそうだ。しかしわが分隊は軍ではまだ新顔だ。われわれの存在が広く知れ渡るにはそれなりの時間が必要なんだ。もうしばらくの辛抱だ」

「そうとも、ローマは一日にして成らずだ」フランクが加勢した。

「少なくとも、グラツィアーニがローマ建造にかかわっていればね」ビルが皮肉を言った。

時間はたっぷりあった。互いの生い立ちやこれまでの経験を語りあったり、ユーモアのセンスを競ったりしていくうちに、そこそこの連帯感も芽生えてきた。部隊としてまだなにかを成し遂げたわけではないが、退屈な毎日をともに乗り切ろうという点では、一致団結していた。やせ型のマイケルが分隊一のいたずら者としてやんちゃぶりを発揮し、ネイルズがまじめな監督役になった。ビルは一見ひ弱そうだが、マイケルが考え出したいたずらになんでも喜んで乗って、ときには自ら仲間を扇動することもあった。ジャックは分隊の補給係将校といった役まわりで、正規軍と同じ軍規をここでも徹底しようとしたが、それがむなしい戦いであることもわかってきた。そんななか、絵描きのフィリップだけが仲間と打ち解けず、他人からどう思われようと一切気にしないという態度を通した。

男たちの好む話題なら、なんでも口にのぼったが、行き着くところは決まって戦争と女の話だった。軍司令官としてのチャーチルの力量を信じているものはひとりもいなかったが、それでも首相を支持するのは愛国者の義務だという点でみんなの意見は一致した。ところが女の話となると、簡単には意見が一致しない。ある午後、ジャックが「男には、自分の後ろに一歩下がって立つ忠実な女性が必要だ」ときっぱり言い切った。「当然だろ」

「その通り」マイケルが混ぜっ返す。「だまっていても夕食を運んでくれるような女じゃないとね。だが、女と車を並べてどっちか好きなほうをとれと言われたら、おれはいつだって車のほうを取る」

「本気で言ってるのかい」とネイルズ。

「本気さ。いい車はおれの好きなところへイカせてくれるが、女のほうは、おれのイキ先を勝手に決める」

ひとしきり笑い声があがったあとで、ビルが文句を言い出した。「マイケルになにか言って、素直に返事が返ってくるためしがない。壁と話したほうがまだましだ」

「誤解しないでくれよ。おれだって女は好きだぜ」マイケルはにやにやしながら付け足した。「さあどうぞと差し出されりゃ、好き嫌いを言わず、そっくりいただくことにしている」

ここでもフィリップだけは超然としていた。七人しかいないメンバーのなかで、最後まで孤立していられる人間がいるとしたら彼しかいない。それでもときどき、ちらりと身の上話をするようなこともあった。フィリップは褐色の髪の女と結婚し、幼い男の子がひとりいた。一度ひどく機嫌が良かった日に、妻と子の写ったしわだらけの写真をみんなにまわして見せたことがあった。魅力的な女が男の子を腕に抱いて、白いフェンスのある家の前に立っているのだが、女も子供も、どちらも笑ってはいない。女のほうは、こうして写真の被写体になってポーズをとっているのさえ骨が折れるといわんばかりの表情。フランクはまわってきた写真をしげしげと眺めたが、どう見ても男が戦場に思い出の品として持ちこむような代物《しろもの》ではなかった。

五月十日、ジャスパーはカモフラージュ分隊に任務をもらおうと、グレイ・ピラーズに嘆願に行った。そのあいだ分隊のメンバーはいつものように冗談を言い合って一日をやり過ごしていた。ちょうどその日、世の中では奇妙な事件が起こっていた。ナチスの副総統としてヒトラーの副官を務めるルドルフ・ヘスが、特別仕様のメッサーシュミット一一〇型に乗って、ドイツのアウグスブルク飛行場から飛び立ち、北海を渡ってスコットランドはグラスゴー近郊のピーターーズフィールドに向かった。うわさによれば、ルドルフ・ヘスはイギリスで平和条約を結ぼうとやってきたらしい。ヘスは、故障した飛行機からパラシュートで降りてきたところを捕えられた。そのときには、自分はアルフレッド・ホーンだと名乗ったが、すぐに身分を明らかにした。

最初はチャーチルも、そのパイロットがほんとうにナチスの副総統であるとは信じなかった。映写室に向かいながら側近に言った。「たとえそれがヘスであろうとなかろうと、今はマルクス兄弟ったが、ヘスの身分が確認されたあとでも、彼の和平の申し出をチャーチルは本気にはしなかった。ヘスは捕虜として抑留された。

この奇妙な事件があってから、ヒトラーはゲシュタポに命じて、ドイツ国内にいる占星術師とオカルト信仰者のほとんどを逮捕させ、どんな形であれ占いをすることを禁じた。

ヘスが捕虜になったことがわかってからしばらく、エジプトではヘスの目論見について、いろいろな憶測が飛びかった。ヒトラーの対応からすると、占星術がかかわっていることは明らかだった。ナチスとオカルトのつながりについて、みなが興味津々になるのも無理はない。その結果、ジャスパーはオカルトについて、次々に質問を受けることになった。将校たちはみな、オカルトとマジックを短絡的に結びつけ、ジャスパーがその方面のエキスパートだと考えたのだ。ジャスパーも、祖父や父が財を費やして、神秘主義者たちのいかさまを暴露してきたので、その手のことにもたしかに精通してはいた。しかし神秘主義をナチスがどれだけ問題視していたかは、まったくわからなかったし、それはだれも同じだった。

ヒトラーが鉤十字をシンボルにして急速にのし上がってきて以来、その国家社会主義体制の維持において、魔術や神秘主義が重要な地位を占めているのではないかとの憶測が生まれていた。ナチスをみると、謎めいたトゥーレ協会（ミュンヘンで設立されたオカルト研究団体）、ユダヤ人排斥運動、反共運動など、カルト集団に共通する側面はたしかにあるし、党の全階級組織の多くの人間が神秘主義的な術を信じていた。ヒトラーが白魔術、黒魔術、神秘学についてかなりの知識を有していたのもたしかだ。はたして彼がそれをほんとうに信じていたのか、あるいはただ単に人心を操る手段として利用していただけなのか、そのあたりについて正確なところはわかっていない。

ヒトラーは、有無を言わせない統率力こそ、人心を掌握する術であると考えていたので、ジャスパーのようなマジシャンはナチスにはいなかった。それでもどこかに、神秘的な力に頼りたいという気持ちもあったのだろう。一九三八年にドイツ軍がオーストリアに進撃した際、ヒトラーは〝ロンギヌスの槍〟とともに、ひとりきりの部屋で数時間を過ごした。それはイエスが十字架にかけられたとき、ローマの百卒長ロンギヌスがキリストのわき腹を刺して、苦しみから救ったと言われている槍だった。この槍を操るものは世界の運命を支配するという伝説をヒトラーが知っていたのは明らかだ。彼はオーストリアのホーフブルク宮殿から密かにそれを持ち出して、ニュルンベルクの街路下にある金庫室にしまっていた。

戦前のイギリス情報部の報告によると、ヒトラーは五人の占星術師のチームを作り、重大な判断を下すときは、必ずこのチームに相談をしたという。イギリス陸軍省は、ルートヴィヒ・フォン・ヴォールをこのチームに潜入させた。ルートヴィヒはドイツの有名な占星術師で一九三五年にロンドンに移住していた。ドイツの占星術師たちがヒトラーにどんなアドバイスをするのか探ってほしいと彼は依頼され、一九四〇年のもっとも不安が高まった時期に、ドイツはイギリスには侵攻しないと予想し、その通りになった。ほかの占星術師たちが今は侵攻にふさわしい星回りではないと占うことがわかっていたのだ。ルートヴィヒは戦争の後期になると、それとなくプロパガンダを盛りこんだ占星術の雑誌を編集したが、これはドイツの諜報部にあっけなく見破られてしまった。

ヒトラーの雇った占星術師についてはほとんど知られていないが、そういうチームがあったことは驚くに値しない。魔術や超常現象は、古くからドイツの歴史の一部に組みこまれていた。十六世紀には神聖ローマ帝国の三百の領邦で、十万人以上の人々が魔法を使ったかどで、拷問を受け火刑に処せられた。拷問のひとつに〝祈りの腰掛〟という、とがった鋲をびっしり打った長方形のベンチを使うものがある。囚われた者たちはこのベンチの上にひざまずかされ、耐え切れなくなって罪を告白した。一度罪に問われると、抵抗しても無駄だった。バンベルクの市の役人は、娘に宛てて、身を案じてくれた看守の勧めにしたがって、ありもしない罪を告白してしまった旨の手紙を書いている。

「とにかく自分が魔術を使ったと認めない限り、あらゆる拷問が続く。耐えられるはずがない……嘘でもいいから罪を告白したほうが身のためだ」そう看守に言われたと言う。

第一次世界大戦の終わりには、ドイツのあちこちで、様々な種類のいかがわしい商売が大繁盛していた。敗北したドイツ国民は自分たちの社会や経済のどこに問題があるのかを知りたくて、答えを教えてくれるならどんなものにも喜んですがった。催眠術、透視術、手相占い、運勢判断、占星術などは特に人気で、有名な霊媒や占い師がステージにあがると、大きなコンサートホールが満員になった。テレパシーが人々を夢中にし、奇跡を起こす離れ業を大々的に宣伝するポスターが、主要な都市の壁を飾った。

さらに、動物磁気、易経、ブードゥー教の呪術といった秘伝の奥義も広く信じられるようになり、第一次世界大戦でドイツ軍を指揮したエーリヒ・ルーデンドルフ将軍は錬金術にこり、卑金属から金《きん》を製造しようと試みた。ほかにも、高級将校が飛行機や戦車を破壊する光線を発見したと言いだしたり、ある汽船会社は、筆跡観相学者の意見に従って、筆跡に危険な特質があるとみなされた会社役員を解雇した。ハンブルクとブレーメンを結ぶ道の一本には、謎の光線を出す不思議な道標があるとうわさされ、だれもがそこを几帳面に避けるようになった。ある魔術師はビスマルク首相の霊を召喚できると言い、白チーズを使った癒しの術も人気になって、大都市の全人口に匹敵するほどの信奉者を集めた。

ハノーファーでは、フリッツ・ハールマンという肉屋が、吸血鬼の行為に及んだかどで有罪の判決を受けた。若い女性に噛み付いて殺し、その肉を店で売ったというのだ。マンハイム郊外の小さな村落では、家畜の牛に魔法をかけたとして、地元の妖術師がある女を訴えた。その夫の農夫は妻を殴り殺したと言う。

アドルフ・ヒトラーは国家社会主義運動を始めるにあたって、ドイツ国民が超自然の力を信じやすいという特性を利用した。ナチスのシンボルである鉤十字は、それまでも世界各地で、幸運のお守りから豊穣の祈りまで、いろいろなシンボルに使われてきた。赤、白、黒の党のカラーは、オカルトを基本にしたマニ教の祭司の外衣に使われたものだ。ナチスのエリート兵士がつけた〝SS〟の文字は、謎めいたルーン文字風にデザインされており、ナチスの強制収容所の将校たちはどくろマークの記章をつけた。

こういったシンボルの多用は、ひとえに党幹部の信仰を反映したものだった。ナチス親衛隊の恐るべき隊長ハインリヒ・ヒムラーは、ナチスドイツ内で二番目に大きな権力を持っていたが、自分は十世紀のドイツ王、ハインリヒ一世の生まれ変わりだと信じていて、就寝中に王と話ができると言い張った。彼は一九三七年に王の遺骨を発掘し、聖霊の発出を行った後で、それをまたクウェドリンブルク聖堂の地下室に埋葬し直した。王の命日である六月二日には、毎年聖堂の地下室で真夜中の儀式を行った。

ヒムラーもまた、テレパシーの術を信じていた。ヴェルナー・フォン・フリッチュ将軍が同性愛者であるという無実の罪に問われて裁判が行われた際、ヒムラーは取り調べ室の隣の部屋に十二人の親衛隊員を置き、取り調べ室にいる将軍が真実を語るよう、その部屋から念を飛ばすよう命じた。彼はまた、自分の主張に信憑性を持たせるために、親衛隊のなかに〝アーネンエルベ〟支部（ナチス親衛隊の付属機関であり、美術品、古代遺物の収集、オカルト的な実験の数々を専門に行っていた）を設立し、アーリアニズム（いわゆるアーリア人種の優秀性を説くもので、ユダヤ人を中心とするセム族排斥の理論的支柱になった）の元になったオカルト理論を調査させた。またときには、巨人の化石を発掘するためにチベットに探検隊を派遣したりもした。

　問題のルドルフ・ヘスは、ヒムラーよりもっと熱心なオカルティズムの信仰者だった。重要な判断をする際には、必ず占い師の助言に従った。そのためヒトラーは、彼がスコットランドに飛んだのは、占い師のひとりにそそのかされたのだと結論を下した。それに加えてヘスは、就寝前に占い棒を使って部屋の下に地下水が流れていないかを調べて安全を確認してから、上下に磁石を配したベッドに入って眠った。それは就寝中に体に悪い物質を体内から除去するためだった。

　宣伝相のゲッベルスもまた、オカルトを利用できることを知っていたが、自分自身は信じていなかった。彼がフランスの予言者ノストラダムスの予言を再解釈させ、ドイツの勝利が予言されていたとする出版物を作って、占領国にあまねく配ったのは有名な話だ。

　オカルトを利用した人間のうち、ドイツで最も有名だったのは、〝ベルリンの魔術師〟あるいは〝第三帝国の予言者〟として名を馳せたエリック・ヤン・ハヌッセンだった。いわゆる〝魔術取締り法〟が一九三三年に発令されて以来、〝現在や過去に関する占い、カードによる占い、占星図作成、星による占い、夢や前兆の解釈など、従来の正しい自然科学に反するあらゆる行為への崇拝〟が禁じられた。それにもかかわらず、ハヌッセンは彼の本拠地〝オカルティズムの宮殿〟で、手のこんだ交霊会を催すことを許されていた。彼はそういう会で、ナチス軍の勝利を予測した。ハヌッセンの数ある予言のなかでも、立法府の中心である国会議事堂が焼ける——ヒトラーはこの火事で自らの権力を一層堅固にした——のを、その前夜に予言したのは有名だ。

　ハヌッセンの〝オカルティズムの宮殿〟は、魔術とオカルトの本格的な実験の先駆けとなった。一九三九年には、ドイツの陸・海・空軍のそれぞれに、民間人からの提案や発明が軍に資する価値があるかどうかを調査する研究機関が設けられた。やがてこれらの機関は、超自然の持つ力を研究するようになった。ドイツの海軍内に設けられたセンターには、オカルトのあらゆる分野の代表的な人々が集まった。まっとうな科学者ばかりでなく、霊媒、交霊術者、巫女、天文学者、占星術師、振り子を使って地下水や鉱脈を発見するダウザー、タットワ（インド哲学の概念）に基いたインド振り子理論の専門家といった多彩な顔ぶれが集まった。超自然のパワーを現代の戦争に生かそうという目的だったが、うまくいくはずがなかった。

ドイツ軍司令部は、似非科学の研究に公式認可を与えながらも、たわいないステージ・マジックを戦闘に活用することは鼻で笑っていた。エジプトに到着してまもなく、ジャスパーはイギリスの情報部から、トルコの新聞に掲載された漫画をみせられた。古代の魔術師の衣装に身を包んだジャスパーの姿が、ラフなタッチで描かれていた。キャプションには、ジャスパーがスマリア号に載ってエジプトへやってくると書かれており、到着予定の日付まで記載されていて、「ヨーロッパからイギリス軍とフランス軍を消し去ったヒトラーこそ、本物の戦場のマジシャンである」という言葉で締めくくられていた。

不愉快な漫画だったが、それよりも敵が自分の足取りをつかんでいたという事実にジャスパーはぞっとした。ふいにあのチョコレート事件を思い出し、それが最初に考えていた以上に深刻なことであるのがわかった。トルコのアンカラにあるイギリス情報部では、新聞の情報源を突き止めようと調査を開始した。ジャスパーも不安だったが、心配している暇はなかった。

五月十一日、彼のカモフラージュ実験分隊に最初の任務が命じられたのだ。

イギリスの護送船団が運んできた二百三十八台の新しいマチルダ戦車が、十日前にアレクサンドリア港に着いていた。聖書からの引用が好きなチャーチルがウェイベルにひけらかした。「見よ、

今は救いの日である」(コリント人への第二の手紙六章二節)

ずらりと並んだ戦車を見わたしたウェイベルには、そうは思えなかった。多くが輸送中に損傷を受けているうえに、どれもサンドフィルターがついておらず、これでは砂漠で数時間も走らせたらすぐにエンジンが焼け切れてしまいそうだった。おまけに、エジプトに到着するほかの機器同様に、この戦車も森林でのカモフラージュを想定した緑の塗装が施されていた。砂色一色の砂漠のなかに置けば、暗闇で火を焚くようなものだ。「もともとギリシャに送られるはずだったんだ」ジャスパーとフランクを相手にバーカス少佐が問題の概略について説明しだした。「しかしギリシャが負け戦になったんで、急遽こっちへ送られてきた。残念ながらここには、これを砂漠用のカモフラージュに塗り替えるペンキは一リットルもない。ウェイベルは、必要な分量のペンキを至急集めてほしいと言っているんだが、諸君の分隊ならそれができるんじゃないかと思ってね。まあ、任務と言えるような任務ではないんだが……」

「どのくらい必要なんです?」フランクがおそるおそるきいた。

バーカス少佐は言いにくそうだったが、体に似合わない小さな声でそっと言った。

「四万リットル」

フランクが声をあげて笑った。

薄茶色のペンキがなければ、新しい戦車は——たとえ機能的には欠陥がなくとも——砂漠では使い物にならない。ペンキを緊急手配する旨の申請を出したとしても、それが実現するまでには数週間もかかってしまう。ほかの部隊のほとんどは、現在ブレヴィティ作戦の準備に奔走していた。つまりこんな仕事を引き受けられるのは、ジャスパーの分隊しかないということでまわってきたのだった。

砂色のペンキを四万リットル、しかもそれは砂漠特有の極端な温度変化に耐えうるものでなければならない。大変なことになってきた。画家のフィリップが細かく説明するには、ペンキを作ること自体は難しくないらしい。必要なのは、色を定着、付着させるための糊、つまり展色剤と、それに溶かす顔料のふたつ。「固まるものならほぼ何でも展色剤になる。あとは展色剤に溶かす顔料を探せばいい。顔料は粉末でも液体でもいい。ただ酷暑と極寒の両方に耐えうるものじゃないと駄目だがな」

「結局何もかも必要ってことじゃないか」ネイルズが口をはさんだ。

みなが議論しているなか、マイケルは口をつぐんでいたが、ペンキ作り、そしておそらくそれを塗ることまでやらされると考えたらむしょうに腹が立ってきた。しまいには、「ペンキ作りなんてクソ食らえだ。こんなむちゃくちゃな部隊があるか！　きいたこともねえぜ。こんなことなら軍隊に残っているんだった！」と吐き捨てるように言った。

フランクは彼に、ここも〝軍隊〟だと教えてやった。

ジャスパーはパイプの煙をくゆらせながら、フィリップの説明をきいていた。たしかに風変わりな任務だった。しかしまさにこの分隊ならではの仕事とも言えた。だいたい砂色、すなわち薄茶のペンキなどという基本的なものを作りだせないようでは、もっと凄いことをやれると言ってもだれも信じてはくれないだろう。つまりは単純な話――カモフラージュ実験分隊の命運は、なにもないところから四万リットルのペンキを出してみせることができるかどうかにかかっているのだ。

七人の男がカイロの町とその周辺をあさり歩いた。ビルはイタリア軍の放棄したセメントの山をみつけ、マイケルは、しけってからみあったおがくずの山を発掘。どちらも使いものになりそうだったが、それだけでは量が足りず、捜索はさらに続いた。

ゴミ捨て場に目をつけたのはフィリップだった。もといた部隊の男に、カイロでただ一カ所、なんでも手に入る場所がひとつあると言われたのだ。ナイル川流域で任務についていれば、だれでもゴミ捨て場があることぐらいわかっていたが、実際に車を走らせて、その場に身を置いてみるまでは、そこが宝の山だとは気づきもしなかった。

ゴミ捨て場は町の北に位置する砂漠に、何ヘクタールにもわたって広がっている。時折風向きが変わると、いやな臭いがカイロの町なかにまともに流れてくる。そんな時ぐらいしか、この場所にはだれも注意を払ったりしない。しかし人に気づかれなくても、ゴミ捨て場は第一次世界大戦、あるいはそれより前からずっとそこにあり、まるで貪欲なモンスターのように日々巨大化してきたのだった。

実際そこは、単なるゴミ捨て場以上のものだった。おそらく世界でも最大規模の軍の廃棄物の山だと言ってよかった。戦争の廃物がでたらめに積み重なり、崩れかかった黒い山をなしていて、その山のなかには、なんでもありそうだった。どこにも行き場のない物が最後に流れ着くのがここだった。沈没船から引き揚げられたらしい、すっかり水浸しになった貨物。ウェイベルの機械工が必死に頑張っても結局使い物にならなかった車輌。あらゆる長さと口径の金属パイプ、甲板用の木材、波型のブリキ板、つぶれたタイプライターや壊れた机、ツルツルになった何千本ものタイヤ、壊れた戦車のキャタピラー、無数の薬莢《やっきょう》、捨てられた制服、軍支給の下着、錆びついた旧式のヘルメット、食べられなくなった配給食が入った数え切れないほどの箱、袋に入ったたしっくい、壊れたペンや櫛、女性のヘアピン、焼却処分する価値もない紙が詰まった箱など……まだまだ続く。

まるで現代の戦争の無軌道ぶりを象徴するモニュメントのようだった。ここにこれだけのものが集まり、あとは砂漠の太陽の下で腐敗するままに任せてあるということはだれも知らない。なにを捨てたのか、記録などない。だれにもそんなことをする時間はないし、興味や必要性もない。まったく無価値の山だった。くず鉄を探して売れば、かなりの金にはなる。しかしだからといって、軍にとってはなんの足しにもならない。それくらいの金で戦車が動くはずはなく、砂漠で兵士を生き長らえさせることもできない。もちろん敵を倒すこともできない。つまり実際の戦場においては、まったく無価値なものの集まりだった。

ゴミの山のあいだには、日の届かない通路が走っており、始まりも終わりもまったくでたらめで、不気味な迷路のようだった。一歩足を踏み入れたとたんに迷ってしまいかねない。自分のいる位置をたしかめる目印は、ゴミの上に積もった砂の深さしかない——昔のゴミの山の上には砂が厚く積もっているが、最近できたばかりの山には、霧のような砂のヴェールがうっすらと降りているだけだった。パトロールもたまには行われているが、夕闇が降りてくるころには、ゴミあさりにきたアラブ人たちが、くず鉄やダンボールの山に這い上がって市場で売れそうなものを拾っていく。たまに山が崩れて子どもを飲みこんだり、ゴミの重みの下で命を落とす者がいたりするのだろうが、そういったゴミあさりの人間以外、このゴミの山をかえりみる者はない。ゴミは腐食が進むに任せて放っておかれて、やがては巨大な砂丘の下に永遠に消えてしまう運命にあった。

しかし今の状況においては、ゴミ捨て場の光景はジャスパーがこれまで見てきたなかで最も美しいもののように見えた。

「何ヘクタールも続いているぞ」みんなでゴミの山の前に立つと、フィリップが言った。「どれだけ広いのか、見当もつかない」

ジャスパーは、今すぐ飛びこんで宝探しをしたいという気持ちをなんとか抑えた。「入るには、許可が必要じゃないか?」

マイケルが声をあげて笑った。

フィリップは首をふった。「こんなところでだれがなにをしようと、気にする人間はいないだろう。エジプト兵たちが、好き勝手に使っているようだ」

ジャスパーは助言を求めて、フランクに顔を向けた。フランクは肩をすくめただけだった。そこでアバシア駐屯のイギリス陸軍工兵隊カモフラージュ実験分隊の全隊員、すなわち七人の屈強な男は、進軍を開始し、ゴミ捨て場のゴミをかき分けていった。箱をひきちぎり、木箱の蓋をこじ開け、容器を叩き割り、解体された車体のあいだを這い進んでいく。猛進撃と言っていいだろう。最初のうちはめぼしい戦果はなかった。ビルが開けた八つの大きな箱には、軍支給のブラジャーが詰まっていたし、ジャックは壊れためがねフレームを数千個、マイケルは水を吸ったレザーブーツのかかとを一トン分みつけた。しかしとうとう、フィリップがペンキの基材になるものを発見した。

それは魚雷で撃破された貨物船から引き揚げられたらしい貨物の山のなかにあった。その山をひっかきまわしていると、大きな缶がずらりと並んでいるのがみつかった。フィリップはそのうちのひとつの缶の蓋に穴を開けて、注意深く見守った。すると、褐色の物質がにじみでてきた。指先を浸してちょっとなめてみる。苦かったが、馴染みのある味で、すぐにそれがなんだかわかった。ソースだ。とろっとした食用のソースだった。何列にもわたって並び立つドラム缶のすべてに、かすかに腐敗臭のするソースが詰まっていた。二千リットルほどのソース。味はいただけないが、すばらしい発見だった。これならきっとペンキの基材として使える、フィリップはそう確信した。

さらにゴミあさりを続けていくうちに、古い小麦粉が数トン、それとは別にトラック一台分のセメントもみつかった。それらをアバシアに持ち帰り、フィリップが小麦粉、セメント、ソースをいろいろな配合で混ぜて、試作品を作ってみた。たしかに三つを混合したものはペンキとして使えたが、残念なことに色は赤味がかった泥といった感じになってしまった。これでは最初の緑と同じで、使い物にならない。ちゃんとした砂色に変える顔料が必要だった。そんなこんなで、早くも二日が過ぎてしまった。

絵の具の専門家フィリップは、あらゆる着色剤を深鍋のなかに放りこんでいった。様々なインク、粉せっけん、溶かしたクレヨンなどを混ぜてみたり、さらには砂漠用のカモフラージュが施された制服を煮沸《しゃふつ》して、染料を煮出してみたりまでしたが、どれも失敗に終わった。どうしてもうまくいかない。できあがった色はどれも暗すぎるか明るすぎるかで、その不完全な色さえすぐに褪せ、午後の陽射しのなかで粉をふき、夕方の寒さのなかで剝がれ落ちてしまった。あるいは色はよくても、どろっとしたペーストにうまく溶けない着色剤もあった。こうしてさらに二日が経過した。

この間、分隊のだれもが顔料さがしに熱中していたために、戦況に異変が起きつつあるのに気がついた者はいなかった。

五月十五日の午前五時四十五分。イギリス軍の第二十二近衛旅団が基地を出て、ハルファヤ峠を目指して出発した。ハルファヤ峠は、砂漠を分断する高い断崖の入り口に位置する戦略的な要所だったが、四月末にドイツ・アフリカ軍団に占領された。イギリス軍としては、今後の軍事行動で成功を収めるために、なんとしてでも、この西の峠を奪回する必要があった。第二十二近衛旅団の南では、第四戦車連隊と第一ダーラム軽歩兵隊が、占領下にあるカプッツォ砦に進軍し、海岸沿いでは第七機甲師団の小部隊が、包囲されているトブルクを目指した。

六時十五分、戦車による短時間の弾幕射撃でブレヴィティ作戦が開始された。ドイツ・アフリカ軍団は完全にふいを突かれ、ろくに応戦ができなかった。午後の終わりには、イギリス軍の第二十二近衛旅団が、近衛歩兵第三連隊の第二大隊と第四戦車連隊の一部の力を借りて、ハルファヤ峠を攻略。カプッツォ砦も激しい戦いの末に攻略した。第七機甲師団は海堡《かいほ》（海に築いた要塞）を掌握した。

ブレヴィティ作戦の緒戦の勝利の報せが、ナイルデルタを野火のように広がった。カイロではあちこちの町角で兵士が集まってこまぎれの情報を交換し合った。シェパード・ホテルの混雑したテラスでも、蒸し暑い兵舎でも、不法建築の家屋でも、はたまたムスリム同胞団の秘密集会の場でも、人々の口に上るのはすべて今回の戦闘の話題だった。敵の抵抗を破ったというのは、あのウェイベルのかつての成功を彷彿《ほうふつ》させた。ロンメルがこれほどあっけなく負けるとはだれも予想していなかったのだ。

アバシアで奮闘中のジャスパーの部下たちは、この戦闘の模様については、もっぱら風聞に頼るしかなかった。全員が全員、薄茶色のペンキを作り出すことに打ちこんでいたからだ。数キロ先で繰り広げられている戦いに比べれば、とるにたりない仕事に思えるものの、無心になって取り組むことで、士気を維持することができた。

ロンメルは戦闘が始まった瞬間に、猛攻を受けている最前線へ向かった。ウェイベルが全面攻撃に出たと誤解したのだ。もしここで負ければ、ドイツ・アフリカ軍団はリビアへの撤退を余儀なくされると思ったロンメルは、ここで早くも後方に控えさせておいた戦車と重火器を投入した。ドイツ軍の第七戦車連隊、第五戦車連隊は、八十八ミリ高射砲を戦車補給車の背後に従えて、脅威の迫る前線に急いだ。戦場を快進撃する女王、イギリスのマチルダ戦車が射程距離に入ると、ドイツ軍は八十八ミリ高射砲を水平に構え、発射した。一キロ半先で、高射砲の砲弾が、マチルダ戦車の薄っぺらな鋼鉄の車体を楽々と突き抜けていく。まるで水面に釘が打たれるのを見るようだった。

並の攻撃に、これほどまでの反撃がくるとは、ウェイベルも予期しておらず、西方砂漠軍もまた、それに対抗する準備を整えていなかった。ドイツ軍は翌日十六日の午後には、カプッツォ砦を奪回し、イギリスの第七機甲師団の海岸沿いの攻撃をくい止めた。カイロでは、戦況はイギリス軍に有利だと報じられたが、砂漠から入れ代わり立ち代わり救急車がやってくるようではそれも難しいように見えた。だれの目にも、ブレヴィティ作戦が失敗したのが明らかになった。

激しい戦いが二日続いたあとも、イギリスの西方砂漠軍はハルファヤ峠に執拗《しつよう》にしがみついた。もしこのまま守り続けることができれば、ウェイベルの攻撃は成功といえた。しかしドイツ軍がカプッツォ砦を奪回し、トブルクの包囲隊も安全になったので、ロンメルはハルファヤ峠の戦いに全力を集中することができた。イギリスにはとても勝目はなかった。

結局、イギリスの第二十二近衛旅団は撤退の準備を始めた。限定的な攻撃は完全な失敗に終わり、装備の整った大規模な部隊でなければロンメルを退陣させることはできないとウェイベルは悟った。第二十二近衛旅団がハルファヤ峠を撤退するより前に、司令部では本格的な作戦を練り始めていた。これは〝バトルアクス（戦いの斧）作戦〟と命名され、六月の半ばに予定された。敵軍がブレヴィティ作戦で被った損失を補充するまえに、斧で叩きつぶそうという目論見だった。ウェイベルも、そのころにはマチルダ戦車を存分に使えるようになるだろうと期待していた。つまりここにきて、ジャスパーのカモフラージュ実験分隊に、一層大きな期待がかかることになったのだ。

カモフラージュに使える顔料は、ずっとジャスパーとその仲間たちのすぐ鼻先にあった。鼻先というより、足の下と言ったほうがいいかもしれない。一週間のあいだ、考えつく限りのあらゆる着色剤を試したフィリップは、イライラがつのり、今にも任務を放り出そうとしていた。しかしこの問題を話し合いながらジャスパーと道を歩いているときに、着色剤のあふれている場所に出くわしたのだ。

「キャメルチップ（燃料として用いる乾燥したラクダの糞）」フィリップが言って手を伸ばし、干乾びて固くなった砂茶色の小さな塊を取り上げた。「そうか、ラクダの糞をつかえばいいんだ」

陽射しを浴びて干乾びたラクダの糞は、色としては完璧だった。おまけに太陽にさらされた時間によって、それぞれ微妙に異なる色合いになっている。費用がかからず、いくらでも手に入る。何度か実験してみて、フィリップはそれをソースのペーストのなかに溶かす方法を考えだした。テストしてみたところ、熱や冷気によっても色褪せることはなかった。ラクダの糞は悪臭を放つが、その完璧な色合いは砂漠用のカモフラージュに使うペンキの顔料にうってつけだった。

こうして、〝糞パトロール〟が始まった。

「我々は全ラクダの後方支援にまわることにする」ジャスパーが冗談めかして言ったが、実際その通りで、町を出て行くラクダの隊商すべてに、分隊のだれか、あるいは糞集めに雇われたエジプト人労働者が必ずついて回った。オアシス周辺はとたんにきれいになり、街路に残っているラクダの落とし物は、夜明けとともにすっかり姿を消した。

マイケル二等兵は、〝糞パトロール〟の当番が回ってくるたびに不平をこぼした。「大の男が、こんなことにしゃかりきになるなんて、情けない」ネイルズは小さな金属性の糞すくいをこしらえて、全員に与えた。フランクは、動物の糞便は人間の長い歴史のなかで、家を作る材料から貨幣に至るまで、さまざまな場面で利用されてきたのだと一席ぶった。

「もううんざりだ。ラクダの顔も見たくない」午後も遅い時間にマイケルがぶつぶつ言い出した。みんながテントでくつろいでいるときだった。

「なるほど、じゃあ今夜のデートはキャンセルか」若い二等兵の私生活は、仲間内でジョークのネタにされた。

「やめろよ」ネイルズが穏やかに言った。「マイケルのデートの相手を悪く言うもんじゃない――見てくれはよくないが、おれたちだって同じようなもんだ」小さな木のブロックを彫っていた手をちょっと止めて顔をあげた。「それに、マイケルのやつ、ガールフレンドにはずいぶんつぎこんでるらしい。このあいだは、ゲジラのドッグレースに連れていったらしいぜ」

「で、マイケルのカノジョは勝ったのかい？」そのジョークを理解したビルが、いいタイミングできいた。

「いや」ネイルズがオチをつけた。「二位だった」

マイケルはラクダの糞の入った袋をネイルズに投げつけた。

糞パトロールは、ペンキの素材を集めただけでなく、存在を知られることのなかったこの分隊へ、人々の注意を集めるのにも一役買った。バーラップ（黄麻布）の袋の口をあけて、ラクダの尻のそばに辛抱強く立って待つ兵士というこっけいな光景は、ブレヴィティ作戦の失敗で気落ちしている人々の気持ちをなごませたようだった。キャメルチップを何千と集めて、このちっぽけなカモフラージュ部隊はいったいなにをしようとしているのか、カイロの人々はみな知りたがった。おまけにこの部隊を、有名なマジシャンのジャスパーが指揮しているというのだから、人々はますます興味をそそられた。きっとなにかすごいことが始まるぞと、様々な憶測が流れるようになった。部下たちはなにをしているのかと人にきかれても、バーカス少佐はただ謎めいた笑みを浮かべてみせるばかりだった。ジャスパーも気を持たせるのも悪くないと思い、極力秘密を漏らさないように気をつけた。しかしついに秘密が漏れだすと、面白がる者もいたが、大半はがっかりした。壮大な計画を期待していたらしい。

いっぽうアラブの人々は、糞パトロールを単に面白がってはいられなかった。ラクダの乾燥した糞は数千年の昔からパン焼き釜の燃料に使われており、限られた供給に対して需要が増えた結果、キャメルチップの値段は一気に上昇した。ジャスパーたちは、腹をたてるアラブ人の男女や、こづかい稼ぎにラクダの糞を拾う子どもを相手に、急に貴重なものとなったラクダの糞を我先にと奪い合うことになった。

ソースとラクダの糞は、洗濯部隊が使っていた巨大な洗濯桶のなかで混合された。いったん生産が軌道に乗ると、一週間に八千リットルのペンキができあがった。できあがったペンキはガソリンの缶に詰め、輸送会社に送られた。この会社が実際に戦車の塗装を行うことになっている。数日ほど太陽にさらしておけば、いやな臭いは飛んでいった。

カモフラージュ実験分隊は、この最初の成功を、カイロで馬鹿騒ぎのパーティを開いて祝った。ジャスパーはウクレレの埃《ほこり》を払って出してきて、フランクのハーモニカに合わせてミュージックホールでおなじみの短い曲を演奏した。マイケルは卑猥な五行戯詩《リメリック》を朗誦した。フィリップまで加わって、調子っぱずれの大声で、地元のヒット曲『Here Comes Farouk in His Fifty-Bob Suit』（エジプト王ファルーク一世が、五十シリングのスーツを着てやってくる）を歌った。

男たちのコーラスが夜にこだまし、ジャスパーは仲間たちと乾杯した。「諸君ひとりひとりに礼を言いたい。わたしのために、裏方の仕事に徹してくれてありがとう」

みんなは親しみのこもった野次を飛ばした。

「今回の成功で、われわれもまわりの注目をずいぶんと集めた」ジャスパーが続ける。「きっとこれからも、なにかにつけ馬鹿げた要請を受けることがあるだろう。だが覚えておいてほしい、もしだれかにこれはできるかときかれたら、答えは必ずイエス。細かいことはそのあとで考えればいい。わかったね、諸君？」

答えはイエスだった。

ジャスパーは五月のほとんどをペンキプロジェクトに費やしたが、暗くなってからは、マジックの練習に集中した。カモフラージュ実験分隊を結成する許可をもらったお礼に、マジックショーをやることをしぶしぶ承知したが、観衆をまえにして舞台に立つことを考えるとやはり胸が高鳴り、スポットライトが恋しくなった。それからすぐ自分の腕がなまっていることに気づいた。スマリア号の船上ではみんなにマジックを見せてきたし、時間の許す限り、小さな球を使って指の訓練も続けてきた。しかし本格的にもとの調子にもどすには、もっと練習が必要だった。マジックの成功はマジシャンの手先の器用さにかかっているというのに、今では人の目をあざむけるほど速く指が動かなくなっていた。ジャスパーはほの暗い鏡の前に立って基本的なトリックを繰り返し、それがまったく違和感なくできるようになるまで何度も練習した。毎晩道具を片づけるころには指が痛んだが、次第に以前の微妙な勘がひとつひとつもどってきた。まるで懐かしい技たちが一堂に会したようだった。よくもどってきた、やるじゃないかと言いあいながら、それぞれの役を果たし、しまいにはすべてがひとつに溶け合って、見事な技がなめらかに展開した。

一時的にマジックの仕事から遠ざかっていたのは、彼自身にとって良いことだった。十五年のあいだ脇目もふらずにショー・マジックの世界で働き続けてきた。幾多の国で、数え切れないほどのファンを前にして、美女を空中浮遊させたり、その身体をノコギリで切断したりしてきた。スズメからゾウまで、あらゆるものを消してみせた。幽霊を出現させたり、不可能と思われるスペースに出たり入ったりした。自分の頭を切り落としてみせたこともある。彼にとって人生は、舞台を終えては荷造りをし、また荷をほどいては舞台に立つということの繰り返しだった。数多くの巡業をしてきたから、記憶のなかでどこの国の王子もパシャもごっちゃになっていた。自国にいるときは、それはそれで忙しかった。セントジョージズ・ホールでの宣伝活動を行ったり、プログラム作りを手伝ったり、オーディションを行って新しい芸人を雇ったりする一方、舞台裏では出費に頭を悩ませながら、つねに新しいイリュージョンを開発しなければならなかった。わずかに残った自由時間は、メアリーや子どもたちと過ごしたり、マジックに関連した仕事に取り組んだりした。戦争が始まるまえのある時期、もう手一杯だと思う気持ちがたしかにあった。忙しさのあまり、人を楽しませることで得ていた喜びが、いつのまにか感じられなくなってしまっていた。マジックがただしんどいだけの仕事になってしまったのだ。しかしこうして、カイロの町外れのひび割れた鏡のなかに映る自分の姿に向かって、さあさあ驚かないでくださいよ、とつぶやいてみると、全身にエネルギーが満ちてぞくぞくしてきた。ハンカチをうまい具合に飛び出させることができたり、早口の口上に合わせて完璧なタイミングでサイコロを消すことができると、ほんとうにうっとりした。長らく忘れていた熱い想いが、胸の奥底から湧き出てきて、顔が輝いてくるのが自分でもわかる。マジックショーをおしつけられたという思いはもうなかった。観客のまえにイリュージョンを作り出すことに、今再び夢中になっていた。

ここではひとつ本格的にやろうと考え、ジャスパーはマイケルの力を借りることにした。フランクは船上のマジックショーではいいアシスタントだったが、このカイロの町で観衆の目を惹きつけるには、ずんぐりした大学教授にモップのカツラをかぶせ、女装させてお茶を濁すわけにはいかない。ジャスパーはフランクに優しく打ち明けた。

「その脚だと、やっぱり無理かなあ」

ジャスパーはマイケル二等兵をカイロの女性たちのまえに解き放った。まるでヒトラーを、まだ征服していないヨーロッパの国々に放つようなものだ。マイケルはほぼ一週間、休み時間になると決まってカイロの町の通りや市場を歩きまわって、アシスタント探しに夢中になった。魅力的な女性をみつけるたびに足を止めて、「ショービジネスの世界に興味はありませんか」と誘いをかける。しかしぴったりの女性はなかなかみつからない。それからようやく、童顔で褐色の髪のクラブダンサーに落ち着いた。前歯が一本欠けていることを除けばとても魅力的な女性だった。ジャスパーに会わせるために部隊に連れて帰るときは、「笑わないように」と釘をさしておいた。

「ホーケイ!」と、おかしな発音で返事をしてから、彼女は笑った。

ふたりがやってきたとき、ジャスパーはちょうど〝ミイラの呪い〟という仮名をつけたイリュージョンを完成させたところだった。〝消える箱〟の単純なバリエーションだったが、地元色を出したほうがいいと考えてエジプト風にアレンジした。マイケルに女性を紹介され、ジャスパーは「やあ、はじめまして」と言いながら、礼儀正しく手を差し出した。

女はにっこりした。しかし何も言わない。

マイケルが女の耳元にささやくと、彼女が口を開いた。「ワタシハトテモゲンキデス。アリガトウ」

ジャスパーはいぶかしげにマイケルの顔を見た。「英語がしゃべれないのか?」

「まずいかな、とは思ったんだけど」マイケルが認めた。「おれが通訳するし、それに……」

ジャスパーはあきれて物が言えなかった。「きみは英語がしゃべれない人間をアシスタントに使えると、本気で思っているのか?」

女の顔がぱっと輝いた。ふたりが自分のことを話しているのだとわかったのだ。そこで口を開いて言った。「タイヘン、アリガトウゴザイマス、ぱんヲイツツクダサイ」

「さっさとお引き取り願うんだな」

「でも、この子は孤児で……」

「さあ、早く」

マイケルのアシスタント探しの旅は、キャシー・ルイスという女性の伍長に出会ったところで、ようやく終わりとなった。彼女はダドリー・クラーク准将の秘密組織、A部隊の隊員だった。クラーク准将はロンドンのイギリス政府で働いているときに、選りすぐりの〝砂漠のネズミ〟たちから成る特別奇襲部隊を養成してきた人物で、地中海地域の秘密活動を指揮するためにウェイベルがエジプトに連れてきた。彼のA部隊は、カスル・エル・ニルにある二階建てのビルの一階部分を事務所として使っており、その二階は昔から町でいちばん人気のある売春宿になっていた。クラークは売春婦を追い出す必要はないと考えていたが、この事務所のある場所は、しょっちゅうみだらなジョークのネタにされた。

マイケルがキャシー・ルイス伍長に出会ったのは、その建物の二階にいる女性数人にインタビューを終えたあとだった。キャシー・ルイスの正しい英語の発音をきいて、「ショービジネスをやってみない？」と、すぐ話を持ち掛けた。キャシー・ルイスは「なんだか面白そうね」と言い、オーディションに参加することに同意した。

キャシーは、これまでのマイケルの好みの女のタイプとは違った。髪はまずまずのブロンドだったが、短く切っているし、均整のとれた身体をしていたが、細すぎた。きれいな顔立ちではあるが、パッと目をひくような派手さはない。

ジャスパーはしげしげとキャシーを見た。話をじっくりきいているうちに、これでアシスタントは決まりだと確信した。「スタイルがいいなあ」ジャスパーが無邪気に言った。

キャシーは、はにかんで頬をピンク色に染めた。

「いやそういう意味じゃなくって」ジャスパーがあわてて言い直した。「箱のなかにぴったり収まりそうだという意味だよ」

キャシーはジャスパーのアシスタントにぴったりの女性だった。A部隊の仕事のほかに、別の団員と同じようにショーの準備に長い時間をとられながら、文句ひとつ言わない。すぐに自分の役割を理解し、マジックの仕掛けを操るのにも苦労しなかった。舞台ではすばやく姿を消し、いかにも恐怖に駆られたような悲鳴を出し、正しい仕掛けを正しい場所に置いた。ジャスパーはそんなキャシーを見て、同じようにひたむきに働く、ひとりの女性を思い出した。もう二十年近くもいっしょに働いてきたメアリーだ。彼女とは結婚して、そのことを一日たりとも後悔したことはなかった。キャシーがステージ上を優雅に動きまわるのを見ていると、今ごろメアリーはどうしているだろうかと気になった。頭に浮かぶのは、ありふれた日々を生き生きと暮らしていた妻の姿だ。夫のタキシードにしっかり糊がついているかたしかめたり、ショーの合間に温かい食卓についたり。ふたりの結婚生活はつねに舞台を中心にまわっていたから、ジャスパーの頭に浮かぶのは、ペルシャの王侯貴族がすわるようなフォーマルなディナーの席についている妻ではなく、ステージに上がるまえの夫に、さっとブラシをかけている妻の姿だった。観客に満足してもらうショーを見せることに全力を注ぎながら、夫婦はその合間にふたりだけの時間を楽しむことも忘れなかった。

いったい自分たち夫婦は、これだけ長い年月をどうやって退屈することなく過ごしてこられたのだろう？　ジャスパーは自分でも不思議だった。ほかの劇場に足を運ぶこともほとんどなかったし、スポーツ観戦なども滅多にしない。外食に出ることもあまりなかった。では、ほかになにをしていたのか？　好きなことと言えば、家族でピクニックに出かけたり、ショーが終わった夕べに家で古い蓄音機《グラモフォン》でレコードをきいたり、新品のラジオに耳を傾けたり、パーティーを開いて子どもたちの誕生日を祝ってやったりと、そんなことだった。家のなかにはいつも友人が集まっていた。かといって大げさなことはなにもない。ただありふれた日常の断片をつなぎあわせて毎日が過ぎ、それが積み重なって長い年月になったというだけだ。しかしそれをすべて集めてみると、なんと充実した日々だったのだろうと思わずにはいられない。この長い年月、ジャスパーは一瞬たりとも妻のことを軽んじたことはなかった。

ペンキプロジェクトが降ってわいたことで、しばらくジャスパーのカモフラージュ分隊も忙しかったが、やがてペンキの本格的な生産が工兵隊に任されるようになると、再び仕事がなくなった。しかし今回は、退屈する暇もないうちに、次の仕事がやってきた。

ちょうどその頃チャーチル首相がウェイベル将軍に、新しく装備しなおしたマチルダ戦車を使って再び攻撃をしかけるよう、公然と圧力をかけてきた。しかしウェイベルは抵抗した。兵士たちにはまだ戦う準備が整っていなかったし、砂漠では傷を負ったネコのように、ロンメルがうずくまって、こちらの攻撃を待ち構えているのだ。

ドイツ・アフリカ軍団に断崖へ上がるハルファヤ峠を掌握されているうちは、イギリス軍に勝利のチャンスはほとんどなかった。ブレヴィティ作戦の次に用意された大掛かりな攻撃、すなわちバトルアクス作戦に軍の大きな期待がかかっていたが、まもなく本人もきかされるように、その成否は、ジャスパーが戦車をトラックに変えられるかどうかにかかっていた。

4

戦車をトラックに見せかけるわざ

ウェイベルの直面している苦況は、うんざりするほど明らかだった――イギリス軍はドイツ・アフリカ軍団よりも補給の面では有利だったが、戦略的には圧倒的に敵のほうが有利だった。ドイツ・アフリカ軍団は優れた地点を塹壕で囲み、戦車殺しの八十八ミリ高射砲を無数に保有している。西方砂漠軍の唯一の現実的なチャンスは、奇襲をかけることだったが、それは不可能に思えた。というのはチャーチルの〝虎の子《タイガーカブ》〟を、ドイツ軍に気づかれないように大量に配置しなければならないからだ。ロンメルの陸と空の偵察部隊はともに、イギリス軍の攻撃を常に警戒しており、視界をさえぎるもののない砂漠になにか動きがあれば、すぐ気づく。となれば、あとは何もないところから戦車を出現させるしか道はない。

ウェイベルはかすかな希望をジャスパーにつないだ。戦場を舞台に彼がきっと巧妙なトリックを見せてくれるだろう。今こそマジシャンの力が必要だった。

バーカスが任務を携えて分隊に到着したとき、ジャスパーは四千年のかなたにいた。ギザにあるクフ王の巨大なピラミッド、その湿っぽい床にひとりですわっていたのだ。目を閉じて足を組み、両手を楽にする。心は古代エジプト時代の高僧の魔法にたどり着こうと、時間の壁を超えてさまよっている。

もちろん伝説など信じてはいなかった。マジックの求道者として、これまで様々なものを見てきたが、この世に本物の魔法が存在することをわずかでも示すような物事には一度も遭遇したことはなかった。しかしそれでも、謎めいたピラミッドに引き寄せられるままに、ずっと以前に自分に誓ったことを実現しようと、彼はここにやってきたのだ。

細い登り道を上がっていきながら、心を遠い過去へさまよわせ、硬い床にすわり、できるだけ楽な姿勢で待つ。こんなことで魔法の奥義に触れられるなどとは期待していない。あいまいさのないステージマジックと、論理的な近代科学のなかで育ってきた人間としては当然だ。それでも、科学的事実のみに屈したくないという思いに心を揺さぶられることがあった。マジックに身を捧げてきた遠い祖先と、なんとかして心を通じ合わせたい、そんな想いにうちふるえていた。

ジャスパーは心を解き放った。それは今、石の壁をさまよいながら、どこかに魔法のタペストリーを織る糸口がみつからないものかと、捜しまわっている。いったいなにを待っているのか自分でもわからない。ただしそれは、インチキな霊の交信に現われるような声や、扉を叩く音でないことはたしかだ。ある種の兆し。感覚。あるいは想い、とでもいうべきもの。もし古代の僧たちにほんとうに力があるとしたら、なんとかしてそれをほかに知らせる手段があるはずだ。それを通して時を超えることができたら、モーセの師たちがつかんだ真理を自分も知ることができるのではないか。

外には焼けつくような午後の日が差していたが、王の部屋のなかはセ氏二十度という温度が常に保たれている。数個の裸電球が埋葬室のなかを照らし、それが落とす角張った影はじっと動かなかった。

ジャスパーは数世紀の時間を飛び越えたかったが、その午後は一分が過ぎるのさえのろく感じられた。床が冷たく、固い。足が痛む。どこか隠された通路を通って吹いてくる、やわらかな風の音に耳を澄ませる。なにかメッセージを運んでこないかと思うのだが、ただの風でしかなかった。物の影を目で追ったが、そこにはなにもありはしない。やがて背筋がぶるっとふるえ、肩がひきつり、居心地の悪さにすっぽりと身を覆われる。そろそろ引き揚げる時間だとわかった。結局自分にはなんの秘密も明かされなかった。そもそもこんな場所に来たこと自体が馬鹿げていたのだと、さすがにわかってきた。いったいどうして、自分が歴史のへその緒でもあるかのような錯覚に陥ったのだろう。たまたま時流に乗っただけのいかさま師じゃないか。マジシャンだって？　きいて呆れる。そういう名は、たとえばこのピラミッドを世に出現させた人物にこそふさわしい。記録によると、彼らは呪文を唱えるだけで病を癒し、敵を滅ぼし、地平線から太陽を消し去り、地球そのものを動かすことができたと言う。そういった力で、古代世界の最も進んだ文明を支配してきたのだ。自分は、ただの芸人。ファンを喜ばせるために働く見世物師でしかない。イリュージョンと言っても、工房で仕掛けをこしらえ、舞台係りの手を煩わせて初めて実現可能なものだ。

ジャスパーは狭い通路を通って再び戦争の現実にもどっていった。アバシアに車を走らせる途中、一度も後ろをふりかえらなかった。

そんな彼を、バーカス少佐がカモフラージュ実験分隊のテントで待っていた。

「やあ、魔法の杖の手入れは行き届いているかい？」そう言って陽気に迎えた。「ウェイベル将軍がきみに仕事を頼みたいと言うんでね」

ジャスパーは一息ついて、相手の顔をいぶかしげに見た。「ウェイベル？」

バーカスは小さな丸テーブルを前にしてすわっていた。マイケルがゴミ捨て場から拾ってきたものだ。その上に紅茶とクッキーが用意されている。

「そう、ウェイベル将軍だ。きみが率いるマジックギャングのペンキプロジェクトでの成功に、将軍がいたく心をうたれてね。今度は別の仕事をきみに頼みたいと言ってきた」

ジャスパーもテーブルについた。

「ロンメルは、われわれがすぐにでも攻撃してくるとわかっている。しかしいつどこへ攻撃を仕掛けるかはわかっていない。それがこっちの切り札だ。この数カ月間のつきあいで、わが軍もロンメルの戦術についてはずいぶんとわかってきた。彼は戦車部隊をわれわれのように、細かく分散して配置はしない。ここぞという場面でまとめて使う。前線には最低限必要な戦車を出してあるが、じつはその後方に高機動性の戦車を数台配置してある。イギリス軍が探りを入れる程度の攻撃を仕掛けてきたときには、前方に出ている戦車だけで対抗する。そしていよいよ本格的な戦闘に突入するとなったとき、ロンメルはわれわれがどこに最大の攻撃を仕掛けようとしているかをしっかり見極め、しかるのちに……」バーカスはそこでテーブルに拳を振り下ろし、食器のぶつかる音を響かせる。「とっておきの戦車を一気に繰り出し、一気に勝利に持ちこもうというんだ」

ジャスパーはぐらぐらするテーブルを手でおさえた。

「なんとかして、やつのとっておきの戦車が戦いに投入される前に、こちらが向こうの兵站線《へいたんせん》を粉砕したい。そうすればロンメルは、補給を確保するため撤退するしかなくなる。わかるかね？」

ジャスパーはうなずいた。

「きわめて単純な話だ。ロンメルはわれわれの主力攻撃の位置を見極めたら、即座に攻撃に移る。遮るもののなにもない砂漠のなかで、わが軍の機甲部隊が大々的に集結しているのを隠すことはできない。しかしもし、しばらくの間でも戦車を別のものにみせかけることができれば、必要な時間が稼げる……」バーカスは胸ポケットに手を伸ばして、折りたたんだ紙切れをひっぱりだした。「将軍は、こんなことが可能じゃないかと考えている」そう言って、その紙切れをジャスパーに渡した。

それはウェイベルがいつも携帯しているメモ帳を破いたもので、ふたつのスケッチが描いてあった。ひとつは、上に巨大な板を載せた戦車を横から見た図だった。ふたつ目はそれを空から見た図で、板にはトラックを上から見た絵が描かれている。偵察機が真上から見た場合、戦車が大型トラックに見えるのではないかということらしい。

ジャスパーは眉をひそめた。こんなカモフラージュが成功するわけがない。戦車の落とす影とトラックの影とはまったくちがうし、板の落とす影はあくまで平板なものでしかない。それに加えて、敵の偵察隊がまっすぐ頭上を飛んでいかない限り、板の下にあるものが必ず目に入る。

「どうだい？」バーカスがきいた。

ジャスパーはスケッチをテーブルの上に置いて、手のひらでしわを伸ばそうとした。それから部下たちに言いきかせた言葉を思い出して、できるだけ声に自信をこめて答えた。「やりましょう。期限は？」

バーカスは肩をすくめた。

「至急、とにかく一刻を争う状況だ。急な話ですまないが、突貫でやってほしい。攻撃は六月中旬。もしわれわれがその……」そこでバーカスは適切な言葉を探そうと手を軽くあげた。「きみらが考案した遮蔽物《しゃへいぶつ》かなにかを使って、戦車を安全に配置できなければ、エプソム競馬場でうちの兵士たちが勝利を勝ちとる見こみはまったくなくなる。われわれの競争馬はロンメルの八十八ミリ砲にズドンとやられてあの世行きだ」

ジャスパーはウェイベルの描いたラフスケッチに目を落とした。記憶のファイルをパラパラとめくって、これに匹敵するイリュージョンをステージで見せたことがなかったかどうか探してみる。そして、燃え盛る炎のなかで女性を蝶に変えるのに比べれば、戦車をトラックに変えてみせるのは難しくないはずだと、そんな結論に達した。折りたたみ式のフレームを使えばいい。いろいろいじってみて、どんな形が一番うまくいくかをたしかめる必要はある。しかしこれまで同じようなことはいくつもやってきた。劇場の工房で長時間あくせく働いてきた苦労が、ここにきて見事に報われるかもしれない。

「明日までになんとか結果を出してみせましょう」ジャスパーは思いきって答えた。

バーカスは驚いた。「すばらしい！　じつにすばらしい！　きみの計画が承認されたら、トップの連中は即準備にかかれと言いだすだろう」そう言うと、立ち上がって帰り支度をした。「きっとできると信じている。多くの人間が頼りにしている」

話をしているあいだに、砂埃《すなぼこり》の舞うカイロの町は、透明な夕闇に包まれていた。ふたりはテントの出入り口に立って外を眺めた。風に舞う微細な砂に最後の陽が反射して、町全体が、きらめく金色の湯に浸されているようだった。

「エジプト人がよく言うんだ。こうして黄金の日没が来る限り、自分たちは裕福な気分でいられるってね」宵闇の迫る町に向かって、バーカスが言った。「金の砂を籠のなかに集めようとした乞食の伝説があるんだ。集めたものを売ろうと、王のもとへ持っていった。しかし何年もかけて集めたはずの金の砂が籠の底の網目から逃げてしまったとわかると、乞食は頭がおかしくなってしまったという話だ。今日だって、この金色に見える砂を写真にとることも集めることも不可能らしい」バーカスはそう言って、驚き顔で首を振った。「それにしても見事だよ」

「まったくすばらしい光景です」

バーカスはサマースーツの大きなポケットに両手をつっこんで、ジープのほうへぶらぶらと歩きながら、後ろをついてくるジャスパーに言った。

「いいか、ジャスパー。トブルクの連中は今ごろの時間からやっと動きはじめる。日中は動きまわることはできないんだ。いつ狙撃されるかわからないからね。防衛境界線の歩哨《ほしょう》は小さな窪地に横たわって、背中をじりじり焼く陽射しに耐えている。ハエや、暑さや、身体中を這い回る虫に悩まされ……そんな状況にいつまでも置かれてみろ。よく頑張っているよ。そんな状況から兵士たちを救ってやろうとウェイベルが言うんだから、われわれも手を貸そうじゃないか」

異論のあろうはずがない。バーカス少佐はジャスパーに戦車の図面を一通り渡し、扱いには十分気をつけてくれたまえと念を押してから、次なる危機へ向かうべく車を走らせた。

ジャスパーがテントにもどってくると、マイケルがクッキーを頬張っていた。

「マジックギャングかあ！　気に入ったぜ。まさに荒っぽいやつらの集団じゃないか」

ジャスパーは早くも頭のなかで、戦車を擬装するフレームの設計に取りかかっていた。

「なんのことだ？」

「マジックギャング、少佐がおれたちのことをそう呼んでいた。うまいことを言ったもんだ。なんてったって響きがいい」

ジャスパーも考えてみた。マジックギャング。ジャスパー・マスケリン率いるマジックギャング。まるでミュージックホールの宣伝文句みたいだ。しかし、たしかに的を射た言葉だった。素晴らしい仲間《マジックギャング》こそ、まさに自分の頼みの綱なのだ。「よし、今日からはマジックギャングでいこう」ジャスパーの顔に笑みが広がった。「ずいぶんインパクトがある」

ジャスパーはマイケルをカイロの町に送って様々な戦車の写真を探させた。そのあいだに、自分はぐらつくテーブルの前にすわって仕事に取りかかった。イギリス軍もドイツ軍も、ともに戦場にダミー戦車を配置していたが、イギリスの西方砂漠軍のダミー戦車は実物大の木製で、動かすには男六人と平床トラック一台が必要だった。ロンメルのダミー戦車は、フォルクスワーゲンの車体の上に大きな木製の砲架を載せたもの。アメリカでは膨らませて使うゴム製のダミー戦車を開発中らしい。しかし、本物の戦車に絵や模様をくっつけて擬装しようなどと考える者はどこにもいなかった。

ジャスパーは、ステージ上でイリュージョンを作り出すのと同じやり方で始めた。まず目的を紙に書く。それから問題点をリストアップして、使えそうな材料を書き出していく。今回の目的は、燃え盛る炎のなかで美女を蝶に変えることではなく、軽量で使い捨てられ、すぐそばでもトラックに見えるフレームを作ることだった。問題は山積だった。敵の偵察隊は、トラックの細部の特徴だけでなく、全体の影やシルエットを確認するはずだから、戦車にフレームをかぶせるなら、ほんもののトラックとまったく同じ影を落とすようにしなければならないし、シルエットも完璧でなければいけない。また、戦車のキャタピラー跡を消す必要もある。それに、使うときのことを考えれば、フレームの仕組みは単純で、数人で手早く組み立てられるようでなければならない。さらには悪天候のなかでも使え、簡単に取りはずせなければ意味がないし、視界はつねに確保されていなければならない。そして最後に、材料は――まだなにを材料にするかは決まっていなかったが――ナイル川流域でふんだんに手に入るものでなければならない。

ジャスパーは大きな問題をできるだけ細かく分けていき、そのひとつひとつをつぶしていくことにした。手に入りやすいのはどんな材料か？　戦車にかぶせたフレームをどのように開くか、また閉じるか？　フックや掛け金はうまく働くか？　フレームはいくつぐらいに分解すればいいか――

ふたつ、三つ、四つ、いやもっとか？　かみ合わせ式にするか、ボルトでつなぐか？　再利用可能なものにするか、それとも使い捨てにするか？　そうやって、ひとつひとつ決断していった内容をラフスケッチに描きこんでいくと、やがてフレームの全体像が形をとり始めた。ジャスパーは思考をめぐらせながら、徐々に意識の奥深くにある想像力が支配する領域――彼の言葉を使えば〝アイディアの工場〟――に入っていく。そこで解決策が花開くのだ。蓄積してきた知識と創造力が結びついて実現可能なフレームの構造がほとんど自動的に浮かび上がってくる。

こうして考え出されたのが、戦車をトラックに変身させる仕掛け、〈サンシールド〉だった。木製フレームに、ペンキを塗ったキャンバス地を張った、いわばトラックの形をした覆い。戦車に装着したところを側面から見ると、高さと幅が違う四角い箱を三つ、階段状に並べてくっつけた感じになる。一段目の低くつぶれたような箱はトラック先端のボンネット、それよりちょっと高くて幅の狭い二段目の箱は運転席、最後の一番高さがあって幅もある箱は幌つきの荷台だ。これを真ん中から縦に断ち切って、左右ふたつに分割し、装着するときは左右をつないでトラックに見せかける。

戦車の左右の側面に留め具をボルト付けし、それに〈サンシールド〉を固定し、戦車の上、つまり旋回砲塔の上で、左右の〈サンシールド〉の合わせ目を掛け金で留める。覆いをはずすときは、その掛け金をはずす。すると、ジャガイモを縦半分に割ったようになって、左右に割れてすぐはずれる。左右の覆いを閉めても〈サンシールド〉の下から、戦車のキャタピラーが十センチほど覗いてしまうが、それぐらいなら、たいていは砂漠の起伏のなかに隠れてしまうだろう。翌朝、疲れ切ったジャスパーが、みんなにスケッチを見せながら言った。

「図面の上では、完璧に見えるんだが」

「なら、その図面をドイツ兵に見せてみたらどうだ？」マイケルが軽口を叩いた。

それから早速ギャングたちに、それぞれの得意な仕事が割り振られた。漫画家のビルはジャスパーのラフスケッチを正確な設計図にする。画家のフィリップは、〈サンシールド〉を戦車の上で閉じた状態、開いていく途中の状態、戦車の両脇に脱ぎ捨てた状態の三場面の見取り図を描いた。マイケルとジャックは、粘土の塊でおおよそのマチルダ戦車の形をつくり、大工のネイルズはその上にかぶせて実際に動かしてみることのできる〈サンシールド〉の縮尺模型を作った。いっぽうフランクは、戦車のキャタピラーの跡をタイヤの跡に変える方法に苦労していた。みなはその日、一日かかりきりで着々と仕事を進めた。朝には巡洋艦ドーセットシャー号の魚雷がドイツ軍最大の戦艦ビスマルク号を撃沈させたという公式発表があって、ギャングたちの気分は浮き立ったが、午後遅くになるとドイツ・アフリカ軍団がハルファヤ峠を完全に掌握したことが確認されて、再び気落ちした。ブレヴィティ作戦で得たものが、無に帰してしまったのだ。

ジャスパーが約束したとおり、イスラムの夕べの祈りの前に、ジャックが〈サンシールド〉の設計図、スケッチ、模型を携えてバーカスのもとへ向かった。このアイディアはすぐに承認され、第七機甲師団の司令官、マイケル・ディッキー・クレイ将軍に見せるデモンストレーションのために、ジャスパーは試作品作りを命じられた。

この承認を待つあいだに、フランクはキャタピラー跡の問題を解決した。近隣の機械実験分隊にいたミーカー大佐と協力し、釘を連ねた金属の鎖を使って戦車の〈尻尾〉を考案したのだ。この〈尻尾〉を、戦車の後ろに溶接した腕木にフックで留めると、キャタピラーの跡を消して、そのかわりにトラックのタイヤの跡をつけてくれるという優れものだった。

必要な木材とキャンバス地が手に入ると、〈サンシールド〉の試作品を作るのは、わけはなかった――難しかったのは、それをかぶせる戦車を手に入れることだった。バトルアクス作戦の準備が早くも始まっており、ウェイベルは大砲を撃てる戦車は一つ残らず前線に送り出せと命令を出していた。「たとえザルのように穴があいていても、キャタピラーがなくても、すべて前線に送るべし」ということだった。修理工場は、損傷した車体に継ぎをあてて修繕したり、酷使したエンジンに応急処置をしたりと、昼夜ぶっ通しの操業を続けていた。以前から多数使われていた木製のダミー戦車は再塗装してから、補給整備車によって前線に送られた。丸一日探し続けたあげく、ジャックが修理用の車庫に置いてあるかろうじて動きそうな状態のマチルダ戦車をみつけた。しかしマジックギャングはこのオンボロ戦車にさえ、まったく手が出せなかった。

修理工場の工場長は、聞く耳を持たなかった。

「たとえ国王のお抱え運転手だろうと、こいつには指一本触れさせない。こっちは命令を受けてるんだ」

ジャスパーは穏やかに説得しようとした。「二日間お借りするだけでいいんです……」

「わしの戦車からその汚い手を離しやがれ！」

ジャスパーはアバシアにもどってギャングたちに現状を手短に報告した。「マチルダが一台みつかった。ひどい状態だが、われわれの目的には十分だ。ただし問題は、修理工場から引っ張って来られないということだ。クレイ将軍の筋からあたってもらっても埒があかない。みんなウェイベルの命令に反したことはできないんだ」そんなふうに説明をしながらテントの周りをぶらぶらと歩き、やがてさりげなく、マイケルの真後ろで足を止めた。「戦車がなくては〈サンシールド〉のデモンストレーションができない」そう言って、父親が息子にするようにマイケルの肩に手をおいた。「そして、デモンストレーションができなければ、われわれは失職だ」ジャスパーはマイケルの顔をじっと見ながら、小声できく。「だれでもいい、二、三日、あの戦車を借りて来られるやつはいないか？」

ジャック・フラー軍曹が手を挙げた。「兵站部の輸送中隊へしかるべき申請書を提出して緊急に願い出ることを提案します」

フランクはだまっていろと言うように、ジャックに向かって、ひび割れた唇に人差し指を当ててみせた。

マイケルは肩からジャスパーの手をそっと払った。

「無理だって」二等兵が泣き言を言う。「ジープならわかる。トラックでもまあいいだろう。しかし戦車は、まったく次元のちがう話だ。戦車を盗んだら、どんなことになると思う？」マイケルは首を横に振って続けた。「だめだね、絶対だめ。謹んでご遠慮申し上げる」

ほかのギャングがマイケルを取り巻いた。

翌日深夜の十二時三十分。憲兵のジープが一台、薄暗い修理工場の前に止まった。そこはもともと物資運搬トラックのガレージだったが、今は臨時の修理工場として使われており、二台のマチルダ戦車が置いてあった。退屈そうな伍長が、ライフルを肩にかけて、開け放したガレージの前を行ったり来たりしている。

マイケルがジープの後ろから飛び降りた。ヘルメットを目深に下ろし、眉墨で描いた口ひげの左側が心持ち下がっている。伍長はこのとき、その口ひげにはあまり注意を払わなかった。ただしあとで尋問を受けることになって、それを思い出すことになる。

「交代だ」マイケルが告げた。

伍長は相手を知らなかった。「新顔だな」

マイケルがうなずいた。「今朝、クレタから帰ってきたばかりだ。二、三日休みをもらえるもんだとばかり思っていたら、あてがはずれちまった。荷をほどく時間さえなかった」

「向こうはどんな感じだ？　やっぱりひどいか？」

「ああ、まったく。どこもかしこも、ナチスの落下傘部隊でいっぱいだ」

伍長は自分の腕時計を確認した。「交代にはまだ早いんじゃないか」

「さあ、そんなことは知らん。軍曹から、ジープに乗れと言われれば乗る。降りろと言われれば降りる。命令のままに動くまでのことさ」マイケルはガレージのほうにちらりと目をやった。「なにか注意することは？」

伍長が鼻で笑った。「ここでか？　なかには、ポンコツの戦車が二台あるだけだ。鉄くずでもさがしにくるやつがいない限り、なにも心配することはない」

「修理工はどこだ？　夜を徹して働いてるってきいたけど」

「深夜のランチにお出かけだ。すぐに帰ってくるとは思わないほうがいいな。あの軍曹は酒好きだし」

それからもう少し話をしたあとで、伍長は修理工場を出て、憲兵のジープの後ろに乗りこみ、ネイルズの隣に腰を落ち着けた。運転席のビルがジープを出した。伍長の姿が消えたとたん、曲がったことの嫌いなジャックが、これはとんでもない軍規違反だと脅え、ぶつぶつ文句を言いながらも戦車運搬車をガレージの戸口までバックさせた。それからすぐにギャングたちが仕事に取り掛かった。

十分後、疲れきった伍長が目をあけると、ジープがちがう方向へ向かっているのに気づいた。運転席に身を乗り出してビルの肩を叩く。「おいおい、方向をまちがえてやしないか」

ビルは、伍長のほうをふりかえり、顔にかけたサングラスがはっきり相手に見えるようにした。

「いやこっちでいいんだ」と人の良さそうな声で言って、そのままジープを走らせた。ネイルズが親しげに伍長の肩に手を置いて、その身体を後ろにひきもどした。

二日後に、憲兵の一団がカモフラージュ実験分隊を調べにきたときには、そのあたり一帯にある車輌と言えば、遠くにとまっているありふれた十トントラックだけだった。戦車を盗んだという嫌疑に対しては、ジャスパーが即座に否定した。

「戦車ですって?」呆気にとられた顔で言った。「いくらわたしでもそれはできません。お望みならウサギでも、鳥かごに入ったカナリアでも、出してみせますよ。しかし戦車はいくらなんでも無理ですよ」

「この男か?」憲兵がジャスパーを指して、ぶるぶるふるえている伍長にきいた。

伍長は首を横に振った。「わたしが見た男は、もっと背が低くって、おかしな顔をしていました」

フランクがマイケルのほうをちらりと見た。マイケルはなにか言ってやりたいのを、必死にこらえている。

「じゃあ、うちの者じゃありませんね」ジャスパーが言った。「機械工兵隊の人間では? あの連中はしょっちゅう悪ふざけをしてますからね。なかにおかしな顔のやつも数人混じっていたはずです」

ビルはうつむいて、くすくす笑いをしているのを気取られないようにした。

ジャックは憲兵が戦車の捜索に来ているあいだ、ネイルズとともにカイロの町に避難していた。説得されて夜盗に加わったものの、これまでずっとまっすぐに生きてきた彼としては、やはり良心の呵責を禁じえなかった。

〈サンシールド〉の試作品はわずか十四キロという軽さだった。しかもそれは男ふたりで簡単に取りつけられ、掛け金をはずすだけで簡単に取りはずせることを、〝拝借〟してきたマチルダ戦車が証明してくれた。折りたたんでしまうと、幅は七十五センチになったから、三トントラック一台でいっぺんに二十個は運べた。ひとつだけ残った問題は、トラックに見せかけた戦車がドイツ人の目をあざむけるかどうかだった。

まずは、自軍の将校たちの目をだませるかが第一関門だった。

一九四一年六月二日の月曜日は、穏やかな晴天だった。優しい夜の雨にさらされたデルタ一帯が輝いていた。クレイ将軍、中東工兵隊の最高司令官ソリー中佐、ジャスパーとマジックギャングのほぼ全員、バーカス少佐、第七機甲師団の上級将校や副官たちが砂丘の上に集まった。眼下には、波のように規則的な凹凸を見せる砂漣《されん》の平原が広がっている。頭上では、偵察機オースターが気だるそうにゆらゆらと飛んでいる。ふつうの十トントラックの一群のなかに紛れこませた、戦車をみつけるのがこの日の仕事で、わけもないと思っているようだった。

おそらくあと数分のうちに自分の分隊の将来が決まると思って気が気でないジャスパーをよそに、第七機甲師団のメンバーの大方は、悲惨な週末のあとでちょっとした気晴らしをしにきたような顔でデモンストレーションを待っていた。その前日には巡洋艦カルカッタが、ユンカース88爆撃機に撃沈され、クレタの戦いで被った損失がさらに拡大した。これで空母一隻、戦艦三隻、巡洋艦六隻、駆逐艦七隻が損傷を受けた上に、巡洋艦三隻と駆逐艦六隻が海の底に沈んだことになる。犠牲者の数はまだ公表されていなかったが、少なくともこの戦いで、一万人の兵士が命を落とし、一万人が捕虜にされたはずだ。そんな戦争の冷酷な数字から逃れる気晴らしとして、上級将校は、有名なマジシャン、ジャスパー・マスケリンとの知恵比べを楽しもうとしていた。

砂丘の上でみながしばらく待っていると、副官がひとり、遠くを指差して大きな声をあげた。

「ほら、やってきたぞ」将校の一団が一斉に双眼鏡をとりあげて、もうもうと吹き上がる砂煙のほうへ向けた。

ジャスパーはフランクを除いたギャングたちといっしょにわきに立っていた。フランクは〈サンシールド〉を操作するために、狭い戦車のなかにいる。ジャスパーの双眼鏡でも、トラックの一団がもぞもぞ歩くアリの集団のように、こちらへゆっくり向かってくるのが見えた。口のなかが砂漠のようにからからになった。

賢明なバーカスは、戦車の出所についてはなにもきかず、ベテランの戦車兵をひとりつけてくれた。その彼も今はジャスパーの横に立って双眼鏡をのぞいている。「まあ、とりあえず今のところは順調だな」状況を見て一言。

砂丘で観察している人々から一キロ半離れたところまできて、トラックの一団は五台ずつ、二列横隊になって進んだ。上空ではオースターが低空飛行に入った。ジャスパーはむりやり咳払いをして落ち着かない気持ちを隠しながら、〈サンシールド〉で擬装した戦車を注意深く見守った。薄い砂の層で覆われているものの、それは鮮やかな色を塗った一時停止の道路標識のように、まわりからくっきり浮かびあがっているように見えた。色塗りをしくじったと、すぐに悟った。「色がちがう」ビルにせっぱ詰まった声でささやいた。「どうしてあんな色にしたんだ?」

「だいじょうぶだ、ジャスパー」ビルが安心させるように言った。「落ち着け」

トラックの一団は観察地点から一・二キロの距離を示す目印を過ぎたが、まだ第七機甲師団の面々はだれひとり、偽のトラックを言い当てていなかった。最前列の車輌が砂煙を撒き散らすので、後列の車輌がぼんやりとしか見えないのだ。第七機甲師団の少佐が、これじゃわからないと文句を言うと、クレイ将軍が怒った目を向けてたしなめた。「これはお遊びじゃないぞ、少佐」

戦車のなかでは、フランクが玉のような汗をかいていた。彼の乗るマチルダ戦車は前列のど真ん中を走っていた。そんなところに置くなんて、みつけてくれと言わんばかりだと反対したのだが、ジャスパーがそうしろと言ってきかなかったのだ。「なにかを隠すなら、だれからも見える場所が一番なんだ」ジャスパーは説明した。「観客っていうのは、さあごらんくださいと言われると、逆に見ないものなんだよ」フランクはいまだにジャスパーの言ったことに納得していなかった。

砂丘の上ではネイルズが、そわそわした気分を隠そうと陽気な曲をそっと口笛で吹いていた。ジャックは小さな円を描くようにひたすら歩きまわっている。

「後列の右から二番目だ」ひとりの大佐が自信たっぷりに大声で言った。まるでウィンブルドンでテニスを観戦している客のように、みな一斉に双眼鏡をそちらへ向ける。

「いや、あれじゃない」ソリー中佐がきっぱり言った。「それより前列の左端のトラックを見てくれ。ちょっと妙だと思わないか?」

空からオースターが低く降りてきて、砂の表面に小波を立てた。「戦車らしきものは一台も確認できません」パイロットが無線を通じて言ってきた。「ここから見るかぎり、擬装は完璧です。空中偵察隊の視点で写真を撮っておきます」

観察地点から数百メートルの距離まできて、トラックの一団が一列縦隊になった。〈サンシールド〉で擬装した戦車がパレードの先頭を走っている。

観察地点から百四十メートルの地点まで近づいて、トラックの一台一台がはっきり見えてきたとき、ふいに雑音の嵐のなかからパイロットの大声が響いた。「見えました! 見えました! 縦隊の四番目。前から四台目の車輌がそうです」

将校がそのトラックに双眼鏡の照準を合わせた。ジャスパーはいぶかしげにそれを見た。キャンバス地が破れて風にはためいているだけで、あとはほかのトラックと何も変わらない。二人の大佐がすぐにパイロットの判断に賛成したが、クレイ将軍を初めとする面々は、同意しなかった。クレイ将軍がジャスパーのほうをちらりと見た。

ジャスパーは首を横に振った。

「それじゃあ、いったいどれだって言うんだ?」第七機甲師団の少佐がうなった。

トラックの一団が轟音を立てて迫ってきた。擬装したマチルダ戦車が七十メートルの目印があるところまでくると、フランクが重い戦車のハッチを数センチ持ち上げて、〈サンシールド〉の掛け金をつかんだ。そしてドアを開けるかのようにそれをはずす。「さあ、どうだ」と叫んだものの、その声はエンジンの音に消されて自分の耳にさえ届かなかった。

将校がトラックの縦隊のそばに駆けつけたとき、先頭のトラックが真っ二つに割れた。巨大な肉切り包丁で真ん中から縦に切ったかのようだった。割れた両脇のカバーがだらりと砂漠の上に落ちると、木の棒とキャンバス地でできた繭のなかからこの世のものとは思えない怪物が姿を現した。マチルダだ。細い砲身の筒先をまっすぐ砂丘のほうへ向けている。

「ヘイ・プレスト(奇術師の用いる掛け声。意外や意外。)!」ジャスパーが小声で言った。

ハッチが開いて、なかからフランクの顔が飛び出した。びっくり箱の人形のように、にやっと笑って敬礼をする。

クレイ将軍が敬礼に応えた。それからジャスパーのほうを向いて、実にうれしそうに言った。

「いやはや、ほんとうに帽子からウサギを出してくれたな! ウェイベル将軍がさぞやお喜びになるだろう」そう言ってジャスパーの手をにぎって上下に大きく振った。「よくやった、ジャスパー、上出来だ」

マイケルは自分の働きが見過ごされたような気がしてへそを曲げた。「おれがあれを盗んでやったのに」ビルに言う。

「そいつは伏せておいたほうがいいな」ビルが答えた。

ウェイベルはデモンストレーションの成功に関してクレイから説明を受け、空中偵察機からの興奮に満ちた報告書を受け取ると早速、第七機甲師団のフィールドテスト用に追加の〈サンシールド〉を送るように、ジャスパーに要請した。しかしそのために送った〈サンシールド〉は、最初の六つが移動中の振動で壊れ、クレイ将軍の砂漠司令部に届いたときには使い物にならなくなっていた。ジャスパーは再び画板に向かい、木製の支柱に代えて、二センチ口径の金属パイプを使うことにし、キャンバス地を帆布に変えた。そうしてネイルズの監督のもと、さらに六つの〈サンシールド〉が作られた。今度は第七機甲師団に無事到着し、そこで行われた一連の厳しいテストにも合格した。

ウェイベルは、ただちに〈サンシールド〉を大量生産するよう、指示を出した。実際の生産は、使われていない倉庫のなかで機械分隊がこなすことになったが、それもすべてマジックギャングの監督下で行われた。〈サンシールド〉は機密扱いにされた。イギリス軍は戦車をトラックに見せかけようとしているということがドイツ軍に知られたらすべてが水の泡だ。秘密が漏れないようにするため、生産は民間の労働者ではなく、兵士がおこなった。プロジェクトに携わるものはみな、工場エリアの外に出ることを禁止された。地元のエジプト住民も一切寄せ付けず、工場のそばでつかまった者はみな抑留された。こうして、ジャスパーの〈サンシールド〉とフランクの〈尻尾〉は組み立てラインを経て、トラックに積まれ、輸送されていった。

いっぽう砂漠では、バトルアクス作戦の準備がすでに進展していた。毎夜、戦車隊があらかじめ決められたポイントや防御陣地に集結し、〈サンシールド〉を装着する列に並んだ。戦車体の両側面とキャタピラー上部に、〈サンシールド〉を取りつけるための鋼鉄の留め具が溶接された。各々の戦車にぴったり合うように〈サンシールド〉自体の調整も行われた。戦車の乗員は着脱の操作を覚え、練習を繰り返して、四十五秒以内に〈サンシールド〉を取り外すことができるようになった。調整と、脱着の練習が終わると、〈サンシールド〉はたたんだ状態で戦車の後部に取り付けられた。この戦車の擬装作戦については厳しい箝口令《かんこうれい》が敷かれ、たわいない雑談の話題にすることさえ固く禁じられた。それは無線やテレタイプの通信士も同じだった。

兵士が〈サンシールド〉の操作を学び、戦車に食糧や水を積みこみ、砲弾その他の準備をしているあいだ、残りの西方砂漠軍は戦闘の準備を整えていた。

イギリス空軍は敵の陣地上空を飛ぶ偵察機の数を増やし、こま切れの情報をつなぎ合わせてロンメルの狙いを探ろうとした。

憲兵は砂漠の縁にキャンプを張って、旗で目印をつけた細いルートを設定する訓練をした。このルートを使って一定の間隔で、装甲部隊や歩兵隊を送りこむつもりだった。

補給や輸送の車輌の運転手は、エンジンを調整し、サンドフィルターを取り替えた。スペアタイヤを確認し、夜の砂漠を走行するのに必要な夏の星図を用意した。燃料節約のために不要な車輌の走行は制限された。拾ってきたドイツ軍のブリキ製水筒を売る商売も繁盛した。ドイツ軍の水筒のほうが、水漏れのするイギリス軍の水筒よりもずっとよくできていた。

六月の第二週のあいだに、歩兵中隊が後方のキャンプを出て前方陣地へ移動した。兵士のほとんどが長い手紙を書いて、従軍牧師の手に託した——捕虜になったり、命を落とした場合には、家族に送ってもらうことになっていた。ライフルは毎日分解して油を注し、むなしい努力とわかっていても、砂が入らないように銃身に布の詰め物をしておいた。包帯が配られたが、これは戦闘の負傷用というより、虫にさされた傷を化膿させないためのものだった。三日分の乾パンと塩のタブレットが支給され、弾薬帯も弾で満たされた。兵士のあいだでは、いつ攻撃が始まるかを当てる賭け金も集まった。

衛生兵は医療用品一式を用意した。救護用のヴァンと救急車が、兵士の目につかないようにこっそり所定位置についた。後方の病院には、輸血用血液がたっぷり用意され、手術の準備も整えられた。

エジプトの町では通常の暮らしが続いていたが、商人は買いだめに走り、車のある者は燃料タンクや予備の燃料缶を満タンにした。今にも攻撃が始まるというわさがあちこちでささやかれ、ダドリー・クラーク准将のA部隊の諜報員は、敵のスパイを攪乱《かくらん》するために、新たなデマを流した。枢軸国のスパイに向けて流された無数の情報のなかには、バトルアクス作戦の実際の目的と実施日も紛れこませた。それもまた、ほかの情報とともにデマと判断されることを期待したのだった。

敵の動きも活発だった。砂漠ではドイツ・アフリカ軍団が、長らく放置されていたイタリア軍の残した武器と山のような備蓄品を必死にあさった。その一方でイギリス軍が再補給を完了するのを妨げようとドイツ空軍がアレクサンドリア港に全力で攻撃を仕掛けてきた。六月四日水曜日には、ドイツの爆撃機の中隊がアレクサンドリア港とその周辺を襲った。この爆撃で、百七十人の死者と二百人の負傷者が出た。二日後、再度襲来した爆撃機によって、二百三十人の死者が出て、港に大損害を与えた。その翌日からアレクサンドリア港一帯で大規模な疎開が始まり、四万人以上の人々が安全な地域へ避難した。

カモフラージュ実験分隊の面々は、ほかの部隊がバトルアクス作戦で戦闘の準備に忙しくしているのを、うらやましそうな目で見ていた。この攻撃での彼らの役割は、できあがった〈サンシールド〉に欠陥がないかどうかチェックするぐらいで、ほとんどすることがなかった。たまに砂漠に出ていくことがあっても、壊れたフレームの修理を監督したり、戦車兵に使い方を教えるくらいだった。ジャスパーは部下をできるだけ忙しくさせておき、新たな仕事をもらおうと司令部に掛け合いに出かけた。しかしジャスパーの交渉相手はみな、戦闘開始にあたっての大量のデスクワークに追われていて、取り合ってもらえなかった。戦場にいながら戦闘に加われない、そのうさを晴らしてくれるのは、ジャスパーの場合、マジックだけだった。ショーの準備に没頭していれば、少なくとも毎晩数時間は、自分の置かれている状況を忘れることができた。ギャングたちもともに働き、仕掛けやセットを考えたり、試作品をつくって準備を整えた。まだショーを開催する日取りは発表されていなかったが、いざ始まれば少なくとも一週間は続くはずだった。

ジャスパーにとって土曜日の夜をやり過ごすのが最もつらかった。故郷では、土曜の夜のパフォーマンスは、一週間のうちでいちばん興奮した。客は週末のパーティー気分で会場にやってくる。プログラムに並ぶ出し物もふだんより刺激の強いものが多かった。公演終了後には、パーティーに参加することもあったが、たいていはメアリーとふたりで散歩した。途中でレストランに入って軽食をとることもあり、とにかくいっしょにいるだけで楽しかった。

六月十四日、土曜日の夜。ジャスパーはカイロのアパートにひとりでいた。アバシアで自分の分隊を立ち上げて以来、ここで眠ることはほとんどなかった。ステッカーを貼った古いトランクが五月下旬にアメリカの汽船で送られてきていたが、〈サンシールド〉作りに忙しかった期間は、なかを開けてみることもなく、そのままになっていた。トランクのなかには、ステージでイリュージョンを作り出すために使う数百の道具が詰まっていた。隠しポケットがついた黒いマントはたたんで入れてあり、すぐ使えるようになっている。〝リンキングリング〟の手品に使う輪もつながった状態で入っている。木製のボール、鋼鉄製のボール、空洞のボールなどの球のセット。数組のカードと紐。〝聖霊〟の書いた文字が浮かび上がる魔法の石版。手先をトレーニングする道具。コインを使ったちょっとした手品をやるときに使うふたつのコインボックス。色や大きさの異なるサイコロのセット。ロープ、はさみ、まっすぐなマグネットと曲がったマグネット。分厚いマグネットと薄いマグネット。特別に作り変えたオペラハット、手錠、何枚ものハンカチ、一九四〇年一月十四日付けのオブザーバー紙をまるめたもの（なぜこれを詰めたのかは本人も覚えていなかった）、魔法の杖の束をテープで巻いたものなどなど。

杖を一本、束からとって右手で持ち、トランクの片側を軽く叩き、それから宙で振る。今度はさらに速く、円を描くように動かす。目をつぶると、やりきれない孤独感が胸にこみあげてきた。

その同じ夜、マイケルは、安全な場所にあるスイート・メロディー・クラブに寄り集まった騒々しい酔客のまんなかにすわっていた。カイロの町で最もうるさいバーで、彼はお気に入りのジョークを披露していた。

「三人のドイツ兵が砂漠に出ているときに、フォルクスワーゲンのエンジンがカプート（ドイツ語で壊れるの意）。一人目がこう言った。『おい、おれはラジエーターをはずして持っていく。暑くなったら水を飲むことができるからな』。二人目はこう言った。『おれはホイールキャップをもらっていく。暑くなったら頭の上にかざして日差しをよけられる』……」

ビルは、椅子を後ろに倒して鉄条網のフェンスに寄せ、立ったままビールを飲んでいた。鉄条網は投げこまれる瓶や、飛びこんでくる兵士からバンドを守るために張られていた。マイケルがこうしてしゃべっているあいだは、彼の独壇場だった。ネイルズは、ジョークの先をきこうと身を乗り出しながら、軍隊とはかくあるべしと感じいっていた。きつい一日のあと、こうして酒を片手に仲間どうし馬鹿話をしあう。この夜を忘れないようにしよう、ネイルズはそう自分に誓った。この夜はジャックもいっしょについてきていた。彼自身は認めようとしないものの、この老練な兵士はいつのまにか、ジャスパーの奇妙なグループの一員であることを楽しむようになっていた。少なくともここでの経験は、連隊の暖炉を囲んだときに、冬の夜長を温めてくれるかっこうの話の泉になるはずだった。

そこには、砂漠で戦った経験を持つうぬぼれた兵士が数人と、負傷した工兵隊の土木工兵、それにイギリス陸海空軍厚生機関《ナ　フ　イ》、つまり軍基地にある売店からやってきた気さくな男や女が多数混じっていた。

「……で、三人目はちょっと考えてからこう言った。『よし、それじゃあおれは、このドアをはずして持っていく』、みんなは気がふれたんじゃないかと、そいつの顔をびっくりした目で見た。で、最初の男が、そんなもんを持っていってどうするつもりだときいた。するとやつはこう答えた。『決まってるじゃないか、暑くなったら窓をあけるんだ!』」

みんなはどっと笑った。ほとんどの人間がそのオチをすでに知ってはいたのだが、その夜の早い時間はとにかくみんなで陽気に過ごしたいムードだったのだ。

後ろのほうで激しい口論が過熱して、バンドの大音響の「虹の彼方に」までかきけすほど騒々しくなった。しかし武器になりそうなものは拳しかなかったので、だれも止めようとはしない。いやになるまで勝手にやらせておこうというわけだ。

売店員のひとりがエジプト王ファルーク一世を題材にした猥談を始め、常連の若いイギリス人将校がそのまわりをとりまいた。それからクラブにいた全員が大声で「ブレス・ゼム・オール」を合唱し、ドイツの戦艦ビスマルク号を追跡して撃沈させた、アークロイアル号、キング・ジョージ五世号、ロドニー号、ドーセットシャー号の乗員に何度も乾杯した。クレタを果敢に守り、最終的にはドイツの落下傘部隊に負けてしまった兵士には、しんみりした乾杯がささげられた。

それからずっと遅くなると、いつもとはちがう酔いが全員を襲った。ふだんなら、酔いの回るほどに声のボリュームがあがっていき、大げさな約束が叫ばれたりするものだ。しかしこのときは、あちこちでささやき声がきかれるようになり、店全体が居心地の悪い空気に包まれた。大きなグループは少人数に分かれ、深刻なひそひそ話があちこちで始まる。ほとんどの客がいつのまにか店から出ていった。バンドは演奏を終え、片付けを始めたが、音楽が鳴りやんだことにさえ、だれも気づかなかった。自分自身の恐怖と戦うのは、ロンメルと戦うのとはまた別の話だった。

空気のなかに戦闘の臭いが濃くなった。それは夜をすっかり支配し、男たちは飲めば飲むほど酔いが醒めていった。公式な発表はなかったが、バトルアクス作戦がついに開始されたことを、だれもが知っていた。

一方、カイロのアパートにいたジャスパーは、黒いベルベットの袋の下に、振り出し式の釣竿をみつけた。それを使って初めて観客席から魚を釣り上げたのは、一九三〇年のアフリカツアーであり、大成功だった。南アフリカでは、ある夜、激しいあられにみまわれて、マジックの公演が途中で中止になったこともあった。そのときはズールー教の呪術師が楽屋に現われて、嵐を盗んだと責められた。その呪術師は金を払えと言ったが、ジャスパーが断ると、おまえは死ぬと、呪いの言葉を投げつけてきた。以来、彼はその呪いとともに今日まで生きてきたのだった。ジャスパーは釣竿をマグネットの横に置いた。

折りたたみ式の鳥かごのフレームを取り上げたとき、だれかがドア口からこちらを見ているのに気づいた。声もしないし、姿も見えないが、まちがいない。

フランクが咳払いをした。ジャスパーが立ち上がるとフランクが詫びた。

「いや、今来たばかりで、のぞき見していたわけじゃない。ただその……」

「いいんだ。懐かしい道具をいろいろいじっていただけだ。入れよ」

フランクはドア口に立ったまま動かなかった。まるで重いものでその場に身体をおさえつけられているような感じだった。

「今日の夕方、動き出した」フランクが言った。「ようやく始まった」

戦争のニュースは、そのさなかにいる人間には、こんな形で届けられるものだった。

5
アレクサンドリア港を移動せよ

　砂漠の空にかかる三日月の光が、歩兵基地のあちらこちらで動く黒い人影をぼんやり浮きあがらせている。灯火管制の闇のなかで、ウェイベル将軍の兵士が出陣の命令を待っているところだ。時折、装備がぶつかり合う音、虫を叩く音、闇に出てきた野良犬の吠え声が聞こえるだけで、砂漠は不気味に静まり返っている。眠っている者はひとりもいない。兵士はそこかしこに集まって武器をたしかめたり、闇に溶けこめるよう、濡らした木炭で白い顔を黒く塗ったりしている。ひそひそ声で話しているのは、目前の戦闘のことばかりだ。古参兵が、初めて戦闘に参加する者に再三言いきかせている。

「最初の十五分をなんとか切り抜ければ、それでもう半分は生き延びたようなもんだからな」

　軍曹は自分の隊を歩きまわって荷や水筒を点検しながら、塩のタブレットを配ったり励ましたりしている。「トリポリで会おう」が幸運を祈るあいさつがわりになった。

　歩兵と比べると、逃げ場がないぶん戦車隊員のほうが運命論的と言える。〈サンシールド〉でトラックに擬装した西方砂漠軍の戦車は二日前からすべて攻撃位置についていた。夜明けの攻撃開始時には先頭を切ることになっており、そのときに〈サンシールド〉を脱ぎ捨てる。

ところが、イギリス軍が数週間かけて極秘のうちに進めてきたバトルアクス作戦は、じつは開始前にドイツ側に漏れていた。その日の朝から、ドイツの無線技士が砂漠の通信用トラックのなかで、イギリス軍の司令部と前方部隊のあいだの通信を傍受していた。それも、今夜攻撃を開始するという暗号化されていない平文の通信だった。ドイツ軍のオペレーターは、まさかイギリス軍がそこまで軽はずみに計画を漏らすわけがないと、初めのうちはこの情報を信じようとしなかった。ところが、西方砂漠軍が攻撃に出る準備をしていることが徐々に明らかになってきた。ロンメルはドイツ・アフリカ軍団に完全警戒態勢をとるように命令した。

ウェイベルは、攻撃開始をできるだけ先延ばししようとしていたが、とうとうチャーチルの圧力に屈してしまった。彼はその日の夕方、ロンドンの陸軍省に「一応報告しておくが、この作戦が成功するという確信は、わたしにはない」と打電してから、佐官らにしぶしぶ作戦開始の命令を出した。

バトルアクス作戦の目的はブレヴィティ作戦と同じでドイツ・アフリカ軍団から砂漠の高地への重要なルートを奪い返し、最終的にはトブルクの守備隊を解放することだった。

新聞ではイギリス軍はドイツ軍よりも優位とされていたが、それが敵を惑わす偽りの報道であることはウェイベル自身がよく知っていた。西方砂漠軍には十分な時間がなく、新しく到着した戦車部隊を砂漠で戦えるまでに訓練できず、兵士には通常と異なる砂漠戦の初歩的な知識もなかった。

六月十五日の午前一時四十五分、立て続けに響く甲高いホイッスルが砂漠の夜のしじまを破った。〝攻撃開始〟命令が、あたり一帯にこだまする。数千の兵士がいっせいに立ち上がり、戦場へ向かう十トン輸送車の荷台に身をふるわせて乗りこんだ。

第十一インド歩兵師団は、第四戦車連隊の一個中隊と協同して沿岸を進みながら、ハルファヤ峠を突破して、サルームの小港をめざし、前進する。第四戦車連隊の残りの部隊は第四インド砲兵師団と第二十二近衛師団（自動車化）に加わって、カプッツォ砦を奪回した後、右へ方向を変えて、第十一インド歩兵師団のサルーム港の攻撃に加わる。第七機甲師団は、ハフィッド高地で敵の戦車と交戦して左翼を守ることになっていた。

ハルファヤ峠を見下ろすごつごつした崖の上にも、カプッツォ砦にも、またハフィッド高地を取り巻く前哨地にも、準備万端のドイツとイタリアの砲兵隊が辛抱強く待機している。

イギリス側は夜通し順調に前進を続けた。たまにドイツ側の偵察班にぶつかることがあったが、本部ではまだ奇襲攻撃が可能だと信じていた。

夜明け直後、ハルファヤ峠の石だらけの尾根に隠れていたロンメルの八十八ミリ高射砲部隊は、朝もやのなかからイギリスの戦車の長い縦隊が浮かび上がるのを目の当たりにした。指揮をとるルター派の元牧師、太鼓腹のヴィルヘルム・バッハは、「イギリスの戦車がすべて射程に入ってしまうまで、決して発砲するな」と厳命していた。「時間はたっぷりある」

戦車隊は慎重に、峠の入口で一度止まった後、再び轟音をたてて前進を始めた。〈サンシールド〉は日の出前にはずして、車体にしっかり留めてあった。戦車どうし安全な間隔をとって進み、最後の一台がハルファヤ峠に入ったときは午前九時近くになっていた。午前九時十五分、先頭の戦車に乗りこんでいた中隊の指揮官C・G・マイルズ少佐は、本部に向けて「ピンク・スポッツ」という暗号を無線で送った。前進は順調に進んでいるという報告だ。通信を終えてマイクを置くと、マイルズは運転手に向かって、いまいましそうに言った。「どうやらロンメルを望みどおりの場所で仕留めたようだ。ほかでもないこの場所で」その数秒後に、マイルズは命を落とした。

バッハの八十八ミリ高射砲が至近距離で火を噴き、峠は流血の射的場と化した。

数分で、マイルズの十二台の戦車のうち十一台が炎上。第二隊が援護に駆けつけたものの、地雷と百発百中の高射砲に阻まれて、立ち往生した。インド歩兵師団は敵の高射砲の砲床を目指して血路を開いて進んだものの、多数の犠牲を出し、兵士の多くは日に焼けた岩の陰に身を隠すしかなかった。セ氏四十八度の炎天下で恐怖の場面を目にしながら、一日中その場から動けなかった。三度目の攻撃もすっかり攪乱された。ドイツ軍の砲列陣地を狙った四度目も失敗。五度目の攻撃も、バッハの無慈悲な大砲に打ち砕かれた。暗くなってからの峠一帯は炎のキャンドルを立てた巨大なケーキのようだった。鼻をつく濃い煙がたちこめ、峠を出ようと必死に歩いたり、這いずる生存者の目はひりひりと痛んだ。こうして、その六月の晴れた日、地獄《ヘル》の業火《ファイア》峠の伝説が生まれた。

同じころ、ハフィッド高地でも、ドイツ軍の別の砲兵中隊がクレイ将軍率いるイギリス軍第七機甲師団の攻撃をくい止めていたが、カプッツォ砦では逆に、イギリス軍第四戦車連隊が砦の攻略に成功し、ドイツ軍の激しい反撃を跳ね返しているあいだに、第二十二近衛師団が斜面に塹壕を掘った。

その日ジャスパーのカモフラージュ実験分隊は、メインテントの付近をうろうろしていた。戦闘が始まっているのだ。そうでもしていないとやっていられない。仕事など手につかなかった。落ち着かない気持ちを紛らすために、あたりをきびきび歩いてみたり、くだらないことで議論したり、タバコを立て続けにふかしたり。期待をこめてソーダで乾杯もしてみた。

「まだなにもわからん」最新情報を得ようとカイロの町を駆けめぐっていたジャックが、夕方近くになってもどってきた。

「戦闘のさなかにいる人間のほうが偉いのかな?」マイケルがきいた。安全なナイルの岸辺にじっとすわっていると、大事なことを逃しているような気がしてならなかった。

ネイルズは飛行機の木の模型を彫りながら言った。「生きていれば」

フランクはよくわからなかった。「出ていくときは自信満々だろう。しかし、それがいつまで続くか……」そう言って首を横に振った。

ビルはマイケルの質問の意味をはかりかねた。「早く戦闘に加わってズドンとやられたいってことか……?」

マイケルが肩をすくめた。「かもな」

フィリップは信じられないという顔で、声をあげて笑った。「おいおい、よしてくれよ、マイケル……」

「さあな。どうも妙な気分なんだ。こっちは日が沈むのを眺めながらソーダを飲んで、まるで仮面舞踏会をやってる王様みたいだっていうのに、数キロ先じゃ一万人の兵士が、ディナーの代わりに砂を噛んでる。それも、生きていればの話だ」そう言ってマイケルはうつむいた。「これでいいはずがない、そう思っただけさ」

ジャスパーはパイプにエジプトのタバコをつめた。「しょうがない。みなそれぞれ、役割ってものがあるんだ」そう言ってはみたものの、マイケルの気持ちは痛いほどわかっていた。

六月十六日の朝、ロンメルは無線傍受によって、ウェイベルが初日の戦いに戦力のすべてを投入していたことを知った。イギリス側、つまり西方砂漠軍の二百台の戦車のほぼ半数が撃破されたか使用不能だという。切り札を自由に使えるようになったロンメルは、控えていた戦車の投入を命じた。カプッツォ砦では、塹壕で待ち構えていたイギリス軍が、ドイツ第四戦車連隊の八十台の戦車のうち五十台に、わずか六時間で大打撃を与えた。しかし新たに投入されたドイツ軍第五軽師団はハフィッド高地を突破し、イギリス軍を包囲するべく進撃を始めた。ウェイベルは前線に駆けつけた。

バトルアクス作戦は混迷を深めていった。ドイツ軍第五軽師団の攻撃を受けて、第七機甲師団の戦車はわずか二十五台となってしまった。通信システムはほぼ壊滅状態で、なんとか交わされるやりとりもすぐに解読され、ロンメルを喜ばせるだけだった。十七日の早い時間、友軍である第四インド砲兵師団の司令官F・W・メサヴィー少将は本部との連絡がとれないまま、カプッツォ砦がもちこたえるのは不可能と判断し、壊滅を避けるために撤退を決意した。このおかげで、西方砂漠軍の大半がロンメルの速攻の包囲から逃れることができた。ウェイベルはのちになってメサヴィー少将の好判断を賞讃したが、当時は、正式の退却許可が出るまで待つべきだったと批判している。

バトルアクス作戦の失敗によってイギリス軍は戦車九十九台と航空機三十三機を失い、千人以上の犠牲者を出した。兵士の士気も一気に下がった。マチルダ戦車は完全装備の八十八ミリ高射砲に太刀打ちできるはずもなく、通信も傍受されていたため、西方砂漠軍の攻撃はまったく奇襲にならなかった。疲労困憊《ひろうこんぱい》した兵士はキャンプの後方に移動してデルタの町へ流れていったが、そのあいだ口にするのはロンメルの神がかり的な力のことばかりだった。ここに来て再び、ロンメルのフィンガーシュピッツェンゲフュール、つまり第六感のうわさがエジプト中に広がった。カプッツォ砦の戦いで肩を撃たれた伍長は、フィリップにこう言った。「ロンメルはすべてお見通しだ。まったくいまいましい。トイレに行くと、水を流そうと待ちかまえているロンメルがいる」ロンメルという超人的な司令官に導かれた敵を、疲弊した隊に攻撃させても結果は目に見えている。総崩れを恐れた将校は、神格化されたエルヴィン・ロンメル像をうち消すために徹底的な情報作戦をとることにした。砂漠のキツネ神話を覆そうと、ロンメルの人間的な弱点をあちこちで喧伝《けんでん》したのだ。まったくのでっちあげもあったが、リューマチに苦しむロンメルといった、本当の話もまじっていた。ただし宣伝効果をあげるために病状は誇張されていた。

「兵士がどれだけロンメルを恐れているか、うまく伝えるのは難しい」と、ジャスパーは毎晩のように書いたメアリーへの手紙にそうしたためている。

だれもがロンメルをスーパーマンだと思いこんでいる。魔法のような信じがたい離れ業ができると言う。その真偽をめぐって、味方どうしでけんかまで始まる始末だ。いま祖父が生きていたら大笑いしただろう。「魔法だって?」祖父ならそう言うはずだ。「魔法というのは、この世に子どもが生まれ、バラが匂いたち、日が沈むことを言うのだ。戦場の兵士になにができる? せいぜい技術を磨き、周到に準備するだけだ」たしかにロンメルは戦略の天才だとぼくも思う。おそらくわが国の選りすぐりの将軍をもってしても、彼にかなう者はいないだろう。しかしぼくの先祖は代々、大言を吐く者のインチキを多数見破ってきた。だから、真に魔法の力を持つ人間がいるなんて、ぼくには信じられないんだ。

これに対してメアリーは、イギリスの新聞記事のことを返信に書いてきた。

「どこでもロンメルの話ばかり。その書きぶりがまたすごいの。手ばなしでほめたたえて、彼はドイツ軍の指導者なのに、まるでイギリス軍の指導者みたいな感じ。だけどほんとうに魔法がこの世に存在したら、すばらしいと思わない? あなたが魔法の杖を一振りしたら、それで世界がいっぺんに平和になる。そうしたら、またふたりいっしょに暮らせるじゃない。ところでロンメルには奥さんがいるのかしら？」

メアリーの返事が届いたとき、ジャスパーにはロンメルの持つ第六感の真偽について妻と論じている暇はなかった。彼の部隊はそのとき、港ひとつを丸ごと消すという課題に取り組んでいたのだ。

バーカス少佐がカモフラージュ実験分隊に到着したのは、六月十八日。まだバトルアクス作戦惨敗の全容が明らかになる前のことだった。その無精ひげと腫れぼったい目を見れば、彼がこのところろくに眠っていないのは明らかだった。中東でのカモフラージュ全般の責任者として、広範囲にわたるゆるい組織を管理するのに、その人柄と決断力で切り抜けてきたものの、さすがに疲労の色が濃くなってきた。

泥のような代用コーヒーではなく、マイケルがくすねてきた本物のホットコーヒーが出された。バーカスはしばらくだまってカップのなかを見つめ、深いため息をついてここ数日のいやなニュースを頭から振り払った。そしておもむろに、任務を果たそうと胸をはり、口を開いた。「まったく、さんざんだ」まずはあけすけに言った。「完全な敗北だ。あの八十八ミリ砲ってやつは……」そこで再びバトルアクス作戦の緒戦の失敗のことを口に出しそうになったが、なんとか思いとどまった。「兵士はすっかりまいっている。あの高射砲に太刀打ちできる道具はこっちにはないからな。それにロンメル……」

ジャスパーはうなずいた。その先は言われなくともわかっていた。

「きみの〈サンシールド〉はよく働いてくれたよ、実戦でしっかり役立った。だが問題はロンメルだ。やつはこちらの出方をなにもかも知りつくしているようなんだ。あらゆる動きをね。度肝を抜かれるとはこのことだ」

「フィンガーシュピッツェンゲフュールですか？」

バーカスは弱々しい笑みをみせた。「というよりも、いまいましいほどに優秀な向こうの諜報部の力によるところが大きい。こっちの情報部はずいぶんと杜撰《ずさん》だった」そこで言葉を切ってコーヒーを口に含んだ。「だからきみのシールドのことは心配しなくていい。あれはあとでちゃんと役に立つ。このわたしが保証する。しかし、だからといって、ほかに手を打たないわけにもいかない」

「もちろんです」

「ここにきて新たな問題が浮上した。今日ここにやってきたのはそのためだ」テントの隅にはジャスパーが作った砂盤のジオラマがあった。カモフラージュのアイディアを試すための、砂漠の縮小模型だ。バーカスはカップをテーブルに置いて、砂盤のほうへ歩いていった。「ちょっと見てくれ」

ジャスパーはバーカスについていった。

「ドイツ軍が力を回復して動けるようになるには、まだ少し時間がある。向こうは向こうで自分の傷をなめなきゃならんからな。ということは、敵が態勢を整えるまえに、こちらの補給を終えることができれば、勝てる。が、向こうのほうが先に補給を完了したら、ロンメルはシェパードホテルでゆうゆうと食事をとることになるだろう。つまり、成否の鍵を握るのは補給戦なんだ……」バーカスは砂盤に指をすべらせ、端のほうにささったピンのところで止めた。ピンの上の方には、赤・白・青の小さなユニオンジャックがついている。「問題は、このアレクサンドリア港だ」バーカスは砂に指をつっこんだ。「向こうは、この港がわれわれにとってどれだけ重要かわかっていて、これまでも定期的に爆撃を繰り返してきた。この先戦況が厳しくなれば、何を落としてくるかわかったものじゃない。航空方面隊ではアレクサンドリア港の高射砲をできるかぎり増やすよう努力してくれているし、イギリス空軍のほうでもあらゆる援護を惜しまないと言っている。となれば、われわれも最善を尽くさねばならん」

「港をカモフラージュしろとおっしゃるのですね」

バーカスは厳しい目つきでジャスパーを見た。

「きみらに港をすっぽり隠してもらい、ファルーク王が小舟に乗って探してもみつからないようにしてほしい」

ジャスパーはいたずらっぽく、人差し指で砂をくるりとかき回した。アレクサンドリア港は、かつてどんなマジシャンも立ったことがない最大のステージだ。ジャスパーはオートバイや女や箱、ときにはゾウまで消してみせたことがあったが、港を丸ごと消すというのは、まったく次元のちがう話。しかも、タネとなる偽の壁も、仕掛け扉も、黒いベルベットのカーテンもない。この難題にジャスパーの心は躍った。「ひとつやってみますか」

自信たっぷりのジャスパーを見て、この朝初めてバーカスが笑顔を見せた。「すばらしいショーを見せてもらえそうだな。港湾司令部の人間が、諸君をただちによこしてほしいと言っている。アレクサドリアまでの車は用意してある」

「わたしが引き受けるとわかっていたんですか？」

「こういう話をきいて、きみが断われるわけがない」

次の日の朝、ジャスパーとマジックギャングは断崖の上に立って、広い海岸を見下ろした。田舎の小村ひとつぶんぐらいの範囲に、さまざまなものがひしめいている。貨物船、輸送船、哨戒艇《しょうかいてい》、はしけ、引き船、補給船。巨大なクレーン、平床のトラック、コンテナ積載用貨物車。貨物を引きあげる機器、山積みになった木箱。倉庫、車庫、低層の事務所。労働者数千人を収容できる兵舎まである。そしてこのにぎやかな港の入口を守っているのがアレクサンドリアの大灯台。ファロス島に立つ、この巨大な建造物は古代世界の七不思議のひとつと言われている。

これだけ広く活気に満ちた一帯をドイツ空軍の目から隠すのは不可能に思われた。幸い今のところ敵の爆撃は夜間のみだったが、難題であることに変わりはない。

港を一巡りしたあと、かまぼこ型兵舎に集まって作戦会議を開いたマジックギャングは、奇抜なアイディアを交換しながら、一日の大半をそこですごした。ネイルズはいくつかの船や建物の上に巨大なキャンバス地をかぶせて、海に溶けこませるという案を出した。これはイギリス本土で何度かうまくいったことがあった。

「港の一部を消して、港の雰囲気を変えるんだ」

ジャスパーは却下した。「港の一部じゃだめだ。丸ごと消さなきゃいけない」

馬鹿げたアイディアを楽しそうにあれこれこねくりまわしていた漫画家のビルは、巨大な鏡で敵の爆撃手を混乱させたらどうかという案を出した。

「名案だが」ジャスパーが言った。「初めの一発で鏡が粉々になるだろう」

「で、そのあとは不運の連続だ（鏡を割ると七年たたられるという西洋の迷信）」マイケルが言った。

いいアイディアというものは、こうした他愛もない話し合いから生まれるものだが、今回採用できる案はなにひとつ出なかった。彼らは夕食も兵舎に運んでもらい、ぶっ続けで議論をした。午後十時、ララ・アンデルセン（ドイツの歌手・女優）がドイツ語で歌う『リリー・マルレーン』が、ラジオ・ベオグラードの夜の人気番組で流れたとき、ドイツ空軍の爆撃機ユンカース88とイタリア空軍のサヴォイアS-79が低空でうなりをあげた。空襲警報が夜の闇にこだまする。数秒のうちに、何千人という人間がそれぞれの守備位置や避難場所に走った。兵士は服やヘルメットを手早く身につけながら大急ぎで配置につく。港の明かりがすべて消えた。停泊船は、港を脱出しなければならない事態に備えて蒸気を起こした。敵機を迎え撃とうと、イギリス空軍の単座戦闘機ハリケーンが、アメリカのP-40トマホークの援護を受けて飛び立った。敵の爆撃機が姿を現すまえから、早くも高射砲中隊が高射砲の炎で空にあばたのような穴をあけていく。

かまぼこ兵舎のドアが勢いよく開き、ひとりの伍長が身を乗り出してきた。「みなさん、こちらへ」厳しい声で言い、マジックギャングを深い各個掩体《えんたい》（敵軍の砲火、破砕性爆弾から味方の射手を守るための細長い塹壕）に連れていった。掩体に入ってしまうと港の様子を見ることはできなかったが、爆撃のすさまじさは肌で感じられた。頭の上で飛行機がバラバラになる。弾幕射撃の薄黄色の光で冷たく輝く夜空に、サーチライトの銀色の光が筋を描く。イタリア軍のサヴォイアが一機、高射砲の攻撃を受け、高い雲のなかに逃げこんだ。

嵐のような敵の爆弾は、ほとんど海に落ちてくすぶるだけだったが、ときどき地上の標的にも命中し、爆発地点から一キロ先でも地面がふるえた。

「すごいショーだ！」ビルが轟音のなかから叫んだ。あまりの興奮に眼鏡は鼻の上でずり落ちっぱなしだ。

マイケルが怒鳴り返す。「毎日観たけりゃ、ロンドンにいりゃあよかったんだ！」

爆撃機のコックピットからは、アレクサンドリアの港はすぐにわかる。格好のターゲットだった。まず先導隊が本隊に先行して、砂漠の奥地からでもはっきりわかる灯台を目指し、見慣れたエジプト海岸をたどりながら、発光弾で港を照らす。続く爆撃機本隊はその光を目印にして高性能爆弾を集中投下する。次々とやってくる爆撃機が落としていく爆弾で鮮やかな炎が上がる。しぶといイギリス空軍の爆撃機や熟練した高射砲の砲手がいなければ、これほど楽な奇襲攻撃も珍しいだろう。

爆撃は二十分ほどで終わり、結果、倉庫ふたつ、トラック六台、クレーン一台が撃破された。さらに使われていない事務所が直撃を受け、二隻の小型船が至近弾を受けて転覆。埠頭は燃えてかなりの損傷を受けた。輸送船に乗せられて故郷に帰るのを待っていた棺の山が吹き飛ばされて粉々になった。火災に対してはすばやく消火活動が行われたものの、完全に鎮火するまでには何時間もかかった。

かまぼこ兵舎のなかでは、丸型ストーブの火がかきたてられていた。マジックギャングは冬の夕方に集まったニューキャッスルの漁師のように身を寄せ合い、引き続き港をカモフラージュする作戦について論じあった。ジャスパーだけはみなから離れてひとつしかないテーブルに向かい、イギリス陸軍工兵隊から支給された地形測量図を検討していた。そして夜中の十二時ごろ、椅子に背を預けて言った。「よし、これでいこう」

「そうこなくちゃな」不機嫌そうにフランクが言った。「そろそろ、いい時間だ」

みんながテーブルのまわりに集まった。

「そもそも」ジャスパーが口を開いた。「この港は大きすぎる。なにかで覆い隠すことも、別のものに見せかけることもできない。消すのも無理だ。だが、ひとつだけ解決策があるだろ?」

だれも答えなかった。

「移動させるんだよ」

「やられた!」マイケルが手のひらで額をぴしゃりと叩いた。「その手があったか。どうして気づかなかったんだろう?」皮肉たっぷりの口調だ。

ジャスパーはプロらしく、ギャングたちの好奇心を徹底的にあおってじらした。説明されるのを待つみなのまえで、マッチを探して軍服の大きなポケットを叩き、みつからないという仕草をしてから、指をぱちんとならして炎を出し、パイプに火をつけた。フランクにはわかっていた。こういうちょっとした手品をみせるのは、ジャスパーが自信たっぷりのときだ。

パイプに火がつくと、ジャスパーは足を組んでくつろいだ姿勢で説明を始めた。

「世紀の変わり目のころに、うちの祖父《じい》さんがすばらしい空中浮遊のマジックをエジプトの劇場で披露した。もうもうと吹きだす煙のなか、祖父さんはステージから浮かび上がってクリスタルのシャンデリアに飛び乗った。それからシャンデリアにすわったまま、客席からの質問に答えていった」

そこで話を中断し、タバコの香りを味わう。「さて、このからくりを暴ける者はいるか？」

「妖精のしわざ？」漫画家のビルがふざけた。

マジックの本を何冊か読んでいたフランクが言った。「〈置き換え〉ってやつかい？」

「正しくは〈代理〉と呼ばれるものだ。煙幕のなかで、針金で作った祖父さんのダミーを床の跳ね上げ戸から上に出して、それを細いワイヤーでシャンデリアの上まで引っぱり上げる。質問に対しては、簡単なスピーカーシステムを使って答える。祖父さんとまったく同じ格好をしたダミーが、祖父さんの立っていた場所から上がってくると、観客はそれを本人と信じてしまう。これと同じ原理が使えると思うんだ」

ジャスパーは地形図の上に身を乗りだして、アレクサンドリア港をパイプの柄で叩いた。「これがアレクサンドリア。そしてこちらへ……」地図の上でパイプを数センチ先に動かす。「沿岸をおよそ一キロ半下ると、このマリュート湾がある。地形をよく見てくれ。アレクサンドリア港とほとんど同じだろう？」

ジャックがジャスパーの肩ごしにのぞきこんだ。「二千四百メートルの上空からは、見分けがつかんでしょう」

ネイルズがうなずいた。「夜ならなおさらだ」

「おまけに向こうは、イギリス空軍の迎撃を気にしつつ、高射砲の発射をよけながら飛んでいるわけだ」ジャスパーがつけ加えた。

「灯台はどうする?」フランクがきいた。「あのどでかいやつを動かさないといけない」

「放っておけばいい。これがこの計画の見事なところさ。こちらがやるべきは、ダミーにするマリュート湾に、アレクサンドリア港と同じような地上照明をはりめぐらし、建造物を置いておくこと。ドイツ軍が向かってきたとわかったら、アレクサンドリア港の明かりを消してマリュート湾の明かりをつける。そうしてマリュート湾にあらかじめ敷設しておいた爆弾をいくつか爆発させる。すると敵機は蜜に集まる蜂のように、ダミーの港に光る炎をめざして集まってくる」過去にも同様の方法で、イギリス空軍のジョン・ターナー卿がQサイトと呼ばれるダミーの飛行場を作り出したことがある。それでドイツの爆撃機を本物の飛行場から離れたところへおびきよせたのだ。ターナーのチームは、実際の飛行場から数キロ離れたところに、本物の滑走路の明かりのようにランプを二列平行に並べた。第一次世界大戦の終わりごろには、昼間の襲撃から工場や大きな飛行場を守るため、もっと手のこんだKサイトと呼ばれるダミーの飛行場も作った。しかし、この一九四一年の六月にジャスパーが提案したような大それた計画を考える者はこれまで皆無だった。夜に空から見れば本物と見分けがつかない孤立した滑走路とはちがい、アレクサンドリアの町とその巨大な港は見まちがえようがない。

堅物の軍人ジャックが質問した。「しかし翌朝、偵察隊が戦果をたしかめに航空写真を撮影しにきたらどうなるんです?」

「そこで駄目押しをするんだ。観客は祖父さんが質問に答えるのをきいたからこそ、シャンデリアの上にすわっているのは本人だと信じた。それと同じようにドイツ兵だって、アレクサンドリア港の周辺に瓦礫《がれき》があるのを見れば、正しい目標を攻撃したと思いこむ。工兵隊のピーター・プラウドたちも、トブルクでうまくやった。ここでも成功するはずだ」

フィリップは納得しない。「フランクが言ってた、あの灯台はどうする?」

「灯台? あんなのは、棒の先に大きな明かりをつけてあるようなもんだ。空からみれば、高さのちがいなんてわかりはしない。すべては見た目の問題だ。それならこっちでなんとかできる」

大工のネイルズはしばらく地図を見ていた。そして、「木製の外形ならいくつか作れそうだ」と言ったものの、その声に力はなかった。「あとは敵の目を惑わすために、灯台に月の光を当てることもできる。夜なら敵がそこを目指して弾を撃ちこんで……」と言ってから、マイケルとビルをちらりと見て、肩をすくめた。「なんて、うまくいけばいいがな」

ビルは笑った。「やっぱり妖精に頼むしかないな」

朝までにはプランの大筋をかためた。港湾司令部で司令官にそれを提出すると、相手はあきらかにがっかりした様子だった。いったいこれのどこが魔法なんだと言いたげだった。それでも司令官はしぶしぶ作戦実施の許可を出し、およそ二百人の工兵隊員と労働者がこの作戦に割り当てられた。

翌日、もともとだれもいないマリュート湾一帯は封鎖され、ダミーの港の建設が始まった。夜に航空偵察隊が撮影した写真をもとに、工兵隊員がアレクサンドリア港の地上照明の模型をつくった。数百個のランプを杭にくくりつけて砂や泥のなかに埋め、電線でつないでいく。ひとつひとつの点をむすんでいく手のこんだパズルのようだった。元大工のネイルズの監督下で、形も大きさもさまざまなベニヤ板の小屋がたてられ、そのうちのいくつかには爆薬が仕掛けられた。それを爆破させれば、ドイツ軍の爆撃に似た閃光や煙を発する仕掛けだ。

マイケルは自ら監督して、キャンバス地で外形を作った小さな〝艦隊〟をイギリス海軍の職員に作らせた。これには船舶用の信号灯を吊り下げた。また入り江には電球付きの杭をいくつも埋めて、あたかも多数の小船舶が停泊しているように見せかけた。

ビルとジャックは、六本の脚柱で支えたベニヤ板の上に車輌のサーチライトをいくつも載せて灯台を作った。発明の才に富む工兵隊の電気技師がそれぞれのサーチライトにタイマーを仕掛けて順番に点けては消し、あたかもライトの台座が回転しているように見せかけた。本物のファロス灯台に似せたこの灯台は、〝ビルのポール〟と呼ばれた。敵の爆撃機が近づいてきたら明かりを消すことになっていたが、消す前に敵のパイロットが眺める時間を十分にとらないといけない。

このショーのプロデューサーとして、ジャスパーは様々な仕事にかかわった。あちこちのグループに入っていって、仕事を監督し、問題を解決し、仕掛けをデザインしなおしたり、仕事の遅いメンバーを後押ししたりした。「ロイヤル劇場で劇を上演するのとあまり変わらない」ある朝ジャスパーは、本物の港に帰ってくる車のなかで、フランクに言った。「すべての計画ができあがったら、あとは舞台装置を作って設置し、役者のリハーサルを行うだけだ」

フランクはジャスパーのそばにいて、折々にちょっとしたアドバイスをした。ジャスパーは仕事に熱中しているときが一番幸せそうに見えた。心底仕事が楽しいのか、それとも忙しすぎて考える暇がないのか、いったいどちらだろうと、フランクは思った。

照明と起爆装置のすべてが、集中制御用の配電盤につながれた。これをジャスパーとフランクがファロス灯台のてっぺんで操作することになっていた。ダミーの港は本物よりずっと小さかったが、目立った建物同士の比率は本物と同じになるよう、慎重に配慮された。比率が正しければ、敵のパイロットが大きさのちがいに気づく可能性はほとんどない。

画家のフィリップは、本物のアレクサンドリア港の〝破壊工作〟を担当。大量の本物の瓦礫の山をあちこちに作っておき、ドイツ諜報部がやってくるまでは防水帆布で隠しておく。敵を満足させるために、趣向を凝らして様々な〝攻撃の爪跡〟を作った。舞台背景として、キャンバス地に内側が黒く焦げた爆弾穴を描き、同じようにキャンバス地に弾痕を描いたものも用意して、建物の上から吊り下げられるようにした。ダミーの爆弾穴の横には、くず鉄の山から引っ張ってきたトラックやジープの残骸を置いた。張り子のレンガや岩も、通りや屋根の上にばらまいた。港では、本物の船舶に折れたビームを載せ、どんよりした水面から、いかにも本物らしい木のマスト二本を突き出させ、ありもしない船の〝墓標〟を作った。

イリュージョンを完璧にするために、ジャスパーはアレクサンドリア港を防備するサーチライトや高射砲中隊をダミーの港に移したかった。港湾司令部のラトリッジ大佐は、ほとんどのサーチライトをしぶしぶ引き渡したものの、数門しかない高射砲を手放すのは拒んだ。「砂とぬかるみしかないところじゃないか」大佐が抗議する。「きみはこのわたしが、沼地を守るために、アレクサンドリア港から高射砲中隊を移すなどと、本気で思っているのか！」

高射砲がどうしても必要であることをジャスパーは強調した。「夜間にやってきて、いつもの歓待を受けなかったら、ドイツ兵も変だと思うでしょう。劇場ではこう言います。観客には期待したとおりの物を見せてやれ、そうすれば満足して帰る。それはここでも同じです」

「言いたいことはわかる」大佐が言った。「しかしこっちとしてはどうすることもできない」大佐の前歯の大きな隙間から息が吹き出して、口にする言葉がまるで爆弾のように響いた。「ここは中東全域で最も重要な港だ。それを守るのがわたしの仕事だ。もしきみのプランのどこかに狂いが出たら……そういうこともあり得るだろう？　ひとつまちがえば大変なことになる。エジプト人のだれかがたまたまこの計画を知り、敵の無線で流したらどうする？　そうなったらわたしはどうなる？　港が攻撃されているときに空っぽの海岸を守っていた大ばか者として、永遠に語り継がれる」

「逆に」ジャスパーは大佐が耳をそばだてるように、わざと声を低くして言った。「アレクサンドリアのヒーローとして、名を馳せる可能性だってあるわけです」

大佐が眉をひそめた。いままでの経験や彼の性格から言って、こんな危険なプランは、断固としてはねつけるのが当然だ。サンドハーストの士官学校では、つねに定石どおりにやるべしと教えられてきた。だれが指揮しても失敗しないように、決まった手順を踏めというのだ。しかし大佐にも隠れた冒険心はあった。しかるべきチャンスが与えられれば、これまで眠っていた砂漠のネズミと同じ負けん気が必ず顔を出す——今がそのときかもしれないと感じている彼には、拒絶するのは容易ではなかった。もしこれを逃せば、毎朝鏡の前に臆病者の顔を見ながら、残りの人生を生きていくはめになる。大佐はおもむろに口を開いた。「リスクは覚悟しているんだろうな？　もし失敗したら、港に敵があふれることになる。そのときこっちの武器はハエ叩きぐらいしか残っていない。敵にしばらくの間でも港を封鎖されれば、ロンメルをシェパードホテルに招待して、恨み言のひとつもいってやらないといけなくなるぞ」

ジャスパーもリスクは十分覚悟していた。もしドイツ軍の爆撃機が疑餌《ぎじ》に食いついてこなければ、アレクサンドリア港は壊滅し、イギリスの兵站線は粉砕される。スエズ運河とペルシャ湾の百数十億リットルという原油も、すべてロンメルに握られてしまう。つまりこのダミー港作戦は、静かな池に落とす小石のようなものだった。失敗すれば、その波紋が世界中に広がるのだ。

「失敗はしません」ジャスパーは言った。

大佐は高射砲の半分と兵士の半数をマリュート湾に移すことにしぶしぶ同意し、アレクサンドリア港に残った兵士には、敵からの直撃を受けない限り高射砲を使わないよう命じた。高射砲は、ダミー港の用意がすべて整うまでアレクサンドリア港の所定の位置に置いておき、暗くなってからダミー港の沿岸に移すことになった。

高射砲の問題は片づいたが、ステージのセッティング作業は依然として続いた。ギャングたちは毎日夜を徹して働き、手を休めるのは、午後十時に敵の爆撃機が始動するのを待つときだけだった。昼間は暑さとハエの攻撃に耐えながら、つとめて昼寝をするようにした。六月二十二日の日曜日までには、ほとんどの道具立てが整った。ダミー港では地上照明の敷設が終わり、ネイルズの小屋が設置され、なかに爆弾が仕掛けられた。マイケルが作った〝海軍〟と名づけられたキャンバス地製の艦隊はとりあえずは沈まずに水上で気だるく揺れていた。フィリップの作った瓦礫も、いかにも本物らしい被害状況を見せていた。〝ビルのポール〟つまりダミーの灯台は、水面からおよそ十メートルの高さのところで不安定に傾いでいる。昼の光のなかで見ると、ダミーの港はまるで貧民窟のようだった。しかしこれも夜のベルベットの帳《とばり》の下では、世界有数のにぎやかな港で通るに違いない、そうジャスパーは思っていた。

ダミー港、つまりマリュート湾を臨む人工の町にしばらく隔離されていたマジックギャングにも、バトルアクス作戦の絶望的な報道は伝わっていた。攻撃は完全な失敗だった。病院や救護施設は負傷者であふれかえり、収拾がつかなくなっていた。町ではロンメルがカイロに最終的な攻撃を仕掛けるといううわさが流れ、商店の店主は再びドイツ語の看板を出してきて埃を払った。

西方砂漠軍の苦境のニュースが街中に流れたちょうどその頃、状況をさらに混乱させるかのように、イラク近郊で軍部の後押しするクーデターが発生し、エジプトの国家主義者は希望をかきたてられていた。反イギリスを叫ぶデモや小規模な爆撃がナイルデルタを揺るがし、ファルーク王と、疲弊したイギリス連邦軍へ向けて、本格的な反乱が起こる可能性が出てきた。

チャーチル首相は、ロンメル相手の度重なる敗退に業を煮やし、ウェイベルを解任した。「わたしはひとつの結論に行き着いた」とチャーチルは失墜したヒーローに打電した。「中東軍司令官職に、貴君の代わりにオーキンレック将軍を任命することが、最も国益にかなうと思う」

「首相の判断は正しいと思います」と、このメッセージを受信したウェイベルはチャーチルの決定を謙虚に受け止めた。「この仕事には新しい目と手が必要です」自分が歴史上で活躍する時期はもう終わったと認め、ウェイベルは比較的戦況の落ち着いているインド陸軍司令部への配置転換を素直に受け入れた。

ジャックはマリュート湾で働く人間のうちで、北アフリカ戦線の最初からウェイベルの下で戦った数少ない戦士のひとりだった。ウェイベルの勇敢な三万の兵士のひとりとして、そのことを心から誇りに思っていた。

「軍もひどいことをする」ジャックが苦々しげに言った。「ウェイベルの兵や装備をすべてギリシャに送っておきながら、ドイツ軍と戦えと言う。使いものにならない戦車と右も左もわからない小隊を使ってだ」ジャックが軍を非難するのを、ジャスパーは初めて聞いた。

しかしジャックの怒りはその時点ではまだ頂点に達してはいなかった。同じ日の午後、BBCが臨時ニュースで、「ドイツ軍がソ連に侵攻。兵力百二十個師団、戦車三千二百台、飛行機千九百四十五機」と報じた。第二の戦線が開かれたのだ。信じられないことに、ヒトラーは二年前に締結したスターリンとの不可侵条約を破棄したのだった。「あの男は完全に頭がおかしい」マイケルが断言した。

「なるほど、ホームズ君」フィリップがからかうように言った。「で、その根拠は？」

ふいに目の前が明るくなってきた。ナチスがソ連侵攻に集中すれば、中東への圧力もいくぶんかは弱まる。状況がここまで進めば、アメリカも重い腰を上げざるを得ないだろう。マリュート湾ではだれもが声高に自分の意見を述べたが、やがて議論も収まり、しだいに仕事に熱が入ってきた。日没までには、マリュート湾の地上照明もテストの準備が整った。ジャスパーとフランクは自分たちが使う重い機器の最後のひとつを抱えて、指揮所となる古い灯台の曲がりくねった階段を上がっていった。灯台からはアレクサンドリア港からマリュート湾までが広く見渡せたものの、そこにはドイツ軍の爆撃機から身を守る設備はなにひとつない。「まあ、ものごとはいい方向に考えようじゃないか」ジャスパーがフランクに言った。「もしわれわれのプランが失敗したとしても、死ねば言いわけをしなくてすむ」

フランクは不機嫌な目でジャスパーを見た。「われわれのプランだって？」

空から港の様子を観察するために、日没直後にオースターが一機飛び立った。フィリップが偵察兵としてそれに乗りこんだ。

狭苦しい灯台の塔のなかで、ジャスパーは配電盤の前に立っていた。まるで指揮者がオーケストラの調整にあたっているような感じだった。「用意はいいか？」とフランクに声をかける。

フランクは、ずらりと並んだボタンやレバーの複雑な配列をじっと見て、圧倒されたように首を横に振った。「いいもなにも」しぶしぶ言った。「どれがどこにつながっているのか、きみがちゃんとわかっていることを祈るよ。マジックショーと同じだろ。おれの手足をノコギリで切断しないようにしてくれよ」

「ああ、見た目よりずっと単純」ジャスパーは言った。「と、思うんだがね」そう付け足して、深く息を吸って気持ちを落ち着け、長い鋼鉄のパワーレバーを押した。まるで巨大な黒い毛布をかぶせたかのように、アレクサンドリア港が夜の闇のなかに消えた。離れたところにぽつぽつ停泊している船にはまだ明かりが灯っているものもあったが、それ以外はこの"消灯訓練"のためにすばやく明かりを消した。

「なるほど、これなら成功だな」フランクが心からほっとした様子で言った。

アレクサンドリアの町は、遠くのほうで陽気な光に包まれて輝いていたが、港はもうどこにも存在しなかった。

「点灯」ジャスパーが命じた。

フランクは手元のスイッチを操作した。数秒後、まるで無傷の港を丸ごとすくいあげて一キロ半先に落としたように、マリュート湾のダミー港の明かりが、夜の闇にまぶしく浮かび上がった。

ジャスパーは厳しい目でその光景を観察した。「どう思う？」

フランクは言葉を失っていた。目の前に広がっているのは、予想をはるかに越えるリアルな港だった。「敵軍に、正式の招待状を送らんといかんな」明らかに感服した様子だった。

フィリップからは、空からの眺めは完璧だと報告があった。

結果に満足したふたりは電源を落とし、ドイツ空軍の"爆弾配達サービス"がやってくるまえに、灯台の階段を駆けおりて安全な場所へ向かった。本番はこれに高射砲とサーチライトが加わる。準備は翌日には完了した。フィリップは新しく作った瓦礫の残りを本物の港、つまりアレクサンドリア港の所定の位置に運び、敵の目にどんなふうに見せたいか、工兵隊員に希望を伝えた。

「むちゃくちゃにぶっ壊された感じにするんですか？」と、ひとりがきいた。

「いや、ふつうに壊された感じでいい」

日没後、ラトリッジ大佐の高射砲がダミー港に運ばれてきた。ジャスパーとフランクは再びファロス灯台のてっぺんまで上がった。フィリップとジャックはドックの近くでほかの兵士といっしょに待機した。マイケルはダミー海軍の司令官よろしく、掩体のなかに隠れた。ネイルズは慎重に仕掛けた数トンの高性能爆薬を担当することになっている。ビルはアレクサンドリア港の無線通信士の横にすわって、必要な仕事はなんでもしようと待機した。マジックギャングは夜の早い時間を、悪態をつき、震えながら過ごした。夜になって、気温が急激に下がってきたのだ。

午後九時四十五分。ジャスパーは暗い空に目を走らせた。十時になり、さらにそれを過ぎても、敵の機影は見えない。「遅い」ジャスパーがそわそわしながら言う。「こんなときに遅刻するなんてちょっと失礼じゃないか」

「もうじきやってくるさ」フランクが安心させるように言った。「こんなすごいショーを見逃すわけがない」

十時三十分過ぎ、ジャスパーは狭い監視塔のなかをぐるぐる歩きまわり、どうして今夜に限って敵の攻撃が遅れているのか、その原因を考えていた。

「落ち着けって」フランクはジャスパーにそう言いながら、曇りひとつない眼鏡をこの四十五分間に、もう八回も磨いていた。「なにも心配するはことないって」

十一時になると、ジャスパーは爪をガチガチ嚙んでいた。

「ほら」嚙みつくように言った。「爪を嚙みきった両手を妻のメアリーに見られなくてよかった。みつかったら大目玉だからな」

その夜、敵はやってこなかった。ジャスパーは真夜中を過ぎてからも長いこと、じっと空を見ていた。失意半分、安堵半分だった。演者としての自分は、マジックの効果を確かめたかったが、兵士としての自分は攻撃がなかったことにほっとしていたのだ。それでも、なぜ今夜だけ攻撃がなかったのか、妙に気になる。ドイツ軍は、なにかしらトリックが待ちかまえていると気づいたのだろうか？　もしそうだとしたら……。

「たぶんあちらさんは、ここでの仕事はもう十分だと思ってるんじゃないか」フランクは長いらせん階段を降りながら言ってみた。

「だとしたらありがたいね」ジャスパーが答えた。

二十四日の日没を待って、ふたりは再び所定の位置についた。ララ・アンデルセンが悲しげなラブソングを歌い出したとき、砂漠の偵察班が敵の爆撃機を発見した。いつもの時間より遅く、飛行コースもわずかに変更されていたが、たしかにやってきた。その報告が、灯台にいるジャスパーに届けられた。「きたぞ」フランクに向かって言いながら、ジャスパーはショー初日の興奮に身体がうずいていた。パワーレバーを叩きつけるように押すと、次の瞬間、港が闇のなかに消えた。「点灯！」無線で叫ぶ。

ビルのダミー灯台がまぶしい光を放った。二秒後、ダミー港全体が一斉に光のなかに浮かび上がり、五つの対空サーチライトが夜空をなめるように照らし始めた。

ジャスパーとフランクは闇のなかで息を殺して待っていた。浜風で海の表面に白波が立っているだけで、本物の港はまったく見えない。この瞬間ジャスパーの頭に、これまで失敗したイリュージョンのことが浮かんできた——仕掛けのなかでアシスタントが眠ってしまったこと、鍵がつまって動かなくなったこと、紐が切れてしまったこと。ヒューイ・グリーンの『マジック・オンエア』というラジオ番組に出演した夜は、自分がなかに入って鍵をかけた箱が開かなくなり、箱を叩いて大声で助けを呼ぶはめになった。そのあいだグリーンが即興でつくった『フィドル・マイ・ディドル』を歌って時間を稼いでくれた。

ジャスパーの物思いは、敵の爆撃機の不快なプロペラ音に破られた。爆撃機はいつもよりわずかに低く飛び、雲で薄くなった星の光をたよりに攻撃目標をさがしているようだ。どれも本物の港めざしてまっすぐに飛んでいき、まばゆく光るダミー港にはまったく目もくれない。敵の編隊が目に入るとすぐ、ジャスパーとフランクはダミー港の灯かりを消した。ちょうど空襲を察知したアレクサンドリア港が灯火管制に入ったときの感じだ。しかし敵の爆撃機は依然として正しいコースをたどり、アレクサンドリア港に向かっていた。

先頭を飛ぶドイツの爆撃機のコックピットでは、編隊長が首をかしげていた。またたく間に消えていくアレクサンドリア港の明かりが見えるのだが、計器を見るかぎり、その明かりは本来あるべき方角とは違う場所にあった。計器を信じるなら、港全体が丸ごと移動してしまったとしか考えられない。

ジャスパーは敵が本物の港に向かうのを息をつめて見ていた。「迷ってるんだ」フランクに大声で言った。そう判断したというよりも、そう願っていた。それから声をひそめて祈るように言った。「頼むぞ、ひっかかってくれ」

「さあ高射砲の出番だ」フランクが叫んだ。「撃て」

「高射砲準備」ジャスパーが無線に向かって怒鳴った。「さあ、今だ！」それからすぐに、ダミー港を囲んだ高射砲の中隊が砲撃を始めた。それでも敵の爆撃機はコースをはずれない。

ダミー港の地上ではマイケルが掩体から出てきて、爆撃機に向かって帽子を振っている。「おい、こっちだ、馬鹿まぬけ。おれたちゃ、こっちだ！」必死に叫んでいる。

ダミー港の高射砲が一斉射撃を始めると、編隊長はさらに混乱した。数秒後、イギリスの戦闘機の一団が迎撃にくるのを見ては、もう迷っている暇はなかった。計器よりも自分の目を信じることにして操縦桿を握り、右方向に急旋回した。

「ひっかかったか……」と最初は自信なげにつぶやいたフランクだが、次は確信に満ちた大きな声で言った。「まちがいない、ひっかかった！」

残りの爆撃機も編隊長に従って優雅に旋回した。敵の動きを見て、イギリス空軍の飛行中隊が襲いかかる。たちまち曳光弾《えいこうだん》が夜空に炸裂した。ドイツ機は勇ましく目標に向かって密集隊形を維持し、機銃はしつこいイギリス空軍の戦闘機を打ち落とそうと必死だ。ふいにユンカース爆撃機が一機、編隊から脱落し、エンジンから煙を上げながら地中海の安全な方角へ逃げていった。別の爆撃機がその穴をすばやく埋める。

〝港〟の真上に来るまえから、爆撃が始まった。最初の爆弾が、痛くもかゆくもない砂の上に深い穴を穿つと、そのあとはジャスパーとフランクが引き継いだ。

「今だ、フランク」ジャスパーが叫ぶ。「行け！」フランクはレバーを叩きつけるように倒した。その勢いで眼鏡がはずれて落ちた。長く感じられる一秒。なにも起こらない。突然、断続的な爆発がマリュート湾を揺さぶった。炎が空をなめる。それから二度目の爆発が爆撃機の轟音にかぶさるようにとどろいた。

「ヘイ、プレスト！」ジャスパーが大喜びで配電盤を操作しながら叫んだが、その声は激しい音にかき消されてしまった。

敵の爆撃機ユンカースとサヴォイアの第二波が、ダミー港に上がる炎に照準を合わせた。数百発もの爆弾が、ジャスパーの砂の〝ステージ〟にばら撒かれた。敵の爆撃機の一機が被弾し、くるくる回転しながら湾に落ちていく。

敵の戦闘機が右旋回するのを見たとたん、本物の港で待機していたフィリップの破壊グループは仕事にかかった。アレクサンドリア港の狭い路地を走り回り、瓦礫にかぶせておいた防水帆布を引きはがして、張り子の瓦礫を撒き散らす。建物には、色を塗った掛け布で弾痕ができたように見せかけ、爆弾穴を描いたキャンバス地を広げていった。

一方マリュート湾では、ネイルズが小屋に仕掛けた爆弾が火を吹き、山積みにした乾燥木材がそれをあおり、切れ目なくやってくる敵の爆撃機をおびき寄せる格好のターゲットになっていた。襲撃は三十三分間続いた。

ダミーの港はほぼ壊滅。街頭も照明もほとんどなくなった。おおかたの小屋は大破し、残ったものも損傷を受けていた。マイケルの〝艦隊〟はばらばらになったが、残りの艦隊は激しい攻撃を生きのびた。ビルの灯台は無傷だった。

ドイツ軍の最後の爆撃機が砂漠に逃げていったのを確認して、ダミー港で待機していた工兵隊の修理グループが仕事にかかった。朝までに火は消され、黒焦げになった瓦礫の上に砂が撒かれた。破壊された舞台を蘇らせるために、修理工が忙しく働いた。夜になればまたドイツ空軍がやってくる。次のパフォーマンスの準備を整えておかなければならなかった。

フィリップのチームは、夜明けまでにアレクサンドリア港の舞台を整えていた。予想どおり敵の偵察機が本物の港の上に飛んできて、高い高度から写真を撮っていった。そのあいだ、マリュート湾のダミー港にはカモフラージュ用のネットをかぶせておいた。なにかの拍子に敵の偵察機がダミー港に目をやったとき、いつもとちがっているのに気づかれないようにするためだ。

午前なかばに、マジックギャングはかまぼこ兵舎に騒々しくもどってきた。身体は疲れきっていたが、心は喜びに沸き立っていた。夕べの出来事を思い出しながら大声で語り合うみなを、ジャスパーが制した。「喜ぶのはまだ早い。数時間のうちに、向こうでは今朝偵察隊が撮った写真を専門家が検証する。もしそれが完璧でなかったら……」

判決はその夜に下るはずだった。再びダミー港を攻撃してきたら、擬装は成功。しかし、ドイツの諜報部がフィリップの作り出した瓦礫におかしな影をひとつでもみつけたら、今夜は注意深く攻撃のターゲットを選ぶはずだった。

昼間のうちにギャングたちは睡眠をとることにした。

爆撃機はその夜遅くにやってきた。ちょうど、傲慢な裏切り者ホーホー卿（イギリス育ちの米国人。戦争前にドイツに帰化した。ナチス宣伝省の英語放送をドイツからしたためイギリスで反逆罪に問われ、のちに処刑された）が、西方砂漠軍のバトルアクス作戦の失敗をからかって「天才的なロンメルにはむかった愚挙」とラジオで言った直後、敵機は薄い雲のなかから飛び出してきた。

今回はドイツ軍のほうにためらいはなかった。飛行機はまっしぐらにダミーの港に攻撃をかけてきた。攻撃の精度を高めるためにいつもより低空を飛んで、危険なほどスピードを落としていた。そうして何トンもの高性能爆弾をダミー港の浜辺に落としていく。これまでで最も苛烈《かれつ》な攻撃だった。ジャスパーとフランクはネイルズが用意した小屋を爆破させて、敵の爆撃に華を添えてやった。

爆撃機が雲のなかに戻っていくころには、ダミー港は燃え盛る炎に包まれた廃墟と化していた。あちこちに巨大な爆弾穴が口をあけている。油まじりの煙が一キロ近い上空までリボンのようにたなびき、月や星を隠していく。上空を飛ぶ爆撃機のコックピットからは、まさに地獄の光景に見えたことだろう。

二機の敵機サヴォイアが墜落。

ダミー港の修復は、その夜だけでは間に合わず、翌日の午後までかかった。

敵は八夜連続で襲撃してきた。工兵隊はそのたびに、アレクサンドリア港に真新しい被害を作るため、身を粉にして働いた。マイケルが悔しがったのは、彼の〝駆逐艦〟が八日目の空襲で撃沈されたことだった。

結局それが最後の攻撃になった。意外なことに、敵は早くもアレクサンドリア港に興味を失ったようだった。翌週になってジャスパーとマジックギャングが毎晩夜空を見上げても、敵の爆撃機は一機も現れなかった。このときイギリスの情報部は知らなかったのだが、うわさどおりヒトラーは、ドイツ空軍に砂漠を離れてヨーロッパとソ連の戦線に移動するよう命じていたのだった。

アレクサンドリア港は一命をとりとめた。数ヵ月後にイタリアの潜水艦が必死の攻撃をかけ、敵側工作員による破壊行為もずっと続いたが、最大の危機は回避することができたのだ。ロンメルは一九四一年六月、まさにこの週に、兵站戦に破れた。そしてついに数百万トンの補給物資がアレクサンドリア港に無事に到着することになった。砂漠のキツネとアフリカ軍団を圧倒するのに十分な量だった。

アレクサンドリア港を動かすというジャスパーのアイディアが成功したことで、かつて考えられなかったスケールでダミーを活用できることが証明された。マジックギャングが完成させた、光と影とダミー構造の運用は、戦略的に重要なターゲットを守るために、その後世界中で活用されることになる。これらの技術を使って、飛行場だけでなく軍隊や海軍基地を丸ごと模したダミーが建設され、ドイツ空軍の何万トンもの爆弾が、海岸や湿地、湖や牧草地に無駄に投下された。

港を消すイリュージョンの成功で、ジャスパーとマジックギャングは高い評価を得たが、軍のなかでかなり異質な部隊であることに変わりはなかった。この部隊が軍の組織図のどこに属するのかを正確に言える者はいなかった。〝擬装屋〟と呼ぶのはちょっと気の毒だが、〝技術屋〟と呼べるほどの技術はない。補給や輸送とは関係がなく、戦闘についてもほとんど知らない。それでも、戦場にマジシャンを置くことの必要性については、もうだれも疑問をさしはさまなかった。それどころか高級将校らは、〝ジャスパーとその風変わりな一座〟に関するトップシークレットをささやき交わし、ようやく砂漠のキツネの裏をかく者が現れたことに、ほっと一安心していたのだった。

6

ゴミの山から軍隊を作り出せ

砂漠の戦争は灼熱の夏へ穏やかにすべりこんでいった。太陽が兵士や兵器を容赦なく焼き焦がし、砂漠では日中の戦闘はほとんど不可能だった。小競り合いはたまにあったが、それはさして重要ではなかった。というのも、北アフリカ戦線の運命は、今や海上で決定されようとしていたからだ。イギリス軍に追加補給をしようとする巨大な補給部隊が、必死に攻撃してくるドイツの潜水艦と戦っていた。最初に大規模な攻勢をかけたほうが、砂漠戦の主導権を握ることはだれの目にも明らかだった。皮肉なことに、この混乱した舞台では、前回のバトルアクス作戦の敗北がイギリス軍に有利に働いていた。

勝利を得たロンメルの軍は、ドイツ・アフリカ軍団にイタリア軍の二軍隊を加えて〝アフリカ機甲軍団〟と名を変えた。しかし、その兵站線は砂漠の上を細く長くのび、とぐろを巻く毒蛇のように、海に突き出たトブルク要塞のまわりを回っていた。そして、ベンガジ港でむさぼった補給物資を消化しつつ、トリポリから約二千四百キロ離れたカイロ手前の地点まで続いていた。

イギリス軍は退却させられてナイルデルタに追いやられたが、兵站線は短く、軍需品の補給も容易だった。チャーチルはヒトラーが対ソ連戦に目を奪われているのを幸いに、西方砂漠軍を改組して〝第八軍〟とし、規模を三倍にすることを命じた。威勢がいいだけで訓練を受けていないウェイベルの西方砂漠軍でその場をしのいでいた日々に終止符が打たれたのだ。新任のオーキンレック将軍は、基本的な軍事訓練に徹底してこだわり、新兵には砂漠での厳しい訓練を課した。第八軍の司令官には、東アフリカからイタリア軍を八週間で追い出したことで有名なアラン・ゴードン・カニンガム中将がつくことになった。

アレクサンドリア港でマジックギャングが成功を収めたこともあって、西方砂漠でのカモフラージュの役割が確立され、リチャード・バックリー少佐の部下は、あちこちの前線で敵の目をあざむくイリュージョンを作るのに奔走した。ピーター・プラウドはトブルクに缶詰になり、三百人の部隊を指揮してドイツ空軍をあざむくイリュージョンを作った。包囲されたトブルクの重要な浄水プラントが完全に駄目になったと敵に思わせるのが目的だった。そのためにプラントの屋根の上に瓦礫の絵を描き、側面にはひび割れを描き、建築用ブロックの屑を周辺にばら撒き、偽の爆弾穴を掘った。ユンカース88が町の上空にやってきたとき、プラウドは発煙弾を使って直撃を受けたように見せかけた。煙が晴れて瓦礫となった建物を目にした敵の偵察隊は、浄水プラントに修復不能の損傷を与えたと報告した。

カイロの南では、画家のスティーヴン・サイクスがダミー鉄道の敷設に取り組んだ。終点には野営地、炊事場、掩壕、さらに五十二輌のダミー列車も配置した大がかりなものだった。彼の目的はロンメルの諜報部員に、イギリスの大々的な攻撃がここから開始されるのだと思いこませることだった。線路は、つぶしたジェリカン（ガソリン用の五ガロン入りの缶）を利用し、枕木はベニヤ板で作った。サイクスは才能を発揮し、材料の不足を補うために、鉄道全体を三分の一に縮小して敷設した。あたりには大きさのわかっている建造物はなかったので、ドイツ軍の諜報部は鉄道の大きさをほかのものと比較できない。ダミー各部の比率さえ正確なら、空から見てもニセモノだはわからない。

サイクスが作った機関車は、丸太組みの枠の上にイグサのマットを載せたもので、なかにキャンプ用のストーブを入れて、黒い煙を吐き出すようになっていた。ところがある日の午後、激しい嵐に吹きあげられて、機関車が砂漠の向こうに軽々と飛ばされてしまった。サイクスの部下が必死に追いかけて、八十キロほど離れたところでやっと回収した。二十トンはあるはずの機関車が砂漠の上を転がっているのをロンメルが見たら、さすがになにかおかしいと思っただろう。

ほかの擬装工作兵は、もう少し地味な仕事をしていた。あるグループは空から見た家屋や街路、さらには細い路地までを描きこんだ巨大なだまし絵を作った。これは戦略的に重要なポイントを守るのに使われ、地面から二メートル半ほどの高さに竿を使って張り巡らせた。そのほかにも、戦場で戦車や兵士を守るために、多くの擬装工作兵が派遣された。

戦場での活躍を認められたジャスパーのカモフラージュ実験分隊には、次から次へ洪水のようなリクエストが来た。どこの部署でも、ジャスパーの知恵を拝借したいと思うような、風変わりな問題を抱えているようだった。しかし、そういった多くのリクエストはひとまずわきに置かれた。というのもマジックギャングはそのころ、巨大なマジック工場建設の監督にあたることになっていたからだ。

〝魔法の谷〟は、そもそもバーカス少佐の発案だった。アレクサンドリア港でのイリュージョンが成功したことで、少佐はジャスパーの活動範囲をさらに広げる必要を実感していた。ギャングたちがアバシアにもどるとすぐ、少佐はジャスパーを高い崖の上に呼び出した。眼下には緑の木々に取りかこまれた長く細い谷が広がっている。それをさして、少佐はジャスパーに言った。「これは全部きみのものだ」

ジャスパーは不毛の谷をじっと見下ろした。まるで神が移植ごてで地面をひとすくいしたあと、そのまま放っておいたようだった。「どういうことです?」ジャスパーがきいた。

「この谷だ」少佐は軽く小石を蹴って、それが急な坂を転がり落ちていくのをながめながら、言葉を続けた。「今はまだいささかさびしい谷だが、きみがイマジネーションを働かせれば、壮大なものに姿を変える。この戦争は長引きそうだ。勝利するまで、きみの力を借りたいという人間から次々に依頼が来るにちがいない。きみには働きやすい仕事場が必要だ。それをこの場所に作ってほしい。すでに軍司令部の承認は得てある。あとは必要なものを設置していって……」

ジャスパーはあまりの驚きに声も出なかった。ようやく戦場で、自分が働く場所——巨大な作業場——を与えられた。谷を見つめているうちに、ジャスパーの頭のなかに様々な可能性が花開いた。作業場、倉庫、宿舎、事務所棟、そういったものが次々と立ち並ぶ光景が心のなかに浮かんできた。数カ月もしないうちに人里離れた谷がイリュージョンの庭へと変貌を遂げ、そこで軍に資するあらゆるものを育てていく。

「……実際の建設には工兵隊があたる。すぐにでも取りかかれるように、用意ができている」

少佐の言葉を胸に刻みながら、ジャスパーは谷を見下ろしていた。この痩せた谷は、おそらく自分がこれまでに受けた最高の栄誉だろう。軍の役に立ちたいという願いをききいれてもらうために、何カ月にもわたって懇願した日々。欲求不満で眠れない夜が、どれだけあっただろう。やっと戦場に来ても、砂漠にうち捨てられ、まるでやっかいもののように遠ざけられた毎日。それが今、ようやく仲間として受け入れられ、頼みにされることになった。ジャスパーは落ち着こうと息を吸った。

「なかなかいい場所ですね」さりげない口調で言いながらも、まっすぐ前方を見すえて、安心の涙が目にこみあげてくるのを少佐に気づかれないようにした。

その夜ジャスパーがメアリーに宛てた手紙は幸せに満ち、いつもより長かった。

地図にはロング・ヴァレーという名で載っているが、それはやがて、ぼくの魔法の谷になる。今のところはなにもない。砂と低木の茂みだけだ。しかし完成すれば、史上最大のマジック工場となる。軍では予算もたっぷり割いてくれている。バーカス少佐からは、できるだけ廃材を利用してほしいとも言われているがね。どんな物を建てればいいんでしょうか、ときいたら、少佐はぼくの肩を叩いて言ったよ。『なにを言ってるんだ。それこそきみのイマジネーションの使い所じゃないか』その言葉に、どれだけやる気をかきたてられたか、きみならわかるだろう。ああ、できることなら今きみに、ここにいっしょにいてほしい。

この魔法の谷があれば、恐ろしい戦争を終結させるために、必要なものをなんでも生み出すことができる。ダミーの大砲や兵士を作り、史上最大のトリックを生み出し……。

手紙は検閲で一部が消されていたものの、それでも重要機密にかかわる点が驚くほど多数見逃されていた。

「あなたにはやっぱり劇場が必要なのね」メアリーは返信にそう書いてよこした。「もう劇場の管理には飽き飽きしていると思っていたのに！」彼女は夫の手紙を、彼のためにとってあるスクラップブックに貼り付け、魔法の谷に思いをめぐらせた。

ジャスパーの上を行く喜びようがあるとしたら、マジックギャングのそれだった。自分たちの力が認められたと知って大興奮だった。

「ようやく気づいてくれたか。出番さえ用意すれば、この戦争に勝てるんだってことにな」と、マイケルは言い、ひとりひとりに眺めのいい個室を作ってくれと言い出した。

「やつの言うことをきいていたらきりがない」ネイルズが頭を振りながら言った。「部屋ができたら、今度はそこに真鍮《ブラス》のベッドがほしいと言い出すぞ」

「どうかな」ビルが言った。「厚かましさ《ブラス》なら、ありあまってるんじゃないか」

マイケルはあごを撫でながら、もう一度考え直し、「よし、おれの部屋は三階に作ってもらおうか」としめくくった。

ジャックはみんなの話に耳を傾けていたが、やがて外へ出て昔の仲間をみつけ、魔法の谷の建設が始まるというニュースにみんなで乾杯した。結局ジャック・フラー軍曹は前線ではなく、軍の舞台裏で活躍することになった。

テントでプランを練っているジャスパーをみつけて、フランクが声をかけた。「工事はいつから始まるんだい？」

「工兵隊に計画書を提出したら、すぐ始まる。まず大きなドーム型の作業場をふたつ、それから事務所と宿舎を即刻作ってもらおうと思う。着工すれば、あとはまかせきりにして、こちらは別途、必要な仕事にかかれる」

フランクはジャスパーが大雑把に描いた魔法の谷一帯の建築計画図をじっと見た。いろいろな大きさの建物が二十近くも並んでいる。「すごいプロジェクトになりそうだな」

「使えるスペースはすべて有効に使う。実戦に役立つようにするには、ここで数百人を働かせることになるだろう。居住空間、食堂、倉庫、試験用グラウンド……」ジャスパーはそこで言葉を切り、満面の笑顔になった。「すごいよ、フランク！　ぼくらはとうとうここまできたんだ！」

フランクは慎重に応じた。「まあ正しい方向に、大きな一歩を踏み出したっていうことにしておこう」

建築にあたっては当初から数え切れないほどの問題があったが、なかでもセキュリティーの問題が一番やっかいだった。マジシャンが最も優先するのは、手の内をばらさないこと。しかしむき出しの長い谷は、上からのスパイの目を完全にシャットアウトすることはまず不可能だ。

これに対処すべく、ジャスパーは手のこんだセキュリティーシステムをデザインした。メインの建物が建ったら、すぐに設置する予定だった。

まず、谷の高台沿いに番小屋を一定の間隔で置き、そのあいだの空間を最新の対人用武器とおとぎ話に出てくる魔人や精霊を組みあわせて防備させる。

次に、英語とアラビア語の両方で警告の看板を作り、谷へ通じる道すべてにこれを立てた。看板の百メートル先には、鮮やかな赤に染めた旗をずらりと並べて、危険を強調する。この看板と旗で、魔法の谷は一気に近寄りがたい場所となるはずだった。

一部には小さな地雷も点々と埋められた。地雷源と番小屋のあいだには電気を通したワイヤーを張りめぐらす。密に生えた低木の茂みにじゃまされて、パトロールもままならない場所は、ジャスパーの魔法の仕掛けで守られた。侵入者は、ふいに自分が鏡の迷路に迷いこんだことに気がつき、地面から勢いよく飛び出してきた恐ろしい精霊と対面することになる。仕掛け線に足をひっかけて、蓄音機から流れる脅し文句に血を凍らせるかもしれないし、手も触れないのに勝手に開いたり閉まったりするドアと対面するかもしれない。状況がちがえば、ジャスパーもこういった奇抜なセキュリティーシステムを楽しみながら作っていっただろう。しかし今回は遊びではなく、人の命がかかっていた。魔法の谷の秘密はなにがなんでも守り通さなければならないのだ。

こういったイリュージョンを切り抜けてやってきた侵入者のために最終手段も用意しておいた。圧力で作動するライフル、仕掛け線に接続された剣、落とし穴といったものをいたるところに仕掛けておいた。エジプト人スパイのなかにはしぶとい人間もいるらしいが、これらの仕掛けを乗り越えて生き残った者は皆無だった。

魔法の谷の秘密を暴こうとして命を落とした者は、死体処理局の手で集められ、親類だと言ってくる人の手に引き渡される。埋葬費用として十シリング相当が現地通貨のピアスタで支払われるので、引き取り手がいなくて困るということはなかった。また、スパイに協力した者も死刑に処されるということで、こういった仕掛けが残酷すぎると訴える者もいなかった。

フランクは野蛮なセキュリティーシステムが大嫌いで、それにかかわっているジャスパーをなんとか説得してやめさせようとした。「そんなに簡単に殺せるなら、捕まえるのも簡単なはずだろう」

ジャスパーは引かなかった。「ここで手がける仕事は何千という命を救うことになる重要なものだ。その秘密は極秘事項だ。ぼくらがなにをしているのか、だれにも明かすわけにはいかない。どんなに冷酷と思われようがね。こっちが本気なんだ。スパイが何人か犠牲になるぐらいは、やむをえない」

迷信深いエジプトの農民のあいだで、この谷は〝精霊の谷〟と呼ばれるようになった。精霊が地面を揺り動かすというので、よほどの事情がなければ、だれもそこには近づこうとしなかった。

七月中旬には、最初の建物が完成した。天井の低い木造の事務所で、なかには六つの個室――中央廊下を隔てて三つずつが向かい合っている――と、個室の二倍の広さがあるスペースがふたつ――ひとつは作業場、もうひとつは娯楽室兼会議室――が作られていた。魔法の谷で残りの建設が進められているあいだ、マジックギャングはこのなかで働いた。

魔法の谷が計画段階から実際の建設に移ると、ジャスパーはマジックショーの準備にとりかかった。もともとは六月半ばに開催が予定されていたが、バトルアクス作戦のために延期になっていた。オーキンレック将軍とカニンガム中将の指示で第八軍の物資補給と兵士の訓練が秘かに行われていたが、軍司令部はふだんとなんら変わらないように敵に見せかけておきたかった。それで軍のほうから、できるだけ早くマジックショーを開催するよう、要請してきたのだった。

ショーの初日は、七月の最後の週末に予定された。入場料から経費を差し引いた純益は戦争の義援金に回されることになっていた。会場としてカイロに四千席の劇場が建てられることになっていたのだが、この公演は結局、シャリーア・イブラヒムにあるエンパイアシアターで行われることになった。プログラムには、ほかの芸人の名も並んだが、ほとんどは軍の人間だった。白とオレンジの二色刷りのボール紙で巨大なポスターが作られた。オリエンタルな服装に身を包んだジャスパーが、パイプをくゆらせ、大きな扇で顔をあおいでいる図は、じつにミステリアスに仕上がっていて、キャプションにはこうあった。——国王ご用達マジシャン、ジャスパー・マスケリン出演。マジカルバラエティショー。東洋と西洋のマジックが融合。当日券のみ。

初日の最後の衣装はおしゃれな夜会服にしようと考えていたが、直前になって鮮やかな色のゆったりした中国風ガウンに変えた。アーサー王の時代から現代まで、マジシャンはこぞって凝った衣装を身につけたが、それは単に観客の目を楽しませるためではない。仰々しい服装だと、いろいろなところにたくさんの仕掛けを隠すことができるのだ。また濃いメーキャップと派手なコスチュームを使えば、身代わりとの早替わりもやりやすい——まったく同じ扮装をすれば、観客に同一人物だと思わせることが容易になるからだ。

ジャスパーもかけだしの頃は、入れ替わり立ち替わりいろいろなコスチュームを試していたが、最後にはオリエンタルな衣装に落ち着いた。イギリスでも、ファンからの受けはそれが一番だった。謎めいた〝東洋風〟マジックを披露するときは、なおさらだ。メアリーのほかにはだれにも漏らしたことはないが、じつはメーキャップするのは、仮装遊びに夢中になる子どものようにワクワクするものだった。仮面のような無表情な顔に満州族風の口ひげをつけると、その瞬間から生粋のイギリス男、ジャスパー・マスケリンは消えた。ささやかな現実逃避と言えばそれまでだが、それを彼はとことん楽しんだ。

初日の夜が近づくと、ジャスパーとその仲間は、男も女もエンパイアシアターの舞台準備と稽古に汗を流した。ショーはにわか仕立てだったが、全般的に見てジャスパーにはまずまずと思えた。かつて何度か行ってきた御前上演とは比べようもないが、状況を考えれば十分だ。BGMは地元のクラブで人気のバンドを雇って演奏してもらうことにした。

毎晩のリハーサルが終わると、ジャスパーとアシスタントのキャシー、それに舞台裏のマネージャーを務めるフランクは、軽い夕食を楽しんだ。ふたりの男はキャシーの保護者役に回り、キャシーもそれを喜んでいるようだった。彼女はまだ二十歳だったが、軍の仕事についてからすでに二年が経過していた。クラーク准将の調査活動をしているときには、失敗は許されない——しかしジャスパーとマジックギャングの仲間と過ごしているときだけは、若い女性らしい生き生きとした一面を見せた。

そのうちジャスパーは、まるで心配性の親のように、キャシーが仕事ばかりで遊ぶ時間が十分とれないのが心配になった。

「あんなに美人なんだから、積極的に外へ出て楽しむべきだ」そうフランクに言った。「カイロには、これだけ男がいるんだ。たまにはデートぐらいしてもいいんじゃないか」

「心配しなさんな」フランクが言った。「彼女はいま恋をしている最中だと思うよ」

「だれに?」

「うちのマイケル坊やさ」

ジャスパーは信じなかった。「あれだけ悪口を言っておきながらかい?」

「きみは相変わらず、抜けてる」フランクが言って、くすくす笑った。そしてふたりのティーンエイジャーの娘を持つ親としてさらに一言。「やっぱりきみは、女の子のことがまったくわかってない」

「なに言ってるんだ。こっちにも十三歳の娘がいるんだぞ」ジャスパーが言った。

「残念ながら、娘さんはきみにあまり多くを教えてくれなかったようだな。女の子の気持ちを読むには、話の内容に耳を傾ける必要はない。論理的に物を考える男には、ちんぷんかんぷんだからな。問題は、彼女がその男のことを話題にするかどうか、肝心なのはそこだ」

ジャスパーはどうしても納得できなかった。娘のジャスミンが、学校の仲間について話をするときは、ちゃんと筋が通っているように思えるのだ。もちろんジャスミンはまだほんの子どもだが、それでも女の子には変わりない。キャシーだってまだほんの……いや、彼女なら、一人前の女性と言うべきかもしれない。ジャスパーは眉をひそめて言った。「きみは、キャシーがほんとうにマイケルに目をつけてると思うのか?」

「まちがいない」

「まずいぞ。マイケルのほうはさほど気に入ってるようには見えないじゃないか」

フランクは眼鏡をはずし、カーキのズボンからシャツの裾を引っ張り出してレンズの汚れを拭いた。「その判断はまだ早い。マイケルはこういうことに慣れていない。キャシーみたいな女の子をどう扱っていいかわからないんだ。それで意地悪な態度をとってしまう」フランクは眼鏡をかけて、鼻梁にぐいと押し上げた。「まあ、見守っていよう。お互い、まだびくついているのさ」

ジャスパーは少しも納得がいかなかった。「フランク、きみはクラーク・ゲーブルの映画の見すぎじゃないか」

カイロのイギリス軍基地では、マジカルバラエティショーは格好の気晴らしとして歓迎され、チケットは発売とほぼ同時に売り切れになった。初日の夜、劇場の客席には、軍服に勲章をじゃらじゃらつけた高級将校や、はなやかなパステルカラーの夏物のロングドレスに身を包んだ女性がずらりと並んだ。エジプト人の高官のなかには民族衣装を着ている者もいたが、たいていはスーツ姿だった。そして後ろの席には、下士官兵の男女が普通の夏服を着てすわった。ほとんど全員がカラフルな扇を持っている。

ジャスパーは舞台裏で驚くほど緊張していた。ステージではアコーディオン奏者のジョーン・ウェルトハイムが曲の演奏を終えるところだった。ジャスパーは景気づけに鼻歌を歌いながら、もう一度仕掛けを確かめた。チョッキ内側のすべてのホルダーに必要なものが詰まっているか、仕掛けのひもは全部しっかり留まっているか。それぞれの仕掛けが正しいポケットに入っているかを確かめていった。

観客はアコーディオンのリズムに合わせて手拍子を打っている。観客が心から楽しんでいるのがわかって、ジャスパーはうれしくなった。

ふいにジャスパーは黒い靴を見下ろし、右のかかとを左のつま先の前に持っていき、両腕をワシの翼のように広げて、危なっかしげに体重を前に移した。それから左のかかとをあげて、右のつま先の前に持っていき、綱渡りの真似をした。途中、バランスを崩してよろけそうになった。落ちるのが怖いのではなく、失敗するのが怖かった。

ウェルトハイムは演奏を終え、客は温かい拍手を送った。ジャスパーは舞台の袖に進み出て、自分の紹介をきいた。ＥＮＳＡ（軍隊への慰安奉仕会）のコメディアンを勧める司会者が、やりすぎではないかと思えるぐらいにジャスパーを褒めちぎっている。「……さてお次は、わが劇場が誇る、世界に並ぶもののない、まったく新しいマジックショー。巧みな指使いとあざやかな身のこなし、痛快無比で摩訶不思議な離れ業を……」

ジャスパーはステージの向こう側にいるフランクにちらりと目をやった。フランクはキャシーといっしょに仕掛けトランクの横に立っている。ジャスパーは気取った様子で親指を立ててみせるフランクに合図を返してから、ステージ上のいちばん暗いところまで進み出た。

いつもの習慣で、まずは客席の入りを確かめる。セントジョージズ・ホールでは観客の数は重要だった。舞台に立つようになるずっと前から、ジャスパーは客の総数を勘定できるようになっていた。しかしここではそんな計算は不要だった。彼は満場の客に歓声で迎えられた。

ふいにスポットライトがジャスパーにあたり、白いシャツと折り目のついた燕尾服に身を包んだ颯爽たるマジシャンが舞台に浮かび上がった。ジャスパーはうつむいたまま難しい顔でステージの中央までゆっくり歩いていく。大きく温かなスポットライトの光は、ジャスパーを完璧に追った。数秒のあいだ、彼の耳に歓迎の拍手は聞こえなかった。スポットライトのとばりにくるまれて、自分だけ外界から遮断されているような心地よい感じを覚えていた。

割れるような拍手がジャスパーを現実にひきもどす。舞台の目印までまっすぐ進んでいく。息を深く吸う緊張の仕草で、一度観客の注意を引き、それから顔をすっと上げて、まばゆいばかりの笑みを顔いっぱいに浮かべた。

懐かしい場所に帰ってきた。

バンドがオーケストラピットで甘美なBGMを奏でるなか、ジャスパーは幕開けの短い芸を器用にこなしていった。何本ものタバコを際限なく出していったかと思うと、指を鳴らして、指先に火を灯し、それでタバコに点火していく。コップ一杯のカミソリの刃を呑んだあとは、人気のあるハンカチのトリックをいくつか披露する。そうやって次から次へと得意の技を見せていき、客を魅了した。

初めて舞台に立ったキャシーは、みるからに緊張した様子で仕掛けテーブルをセットした。しかしジャスパーが人なつっこい笑みを見せて安心させたおかげで、パフォーマンスが進むにしたがって、彼女にも自信がわいてきた。

ジャスパーの器用な指先から、次々と小さなイリュージョンが生まれる。赤いハンカチを白に変えたかと思えば、さらにそれを卵に変え、観客席に放る。「ヘイ・プレスト！」の掛け声で、卵はいきなり炎となってみんなを驚かせ、さらに煙のなかから白いハトが現われる。ハトは優雅に弧を描きながら劇場のなかを飛んだあと、ジャスパーが伸ばした腕に舞い降りてきた。

ハトが飛んでいるあいだ、ジャスパーは前列の籐椅子《とういす》にすわった客たちにちらりと目をやった。だれもが首を伸ばしてハトを見ている。自分が観客を完全にコントロールしているのがわかった。ジャスパーは決して観客の気分に合わせたりはしない。自分がリズムを作り、それに観客を乗せていく。練り上げた技を計算通りに演じて客を乗せてしまえば、あとはもう自分の思いのままだった。

キャシーはハトを紙袋に入れて、射撃用の的《まと》の前に吊るした。ステージの向こう側でジャスパーがライフルに弾をこめ、照準を合わせた。音楽が大きくなって最高潮に達する。

ジャスパーは観客のほうをじっと見て、悪魔のような笑みを浮かべる。やめてと叫ぶ者がいれば、撃てと言う者もいる。緊張し、忍び笑いをもらす者も。

ジャスパーは再びハトにライフルの照準を合わせ、引き金を引いた。鼻を刺すような火薬の臭いが会場を満たす。銃口からは一筋の煙が立ち昇っている。的には大きな穴が開いているものの、紙袋は無傷だ。

「ああ」ジャスパーは残念そうに言ってライフルを下ろした。

「撃ちそこなったようです。もう一度やってみましょう」

ジャスパーがライフルを持ち上げた。音楽が大きく鳴り響く。観客は再び、やめろと懇願し、やれやれとけしかける。そしてライフルが火を放った。紙袋は炎に包まれてちりぢりになり、火の粉をあげる灰となって舞い落ちた。しかし煙が晴れると、的は消えていた——代わりに木製の鳥かごが吊り下がっていて、なかには白いハトがなにごともなかったかのように収まっていた。ハトがクーと鳴き声をあげる。

観客がどっと沸いた。女はうっとりして首を振った。男は力強くうなずいた——いやはや、すっかりやられたという顔だ。

ショーはどんどん盛りあがっていった。ジャスパーはステージ上を自信たっぷりに優雅に跳ね回り、観客の心を順番に手玉にとっていく。夜が更けるまえから、客は早くもジャスパーに心を預けており、疑いは喜んでわきに追いやっていた。どう考えてもあり得ないことを信じこみ、魔法使いが赤いハンカチを生きたハトに変えて見せた、不思議な体験を素直に味わっていた。現実ではないとわかっているのに、劇場のなかでは、これこそ現実だと信じてしまえる、それがジャスパーのマジックの力だった。

演技をしながら、ジャスパーは周囲のすべてに気を配っている。仕掛けの準備ができたことを知らせるかすかな合図に耳を澄ませ、フランクの顔をちらりと見て、次のイリュージョンに移ることを知らせる。キャシーが緊張しているとわかれば、にっこり笑って落ち着かせてやる。

ジャスパーは観客席にいる将校たちから金の指輪を三つ借りた。カイロの地域司令官クリストール旅団長の指輪も含まれていたが、それらを三ついっしょにフライパンのなかに落とした。その上に卵を三つ割ってバーナーにかける。次の瞬間、フライパンのなかから割れていない卵を三つ取り出し、その卵からさらに三羽のハトを出した。ハトの首にはリボンがくくりつけてあり、そこに金の指輪が通してあった。

フランクは舞台の袖から大喜びでそれを見ていた。舞台にいるマジシャンは、彼のよく知っている男とは別人のようだった。ステージに立つジャスパーは、紛れもないウェストエンドのスターだった。燕尾服に身を包み、スポットライトを浴びているその姿は、ふだんよりずっと堂々としている。非のうちどころのないハンサムで礼儀正しい紳士。深みのある声が快く響き、きくものの心を落ち着かせる。フランクは目を疑った。これがあの、アレクサンドリア港の灯台でイライラしながら歩き回っていた男とはとても思えなかった。

フランクはカーテンの陰から観客を覗き見た。扇であおいでいる者も、ジャスパーがステージ上を優雅に動き回ると、目は彼を追っている。別のところへ注意を向けさせようとすれば、観客の目は素直にそれに従う。ジャスパーは苦もなく動いているように見えるが、じつはひとつひとつの動きが慎重に計算されたものであることをフランクは知っていた。足の位置、手の動き、視線の投げ方、さらには心配そうに眉をひそめたりするのも、自由自在に観客の注意を引けるように考え抜かれたもので、完璧になるまでリハーサルを繰り返してきたのだった。

最初のクライマックスは、ジャスパーの祖父が発明した人気イリュージョン〝針の目〟をアレンジしたものだった。小さなピラミッドのなかにキャシーが閉じこめられる。彼女の姿は、てっぺんにあいた細いロープの直径ほどの小さな穴からしか見えない。

「この穴は彼女が息をするためのものです」ジャスパーがしんと静まりかえった観客席に向かって説明する。「これがないと……」と言って、厳しい顔で首を横に振る。それから木製のピラミッドのてっぺんへのぼった。なにしろ四方が斜面だから、バランスが取りにくくて、ぐらぐら揺れる。それでもキャシーが準備完了を示すかすかな合図をなかから送ってきたのを聞きとると、ぴたりと静止して、アシスタントのマイケルとネイルズに合図した。ふたりはオリエント風の薄絹をピラミッドの上で持ち上げ、数秒後にそれを下に落とした。するとピラミッドのてっぺんに、キャシーがすっくと立って、勝ち誇ったように両腕を伸ばす姿が現れた。ピラミッドのドアが開くと、なかにはジャスパーがいた。不思議なことに、燕尾服は丈の長い中国服に変わっている。

フランクが幕を下ろした。

後半の幕開きでは、声帯模写のトニー・フランシスが、ナチスの戦闘機一機が、戦艦の砲兵隊兵士によって空から撃ち落とされる場面を演じた。その後は、とび色の髪をしたソプラノ歌手ヘーデ・シャックが、『蝶々夫人』から数曲を歌った。ウェールズ人のバリトン歌手、トミー・トーマスは黒人霊歌のメドレーを歌ったが、最後は当時のヒット曲『ドーバーの白い崖』で観客の心をとらえた。それから密教の模様がついた中国服を着たジャスパーが再び登場。みごとな彫刻が彫られた石棺《サルコファガス》が、手押し車《ドリー》に載せられてステージのわきに運ばれてきた。わざと重そうに運んできたのは、次に始まるイリュージョンの効果を高める演出だった。

まずは〝リンキングリング〟のトリック。最前列の高級将校たちに、七つの輪を調べてもらう。どこにも切れ目がないことが確認されると、ジャスパーがそれを軽やかに回しながらくっつけたり離したりしてみせる。ふたつ、三つ、とつなげていき、最後はすべてをひとつにつなげる。スコット・ファイフ・ホイットニー中将が選ばれて舞台にあがった。どうぶつけてみても輪はつながらず、ジャスパーが手助けしてつないでやると、今度はどうやってもバラバラにならず、顔を真赤にしている。

〝リンキングリング〟が終わると、キャシーが古代エジプトの王女の衣装でステージに登場した。着ているのは腿までスリットの入ったフルレングスのローブだ。エジプトの絨毯の上に身を横たえた彼女の身体を、ジャスパーがゆっくり空中浮遊させる。宙に浮くキャシーを見て、観客は騒然となった。

ジャスパーがゆっくりと彼女を下に降ろす。パチンと指を鳴らすとエジプトの王女は〝トランス状態〟から目を覚ました。成功を祝うように、バンドが高らかに音楽を奏でる。

ジャスパーはそれからすぐ、拷問のトリック、〝ミイラの棺〟のイリュージョンに移った。いかにも本物らしい、高さ二メートルほどのミイラの棺の蓋が開いていて、その内側に鋭い大釘がずらりと並んでいるのが見える。お人よしのホイットニー中将が再びステージに上がってきた。一度だまされている彼は、今度はむきになってなかを入念にたしかめた。そして、釘は先がとがっていて、しっかり打ちこまれ、跳ね上げ戸や逃げ出せる仕掛けはどこにもないことを言明した。

キャシーはふるえながら棺のなかに足を踏み入れた。ジャスパーが蓋を閉めようとすると、彼女は脅え、すがるような目を観客に向けた。しかしジャスパーはゆっくり、しっかり蓋を閉めた。

そのとたん悲鳴が上がったものの、その声が最高潮に達したところで、ふいに消えた。棺の底からは、赤い血が広がる。

ジャスパーの顔から悪魔のような笑みがすっと消え、心底心配する表情になった。まるで棺をバラバラにしそうな勢いで、鍵を壊そうとする。マイケルとネイルズがステージに走り出てきて加勢した。すばやく鍵を叩き壊し、勢いよく蓋を開けた。血のような赤い液体が大釘の先から滴り落ちたが、棺のなかは空っぽだった。

次の瞬間、石と石がこすれる音が響いてきて、ステージわきに置いてあった石棺にみんなの注意が一斉に向けられた。ジャスパーたちはそこへ走っていき、重い蓋を必死になって開けようとした。押し開かれた蓋のすきまから、きゃしゃな手が現われたかと思うと、キャシーがなにごともなかったかのように姿を現した。

そのあとも驚異のイリュージョンが続々と披露された。動きまわりながら、ジャスパーは、なんとも言えない幸福感に満ちていた。ここ数年、仕事に追われ、一年に消化できるステージ数ばかりに目が向いて、すっかり忘れていた感覚。それはステージに立って人を楽しませる喜びだった。この特別な高揚感を他人にわかってもらえるように説明するのは、たとえ妻のメアリーが相手でも無理だ。スポットライトの下で生き、観客の拍手と愛を一身に受けてきた者にしか理解しえない喜びだった。

満場の観衆を前にしてマジックを行うのは、一年ぶりだった。その分、年をとっているわけだが、観客を見ていると年齢のことも忘れてしまう。うれしくて顔がにやけ、声をあげて笑い出しそうになるのを必死におさえた。マジックではあらゆる感情をコントロールしなければならない。それでもとびきりすばらしい時間を過ごしているのはまちがいなかった。

簡単な置き換えのトリックを披露しているあいだに、ジャスパーはすばやくもとの燕尾服に着替え、ステージの中央に進み出た。「では本日のクライマックスです。これを最後にとっておいたのは、もっとも危険な芸だからです」当然といった口調でジャスパーが説明した。「密封された石棺のなかには、人ひとりがおよそ三分ほど呼吸できる空気が入っています。わたしはたぶん、息をとめることで、もう二分ほど余計に我慢できるでしょう。もし六分以内に出て来られなかった場合は命が危険にさらされるので、アシスタントたちにこれを壊してくれるよう頼んであります」

疑わしげなホイットニー中将が、石棺のなかを調べ、仕掛け扉や空気穴がないことを確認した。ジャスパーが石棺のなかに横たわると蓋が閉められた。ホイットニー中将がちゃんと密封されているかどうか、蓋のほうもたしかめた。以前ジャスパーは、この手の箱を使ったトリックで不運に見舞われたことがあった。ヒューイ・グリーンのラジオ番組での大失敗は別にしても、扉が動かなくなったり、アシスタントが鍵を開けておくのを忘れていたりといったことは、何度も経験ずみだった。確率的には低いとはいえ、危険はゼロではないのだ。

二分が経過した。棺のなかから、なにか叩く音がかすかにきこえたが、すぐに消えた。

三分、そして四分。観客のなかで小さなざわめきが立ち始める。もちろんこれには仕掛けがある。しかし仕掛けである以上、ときに失敗することもある。また、エジプトの石棺は保存がきくように、気密性が高くなっているのも、このトリックの恐いところだった。

五分が経過しても、棺から人の出てくる気配はまったくなかった。オーケストラピットのへりから顔をのぞかせて、石棺のほうを見ようとするミュージシャンもいたため、バンドの演奏は乱れた。

六分が経過。ネイルズが石棺に駆けよった。「手伝ってくれ」そう言って、両袖にいるアシスタントたちに手を振る。みながステージに駆け出してきた。ホイットニー中将も彼らとともに奮闘したが、蓋はびくともしない。キャシーはどうすることもできずに立ち尽くし、拳を固く握りしめて口を覆っている。さらに三十秒が経過したが、依然として蓋は動かない。舞台係のひとりが、みなから一歩下がって額の汗をぬぐった。それから再び必死に蓋を開けようとしている集団に加わろう

とした が、一瞬立ち止まって客席を振り返った。そして片目をつぶってみせた。ジャスパーだった。それからジャスパーは石棺に向かっていった。灰色のつなぎに身を包んだ舞台係がジャスパーだとわかった客はどっと笑い、わからなかった客は、いったいこの深刻な状況でなにがおかしいのかと、きょろきょろしている。ようやくアシスタントたちは蓋を押し開けた。しかし棺のなか、ジャスパーが横たわっていた場所には、ミイラの布にくるまれた子どもの人形があるだけだった。

ジャスパーは総立ちの拍手喝采に見送られていったん舞台を後にし、それから再び現われて、観客に感謝した。大歓声を受けて、ジャスパーは腰から深くお辞儀をした。

ふいに拍手がやんだ。観客席からざわめきがわきあがり、それが大きな怒鳴り声に変わっていく。お辞儀をしたジャスパーの身体から出てきたように見えたのは――アドルフ・ヒトラー！　ジャスパーは自分の横に目をやると、いかにも驚いたように見返した。「なんとまあ、今夜ここでお会いするとは！」

ヒトラーが等身大まで大きくなると、ジャスパーから一歩離れた。観客のほぼ全員からブーイングが起こった。

「ミスター・ヒトラー、ひとつ教えてもらえませんか？」ジャスパーが観客を静かにさせてから言った。「なぜこのような酷い戦争を起こしたのですか？」

〝ヒトラー〟は、ビルに似た声で答える。「仕事がなくてね。画家になれたら良かったんだが……」ここで声が低くなった。「あいにく絵は下手でね」

観客はどっとわいた。さらにいくつか質問が続いたあと、〝ヒトラー〟の姿は霧のようにぼんやりしてきた。消えゆく影に、ジャスパーは拳をふりあげ、「二度ともどってくるな」と叫び続けた。やがて影は完全に消えた。

ジャスパーが観客から大きな歓声を受けるなか、フランクが幕を下ろした。

だれもがうっとりした気分で劇場をあとにする。客は三三五五外へ出ていきながら、一番面白かったのはどれか、あれはいったいどういう仕掛けになっているのか、口々に話しあった。そのあいだジャスパーはこぢんまりとした自分の楽屋でくつろいでいた。あと数時間もすればいつもの軍服に着替え、軍の仕事にもどることになる。しかし今はステージの余韻を味わえるひとときだった。ショーは成功だ。いやアシスタントのだれひとりとして、マジックのステージに立った経験がないことを考えれば、これは大成功といっていい。もう少し練習すれば直せたはずの雑な点もあったが、客がマジックを心から喜んでくれたのはたしかで、明日はカイロの町じゅうが、このショーの話題で持ちきりになることはまちがいなかった。

ジャスパーの楽屋に、お祝いを言おうと数人の人々が押しかけてきた。そのなかにはキャシーの上司であるダドリー・クラーク准将もいた。ジャスパーはこの秘密組織A部隊の人気司令官に、謎のチョコレート箱の件で一度会っているが、それっきりになっていた。あいさつに来た人の群れが引いていくと、クラークが前に進み出た。ショーを楽しませてもらった礼を言ったあとで、あの力を諜報の世界に応用してみようと考えたことはないのかと、ジャスパーにきいてきた。

実はT・E・ローレンスとローレンスを助けた〝マジシャン〟の話を最初にきいて以来、ジャスパーはそれとまったく同じことを考えていたのだった。

「はい、多少は」そう答えた。

「言うまでもないと思うが、きみのやってることもわたしのやってることも、実際は大差ないんだ」クラークが愉快そうに言った。「きみが真剣にこの世界に足を踏み入れたら、すばらしいことをしてもらえそうな気がするんだ。そうなればわたしの仲間も大いに助かる。情報収集という仕事はきみのようなトリックの才能に長けた人間には、うってつけなんだ」

クラークが〝スパイ〟という言葉を避けているのが、ジャスパーには面白く、少し考えてみましようと言って次に会う約束をした。

マジックショーは大当たりだった。英字の日刊紙『エジプシャン・ガゼット』は、ジャスパーのショーを「これまでカイロの町で上演されたなかで、最も愉快なエンターテインメント」と評した。この反響の大きさに、ジャスパーは上演期間を延長せざるを得なくなり、週末に三回の上演というスケジュールが夏の終わりまで続けられることになった。チケットは発売とほぼ同時に完売。ほかにやることも多いのにと、不平をこぼしていたジャスパーも、実のところ注目を浴びる仕事をとても楽しんでいた。名が売れたことで軍司令部への扉が開かれたばかりでなく、シェパードホテルにできる長蛇の列に並ばなくてよくなった。再び有名人として扱われるようになったのだ。

八月には、魔法の谷も工場らしくなってきた。

「あと数週間もすれば」ジャスパーはバーカス少佐に施設を見せて回りながら言った。「この場所はわが家のようになりますよ」

「きみが軍の野営地に、わが家を構える気があるならね」フランクが口をはさんだ。

バーカスは建設が進んでいるのを喜んだが、訪問の目的は別にあった。「もう気づいていると思うが、オーキンレック将軍の就任以来、事態は大きく様変わりしている。彼はウェイベルよりずっと官僚的で、書類もコピーを三通作成しろと言うし、なにもかも正式なルートを通さないと気がすまない。砂漠での訓練計画もすべてオーキンレックがしきっている。きみのセクションについて彼に説明しようとしたんだが、『マジシャンのジャスパーが工兵隊でなにをしているんだね?』と言うばかりで、戦場にマジシャンという発想に当惑している。合わせて第八軍の司令官カニンガムも彼とほとんど同じタイプときている。とにかくジャスパー、こちらもずいぶんやりにくくなって……」

話を続けるバーカスの顔を、ジャスパーはつぶさに観察した。外気にさらされた肌はいかにも砂漠生活者らしい褐色に変わり、身体もひきしまっている。目は澄んでいて、ロンドンっ子特有のなんとなく曇った感じは微塵もない。映画プロデューサーからイギリス陸軍将校に完全な変貌を遂げたと言っていい。司令官に必須の強い目的意識が身体からしみでていて、もし前歴を知らなかったら、年季の入った、たたきあげの軍人だったと信じるところだろう。

ジャスパーはふと、自分はどうだろうかと気になった。今でも一民間人として戦争にかかわっているのか、あるいはバーカスのように完全な軍人へ変貌を遂げたのか。たしかに身体はひきしまってきている。軍隊用語も自然に口をついて出てくるようになった。しかし心はどうか？　考え方まで変わってしまっただろうか？　軍人の視点で物事を考えるようになってはいないか？　自分ではよくわからなかった。

「……だが訓練のかいあって、あと数カ月もすれば、第八軍も立派な軍になるだろう。問題はその数カ月を待っていられないということだ。ロンメルもいい加減、じっと待つのにうんざりしているはずだ。しかし……」一九四一年、戦況は夏のあいだずっと一触即発状態のまま、目立った動きがなかった。しかしここにきて、アフリカ機甲軍団はたしかに動きだしていた。イギリス情報部は相手の動向を見極めようとしたが、まったくわからず仕舞だった。

「ロンメルは情報部を混乱させようとしているだけじゃないですか？」フランクが言った。

「こちらには戦う準備がないのですか？」ジャスパーがきいた。

バーカスは肩をすくめた。「二カ月後なら準備も整う。敵に強烈なダメージを与えることができるのはまちがいない。しかし現在の状況では……」そのあとは自信なさそうに、声がしりすぼみになった。

そのとき三人は新しくできたばかりの娯楽室のなかにいた。ふたつある窓はまだ取り付けられていなかったし、未完成の屋根のすきまから空がのぞいていたが、それ以外はほぼできあがっていた。フランクが紅茶をいれた。

「ロンメルが攻撃してくるまでに、あとどのくらい時間が残されているのでしょう?」ジャスパーがきいた。

「バザールの占い師にでもきいてくれ。ロンメルは、こちらが兵力を増強しつつあることを知っているし、それが終われば戦力が逆転することにも気づいているはずだ。となれば、自分たちの装備が勝っているうちに攻撃してくるかもしれない。そこできみたちに頼みがある。ロンメルの攻撃開始を遅らせてほしい」

ジャスパーとフランクが同時にきく。「どうやって?」——ふたりは驚いて互いに顔を見合わせた。

「それがわかっていたら頼まない。カニンガムはどんな提案でも喜んで受けると言っている」

ジャスパーは考えた。「今必要なものがすべて手に入るとして、どうすればロンメルの動きを封じられるというんです?」

「前線の隙間を埋めていけばいい」バーカスが即座に答えた。「戦車や大砲をどんどん投入して、さらに歩兵大隊を置く。そういう予備の軍があればの話だが」

「なるほど。じゃあそうしましょう」

バーカスは困惑した。「そりゃそうだが、そんなのは答えになっちゃおらん。こちらには〝モノ〟

がないんだから」

ジャスパーはにやっと笑ってみせた。マジックギャングは軍隊の製造にとりかかった。

マイケルは死体作りが好きになれなかった。

「なんだかぞっとするなあ。縁起が悪いっていうか、なんていうか」

それは死体じゃないと、ビルは何回も辛抱強く説明しなければならなかった。

「単なる人形だろ。ほらカカシとか、デパートのショーウインドウに飾られるマネキンとおなじさ」

「工兵隊でも、たんまり作ってるらしい」

ネイルズが娯楽室の固い床の上にうつぶせになったまま言った。マリュート湾で木材を持ち上げていて腰を痛めた彼は、腰を伸ばしているところだった。

「少なくとも、地雷を探して地面を掘る仕事よりはましだろう。それに、もうじき数も揃うからおしまいさ」

「まったく、神様よりおれたちの手のほうが死人を作るのが早いか」マイケルがぶつぶつ言った。

「おいおい、二等兵」ジャックがたしなめた。ネイルズを踏まないように注意してやかんを取りに行く。「神様をそういう例えに使うのはよくないぞ。言葉に注意するんだな」

「おれの場合は、注意するより口を開かないのが一番だ」

「なんだ知ってたのか」ネイルズが言って、小さく笑った。

ビルが黄ばんだ『パレード』誌から目を上げた。兵士向けの雑誌だ。

「おいマイケル、だいたいおまえ、神とは何だかわかってるのか?」そう言ってからかった。

マイケルはビルの顔をまっすぐ見て言った。「ああ、嫌になるほどね。今一番ホットな人物だろ。

そこらじゅうで呼ばれてるからな。オー・マイ・ゴッド！　って」

ビルは古雑誌をマイケルに投げつけた。

マイケルはそれを器用にかわし、野次や笑い声が収まるのを待って、先を続けた。「なんだよ、おれはまじめに言ってるんだぜ。作業場から人形が一列になって運び出されていくのを見るとぞっとする。気味が悪いじゃないか」

これらの〝死体〟は、まもなく砂漠に登場するダミー陸軍の兵士となるものだった。第八軍が戦う準備を進めているとロンメルに思いこませるために、マジックギャングはダミーの兵士、大砲、戦車を大量に用意していた。こういったダミーは可能なかぎり本物の部隊の集結地の近くに運んでおく。このキャンバス地とボール紙でできた軍隊は、兵士の訓練が終わって装備が到着し次第、実物の軍隊と取り替えられることになっている。

実際ジャスパーは、こういった〝人間〟を二十年ものあいだ工房で作ってきた。等身大の人形は、剣を体に突き刺したり、鍵をかけた戸棚に閉じこめたり、空中浮遊を行ったりという難しいトリックのときに、人間のアシスタントの代わりによく使われた。薄暗い光の下、黒いベルベットの背景と隠しマイクがあれば、こういったステージ人形は、マジシャンのアシスタントとして観客の目をごまかせた。しかしこれから相手にする砂漠の観客は、そう簡単にはだませるはずがないこともジャスパーには十分わかっていた。

ダンケルク撤退後の混乱したイギリス本土では、ボール紙の人形がたくさん使われていたが、影が不自然で、砂漠では使えない。ナチスの写真解析者の鋭い目をごまかすには、ダミー兵士の影は生きた人間と同じでなければならないし、動いているように見せる必要もあった。

考えた末、ジャスパーはボール紙と、キャンバス地、チューブで兵士を作ることに決めた。チューブの腕と脚は、動いている印象を与えるために、様々な方向に曲げておく。歩いている兵士もいれば、すわっている兵士もいる。走っている格好の兵士は特にたくさん作った。そして〝マイケルの仲間〟と名づけた兵士もいくつか作った。両手を首の後ろで組んで横になり、こっそりうたた寝をしている兵士だ。捨てられた軍服も手に入れば使い、砂漠でよく見かけるいろいろな形のヘルメットもかぶせた。色の擬装にかけては右に出る者がないほどの専門家になりつつあるフィリップが、人形に彩色を施し、布としっくいを使って兵士らしく仕上げた。そこにユーモアを添えるのが漫画家のビルの役目で、いくつかの人形の腹には丸めた布を詰めて、軍曹と呼ぶようにした。

近くからだと、ジャスパーの作った兵士の群れは、だれの目もごまかすことはできない。ぼろきれやボール紙をねじった束が、てんでんばらばらに散らばっている感じだった。しかし本物の兵士が集結する戦場に置いて、数千フィートの上空から見ると、とたんに命が吹きこまれる。こうして前線の小隊は中隊に早変わりし、さらにテントや木製のダミーライフルを置き、テントの前にヘルメットの山を積んでおく。夜には、ボール紙の〝兵士〟が暖をとるための火も焚いた。〝身体〟に燃え移らないように、細心の注意が必要だった。

ジャスパーはプロジェクトの最初から、ステージで使うテーブルや仕掛け自動車のように、軽い折りたたみ式の大砲や戦車を作ろうと考えていた。そこで、ペンキを塗って固くしたキャンバスをチューブで組み立てた骨組みに張っていくことにした。

以前はウェイベルがイタリア軍を騙すのに、かさばる木製のダミー戦車を使った。袋用の麻布に色を塗り、実物大の木製フレームに張って鋲で留めたもので、運ぶのに男六人とトラック一台が必要だった。車高の低い五トントラックの荷台なら木製ダミー戦車を四台押しこむことができたが、この巨大なモンスターは移動が難しかったので、一回使われただけで砂漠に捨て置かれることも多かった。

三百メートル上空からは、木製のダミー戦車も本物のマチルダ戦車に見えたが、冷たい朝露に濡れるとそれきりだった。水分を吸った麻布はだらりと垂れ下がり、まるで〝戦車〟自体が溶けて崩れていくように見えた。

「こりゃ、まさにダミーだ」そんな木製の戦車のひとつをギャングの面々で調べていると、ビルが馬鹿にして言った。「名前の由来はこれをデザインした間抜け《ダミー》だ」車体を覆う肌理《きめ》の粗い麻布をビルが手でこすると、ペンキがはがれ落ちた。「こんな焚き火の材料みたいなもんで、どんなウスノロの目を騙そうと思ったんだろう」

ジャスパーは腐った板を車体からとりはずした。「だがイタリア人に対しては相当効果があったそうだ」

ビルが疑わしげな目でジャスパーを見た。「またそんな冗談を」

「ほんとうさ」ジャスパーが言った。「イタリア兵は、捕虜になったらウェイベルにこれをかつがされる、そう思って恐れたらしい」

ジャスパーがこれまでにないまったく新しいダミー戦車をデザインしているあいだ、画家のフィリップは試行錯誤を重ねて戦車を擬装する模様を考え出し、奥行きがあるように見せるため、影を慎重に描き加えていった。一方マイケルは、廃品の山からの材料調達を監督した。生粋の軍人ジャックには、ここで初めて重要な任務が与えられた。ロンメルはフォルクス・ワーゲンの上にダミー戦車を載せていたので、砂漠を自由に走り回ることができた。ジャスパーは、マジックギャングでも自力で動くダミー戦車を作りたかった。そこでジャックに、軍用自動車置き場《モータープール》からエンジン付きの車体をできるだけたくさんもってくるよう、特別任務を命じた。足りなければ、このところ賑わっている闇市場で購入できるよう、しかるべき手はずを整えるようにとも言った。

この仕事にジャック・フラー軍曹はまさに適任だった。長いことナイル川流域で従軍していたので、軍の許可を得るための面倒な手続きから地元民との交渉の仕方まで、すべてわきまえていた。そのぴしっとした身のこなしも交渉人にふさわしいし、感情的になって自分の立場を危うくすることもなかった。

ジャスパーのダミー戦車は、手のこんだマジック用の舞台装置と考えればよかった。大工のネイルズといっしょに試作品を作り、五つのパーツに分けて作業場から運び出した。パーツは直径一センチの支柱と直径二センチのガス管の上に白い帆布を張ったもので、たためば平らになったし、組み立てればすぐにしっかりした形になった。巨大な戦車の車体を前から見ると、高さ一・二メートルの箱船《ポンツーン》を二隻、細い線材でつないだかのようだ。この箱船のキャタピラーの上におよそ三十センチの高さの長方形の台が置かれ、この上に回転砲塔のパーツをのせることになる。ジャスパーはこの長方形の台が車体の両脇からはみ出して、地面にそれらしい影を落とすようにデザインした。直径九十センチの八角形の砲塔は、ちょうど大きな帽子ケースのようで、丸い銃眼がいくつか切り抜かれている。これを長方形の台の上に置き、その上に、下段より一回り小さい丸い砲塔を載せた。三インチ砲や回転式機関銃砲もふくめて木製の砲身が五つついており、ダミーとしては完璧だった。

マジックギャングの〝戦車〟は数分で組み立てることができ、男ふたりで持ち運べた。ウェイベルの木製ダミーは四台運ぶのに五トンのトラックが必要だったが、こちらは折りたためば、標準の三トントラックの荷台に載せて十八台を運ぶことができた。

白い帆布でできたジャスパーのダミー戦車は、魔法の谷の一番広い庭のまんなかに置くと、雪の塊を彫って作ったようにも見えた。しかしフィリップのグループが細かい部分まで彩色を施していくと、本物のマチルダ戦車とほとんど見分けがつかなくなり、影まで本物そっくりだった。

ジャックはジープと自動車を合計二十六台手に入れてきた。マジックギャングはその上にダミー戦車の仕掛けをひとつひとつ装着していった。ほとんどの車輛は軍用自動車置き場から持ってきたものだったが、六台は闇市場で購入したものだった。「ふたり兄弟がいて、吹っかけてやろうと思っていたらしい」ジャック・フラー軍曹は愉快そうに、市場でのスリルに満ちた交渉をギャングたちに語ってきかせた。「そこで、くるりと背を向けて立ち去るふりをしてやったんだ。すると、彼らはこちらの言い値で売ると言い出した。まあ、妥当な値段でまとまったんじゃないかな。しかしいちばん手こずったのは、領収書にサインをさせることだった」

ビルが顔をしかめた。

「そこで言ってやった。領収書がないと政府から金が下りないんだってね。向こうはポカンとした顔をしていたが、とりあえずサインしたよ」ジャックは思い出してゲラゲラ笑った。「ほんとうの名前じゃないだろうがね」

「おいおい、嘘だろう」ビルが言った。「だれか、冗談だと言ってくれ」

マイケルが首を横に振った。「残念だな。ジャックはほんとうに領収書を持ってる」

ビルは両手を握って心臓の上に当て、床の上に倒れるふりをした。

そのときフィリップが入ってきて、ビルの芝居がかった格好を目にした。「どうしたんだ?」涼しい顔できく。「ネイルズの料理にまたやられたか?」ネイルズはときどき仲間の朝食を作ることがあったが、それはたいてい食べられたものではなかった。

「そんな単純な話じゃない」マイケルが説明した。「ジャックが闇市場で領収書を要求したんだ」

「どこが悪い?」軍曹がきいた。「事をなすにあたっては、正しいやり方と、そうでないやり方がある。われわれはここにおいて、陛下の臣民であることを忘れてはならない」

ビルは笑い転げて床から起き上がれなかった。

フィリップはジャックの顔をじっと見て、やんわりと言った。「ジャック軍曹、わたしが思うに、陛下はわれわれがここにいることさえ知らない」

「そういう問題じゃないだろ？」実際には、ジャックはその領収書とやらを見せはしなかったから、彼がほんとうのことを言っているのか、からかっているのかは、だれにもわからなかった。

ダミー戦車は、エンジン付きの車にのせる自走式のもののほかに、エンジンなしの車体の上にのせられて、自走式のダミーにロープで引っ張られるものもあった。自走式のダミーは固い地面の上でしか使えなかったが、動かないダミーはやわらかい砂の上に設置してドイツ軍の偵察用に備えておき、用がすんだらすぐたたんで別の場所へ移動させることもできた。

ジャスパーのボール紙軍隊では、大砲も〝戦車〟と同じように、キャンバス地、ボール紙、金属の支柱、蝶番《ちょうつがい》、ペンキを塗った帆布で作られ、移動が楽なように、平らに折りたためるようになっていた。長い〝砲身〟の材料は廃品の山のなかにあった。使われなくなったパイプが捨てられている一角をマイケルがみつけたのだ。いろいろなパイプ――ガス管、配水管、チューブ、切断されたゴムホース、細いオイル管、さらには大人の男が身をかがめて通り抜けられるほど大きな下水管もあった――のなかから適当なものを必要なサイズに切断して、大砲らしい色を塗ればよかった。曲がったり、錆付いたりした金属ホースがごちゃまぜになっている下には、数え切れないほどのボール紙の筒があった。それはボフォース砲の弾薬を輸送するためのものだったが、きちんと積み重ねてあり、まるでしかるべき人間が現れて、使ってくれるのを待っていたようだった。マイケルはひとつ手にとって、長いボール紙の筒をとっくりと見ながら、ガイ・フォークス・デー（火薬陰謀事件の首謀者の一人ガイ・フォークスの逮捕を祝う記念日）に打ち上げられる見事な花火を頭に思い描き、「スクウィッブだ！」と叫んだ。〝スクウィッブ〟というのは大きな爆竹、あるいはかんしゃく玉のこと。マイケルはその山に降りていった。

「薬莢《やっきょう》だろ」ジャスパーがマイケルの言葉を親切に訂正した。

カニンガム中将は、ギャングたちの作った大砲に大喜びし、さらに糊やホチキスや膠《にかわ》を使って手早く作った銃も、砂漠の中隊に追加された。しかし、ジャスパーはそれだけでは満足しなかった。戦場に配置された大砲を観察したあとで、やはり大砲は火を吹かなければいけないと判断した。

「火は無理だ」フランクが言った。「ボール紙でできてるんだから」

「キャンバス地でできた戦車が動くんなら、ボール紙の大砲だって火を吹く」ジャスパーが言い張った。「本物の大砲が静かなうちはまだいい」と説明を始める。「しかし、いざ撃ち合いが始まったら、ドイツ兵はすぐに気づくだろう。中隊の一部の大砲しか火を吹いていないのは変だ。逆に、ダミーの大砲からも本物の火光やたなびく煙とそっくりのものが出るように仕掛けられれば、ロンメルは決してダミーだとは思わないはずだ」

「絵に描いたダイヤモンドを輝かせることができるなら、おれたちも金持ちになれるだろうな」ネイルズが言った。

「大砲は火を吹かなければだめだ」ジャスパーはもう一度言って、その方法を考え始めた。

解決策は、彼の子ども時代の思い出にあった。

「大砲は火を吹くぞ」数日後、ジャスパーは娯楽室に入っていきながら宣言した。「敵にダメージを与えることはできないが、火を吹かせるだけなら可能だ」こう言って、フランクとネイルズがすわっている丸テーブルに加わり、ロケット作りに熱中していた自分の父親の話を始めた。

父のネヴィル・マスケリンはロケットと熱気球に強い関心を持っていた。彼はロケットに対する情熱と持ち前の写真の知識を合体させ、空中を飛ぶ砲弾の撮影に初めて成功した人物だ。毎月第二日曜日になると、決まってケント州の野原まで息子を連れて出かけていき、ロケットや熱気球を上げる実験をした。気球にはひとつひとつラベルをつけて、みつけた人にはお礼をすると記しておいたので、ドイツやデンマークまで飛んでいった気球を追跡することができた。ちょうどその頃、ロバート・ゴダードが画期的な論文『A Method of Reaching Extreme Altitudes（極限の高度に達する方法）』を発表した。ネヴィル・マスケリンは高さ一・二メートル、幅十五センチのロケットを空のはるかかなたへ飛ばそうとしていた。

「子どもの頃、わたしの仕事は、ロケットの発射台にする地面を固めることだった」ジャスパーがギャングたちに向かって言った。「通常、父のロケットは轟音をあげ炎の尾を引いて、まっすぐ朝の空を上がっていき、やがてゆるやかな弧を描いて地上に落ちてくる」

途中、充血した目でマイケルが入ってきて、コーヒーを一杯入れているうちにジャスパーが話を終えた。

「しかしあるとき、地面の踏み固めがしっかりできていなかったらしく、ロケットは狂ったように穴のなかでくるくる回り、それからバラバラに砕けて、空に上がるどころか地上一メートル弱の高さを、燃える彗星のように水平に飛んでいったんだ。そのうち小さなコテージのドアに、まるで巨大な火の矢のように突き刺さった。コテージの主人はすさまじい衝突音を耳にして、ドアを開いた。それから後ろへよろめいて、妻を呼び、『逃げろ！　悪魔がやってきた』と言ったとたん腰を抜かしてしまった」

マイケルはフランクの後ろに立ってコーヒーを飲んでいたが、みんなの笑い声がおさまると言った。「なあ、もう一回最初から話してくれないかな?」

フランクが肩越しにマイケルの顔をちらりと見た。「だれかと思ったら、おはよう、マイケル・ヒル二等兵。昨夜はずいぶんとお楽しみだったようだな」

マイケルが好色なウィンクを送ってそれにこたえた。

「やっぱりそうか、しかしこんなに早くもどってくるとは驚きだ。わたしがきみぐらいのころは……」

「一晩中ここにいたんだろう?」相手の言葉をひきとると、マイケルは身を乗り出してフランクの皿からソーセージをつまみあげた。「おれのほうは……」

「おい、ちょっと待て」ネイルズがマイケルの話をさえぎった。「ジャスパーのオヤジさんのロケットと、おれたちの大砲がどうつながるのか、先を話してくれ」

ジャスパーが説明を始めた。「ロケットは大量の煙をあげる。高く飛ばしたいと思えば、それだけ多くの燃料を仕込む。燃料を仕込めば、仕込んだ分だけ火も大きくなる。つまり、われわれはただ、そのロケットの燃料を調合すればいい。それだけで大砲は火を吹いてくれる。もちろん実験は必要だが、その燃料さえできればどんなタイプの大砲でも可能だ」

様々な物を混合してテストを行った結果、ジャスパーはひとつの結論に落ち着いた。まずボール紙の大砲には、マイケルが廃品の山からみつけたボール紙製の薬莢を使う。薬莢には閃光を発するアルミニウムの粉と、煙を出すための黒色火薬、それに閃光に赤味を出すために鉄くずを加える。ボール紙の薬莢は、もともと本物の高射砲を輸送するのに使われていたもので、そのままダミーの弾薬を入れるのに使えた。

様々な種類の大砲ひとつひとつの発する閃光と煙を正確に再現するには、兵站部の専門家の助けを借りても、何日もかかった。しかしなんとか、火薬やアルミの調合割合が決まった。手間がかかるが、ダミー薬莢はひとつひとつ手作業で材料を詰めていかなければならない。しかしナイルデルタでは、弾薬の材料の重量を量る精密秤《せいみつはかり》が手に入らなかった。砲火が不自然であれば、敵の諜報部にすぐ勘づかれてしまう。正しい調合割合をすべての薬莢で確実に維持できる方法をなんとしても探さなければならなかった。「うちの女房はスプーンを使ってたが」ジャックが言ったが無視された。

ネイルズが吸い上げ管式の計量器を作ったが扱いにくく、実用には向かないことがわかった。

「スプーンを使ってみたら?」ジャック・フラーが再提案したが、また無視された。

ジャスパーは野外給食用のカップに穴をあけたものを作ってみたが失敗した。

「スプーン」と、ジャック。

ビルが作った平衡錘《へいこうすい》がばらばらになってしまったところで、工兵隊はミセス・フラーのスプーン方式を採用することにした。実際にやってみると手軽で正確であることがわかり、これを使って薬莢に材料を詰めることが決まった。高射砲には、中さじ四杯のアルミニウム粉と、小さじ二杯の黒色火薬、さらに鉄くず一つまみを加える。二十五ポンド砲には、中さじ六杯のアルミニウム粉と野外給食セットの大さじ三杯分の黒色火薬と、やはり鉄くずをひとつまみ加える。ボール紙の薬莢に材料を詰めるときには、砂漠で作った傷や虫に嚙まれたあとに火薬が触れるのを防ぐために、手袋とエプロンを身に着け、粉が目に入らないようにゴーグルもつけた。こうしていつのまにか魔法の谷の小屋は〝キッチン〟と呼ばれるようになり、そこで働くギャングたちは〝コック〟、火薬の調合割合は〝レシピ〟と呼ばれるようになった。

八月下旬のある晩、ちょうど夕闇が降りてきたころに、デモンストレーションが行われた。場所はオーキンレック将軍が新しく作った砂漠の訓練場。六門の本物の大砲の列内に、ボール紙の大砲二門がランダムに配置された。ダミー大砲の砲身の真下の砂には長い金属パイプが埋めてあり、マジック・ギャングがダミーの弾薬を装塡《そうてん》していった。ジャスパーは招いた将校たちとともに発射地点からおよそ二キロ離れた地点に立ち、本物の五インチ砲や榴弾砲に混じったダミー大砲と同じように、できるだけ目立たないようにしていた。七時半になると頭上を偵察機が旋回し、中隊は最初の一斉砲撃を始めた。

黄昏のなかで八つの光が炸裂し、大砲の砲口から煙がたちのぼった。そのあいだに、ギャングたちは手早く二度目の装塡を行う。再装塡の際には、ダミー大砲の位置がわからないように注意した。ジャスパーは心の中で魔法の言葉を唱えた。「ヘイ・プレスト！」ちょうどそれと同時に二度目の一斉砲撃が開始された。デモンストレーションとはいえ、あまりに完璧だったので、集まった将校たちは、どれがボール紙の大砲かと目をこらすことさえしなかった。

三度目で、ダミー大砲は戦場でも見分けがつかないということで高級将校の意見は一致した。「驚いた！」機甲部隊の大佐が興奮して言った。「実戦で役にたたないということを除けば、きみたちの大砲は、本物とまったく変わらない」

ここにマイケルがいなくて良かったと、ジャスパーは心底ほっとした。彼なら高級将校に向かって「おたくの大砲と同じですよね」と言いかねなかった。

デモンストレーションが終わると世話焼きな将校がジャスパーを脇に呼び、地面に閃光の跡を作るべきだと言った。「大砲を撃ったら必ず、目の前の地面が焼けるはずだ」

ジャスパーは、黒い布をダミーの前に敷いて、地面が焼けたように見せることにします、と答えた。大砲をたたむときにいっしょにこの布も拾って、中隊のあらゆる痕跡を消そうと考えていた。

「まるで魔法の杖を振ってすべてを消し去ったようにしますよ」

折りたたみ式のダンボール製大砲とダミーの弾薬は大量生産に回され、マジックギャング製作のダミー兵士やダミー戦車もすぐに前線の隙間を埋めるために戦場に送られた。アフリカ機甲軍団は相変わらずかすかな動きをみせていたが、思いきった攻撃に出てくることはなかった。

バーカス少佐はジャスパーの作り出したダミー軍隊に感動し、しょっちゅう魔法の谷に立ち寄っては、布の兵士、キャンバス地の戦車、ボール紙の大砲が前線に運び出されるのを見ていた。「驚いたよ、ジャスパー」ある日少佐が言った。「軍に入るのに二年もかかったというのに、それから一年もしないうちに、きみは自分の軍隊を作ってしまったんだから」

7
スエズ運河を消せ

数週間後の朝、ジャスパーが魔法の谷の事務所でハエ叩き一本を武器に、大きなハエを追いかけていると、バーカス少佐が礼儀正しくドアの枠をノックした。ずいぶん前に取り付けられるはずだったドアは、まだ取り付けられていない。ジャスパーは最後に一発、思いっきりハエ叩きを振りおろしたが、空振りで、天井で回る扇風機の羽のあいだにハエが消えていくのをうらめしそうに見た。

「どっちがましでしょうね」ジャスパーはバーカス少佐にあいさつ代わりにきいた。「砂漠にハエが増えるのと、砂が増えるのと?」

「砂だね」バーカスが強い調子で言った。「しかし問題なのは、頭の弱い将校がハエより多いってことじゃないかね?」

「なるほど、それはもっともですね」ジャスパーは武器を釘にかけて、からかうように言った。「今朝はまたずいぶんとご機嫌ですね」

バーカスは安楽椅子に腰を落ち着けた。「きみのことで喜んでいるんだ。ようやく司令部の人間は、きみが魔法使いマーリンだと信じたようだぞ」

「はあ？」

「きみに、スエズ運河を隠してほしいそうだ」

ジャスパーは相手が冗談を言っているのだと思った。「隠す？　それだけでいいんですか？　もっと難題を期待していたんですがね」

「隠す、あるいは別のものに見せかける。場合によってはダンスホールに変えたっていい。とにかくドイツの爆撃からスエズを守るために、なにか手を打ってほしいというんだ。もちろん馬鹿げた話だ。できるわけがない」そこで言葉を切り、いたずらっぽくニッと笑った。ジャスパーはすでに、不可能を可能にしていた。「できるかい？」

イギリスにとって、スエズ運河は最も重要な補給経路だ。地中海と紅海を結ぶスエズ運河を通るのと通らないのでは、ロンドンから極東地域の各港までの距離は倍近く違う。バーカスが指摘するように、地図を見れば、問題は一目瞭然だ。全長は百六十キロを越えるが、幅は七十メートルに満たず、水深は、ほとんどの場所でわずか十二、三メートル。もしドイツ軍に封鎖されてしまえば、あるいは船を一隻沈めて一時的にでもブロックされたら、イギリスの護衛船団は喜望峰回りの、はるかに長くて危険な航路をとらざるを得ない。イギリス連邦の各国軍が苦しむことになるのだ。

情報部は、ドイツ空軍がスエズ運河に、アレクサンドリア港のような集中爆撃をしかけてくるとは思っていない。なぜなら第八軍を破ったあと、そこはロンメルにとっても要所になるはずだからだ。それでも総司令部は、ドイツが船を沈めて一時的にでも運河を封鎖するのを恐れていた。そこまでしなくとも、機雷を沈めるぐらいは十分に考えられる。そのため軍では、水面近くに対魚雷網を張りめぐらし、飛行機から落とされるものはなんでも受け止め、機雷を除去する掃海艇を頻繁に走らせて警戒にあたることもした。しかし運河防衛軍としては、もっと確実に安全を確保したかった。そんなときに、仲間内で話題になったアレクサンドリア港でのジャスパーの成功を聞きつけて、運河をまるごと消してもらおうと考えたのだ。

ジャスパーとフランクは、スエズ運河の防衛システムを視察しに飛んだ。防衛と言っても、攻撃にさらされやすい部分に高射砲中隊をところどころに配置した程度だった。砲床に登ってすばらしい運河の眺望を見下ろしながら、ジャスパーはその単純な美しさに心を打たれた。「なんてすばらしいんだろう」ほれぼれとして言う。「この地域に、初の運河ができたのは、今からおよそ三千年前。古代エジプトの高僧から祝福を受けたと言われている。こうして目を閉じて想像を膨らませれば……」

フランクはジャスパーの歴史の講義に関心を示さなかった。運河をまるごと消せなどというリクエストは彼にとっては馬鹿げたもので、ギャングたちはもっと現実的な任務に時間を費やすべきだと言った。「アフリカゾウは敵からどうやって身を隠したか知ってるか?」フランクはそんな質問でやり返した。

ジャスパーは首を振った。

「身を隠したりなんかしなかった。あまりにデカすぎるからな。ジャスパー、きみがここで隠そうとしているものも、その馬鹿でかいゾウと同じなんだよ」

視察を終えたふたりは、スエズのカフェで生ぬるいステラビールを飲んだ。ウェイベルが西方砂漠で苦戦を強いられ、喧噪と混沌のさなかにあったこの町に、ふたりが上陸したのが数カ月前だった。それなのに、もう数年も経ったような気がする。今では町もすっかり平穏を取りもどしていた。ジャスパーがノートにスケッチをしているあいだ、フランクは黙ってビールを二杯飲んだ。それから、アルコールの酔いも手伝って大胆になったのだろう、珍しくきっぱりと言い切った。「無理だよ、ジャスパー。軍の司令部にはっきりそう言ってやるんだな」

ジャスパーはうなずくどころか、マジックギャングは港を丸ごと移動させたじゃないかと言った。それにドイツ軍は、発電所近くを流れる川の表面に石炭の粉を撒き散らして、マカダム道路（砕石を幾層にも敷き詰めアスファルトやタールで固めた舗装道路）に見せかけたらしいという、バーカスからきいた話もした。

「ここでも同じことをしようって言うのかい？」フランクがきいた。

「残念だが、それは無理だ。敵はスエズ運河の位置を正確に知っているからね。そんな場所に突然自動車道路が現われても、絶対にそんなところを走ろうとは思わないだろう」表向きは中立の立場をとっているアメリカでさえ、大きなターゲットを守る方法を模索中なんだと、ジャスパーはフランクに、ニューヨークのジョージ・ワシントン・ブリッジを守る作戦のことを話してきかせた。それはキャンバス地に橋の絵を描き、ハドソン川の下流に張るというものだった。敵の飛行機が近づいてきたら、それをライトアップする。しかし張る前に、強風にあおられてキャンバス地が破れてしまった。「運河だってなんだって手はあるはずだ。状況にふさわしい法則をあてはめる、問題はそれだけなんだ」

ふたりのテーブルの前の通りで、辻馬車の駄馬が突然しゃがみこんだ。馭者《ぎょしゃ》は馬を蹴りつけながら、なんとかこいつを立たせてくださいと、神に向かって大きな声で懇願している。まわりでは小さな人垣ができて、ああしろ、こうしろ、と叫んでいる。ジャスパーは地元の方言を少しばかり知っていたから、みんなが馬を蹴ってもダメだと言っていることぐらいはわかった。立ち上がる気のない馬を立ち上がらせるにはどうしたらいいか、活発な議論が続いている。

ジャスパーが挙げた例を聞いても、フランクはすっきりしなかった。

「時間の無駄だよ。長さ百六十キロ以上だ。どこかに小さな機雷を一発仕掛けられたら、すべての苦労が水の泡だ」フランクは考えこんで、ジョッキをテーブルの上に置いた。「いいかい、ぼくだって悲観的なことは言いたくない。それでも、絶対に不可能なプロジェクトはある。どこかの大佐がラクダを空に飛ばしてくれと言ったからって、そんなことはできるもんじゃない。そろそろ気がつくんだな、ジャスパー。でないと骨折り損をするばかりで、いいことはなにもない」通りの怒鳴り声がだんだんに大きくなり、フランクはジャスパーの注意をそらさぬよう、いっそう声を張り上げて言った。「無理だとはっきり言ってやるのも人助けのうちだ。ここまでやって来てよくよく状況を観察して、不可能だとわかった。それでいいじゃないか」

ジャスパーはそれでも納得しなかった。

「もう少し楽観的になれよ、フランク。大概のことは、可能にする方法があるもんだよ。ぼくはステージのまんなかでゾウを消したことがある」

フランクは疑わしげな目でジャスパーを見た。「まさか。どうやって?」

「角のついたヘルメットをかぶせて、ソプラノで歌を歌うように教えたんだ」

ふたりのうしろの歩道では、エジプト人の男がふたり、すさまじいののしり合いをしていた。ひとりが怒って相手の頭からトルコ帽を叩き落とすと、もう一方は仕返しに、相手のジュラバを引き裂いた。そしてとうとう殴り合いになり、もつれあったまま勢いよく、通りに倒れた。一方で、しゃがみこんでいた馬は十分な休憩をとれたのか、立ち上がって荷車を引き始めた。道路に転がってけんかしている男たちを踏まないよう気をつけて。

ジャスパーとフランクがスエズ運河の防御施設を視察しているあいだも、魔法の谷は動いていた。

ふたりの留守中はネイルズが代理でリーダーとなったが、やるべき仕事はほとんどなかった。工場ではダミーの兵士や戦車や大砲作りが順調に進み、魔法の谷の建設もほとんど完成に近づいていた。マジックギャングは、この穏やかな夏のひとときを利用して、ナイル川流域の街を探索することにした。敵の注意は人の集まる中心街よりも、戦略的に重要な砂漠のターゲットに集中していたから、カイロの町は安全だと考えられていた。

カイロは快楽のオアシスだった。あらゆるものがそろっていて、男の欲望はなんでも満たしてくれた。エロール・フリンとベティ・デイヴィスが遊び戯れる『女王エリザベス』やローランド・ドリューとステフィ・デュナが出演する『ヒトラー、ベルリンの野獣』を観るのもいいし、クリケットやフットボールの試合もやっている。ゲジラ島では競馬を楽しむこともできたし、コンサートに出かけて交響曲を聴くこともできた。月の輝く屋上で食事やダンスを楽しんだり、カイロの史跡や聖書に出てくる砂漠を巡るという手もある。卓球、ポロ、ゴルフ、スキート射撃、ゲーム。ラクダに乗ったり、贅沢なデパートや路地裏のバザールで買い物をするのも楽しい。議論に熱中する輪に加わったり、語学を学んだり、飲みにいったり、女性とつきあうのも自由だった。

なかでもマイケル二等兵は早くからこの町の魅力にとりつかれていた。カイロがあらゆる種類の女の園であることに気づくのに、そう時間はかからなかった。数百人、いや数千人の女。財産家の娘や家柄のいい令嬢がいれば、娼婦もいる。とびきりの美人がいれば、醜い女もいる。背の高い女、低い女、太った女、痩せた女、年齢もさまざまなら、肌の色も国籍もさまざま。いい気分にさせてくれる女、サイフをすっていく女、未来を予言する女、考え付く限りの欲求を満たしてくれる女。町は女たちの香水が混じり合ってむんむんしていた。マイケルはそんな女たちとかたっぱしからかかわっていき、なかには束の間、陽気な気分にしてくれる女もいたが、ほんとうの意味で満足させせてくれる女はいなかった。彼は人生で初めて、どうしようもなく満たされない気持ちをもてあましていた。

なにかがおかしくなってしまった。これまでは夜通し楽しんでいたのに、今では暗くなる前に飽きてしまう。女にも前ほど心をそそられないし、安酒は文字通り安っぽい味しかしない。〝スイート・メロディー・クラブ〟で派手なけんかが始まりそうになっても、妙に醒めた目で眺めるだけになってしまった。それでも、あれはいい思い出だったと、あとから懐かしく思えるような愉快なこともあった。キャバレー〝キットカット・クラブ〟にいたショウガールと結婚しそうになった経験とか。しかし最近では、そういうこともめっきり少なくなった。

つねに間近でだれかが死んでいることが影響しているのかもしれない。昔ロンドンで暮らしていたときも、死がかすめていったことが何度かあった。十一歳のときには、遊び友達が倒れたレンガ塀の下敷きになるのを目の当たりにした。思い出せば辛いが、それも一瞬で、今感じている得体の知れない気分とはちがう。地元の名士が裏通りで刺されて死んだこともあった。しかしそういった死についてはなにかしら説明がつく気がした。勇気を証明しようと、立ち入り禁止の建物に入っていってそれっきりの友人もいるが、それだって軽はずみなことをした罰を受けたのだとすんなり納得がいく。しかし、この砂漠では、死は気まぐれにやってきた。昨夜クラブでいっしょに飲んだ男が、翌朝には死体になって砂漠で焼かれている。ここでの死には、秩序といったものがまったく存在せず、不意にやってくる死を避ける術もない。あのハルファヤの業火峠の殺戮《さつりく》を生き残った兵士が、地元の少女と砂漠に横になったとたん、ドイツ軍の地雷に吹き飛ばされた。ドイツ兵の町を二カ月も歩き続けてようやく抜け出た兵士が、交通事故で命を落とす。ここでは死はあまりに頻繁に、無差別に襲いかかってくる。生死はまさに、運次第だった。

最初はマイケルも落ち着かない気持ちを無視しようとした。放っておけば、ジャスパーの振るハンカチのようにふっと消えてなくなるだろうと期待した。しかし女や酒、気晴らしのけんかやゲームといった、昔はよく効いたはずの慰めも、今ではまったく効果を失っていた。臆病風に吹かれてしまったのだろうかと思うときもあった。しかしこの自分に限ってそんなことがあるはずはない、ほかに原因があるにちがいない、そう思うことにした。

その気分は夏のあいだじゅう、執拗《しつよう》に彼を苦しめた。マジックギャングのプロジェクトに没頭しているときと、そして不思議なことにキャシーといるときだけは、昔の気楽な自分でいられた。そういうときには、心の底から笑えるのだった。

生真面目な軍曹、ジャック・フラーはこういった悩みとは無縁だった。彼は根っからの兵士で、所属する第八軍は戦場で戦っている。不満はなかった。与えられた任務はやっかいだったが、以前のように軍需物資管理の部屋で悶々と過ごすよりははるかにましだ。もちろんこれまで軍人としての訓練を耐えてきたのは、マジックギャングのような集団に属するためではない。ここの軍人は自分のスケジュールで勝手に動いていたし、隊形をとって並ぶこともない。司令官のジャスパーは下士官兵とファーストネームで気安く呼び合う仲だし、たとえ閲兵が必要になっても、どうしていいかわからないだろう。服装も手に入るものならなんでもありで、奇妙ないでたちが横行していたし、敬礼さえもここでは過去の遺物だった。

ときどきこの地域に新しい部隊がやってくることがあったが、そんなときジャックは、颯爽《さっそう》と行進しながらキャンプに入ってくる兵士の列を、わきに立って誇らしげに眺めたものだった。そろって上下に動く頭とリズミカルな歩調が気持ち良かった。一度でいいから正しい隊形で並んでみたい、暑い日中の行軍に出て持久力を試したい、ちゃんとした行進曲に合わせて行進したい、そう切望した。

　ロンドンの売春宿に迷いこんだ紳士のように、無秩序なギャングのなかで自分だけは誇りをもって生きようとジャックは頑張った。たとえだれも気にとめなくても、いつもきちんと制服を着こなし、敬礼を欠かさなかった――ときには、無視されたり馬鹿にされたりといった屈辱を味わわなくてすむよう、心のなかで敬礼をするにとどめることもあった。そういうときでも右手を眉のところに持っていく自分の姿を想像して、思わず動いてしまいそうになる腕をわきでしっかり固めていた。たとえだれもそれに従わなくても、自分が手本を示そうと心を決めていた。

　ところが自分でも気がつかないうちに、ユニオン・ジャック――ギャングたちのあいだではいつのまにかそう呼ばれるようになった――は、この奇妙な仲間の一員であることを本心から誇りに思うようになっていた。ジャスパーや彼の部下たちの純真さが、ジャックの心をひきつけていた。これほど厳しく軍の伝統を叩きこまれてきた彼でさえ、慣れ親しんだ正規の軍隊から、仲間を守りたい気分になった。マジックギャングは、はみ出し者の一団だ。寄せ集めと言ってもいい。しかし異端者だと思うと、なんとなくワクワクする。イタリア戦線で戦った寄せ集めの兵士も、同じ気持ちを味わったにちがいない。まっとうな上官に免職にされたのち、上官を必死で追い越して重要な地位についたときは、してやったりと思ったにちがいない。

　自分だって、その気になればギャングの一員になりうることをジャスパーに示すために、またフランクやほかの仲間からの共感を得るために、ジャックは口ひげを規則より長く伸ばし、首に鮮やかな赤のバンダナを巻くことにしていた。まったくの軍規違反で、自分でも居心地は悪いのだが、これも必要なことだった。ただし町に出なければならないときは、スカーフははずしていく。それがたしなみだと考えていた。

マイケルとジャックという両極端のふたりのあいだで、ほかのギャングもそれぞれ似たような感情を経験していた。どこにも収まる場所がないが、ここにいれば堅く結束する。各自が自分の得意分野で責任を負っていた。大工で鍛冶もできるネイルズは、木を扱う仕事はすべて引き受けた。漫画家のビルはずり落ちた眼鏡をぐっと押し上げながら、トップマジシャンよろしく、紙の上にさまざまなイリュージョンを生み出した。ジャックは正規軍との重要なコネクションだった。ときにまわりの者に、古くさい軍の規定にとらわれ過ぎだと思われたりもするが、ビールが入ればとたんに陽気になり、つきあいやすくなった。軍の規則の裏をかくにはどうしたらいいか、そんなアドバイスもしてくれる。ただし、たいていはそのあとで「……だからと言って自分はやろうとは思わないし、他人に勧める気もない、しかし……」と言葉を濁す。

そしてマイケル二等兵は、手のかかる子どもと言ってよかった。ほかのメンバーは、困ったやつだなどと言いながら、その実楽しんでいた。マイケルはやるべきことは必ずやった。いつも大きな声で文句を言いながらも、任務を遂行してしまう。

べつに示し合わせたわけでもなく、意識的にそうしようというわけでもないが、気がつくとみな仕事中ばかりでなく、自由時間もいっしょに過ごしていた。いっしょになにかを成し遂げたという誇りが彼らを結びつけていた。自らをギャングと呼ぶ野放図なアーティスト集団は、融通のきかない軍の組織に抵抗していることを楽しんでいた。実際、彼らは実によくまとまった部隊と言ってよかった。

そんななか、悩める画家、フィリップだけは打ち解けなかった。どんなにまわりが輪のなかに彼を引っ張りこもうとしてもだめだった。言いわけもせず、わが道を行くことを好んだ。まわりが無理強いさえしなければ人当たりもよく、仕事も熱心だったが、人に言えない暗い秘密を抱えこみ、その重みに耐えているようなところがあった。そのうちまわりも彼を放っておくようになった。

フィリップは夏のあいだずっと、猛烈な勢いで絵を描いていた。荒々しい色と、ぞっとするような形で、キャンバスを攻撃的に埋めていった。砂漠で球技をする腕のない兵士、夜会服を着てパレードをする血まみれの骸骨《がいこつ》、砂のなかに溶けていく死体。どうして死を描くのかと、フランクが親しげにたずねると、「いや、わたしが描いているのは、ありのままの生だ」とフィリップは答えた。

ジャスパーはフィリップの秘密を知っていたが、それはだれにも話せなかった。部隊の司令官であるジャスパーは、すべての郵便物に目を通して検閲する立場にあった。他人の私生活に土足で踏みこむ野暮な仕事だったが、仕方ない。検閲をするうち、フィリップの妻がイギリスに駐屯しているアメリカ空軍のパイロットと恋に落ちたことを知った。六月に来た手紙で、フィリップの妻はこう書いていた。

「つい最近、とんでもない恋に足を踏み入れてしまいました。ひどい話だと思うし、あなたに打ち明けようかどうか、とことん迷いました。相手はアメリカ人のパイロット。愛を告白されました。その瞬間、自分でもどうしたらいいのかわかりませんでした。ああ、フィリップ。ひどいことをしているとは自分でも思う……浮気女とそしられても仕方ない……まさかこんなことになるなんて思わなかった。必死に気持ちを抑えたけれど、だんだんにそれが難しくなって……」

そのあと、夏に届いた手紙では――「自分の気持ちと、ずっと戦ってきました。でもやっぱり無理だった。たぶんあなたとわたしがもう少し幸せに暮らしていたら、こんなことには決してならなかったことでしょう……」

フィリップの返信はときに許すような口調だったり、思いきり辛らつな言葉が投げつけられていたりと、つねに揺れ動いて形が定まらない砂漠とおなじだった。もどってきて欲しいと懇願し、思いの丈を書きつづり、相手を理解しようとする手紙もあれば、憎しみに満ちた言葉を連ねて、徹底的に妻を傷つける手紙も同じくらいあった。

こういった手紙を読むたびに、ジャスパーは決まってメアリーのことを考えた。自分たちの関係は理想的と言ってよかった。彼の記憶のなかには温かい思い出がぎっしり詰まっている。日曜日の午後にふたりでボートを借り、テムズ川をゆっくり漕いだことがあった。そんなとき、「これまでの人生を振り返って、あなたには今より幸せなときがあった？」とメアリーにきかれた。

「いや、一度もない」そう答えたのは本心だった。

いっしょに過ごした最後の夜が思い出された。「わたしを永遠に愛してくれる？」メアリーにそうきかれた。

「いや、もっとだ」とジャスパーは答えた。「永遠よりもっと長く。それでもまだ足りないくらいだ」

メアリーは、はにかんで笑い、頬をピンクに染めながら、「うれしい」と言った。

戦場で妻のことを思うとき、男の心に浮かぶのはこういう場面であるべきだとジャスパーは思う。フィリップのような苦い気持ちであってはいけない。ジャスパーはフィリップが検閲のために自分に手紙を渡すとき、その顔をまっすぐ見ないようにしていた。フィリップのプライドを守るためだったが、同時にそれは自分自身の気まずさを隠すためでもあった。何度か立場上、相談に乗ろうともしてみたが、フィリップはきっぱりと断った。しまいにジャスパーは、機械分隊の少佐に手紙の検閲を頼むようになったが、そのころにはもうフィリップは、弁護士を雇って離婚の手続きを進めていた。

砂漠の第八軍が次の大掛かりな攻撃に備えて戦闘準備に忙しかったころ、ドイツ国防軍はロシアへ快進撃を続けていた。キエフ、レニングラードを攻撃され、スターリンの防衛軍はソ連の中核地域まで撤退していた。

ドイツがソ連戦線に戦力を集中したことによる一時的な休戦は、ロンドンのチャーチルには好都合だった。アメリカは武器貸与計画をついに実行に移したが、ローズヴェルトはワシントンで困った立場にあった。片方には、ヨーロッパの戦争に関わるべきではないと主張するモンロー主義者がいた。また他方には、イギリスに勝ち目はなく、いくら船や武器を送っても結局はドイツ軍の手に落ちてアメリカを攻撃するのに使われるだけだからやめたほうがいいと主張する軍事専門家がいた。チャーチルにはわかっていた。イギリス、アメリカ、ソ連の同盟を実現させるためには、イギリスは必ず戦い抜くとアメリカ国民が確信するに十分な勝利が必要なのだ。北アフリカ戦線で、すご腕のロンメル将軍に勝ったとなれば、イギリス連邦軍はアメリカとともに重荷を分かち合う力があるという証明になるはずだった。

チャーチルは約束どおり早く攻撃を開始するよう、何度も要請したが、中東方面司令官に就任したオーキンレックは、準備が整い、兵士の訓練が十分でないうちは、攻撃はできないとはねつけた。いったい、いつになるんだ、と首相にきかれ、オーキンレックは晩秋の攻撃を約束した。これが〝クルセーダー作戦〟だった。

エジプトでは、オーキンレックと第八軍の司令官カニンガム中将が、兵の訓練と装備の充実を図っていた。カニンガムは表向きは自信たっぷりに見えたが、実際には大変な思いをしていた。兵站と戦略において抱えている多大な問題と毎日向きあいながら、医者からは禁煙を強いられ、タバコ抜きの毎日にいらだちをつのらせていたのだ。

オーキンレックがチャーチルに約束したとおり、クルセーダー作戦を十一月に開始する計画は着々と進められていた。これまでの砂漠戦で最も大掛かりなこの作戦で、第八軍は中間準備地域を飛び出し、数で圧倒しようとするロンメルの機甲部隊を最終決戦に呼びこむつもりだった。それからトブルクの包囲を解き、キレナイカを奪回し、最終的に敵の本拠地トリポリへ進む。

もしロンメルがそれまで待ってくれれば、の話だ。


ジャスパーは自信たっぷりに魔法の谷にもどってきた。スエズ運河は消せる。不可能だと考える理由はなかった。舞台演出に使う光の原理を応用すればうまくいく――問題は、適切な仕掛けを作れるかどうかだった。

ジャスパーはこの問題に論理的に取り組んでいった。ステージから大きな物を消すときにはどんな方法を使ったか？　まず跳ね上げ戸だ。これなら効果的に、しかも簡単に観客の目から物を隠すことができる。しかしアリババと四十人の盗賊から魔法の呪文を教えてもらいでもしないかぎり、ここでは無理だ。

第二に、黒いカーテンをかぶせる方法がある。カーテンは黒い背景に溶けこんで見えなくなる。しかし、フランクの指摘を待つまでもなく、運河を丸ごと覆えるほど大きなカーテンなどあるはずがない。

ジャスパーは鏡を使う方法も考えた。ナイル川流域には好奇心をくすぐる話が広まっていた。あるポーランド人将校は、自分の頭をはずして、両手で持つことができると言う。これは古くからあるトリックだが、滅多に披露されない。よほど慎重に反射板を設置しないと成功しないからだ。運河の一部なら、反射板を使って空から見えなくすることもできるだろう。しかし運河全体を隠せるかというと疑わしかった。ジャスパーはこのアイディアについて何日も考え、砂盤に向かって小さな鏡をいろいろと動かしてみた。そして、この離れ業を成功させるために、どれぐらいの数の鏡が必要になるかを算出してみたところ、とんでもない数が出てきて、少なくとも現在の状況では不可能だと結論を出した。

地面に影をつくって運河のある場所を見誤らせることも考えた。そうすれば敵はそこを攻撃対象として見極めるのがとても難しくなる。しかしこれも、特殊な装置が大量に必要だった。

もう少しで答えに手が届きそうだと思うこともあったが、実現可能な方法はまったくみつからないままに日は過ぎていき、ジャスパーはしだいにやる気を失いつつあった。そこでダドリー・クラーク准将に頼まれた小さなプロジェクトに着手して、しばらくこの問題から離れることにした。一度頭を空っぽにして、自然に答えが浮かんでくるのを待とうと思ったのだ。

やがてこの辛抱がようやく報われることになった。魔法の杖の一振りで立ちのぼった煙と炎のなかから、スエズ運河を消す方法が浮かんできた。

ジャスパーはフランクを相手に自分のアイディアを試してみることにした。ゴミ捨て場から拾ってきた安楽椅子にフランクをすわらせて、自分はテーブルをはさんだ向かい側に立つ。「難しく考え過ぎていたんだ」そう言って、木製の黒い小球を三つと、軍支給の懐中電灯ふたつをテーブルの上に置いた。「簡単な方法を見落としていた。フランク、きみはマジシャンがなぜ炎や煙を使うのか、知っているね？」

「目くらましのひとつだろう。それで客の目をくらませているあいだに、なんでもやってしまう」

「そのとおり。ほとんどの場合、ステージ上でなにかを隠したり、すり替えたりするためなんだが、ステージのある部分に観客の目をひきつけたいときにも使われる。思いがけないところで炎が発生したり、煙が出てきたりすれば、だれだってついそっちを見てしまう。そして観客の目がそこに向いているあいだに、ステージの別の場所ではしっかりと別のことが起きているというわけだ」ジャスパーは三つの球をとりあげて、ふたつを左手に、もうひとつを右手に持った。「さて、ぼくは今、三つの球を持っている」ちょっと芝居がかった感じで言った。「しかしぼくに必要なのはひとつだけだ。いいかい、よく見ていてくれよ」それからふいに流れるような動作で、ジャスパーは両方の握った手を打ち合わせ、フランクが危うく見逃してしまいそうなほど手早く、ふたつの球をテーブルの下へ落とした。「ヘイ・プレスト！」歌うように言って、握った両拳をフランクの目の前に差し出した。「オーケー、フランク。三つの球はどっちの手に入っていると思う？」

フランクはタネが見えていたので、ちょっと当惑していた。相手のヘマを指摘するのは彼の性分ではなかった。

「悪いが、今回はぼくの勝ちだ」まるで謝るようにフランクが言った。「テーブルの下に落としたのが見えた」

「そりゃあ、見えただろう」ジャスパーが勝ち誇ったように言った。「こういうシンプルなトリックの場合、客の注意をそらせる工夫をしないといけない。それをぼくはずっと見過ごしていた。必要なのはなんらかの目くらましだ」ベルトに吊り下げていた袋のなかに手を入れて、ジャスパーはさっきのふたつの球を取り出した。「さて、今度も注意して見ていてくれよ。おっとその前に……」

テーブルの上に置いてあった二本の懐中電灯が、フランクにまっすぐむけられた。ジャスパーがふたつとも点灯すると、フランクは目を大きくあけていられなかった。

「さあ、よく見てくれ」と、ジャスパーが注意を喚起する。

フランクにはなにも見えなかった。強い光が目に入って、瞳孔が収縮している。首を曲げて、目の端から見ようとした。眉をひそめる。なにも変わらない。ジャスパーと自分とのあいだに、まぶしい光の壁が立ちはだかっている。

「ヘイ・プレスト!」ジャスパーが叫び、それからフランクにどっちの手にボールが入っているかきいた。

「なんにも見えてないことくらい百も承知なんだろう」フランクが少しむっとして言った。「早く懐中電灯を消してくれ、たのむよ」

ジャスパーがスイッチをオフにした。「さあ、これでいい。どっちの手だい?」

フランクには部屋の様子がぼんやりわかるくらいだった。目の前で光がちらちら踊っていて、どうしてもそれを止めることができなかった。「わかった」フランクが言い、眼鏡の下に指を押入れ、跳ね回る光の粒をこすり落そうとした。「きみの言いたいことはよくわかった。で、これをどう使うんだ?」ジャスパーの顔に浮かんだにやにや笑いが見えるまで、フランクはそれからまるまる一分かかった。

「われわれが運河を巡っているときから、答えはそこにあったんだ」ジャスパーは懐中電灯をひとつ持って、つけたり消したりした。「対空ライトだよ、いいかい」そう言って、テーブルのわきをするりと回りこんで、フランクを見下ろす位置に立った。「サーチライトを運河のまわりに設置すれば、光のカーテンを作り出せる。その光に十分な明るさがあれば、光のカーテンの下にある運河を識別するのは、スイッチを入れた電球のフィラメントを識別するのとおなじだ。そんなことはできるはずがない」

フランクの目がしだいに通常の明るさになれてくると、部屋のなかの様子とジャスパーの考えていることがくっきり見えてきた。「そんなにたくさんサーチライトが手に入るのかい？」

ジャスパーは声をあげて笑った。「もちろん入らないさ。十分なものなんてなにもない。しかし手に入るものをもっと明るくすることならできる」

フランクは口ひげの先をひねりながら、この提案について考えた。「それは昼間でもうまくいくのかい？」

「この部屋だって今かなり明るいだろ？　それでもきみは見えなかった」

あまりに単純な発想なので、はたしてそれがうまくいくのか、フランクは信じられなかった。しかしジャスパーの実演には説得力があった。少なくとも理論上は、全長百六十キロのスエズ運河を光の海のなかに消すことは可能に思えた。

一九四一年の秋、北アフリカでは高輝度の対空サーチライトは極端に不足していた。稼働しているわずかな数のサーチライトも、爆撃を避けるためにしょっちゅう移動された。それでも推測を誤ったり、情報の解読を誤ったりで、夜空にドイツの爆撃機を無傷で飛ばす結果になっていた。スエズ運河を守るためであっても、サーチライトはほんの数台しか使えないことはジャスパーにもわかっていた。となると、その光をどうにかして強力にしなければならない。

光の特性とその操作なら、ジャスパーの専門だった。ロンドンのエジプシャンシアターや、のちにセントジョージズ・ホールで披露された人気のイリュージョンの多くは、単純な目の錯覚を利用したトリックの応用だった。ジャスパーの光物理学に関する深い知識によって、数知れぬ〝亡霊〟が現れては消え、何人ものアシスタントの〝首をはねる〟ことができたのだ。そして今その知識によって、スエズ運河を隠すこともできそうだった。

理論上では、胴体から切り離した頭をステージの端から端まで浮遊させるようなことをしょっちゆうやってきた男なら、特別強力なサーチライトを作り出すのは比較的簡単なはずだ。ブリキの反射板《リフレクター》を光源のまわりに適切に配置すれば、光の強さを増すことができる。しかしリフレクターの最も効果的な形を考案したり、光を最も遠くまで跳ね返す正確な角度を計算するには、大量の実験をしなければならない。難しい仕事ではなかったが、とにかくひたすら時間がかかる。「大学を卒業したとき、これでもうんざりするような試行錯誤の実験とはおさらばだと思ったのに……」フランクは不平を言った。正方形、長方形、三角形、多角形、丸いもの、楕円形のもの、ダイヤモンド型のもの、そのほかさまざまな形のブリキを、ネイルズがごみ箱と軍用懐中電灯でこしらえた〝サーチライト〟のまわりで、何日も何日もひねくり回した。

いくらやってもきりがないように思えたが、二週間ちょっとで、マジックギャングは考えつくかぎりの例をほぼすべてテストし終わった。最後にたどりついたのは、二十四枚の扇型のリフレクターをスチールの帯に溶接して、その帯をレンズのまわりにぴったり巻くというものだった。

工房でのミニチュアによる実験を終え、本物のサーチライトを借りてきての実験が始まった。それはジャスパーの〈目くらましライト〉と呼ばれた。ひとつのサーチライトの光を二十四本の光のビームに分けて照射する。それぞれのビームはもとのサーチライトの光とほぼ同じ空の範囲を照らすことができ、地上から十五キロ上空まで届いた。テストのあいだ、ジャスパーは何度もパイロットといっしょにオースターに乗りこんで、〈目くらましライト〉の効果を観察した。結果はおおむね満足のいくものだったが、二十四枚のリフレクターを急速回転させれば、光が勢いよく空を駆けめぐり、効果ははるかにアップしそうだった。

ジャスパーは工兵隊の電気技師といっしょに改良型をデザインした。〝フリックオーバー（ぺらぺら）〟と呼ばれるようになったブリキのリフレクターは、小型エンジンで回る金属の輪にボルトで止めることになった。回転スピードは簡単に調整できる。模型を作ったところ、光の矢の束が飛び散るように空へ伸びていき、めまいを起こさせるようなスピードで回転した。縮尺模型の結果に満足したジャスパーは、次に実際のサーチライトを使って、防空指揮所と航空参謀に見せる正式なデモンストレーションを行う計画を立てた。このデモンストレーションでも、それまでと同じく、彼が飛行機に乗ってパイロットの視点から〈目くらましライト〉の効果を確かめ、フランクは地上での操作に当たることにした。

オースターよりも高い高度をもっと高速で飛べる飛行機を相手にした場合の〈目くらましライト〉の効果を見極めるため、航空参謀がアメリカ製のプロペラ双発輸送機ダコタC-47と高速の単座戦闘機スピットファイアーを試験用に提供してくれた。ジャスパーはカイロ大学の光物理学専門家として著名なM・W・ソーヤー教授を招いて、いっしょに飛行機に乗ってもらうことにした。

一九四一年の九月二十一日の夜、スピットファイアーとダコタは、北アフリカの砂漠の三千六百メートル上空を飛んでいた。ジャスパーはソーヤー教授といっしょにダコタのほうに乗り、薄い雲を通して地上をながめた。雲の上で星空がきらきら輝くいっぽう、はるか眼下には、小船の航海灯がリボンのように一続きに見えて、ナイル川のうねりに沿って輝く星座の一群のようだった。やがてダコタは砂漠の奥深くを目指し、町の明かりは遠のいていった。

カイロの町が地平線上に輝く一粒の宝石ほどになったとき、ジャスパーはパイロットに頼んで、サーチライトの操作チームにテスト開始の合図を送ってもらった。

フランクがこの合図を受けてライトのスイッチを入れた。「みんな、ゴーグルをかけ忘れるなよ」チームのメンバーに念を押す。数メートル先にとめたトラックの近くに集まって実験を見守る人々も、フランクの指示に従った。

サーチライトがゆっくり照射を始め、黒いベルベットのような砂漠の上に、しみのような光がぽつんと浮かびあがった。光のビームが飛行機よりわずかに左寄りの地点を目指して伸びていく。最初は鈍い茶色に光っていた。出力が増すにつれ、茶色はオレンジ色に、オレンジ色は黄色へと変化し、やがて澄み切った川のような銀色になり、最後は純白になった。二十四本の白い光の矢が夜空に切りこんできた。薄い雲の切れ端がいくつか、その光に貫かれて鈍い灰色に光ったが、ほとんどの光はさえぎるものもなく、はるか天空まで伸びていった。

二機のパイロットはコースを調整し、光に向かって飛んでいった。ジャスパーはキャビンの窓に顔をおしつけて、光の矢が空に突き刺さるのを満足げに見ていた。

地上ではフランクがすべて順調に事を進めていた。実験の現場に居合わせた全員が黒いゴーグルを装着しているか確認し、回転する光をまともに見ないよう釘を刺した。「つねに目を伏せていてください」

光の矢は最大の明るさになると、今度は回転を始めた。最初はゆらゆら動いて、十二、三キロほどの直径で弧を描いていた。それがしだいに、カーニバルの乗り物が勢いに乗ってくるように、スピードをあげていく。回転スピードが一気にあがる。光が空一面にはじけて旋回する。ねじれた光の竜巻を形成し、二機の飛行機の目の前で空を切り裂いていく。

光の回転速度が速まっても、ジャスパーは目を離すまいとがんばったが、とたんにめまいと吐き気に襲われた。「くそっ!」怒って叫びながら、自分がとんでもない失敗をしたことに気がついた。やがてダコタはバランスを失い、回転する光のしぶきが世界を裏返しにした。

窓から差しこむ光で、ジャスパーの神経はずたずたに切り裂かれた。目をぎゅっとつぶってみても、ぎらつく光がまぶたに切りつけてくる。両手で目を覆っても無駄だった。強い光の矢で頭をこじあけられたように感覚は混乱し、まともに考えることもできなかった。まるで頭蓋骨のなかの脳みそをもぎとられる感じだった。

スピットファイアーは光の直撃を受けてすぐ、降下しだした。ダコタは空中を横滑りして、フラッシュライトのわなから逃れようと必死だった。ふいに機首がすっと持ち上がり、上空をめざした。そして一瞬、戯れるように尾翼を振ってバランスをとった。それから仰向けにひっくりかえり、宙返りをしながら落下していった。

そのときになっても、すさまじい光の渦巻きから逃れることはできなかった。光の専門家のソーヤー教授は鋼鉄の隔壁に向かって投げだされ、腕をざっくり切ってしまった。ジャスパーは座席からひきはがされて、機体の壁にぶつかった。

いっぽう地上では、近づいてくる飛行機の明かりが一瞬見えたものの、すぐに光のカーテンのなかに消えてしまった。地上にいる人間にはなにが起きているのかまったくわからない。

ダコタは身をよじりながら砂漠に向かって落ちていく。パイロットはわずかでも上昇しようと必死になったが、制御不能だった。

さすがのジャスパーも、どうしようもなかった。ぐるぐる回る光のビームが、繰り返し飛行機を直撃してくる。いきなり地面が上にきた。次は右。そして下。無線機をつかもうと爪でひっかくが、手を伸ばしたところにあるはずの無線機はなく、今世界には光以外何もなかった。感覚もなければ音もない。ただ光あるのみだった。

地上ではフランクがあくびをしていた。時計を見て、いったい上空でなにをやっているのかと首をかしげた。光の到達高度と飛行機のスピードを推し量ろうとするが、二機とも圏外に出てしまったのか、たしかなことはわからなかった。サーチライトの冷却モーターがブーンと音をたてているなかでは、上空のエンジン音はきこえない。そこで、もう十分だと判断したフランクは、ライトを消すことにした。ドイツ軍の偵察機が迷いこんでくる可能性もあり、用心するにこしたことはない。フランクは口に両手を添えて大きな声で叫んだ。「ライトを消すぞ」

ビームの回転が減速し、光も弱くなってきた。ダコタのパイロットは目のなかではじける閃光と戦いながら、高度計を読んだ。高度は地上百八十メートルで、なおも落ち続けている。反射的に昇降舵に飛びつき、安全な空の高みへあがっていくよう、祈るような気持ちで操作した。飛行機はさらに数秒間降下したあと、一度とまり、それからエンジンをうならせ、なんとか上昇し始めた。ジャスパーはやっとひと息ついた。

サーチライトの光が弱まったとき、スピットファイアーはさらに危険な状態にあった。地上約百二十メートルの高度を、さかさまになって飛んでいたのだ。パイロットは高度計を正しく読みとったが、機体がさかさまになっていることに、すぐには気づかなかった。本人は上昇したつもりが、じつは砂漠に向かって下降していたのだ。ぎりぎりの瞬間に、どういうわけか、パイロットは自分が死ぬと直感した。操縦桿を叩きつけるようにして前方に押しこみ、さかさまになった機体の前部を持ち上げたところ、やっとのことでスピットファイアーは安全な上空に向かっていった。のちに彼はそのときの体験を冗談めかしてこう語った——スピットのやつ、背中がかゆくなって砂にこすりつけようとしたらしい。

飛行機は二機とも無事着陸した。

ジャスパーは呆然として吐き気に襲われ、手のふるえが止まらず、頭もガンガンしていたが、大きな怪我は免れた。ソーヤー教授は傷を縫う必要があった。航空参謀は、搭乗者とパイロット全員に、第八軍総合病院でちゃんとした検査と診察を受けたほうがいいと言い張った。自分はたいしたことはないと思っていたジャスパーは、やんわり断ろうとしたものの、実際のところ医者に診てもらえるのはうれしかった。ショックで頭が働かなかったのだ。

病院は車ですぐのところにあり、ジャスパーは人の手を借りてヴァンに乗りこみながら、滑走路に駆けつけてきていたフランクに弱々しい笑みを見せた。

「大成功だったろ？」

ほかのなによりも、フランクはジャスパーの惨めな格好に目がいった。いつも完璧に櫛目の入っている髪は乱れ、黒髪の長いふさが汗びっしょりの顔にはりついて、どんなにふりはらってもとれなかった。なぜかフランクはそれを見て温かい気持ちになり、にっこり笑って言った。「ああ、らしいな」

その二日後ジャスパーは、病院のベッドでメアリーに手紙を書いた。

「ちょっとした発明を試すために飛行機に乗ったんだが、空中で大変な目にあったよ。やはりきみがよく言ってたように、空を飛ぶのは危険な仕事だ」

「きっと飛行機はまったく問題なかったのよ」メアリーが返信してきた。「飛行機になにをしようとしたかわからないけど、危ない目にあったのは、あなたのせいにちがいない。すぐに危険なことはやめてちょうだい。無事に帰ってきてほしいの」

最終的に二十一機の〈目くらましライト〉がスエズ運河を端から端まで守ることになった。ライトの電源を入れると、百六十キロあまりの範囲にわたるエジプトの空に、渦巻く光のカーテンが出現した。それから数カ月にわたって、敵の飛行機は必死で光のカーテンを突破しようとしたが、失敗に終わった。終戦まで、連合国の船は敵の飛行機に邪魔されることなく、スエズ運河を安全に通過した。

〈目くらましライト〉の効果が砂漠で証明されると、同様の装置がイギリス本土でも製造され、国内で活用された。そんなわけでジャスパーの魔法の鏡は、やがてイギリスの空襲防御システムにおける重要な武器となった。このビームに攻撃されて航空路を誤ったり、飛行機を制御できなくなった敵のパイロットが全部でどれだけいたのか、正確な数はわからない。しかし、数え切れないほどのハインケルやメッサーシュミットを死に追いやり、そのほかの飛行機もターゲットにたどり着けないようにした〈目くらましライト〉は、その功績を認められた。

スエズ運河防衛を皮切りに、〈目くらましライト〉は北アフリカ戦線でも長期にわたって活躍することになった。一九四一年の暮れ近く、敵の爆撃機は定期的に、第八軍の貴重な燃料を貯えている石油貯蔵タンクの集積所を攻撃するようになった。イギリス砂漠空軍は、敵の襲撃から集積所を守るため果敢に戦ったが、十分な人員も装備もなく、安全を完璧に期することはできなかった。さまざまなカモフラージュ作戦が試されたが、どんな手を使っても、ロンメルの航空偵察隊の目を長期にわたってごまかしておくことはできそうもなかった。

石油タンク防衛の責任者だった旅団長のセルビーは、マジックギャングの〈目くらましライト〉を、石油タンクの集積所付近に置いてくれないかと頼んできた。ジャスパーはこれについて問題点を指摘した。帯状に長い運河とちがって、石油タンクは比較的狭い範囲に集中している。光のカーテンのなかに、たまたま爆弾が一個でも落ちてきたら、それだけで貯蔵石油の大半は消えてしまう。そこでジャスパーはセルビーに、長いメモを書き送り、タンクを守る唯一の方法は、そこはすでに壊滅したとドイツ軍に思わせることだと説明した。

それはアレクサンドリア港の擬装に使った方法の応用だった。張り子の瓦礫、ペンキを塗ったキャンバス地の掛け布、油煙を使えば、石油タンクが爆撃されて壊滅したように見せかけるのは比較的簡単そうだった。しかし、敵のパイロットの目を他へそらすのがかなりの難問だった。港と同じようにタンクを移動させなければならなかったが、アレクサンドリア港の場合とはちがって、タンク集積地として通用するような広くて平らな場所は、近くになかったのだ。

さまざまな実験の結果、タンク集積地を〝移動〟したり、うまく擬装したりすることは不可能だとわかった。そこでジャスパーは、目の錯覚を利用した世界一大がかりな作戦を試してみることにした。ごく幼いころ、祖父のマジック工房で見て学んだことだ。事物を実際より大きく見せたり、小さく見せたり、あるいは別の場所に移動したように見せることは可能だ。移動のトリックは、動かしたい物と比較する物との、大きさの比率を変えてやるだけでいい。比較する物は、だれでも大きさのわかっている物を選ぶ。この原理を使えば、空からの眺望を変えてタンクを〝移動〟させることができるはずだった。

航空写真の解析者や爆撃機の射手は、対象物のサイズと位置を見極める方法のひとつとして、影を利用する。ある特定の時間に、対象物の影の長さと、その近くにある、あらかじめ大きさがわかっている物の影の長さを比較するのだ。こうすると、対象物に関する重要な情報がさまざまに得られる。街の中では、建造物、街路、塔、さらにはロバの引く荷車でさえ、比較対象の固定物となる。しかし砂漠では、こういう比較をするための固定物がほとんどなく、小さな物体でも各部のつりあいさえとれていれば、実際より大きく見せかけるのは簡単だった。この原理を使ってスティーヴン・サイクスはダミーの鉄道で敵をあざむいた。石油タンク集積地の場合、それ自体と周囲の環境との関係を変えてやれば、敵はその地域をみつけるのさえ難しくなるはずで、まして正確な位置に爆弾を落とすことなどまったく不可能になる。

ジャスパーはフランクとフィリップといっしょに、リフレクター部分の構造を変えた水平型の〈目くらましライト〉を作った。今度はブリキを曲げたリフレクターを使い、サーチライトの光を増幅させるのではなく明るさをおさえる。そして石油タンクの後ろに置き、空ではなくタンクに光をあてる。ドア口に立った人間の真後ろから陽射しがあたると、長い影ができるように、ライトの光がタンクの影の大きさと形をがらりと変えてくれるはずだった。これによって、タンク周辺を空から見たときの印象は、まったくちがったものになる。

水平型〈目くらましライト〉をテストするために、ジャスパーは砂漠空軍の爆撃機にタンク集積地を擬似空襲してもらった。パイロットにはそれぞれちがった高度から、できる限りタンクに近いと思われる場所に照明弾を落としてもらった。最も正解に近いものでも、タンクから八百メートル離れていた。

高射砲、砂漠空軍とともに、水平型〈目くらましライト〉はセルビー旅団長の石油タンクの強力な守り手となった。ドイツ空軍は数カ月にわたって、タンク集積地に執拗な攻撃を仕掛け、なんとかして光のカモフラージュを見破ろうとした。空襲を始めるにあたって照明弾を落とし、距離感を狂わせる影を消そうともした。しかしどれもうまくいかなかった。爆弾は、タンク集積地周辺の痛くもかゆくもないエリアに落ちるばかりだった。襲撃が終わるたびに、しかるべき位置に張り子の瓦礫やペンキを塗った掛け布を配置し、油煙をけぶらせてライトアップした。一九四二年の年頭までには、ドイツ軍はイギリス軍のタンク集積地を壊滅させたと思ったのか、あるいはこれ以上の無駄に耐えられなくなったのか、ぴたりと攻撃をやめた。石油タンクは北アフリカ戦線での戦闘が終結するまでそのまま残り、のべ一千万リットルを超える燃料を供給してイギリス軍の砂漠での最終攻撃を支えた。

8

エジプト宮殿でのスパイ活動

九月下旬の心地よい午後、ジャスパーとフランクが人で混雑するシェパードホテルのテラスで一杯の酒を楽しんでいたところ、テーブルにビジネスマンらしいエジプト人男性がおずおずと近づいてきた。男は太鼓腹で、きちんとしたあつらえの白い盛夏用スーツを着て、パナマ帽を両手で持っている。どこから見ても上流階級の人間で、輸出関係の仕事かなにかをしているのだろうとフランクは思った。

「お話中のところ、失礼します」男がたどたどしい英語で言った。「あなたは有名なマジシャンのジャスパー・マスケリンではありませんか?」

ジャスパーはそうだと言い、「こちらは友人のフランク中尉です」と相棒を紹介した。

男はフランクに向かってていねいに頭を下げ、少しだけ話に加えてもらえないかと言った。しかし勧められた椅子にいざ腰をおろすと、男はうつむいてだまりこんでしまった。フランクはジャスパーの顔をちらりと見たが、ジャスパーは肩をすくめるばかりなので、自分から男のほうに身を乗り出してきいた。

「なにかわたしたちにご用ですか?」

エジプト人はうつむいたまま口を開いた。「あなたに会いにきたのは息子のためです。重い病気にかかっているんです」

ジャスパーは目の前の冷えた酒をじっとにらんで、深いため息をついた。男がなにをしにきたのかわかったのだ。

「それはお気の毒に」フランクが同情して言った。

「わたしは経済的には豊かです」エジプト人の男が言う。「手広く商売をしています。家畜もたくさんいます。しかし」そこでやっと顔をあげた。乾いた褐色の肌に涙のあとが長く残っている。「息子がいなくては、人生はただもうみじめなだけです」

「それはそうでしょう」フランクはそう言って目をそらした。他人が辛い思いをしているのを見るのは忍びなかった。

エジプト人の男はジャスパーの顔をまっすぐに見た。「うちにきて息子の病気を治してくださるなら、どんなものでもさしあげます」

ジャスパーはとても男と目を合わせられなかった。「申し訳ないが、わたしには……」

「信じられないような奇跡を起こしたという話をいくつも聞いています。魔法の谷の壁の向こうで、どんなことが行われているのか、たくさんの友人が教えてくれました」

「あなたは誤解なさっている。できることなら力を貸したい、しかし……」

「金ならいくらでも払います。ポンドで。なんだってさしあげます」男が懇願し、その声がだんだん大きくなる。「とにかくきてください。息子に会ってやってください」

ジャスパーは息をするのも苦しくなってきた。「申し訳ないが、わたしにはあなたの息子さんを助けることはできない。そんなすごいマジックはできないんです」

フランクが助け舟を出す。「イギリス人の医者には診せましたか？」

男は質問を受け流した。「医者はまったくあてにならない。あなたでなければだめなのです。お願いします。息子はとても苦しんでいる。あなたが奇跡を起こすという話はほんとうだ。わたしにはわかる」男の懇願する声が大きく、切羽詰まった調子になり、まわりのテーブルにすわっている人々の視線が集まった。テラスの支配人とトルコ帽をかぶったウェイターがテーブルにやってきて、お引き取りくださいと男に言った。しかしエジプト人はそれを無視して、ジャスパーに泣きついた。

フランクが立ち上がってジャスパーの腕をつかんだ。「行こう」きっぱりと言った。

ジャスパーは脚から力が抜けていた。

「ほんとうに申し訳ない」そう言いながらジャスパーはフランクに引っ張られてホテルの外へ出ていく。男はふたりの後を追い、もう一度考え直してくれないかと、高価な対価の品を次々と申し出て懇願した。だがついには道のまんなかに突っ立って、最後の希望がタクシーのなかに消えていくのを泣きながら見ることになった。

「まったくやりきれない」数分後、フランクが言った。「ああいう人々がみな、きみのマジックを本物だと信じているんだ。戦争が終わってもここに残れば一財産稼げるんじゃないか」

ジャスパーの心のなかでは、さっきのエジプト人の叫びがこだまし、フランクの声はかき消されていた。このままタクシーをUターンさせて、男の肩を抱き、自分はペテン師なんだとわからせてやりたかった。しかしそんなことをしても意味がないのもわかっていた。あの男の懇願の根っこには、数千年の歴史が培った迷信がある。理屈を越えた魔法の不思議な力を信じているのだ。ジャスパーはすっかり無力感に襲われた。

「デルビーシュの商売は相当儲かるにちがいない」フランクがひとり言のように続けた。「腕のいいマジシャンなら、小さな寺を建てて、たいした金を貯めこむことができるだろう。それに、経費もあまりかからないし……」それからしばらくぼんやりしていたが、ふいに恐ろしい考えが頭に浮かんだ。「まずい。マイケルのやつがおかしな気を起こさなきゃいいんだが」

うわさはナイル川全域に広まっていた。イギリス軍にいる魔法使いなら、どんな重い病気でも治療し、どんなひどい奇形も治してくれる、と。魔法の谷の奥や劇場の舞台で、おどろくような奇跡が行われているといった話が、うわさから伝説に変わるのは簡単だった。いつのまにか魔法の谷の門の前には、毎朝大勢のエジプト人が集まるようになっていた。なかに住む魔法使いが体に手を触れてくれるのを、期待して待っているのだ。老若男女入り混じり、遊牧民のベドウィンも、教育のある者もいた。戦争で傷を負った者や、子どもをふくむ、先天性の病に苦しむエジプト人。外から門の内に入っていく者をみつけると、みな甲高い声を上げながら、だれかれ構わず紙切れを差し出す。そこには自分の名前と住所と病名が書いてあり、それを魔法使いに渡してくれと言うのだ。憲兵ができるだけ優しく門の前から追い払おうとしてわきに押しやるが、彼らは追いやられた場所でそのまま一日を過ごす。そこにキャンプを張り、魔法使いに病気を治してもらうまでは、なにがなんでも動くまいと固い決心をしてくる者も多かった。長い時間じっと耐えて待つことが、魔法使いの力を信じていることの証になると思っているのだ。

必死にすがる人々に、自分のマジックにはそういう力はないと説得しても無駄なのはわかっていたので、ジャスパーが魔法の谷を出るときは、北側の小さな出入り口を抜けていくことにした。門の前でキャンプをはっているエジプト人の診療を行おうと、イギリス医療隊の職員が週二回、魔法の谷にやってきたが、魔法使いの力を信じる者のほとんどは、彼らの助けをはねつけた。医療よりも魔法を信頼しているのだ。

フランクはこういった状況を、まったく嘆かわしいと思っていた。

この頃、第八軍は戦闘開始前の凪の状態にあった。オーキンレックのクルセーダー作戦の準備が進められ、兵士は持ち場で任務に没頭したり、訓練にいそしんだりしていた。魔法の谷では、工場で〈サンシールド〉、ダミー軍隊、〈目くらましライト〉作りを進めつつ、ギャングたちは地域のカモフラージュ任務にあたっていた。

ネイルズが皮肉たっぷりに言う。「食い物の問題と殺し合いを除けば、軍隊もまんざら悪いところでもないな」

この年の八月からジャスパーは、ダドリー・クラーク准将のA部隊組織の仕事に定期的に参加するようになっていた。ある朝クラークに呼ばれて売春宿の下の本部に行くと、以前のチョコレート事件の謎が解けたと言われた。クラーク配下のスパイが、事件の元凶をつきとめたらしい。トルコのアンカラで発行された新聞を出発点に、どこまでも追跡していき、ついにカイロの蒸し暑いカフェにたどりついた。そのカフェの踊り子のひとりが、軍の人事局の下級将校と親しくなり、彼からありとあらゆるつまらない情報をすくいあげていたことがわかった。男は降格処分を受け、船でイギリスに帰されたが、そこでも懲罰が待っていると言う。女は敵のスパイとして射殺され、彼女の所属していた組織も摘発された。

クラークが冷たい口調で話すのを聞きながら、ジャスパーは目隠しをされた若い女が木の杭にしばりつけられているさまを想像した。

「たしかに残酷だ」クラークがジャスパーの心のうちを見すかして言った。「しかしやむをえない」

ジャスパーは自分もどこかで同じように言ったことがあったのを思い出した。

クラークは敵のスパイ組織について詳しくジャスパーに話したあと、机の上で書類フォルダーを閉じ、〝要ファイル〟と書いた箱に山のように積み重なっている書類の上へぽんと放った。それからまたジャスパーを、A部隊に加わらないかと誘った。

「きみには今以上に時間をとらせることになるだろうが、その骨折りをこちらはけっして無駄にしない」

A部隊には以前から、歩兵や飛行兵に脱出と逃走の方法について、ひと通り講義を行ってほしいという要請が来ていた。「教材が少しばかり退屈で効果があがってない。しかし内容は大事だ。敵に捕らえられた兵士が、脱出してもどって来られる例がほんとうに少なくなってきているんだ。これをなんとかしなくてはいけない。きみなら、ちょっとしたマジックを織りまぜて、面白くて効果のある講義ができるんじゃないかと思ってね。週に一晩だけでいい」

ジャスパーはその頃、メアリーや子どもたちに会いたくてたまらず、せっかくの自由時間も無駄に過ぎていくことが多かった。そこで、この要請を引き受けることにした。

その秋は毎週一晩か二晩、フランクと、ギャングのなかからもうひとりを連れて講義に出向いた。場所は訓練場か砂漠の防御陣地で、夜間に戦車が並んでいる様子は、まるでアメリカ旧西部の開拓者が集まる野営地のようだった。ジャスパーはフォードソンやベドフォードの軽トラックの荷台から講義を行った。

「今日ここにわたしがやってきたのは、諸君が捕虜になったとき、どんなことが待ち受けているかを話すためだ」ジャスパーは厳かな口調で講義を始めた。「ジュネーブ協定の下では、捕虜が話さなければならない情報は、名前と階級と身分証明書番号だけでいいことになっている。それ以上はなにも話す必要はない。しかしながら、ドイツ兵は頭がいいから、あの手この手を使って多くの情報を得ようとする。たとえば諸君が怪我をしていれば、英語が話せる、小柄で人の良さそうな老婦人を差しむけてくる。これがまたじつに親切な女性で、一見他愛もない故郷の話なんかをきいてくる。しかし彼女に話したことはすべて、ドイツの諜報部へ筒抜けで、諸君の故郷を爆撃しているドイツ空軍のパイロットに、重要な情報として渡されるかもしれない。さらに、手紙はすべて開けられて、敵に読まれるものと覚悟しておいたほうがいい……」

あの有名なジャスパー・マスケリンの話ということで、初めのうちは兵士も目を見開いてきいていたものの、彼らの注意力はほんの数分で低下した。猛暑のなかで一日中動き回っていたので、へとへとに疲れているのだ。軍服の半袖シャツに、長い砂漠用のズボン、埃まみれの黒い靴といったなんの変哲もない格好のジャスパーに、兵士の眠気をさます力はとうていなかった。みんながうとうとし始めると、ジャスパーは仕掛けの入った背嚢《はいのう》に手を入れて味気ない講義を見事なショーに変えた。

「諸君が袋のなかに入れられたら」と大声で言い、背嚢を高く掲げて裏返しにしてみせ、なかになにも入っていないことを確認させる。「最初にやるべきことは、逃げる計画を練ること、あるいは逃げようとする仲間に手を貸すことだ。諸君の置かれている状況によって、試してみる方法はたくさんある。たとえば」と言って、背嚢のなかに手を入れ、「キャンプから飛んで逃げてもいい」次の瞬間、背嚢から白いハトが夕闇のなかに舞いあがった。「あるいは、トンネルを掘るという手もある」今度はウサギをひっぱりだした。「しかし一番いいのは自分の姿を隠してしまうことだ」そう言って背中を向けると、背嚢自体を消してしまった。それから先の九十分は、講義の要所要所で内容にあわせたトリックを使い、みんなの注意を片時も離さなかった。リンキングリングはチームで協力して逃亡する仲間になり、ひと揃いのトランプは捕らえられた仲間同士で共謀を企てる兵舎になった。大小さまざまな物が背嚢から出たり消えたりして、疲れた兵士たちは大喜びだった。クラークの期待どおり、ジャスパーのマジックによって、兵士は必要な備えについての十分な知識を、忘れがたい印象とともに頭に刻みこんだ。ジャスパーの逃亡と脱出の講義は、まずは中東で、そしてのちには極東全域で有名になり、多くの兵士がこの講義を受けるために押し寄せてくることになった。ジャスパーは基本的な講義にさまざまなバリエーションを加え、終戦までに十二カ国に散らばる二十万人以上の兵士に向かってレクチャーをした。その間に旅した距離は、のべ二十一万六千キロにおよんだ。彼のショーは楽しいだけでなく、着実に効果をあげた。数え切れないほどのイギリス兵が〝袋のなか〟から脱出して再び戦争に加わったのは、ジャスパーの講義の功績だった。この分野で傑出した仕事をしたと認められたジャスパーは正式な推薦を受け、やがて戦時の終身少佐に昇進することになる。

クラークはこの講義を通して、少しずつジャスパーを成長途上の諜報組織に引きこもうとしていた。最終的にジャスパーは、A部隊のなかでも特に逃亡と脱出の方法に特化した軍情報部第九課の重要なメンバーになり、売春宿の下にある本部の傷だらけの木の机の上で、戦争史上最も巧妙と言われるスパイツールをいくつも作り出した。

とりわけ逃亡の道具には、手品のトリックが見事に応用できた。祖父から学んだ重要な教訓のひとつに、限られた空間を最大限に活用するというのがある。ステージでは、道具を観客がまさかと思うような狭い空間に隠すことが肝心だった。あるいは仕掛けのなかに〝見えない〟小部屋を作り、そこにアシスタントを隠す。祖父のジョン・ネヴィル・マスケリンはこうした技の名人だった。一八七五年、ジョンはロボットの〝サイコ〟をヨーロッパの観客に披露した。この見事な機械仕掛けの人形は、人間の上半身を透明な台座の上にのせただけのように見え、外部には動力源が一切ないのに、うなずいたり、心のこもった握手をしたり、難しい方程式を解いたりした。さらにはちょっとした手品をやってみせたり、文字をつづったり、タバコを吸ったりして観客を驚かせ、見事なカードゲームの腕前まで披露した。二年後、サイコにはゾーイという愛らしい女性の相棒が加わったが、彼女は見事な似顔絵を描いてみせた。さらにファンフェアとレイビアルというふたりの音楽家ロボットは、観客がリクエストする人気の曲をコルネットとユーフォニウムで演奏した。数千人もの観客が、ロボットを注意深く観察したが、だれひとり、なかに小さな人間が隠れているなどとは思わなかった。こんな小さな空間に人間がぴったり収まるとは思いもよらなかったのだ。

ジャスパー・マスケリンは一家に伝わる秘密のトリックを活用して、兵士の逃亡のための道具を開発した。巧みな脱出術で一世を風靡《ふうび》した米国の奇術師フーディーニは、飲みこんだ鍵を自由自在に吐き出して使う技を会得していた。しかし兵士は逃亡の道具を飲みこむわけにはいかず、身につけたり、装備のなかに隠したりして、敵の目をあざむかなければならない。

ジャスパーは人前でも隠し通せるもの、あるいは最初から隠す必要がないものをデザインした。たとえば、一見ふつうのコマンドブーツ。これは靴ひものひも先金具《アグレット》や垂れ金具が、コンパスの針になっていて、ブーツの舌革（靴のひもや留め具の下にある革）に地図を、横革の下にはヤスリと弓のこを隠すことができた。また、コンパスの針一本、地図二枚、二十七センチの長さの弓のこの刃一枚、そして小さなヤスリを、ヘチマスポンジに防水絹を内張りして作ったサイズ調整用の中敷のなかに収めることもできた。爪ブラシまたは靴磨き用のブラシの柄のなかには、釘ぬき、ヤスリ、弓のこ、ドライバー、ペンチ、スパナ、コンパス、二枚の地図という脱出キット一式が収まった。ジャスパーがつくった安全カミソリは、有能なニッパーに簡単に変えることができたし、歯ブラシは歯を磨くだけでなく、地図、コンパス、弓のこを隠すことができた。標準の靴下どめにさえ、カッター、地図、コンパスが仕込まれていた。

最も実用的だったのは、鋼鉄のチェーンソーの刃に細工をしたもので、これには〇・五ミリ刻みの歯がついていた。クロムめっきで仕上げを施せば、普通の認識票（軍人が身分証明のために身につける小判型の金属）、時計バンド、キーリング、幸運のお守り、そのほかどんなアクセサリーにでも見せかけることができた。兵士もおとりスパイもこれをおおっぴらに持ち歩いて、木でも鉄でも大きなのこぎりのように、切ることができた。

ジャスパーの脱出ツールは一万人のイギリス兵に支給されたが、逃亡においてどれだけ重要な役を果たしたのか、正確に計るすべはない。しかしキット一式にしろ、個別のツールにしろ、兵士やスパイが敵と接するあらゆる局面で、逃亡の一助として使われたことはたしかだ。たとえばチェーンソー。これは有名な東ケント連隊のナスバッハー軍曹の命だけでなく、鉄道の客車一輌に乗せられた彼の捕虜仲間も救った。ナスバッハー軍曹は占領下のハンガリーで私服を着ている際に捕らえられ、ぎゅうぎゅう詰めの列車に押しこまれてナチスの強制収容所に送られた。しかし、死の列車が収容所に到着する前に、ナスバッハー軍曹は持っていたチェーンソーで列車の側板を切り抜き、同じ車輌に乗っていた捕虜全員を解放したのだ。

敵の手から逃れたあと、隊列にもどれるかどうかは、本人の勇気とコンパスしだいだった。コンパスは逃亡の際になくてはならない道具だったが、案外入手しづらい。ジャスパーはこの問題をさまざまな方法で解決した。砂漠空軍のクルーのほとんどは、制服の真鍮のボタンの中に小さなコンパスを忍ばせていた。一方、歩兵の戦闘服は、ベルトのバックルを分解するとコンパスになるようにしてあった。磁化した針はパイプの柄のなかやセルロイドの襟芯にも隠しておけた。ジャスパーのコンパスの針は、竹の小片と見分けがつかないほどよくできていて、ポケットにつっこんで携帯してもみつかる心配はなく、水たまりに浮かべれば正確に南北の方角を指した。軍情報部第九課は、九万一千個の襟芯に忍ばせた針も含め、最終的には二百万個以上のミニチュアコンパスを実用化した。

こうしたスパイ用具をひとつ考案するたびに、ジャスパーは五ポンドのボーナスを陸軍省から受け取った。

軍情報部第九課では、ジャスパー考案のさらに強力なスパイツールも実用化した。一見普通の巻きタバコ用パイプは、じつは非常に高性能なミニチュア望遠鏡で、吸い口を前後にスライドさせて焦点を合わせるようになっていた。インク漏れせず肉太の文字が書ける万年筆は、高密度の催涙ガスの入った弾を発射できた。ライスペーパーでできた地図は、雨や汗をはじくようにサラダオイルを塗ってあったが、非常食となるときのことも考えて、良い風味をつけてあった。〝見えないインク〟は、マジシャンがステージで使ったり、インチキ心霊術で〝死者〟からのメッセージを浮き出させるときに、昔からよく使われたものだ。ちょっとした化学変化を利用したもので、世界中でスパイが利用した。

ジョン・ネヴィル・マスケリンは、心霊テレパシーを使えると称する超能力者が、実際は事前にアシスタントとのあいだで打ち合わせをし、微妙で複雑な暗号を交わしていたことを明かしていた。ジャスパーはこれを使って、カイロにいるスパイ組織の親玉が、〝手先〟にメッセージを伝えられるようにした。ジャスパーの考案した最も単純な方法が、非常に実用的なことがわかった。部下のスパイには、極秘の指令を受けて占領地にもぐりこむ前に、どこにでもある幅二センチの革ベルトが支給される。本部から彼らに重要なメッセージを送る際には、支給したベルトと同じ幅のベルトに市販のひもを巻きつけ、その上に伝えたいメッセージを黒インクで書いていく。そしてひもをべルトからほどき、それで贈り物を入れた箱をくくる。ひもにはインクのしみがついているが、そのしみがベルトに巻きつけたときに文字になるとはだれも思わない。贈答品を送れば当然検閲を受けるが、禁制品が入っているわけでもなんでもないので、それはそのままスパイのもとへ届けられる。受け取ったほうはひもをほどき、自分のベルトにまきつけて、送られてきた指示を読むというわけだ。

ジャスパーは軍情報部第九課で働くのがうれしくてたまらなかった。ここにきて初めて、どんな突飛な作戦でも思いついたら書きとめておくようにと、軍の方からジャスパーに言うようになり、生まれたアイディアが真剣に検討されるようになった。魔法の谷の仕事は高度かつ重要なもので、軍事的な問題を解決するために、独創的な発想が求められた。どんな場合においても、まず先に問題ありきだった。しかし軍情報部第九課のほうでは、具体的な問題を解決するというより、彼の自由な発想を必要としていた。それがジャスパーにはとてもうれしかった。

もちろん、考案したものすべてが実用化されるわけではなかった。たとえば、着脱式の司令塔を潜水艦に設置するというアイディア。これは撃沈された際にクルー全員をそこに移動させ、水面まで安全に運ぶというものだが、結局実用化はされなかった。敵が浜辺に張り巡らした細いピアノ線を取り除く牽引用フックを飛行機につけるという案や、地上と上空との連絡をとるために紫外線を音に変換する方法も考え出されたが、これらも実用にはいたらなかった。

ジャスパーは軍情報部第九課で三年近くのあいだ非常勤で働き、この戦争で最も手のこんだスパイ活動を成功に導いた。しかしクラーク准将がジャスパー自身をスパイとして使ったのは、後にも先にも一回だけだった。ちょうどクルセーダー作戦が実施される直前のことだ。ジャスパーはクラーク准将の指示で壮大なマジックショーを開催したのだが、それは一歩まちがえれば命を落とすことになりかねない危険な試みだった。

一九四一年の十月は、カイロにいるスパイにとって、空前の稼ぎ時となった。両軍ともに最終決戦の準備にあたっていて、情報の売り手は、最高値で売れそうなうわさ話をしきりにでっちあげていた。どんな問題についても、折り紙つきと称する情報があちこちで売りに出された。シェパードホテルのテラスはときにオークション会場と化し、スパイの数がウェイターの数を上回った。いちばん値段が高いのは、イギリスの攻撃がいつどこで始まるかという正確な情報で、どのスパイも〝信用できる筋〟から入手した確実な情報を売るとふれ回っていた。テラスで売り買いされて、すぐにカイロの町なかでささやかれる情報のなかには、チャーチル自らエジプトにやってきて攻撃を仕掛けようとしているとか、敗戦の色濃いロシアが密かに単独講和の交渉を進めているなどということから始まって、合衆国がとうとう参戦するとか、つむじ風が戦車を転覆させて、乗っていたロンメルが重傷を負ったなどというものまで、実にさまざまなものがあった。〝信頼できる筋〟からの情報では、トブルクの守備隊はまもなく降伏する――逆に敵の包囲を強行突破するドイツ人はプロペラなしで飛ぶ飛行機の実験を行っており、ヒトラーはヨーロッパ中のユダヤ人を駆り集めて移送しているといったうわさまであった。

「まったく、でたらめもいいところだ」ジャックはマイケルが披露する最新ゴシップのいくつかをきいて笑った。「全部たわごとだ。なにひとつ起こりはしないって。起こったら、起こったまでのことさ。おまえには関係ないから、だまって仕事に励むんだな」

「わかったよ、もうあんたにはなにも教えてやらない」マイケルがへそをまげた。「ロンメルがキットカットで飯を食うことになっても、教えてやらないからな」そう言うと最新のニュースを持ってビルのところへ行った。

クラーク准将の軍情報部第九課では、ドイツの諜報部を混乱させるため、実際さまざまなでっちあげ情報を撒き散らしていた。町に散らばっているスパイの身元はよくわかっており、その仕事ぶりはたいていがお粗末だった。しかしいまだつきとめていない情報の出所がひとつあって、それがクラークを不安にさせた。イギリス軍の非常に正確な情報がカイロからの強力な無線でアフリカ機甲軍団に流されていたのだ。送信機のある場所はつきとめたが、A部隊は手を出すことができなかった。

「やっかいなことに、ファルーク王の宮殿に隠されているらしいんだ」クラークはいらだった声でジャスパーに言った。カスル・エル・ニルの本部にすわっている二人の頭上から、二階で奏でられる葦笛のくぐもった音楽が、薄い天井を通して聞こえていた。「確実にそこにあるということがわからない限り、決定的な手を打つことはできない。われわれがうろうろしてそんな物をさがすのを、王が許可するわけがない。いや、じつに頭が痛い」

この数週間、ジャスパーはA部隊の仕事で、ファルーク王の出した郵便を開封し、中身をスパイに写させてから、また王家の封印を押し直すということをしてきた。手紙から、若い王はスイスの口座に大金を預けていることはわかったものの、敵に協力しているという確実な証拠はみつからなかった。しかし送信機が宮殿にあることはまちがいないらしい。

「それじゃあ王はドイツ軍に協力しているということでしょうか？」

クラークは眉をひそめた。「確かなことはわかっていない。アブディン宮殿は大きいし、王はしばしば執務そっちのけで……」そこでいったん口をつぐんで、あたりさわりのない言葉を探す。「……まあ、そのいろいろお忙しくて、ご本人自身、いったいなかでなにが行われているのかわかっていないということもある」

肥え太った二十一歳のファルーク一世は、一九三六年に即位し、数多の忠実な取り巻きに囲まれた生活を送ってきた。国内にイギリス兵が満ちあふれているにもかかわらず、エジプトは表向き中立の姿勢を保っている。そのため、ドイツ、イギリスの両陣営ともに、彼の支持を得ようと必死なのだ。ローマ＝ベルリン枢軸は、ファルーク王がいつかは反イギリスの暴動を率いると信じているが、イギリスとしてはそんなことになるのをとにかく避けたかった。女遊びにたけたイギリス将校たちがへつらって、王の喜ぶものを切れ目なく提供して満足させ、なにかと忙しくさせておいた。王のもとに集まったネクタイ、アメリカの漫画雑誌、大人の玩具といったものは、その手のコレクションとしては、世界最大級とも言われていた。

それでもエジプト国民のファルーク王への信頼はあつく、イギリスの情報部が王に嫌疑をかけたりすれば、その影響がどれほど大きなものになるか、火を見るよりも明らかだった。

エジプトの民族主義者は武装を整え、イギリスに抵抗して立ち上がる機会をうかがっているらしい。愛国者の集団はほとんどが王を嫌っているとはいえ、いざとなれば王を守るために結集するはずだった。そうなると反イギリスの暴動に火がついて、エジプトの全国民が参集するのはまちがいなかった。

クルセーダー作戦開始までに、なんとしてでも送信機を黙らせなければならない。「A部隊のだれかを通じて、王に相談はできないんですか？」ジャスパーがきいた。王に楽しみを提供している、若いイギリス人将校のひとりにやらせればいいと思ったのだ。

「それも可能だ。しかしこちらの手の内を明かすことになる。まず送信機がどこに置いてあるのか、正確な場所をつかんでおくのが一番だ。そうすれば、向こうはまず言い逃れできない」

急に天井がギシギシと大きな音をたてて揺れ始めた。ジャスパーは、はっとして上を見たが、すぐに安心した。

「よく我慢できますね」

「なにが？」

「二階の物音ですよ」

「ああ、もう慣れた。人間というのは、どんな環境にも順応するものさ。とにかく」クラークは本題にもどってさらに続けた。「アブディン宮殿の内部にうちの人間を入れて、徹底的に調べさせる必要がある。そこできみの助けを借りたいんだ」

「戸棚から人を出すならまだしも、厳重な護衛つきの宮殿に人を入れるなんて」

クラークは面白そうに笑ってみせたが、声にはユーモアのかけらもなかった。「宮殿でマジックショーを開催してもらいたい。なるべく大掛かりにやってほしい。衣装箱や、大きな道具箱や、できるだけたくさんのものを持ちこんでくれ。準備期間は長ければ長いほどいい。そのとき、うちの人間を何人かアシスタントに使ってほしいんだ。なかに入ることさえできれば、あとの仕事は彼らがやる。きみも、きみの仲間も、まったく安全だ」

ジャスパーはすぐには答えなかった。ある晩、エンパイアシアターでの公演にファルーク王が突然やってきて、ショーを心ゆくまで楽しんでいったということはあった。しかし今回の話は、それとはわけがちがう。

「王がわざわざ宮殿でショーをさせたいと思いますかね？」

「自尊心をくすぐるんだよ。御前興行を主催するチャンスがあるなら、王は喜んで乗ってくる。慈善事業の資金を集めたいなどと言えば、それだけでオーケーだ。王が派手好きで目立ちたがり屋なのは、だれだって知っていることだ。もちろん、断ってもらってもいい。わたしからきみに命令することはできない。ただきみは前に、一度スパイの仕事を見てみたいと言っていたじゃないか。いいチャンスだと思うが……」

ジャスパーは話に乗ることにした。クラークが言うように、自分にも仲間にも危険が及ぶことはない。マジックショーはA部隊のスパイが宮殿に入るのを隠す口実にすぎない。長い年月を後方支援に費やしてきたジャスパーとしては、表だって活躍できるチャンスを逃したくはなかった。「当然ながら、マジックショーには準備が必要です」

「リハーサル期間は長めに頼む」クラークがつけ加えた。「こちらとしては、できるだけ時間が欲しい。それで、アシスタントは何人くらい使うつもりかね？」

「演目によりけりです。箱をいくつか使った脱出のマジックをやるとすると、大きめの箱がいくつか必要になる。その箱を舞台に運びこんだり、舞台裏に移動したりするのに運搬要員を追加すると」ジャスパーはざっと計算をした。「たぶん十人ちょっとなら使いこなせるでしょう。そのうちの半分はうちの人間を使わせてもらいますが」

クラークは誇らしげな父親のようににっこり笑った。「よし、やる気になったな。きみならきっとダンディなスパイになると思っていた。こちらもさっそく必要な手配を始めよう」

王は、アブディン宮殿での〝マジックとイリュージョンの夕べ〟の主催を喜んで引き受けた。ショーの日取りは十一月の第二週に、パフォーマンスのあとには豪華な晩餐会が催されることになった。

ギャングたちのなかでただひとり、フランクにだけは御前興行の裏の目的を教えておいた。ほかのメンバーには、エジプト王のリクエストによってショーに出演することになったとだけ言っておいた。

国王がすばらしいショーを催す旨を告知したあと、招待状の準備が始まった。招待客は二百人で、そのなかには、イギリスとエジプトの将校、政府の役人、王のお気に入りの廷臣、無作為に選んだ族長《シャイフ》数人と部族の指導者、会場に花を添える町の美しい女性、王族の人間、さまざまな職種のビジネスマン、社会に強い影響力をもつ有名人といった面々が含まれていた。ジャスパーには十通の招待状が割り当てられたが、そのうちの六通はクラークのところへ送った。宮殿には、出演者とスタッフあわせて二十一人が入ることを許された。ジャスパーのアシスタントにはすべて緑色のＩＤカードが発行され、それを提示すれば宮殿への出入りが可能になったが、入るときも出るときも、そのつど念入りな身体検査が行われる。ただジャスパーだけはノー・チェックで自由に出入りできることになっていた。

七十年の歴史を誇るアブディン宮殿は、説話に出てくるヨーロッパの王宮のように、まるで小さな生活共同体だった。使用人は二百五十人以上いて、そのほとんどがイタリアからの移民だった。砂漠のはずれで農業を始めようとしたものの、度重なる不作にあきらめ、町に移ってきた人々だった。宮殿には王が使用する豪華な居住スペースのほかに、数え切れないほどの客間、大広間、あらゆる設備の整った作業場、ダイニングホールやモダンなキッチンなどがいくつもあり、さらには使用人の部屋を集めた翼棟があった。

御前興行はビザンチンホールで開催されることになった。ベルギー棟のすぐ手前にある広々としたホールだ。

特設ステージはジャスパーのショーには広すぎたので、まんなか部分だけをカーテンで区切った。王は、宮廷職員とショーの関係者との連絡役に、ベン・モーシという背の低いチェーンスモーカーの宮廷事務員をあてがった。ジャスパーがステージの構造を変えて欲しいと頼むたびに、ベン・モーシは額をぬぐって、無理だとは思うが、なんとか許可をとりつけてみようと前置きし、つねにそれを実現してみせた。こうして、舞台の床に跳ね上げ戸がつくられ、背景に紗幕がかけられて、そこにペンキで絵が描かれ、座席が移動された。ベン・モーシはじつはエジプト側のスパイでもあった。

「まったくお粗末な仕事しかできない男だが」クラークが説明した。「エジプトの諜報部に雇われている。彼は野心家だから、そばでうかつな事は言わないようにしたほうがいい」

ベン・モーシの正体がわかると、ギャングたちはことあるごとに彼をからかった。エジプトタバコの悪臭のせいで、こちらへやってくると、姿が見える前に察知できた。彼が近づいてくると、ギャングたちは適当に作ったスパイの隠語を駆使してしゃべる。「作戦は今夜四時、金槌が手渡されるのを合図に開始だ」ネイルズがビルに向かってどなると、「それでラクダはいつ飛ぶんだい？」とビルが答える。これらの会話が、隠された送信機でリビアまで送られたかどうかは今もってわからない。

マジックショーはクラークの部下のスパイを隠す完璧な隠れ蓑となった。マジシャンというのは昔から、秘密を守るために手の込んだ策を講じるものと決まっていた。たとえば偉大なるラファイエットが劇場の火事で命を落としたのは、自分のイリュージョンの秘密を盗み見ようとするものがいないか、ステージ裏でたしかめているときだった。ジャスパーは神経質な芸術家を決めこみ、自分の許可を受けない限り、だれもステージに近づいてはならないと、リハーサルの初日に大声で宣言した。そしてステージのドアには内側から鍵をかけ、だれそれがいなくなったと外から気づかれることなく、A部隊の人間が自由に出歩けるようにした。

まだ通し稽古の日取りも決まっていないのに、ジャスパーはショーの始まる数週間前から毎日のように宮殿に出向いた。そして毎回、クラークのスタッフが彼に付き添った。ギャングたちはすぐに様子が変だと気づいたが、だれもなにもきかなかった。

スパイたちはあらゆる機会を狙って宮殿内を調べて回ったが、よく訓練された王の護衛は、外部からの出入りには厳しい目を光らせていたから、調査は早めに切り上げることがしょっちゅうだった。送信機はみつからなかった。「ないってことも考えられませんか？」ジャスパーがクラークにきいた。

「いや、絶対にある」クラークがきっぱりと言った。

ジャスパーは注意深くショーの計画を練った。第一幕は基本的な手品や、大がかりでない奇術でつなぎ、そのあいだずっとステージにいるようにする。それからオリエンタル風の衣装を着て、第二幕へ。そこで戸棚や箱を出したり消したりするトリックを行う。最後の第三幕はできるだけ長く引き伸ばして、宮殿内にびっしり並ぶ部屋をA部隊のスパイがくまなく捜索する時間を稼ぎ出す。すべてはキャシーの力にかかっていた。ジャスパーが戸棚のなかに入っているあいだに、キャシーがサスペンスを盛りあげて時間をもたせるのだ。ジャスパーはキャシーの力を信じていた。

一方砂漠では、オーキンレックの訓練学校の閉校が間近に迫っていた。第八軍は訓練を終え、オーキンレックとカニンガムが首を長くして待っていた戦いに臨む準備を整えた。燃料、弾薬、軍用食が中間基地に船で運ばれ、高級将校はそれぞれ任務を授かった。いつものように攻撃開始日をめぐる賭けもあちこちで始まった。だが、オーキンレックはまだ動かない。早くしなければ兵士の士気が下がるのはわかっていたが、第八軍が準備万端整って、ロンメルをリビアまで追いやれると確信できない限り、ゴーサインは出せなかった。

クラークのスパイは送信機を発見できなかった。

「ようやくみつけたと思って……」クラークのオフィスでの午後の報告会で、マイケル・リースという小太りのスパイが言った。「壁に沿って走るワイヤーの先をたどってみたんだ。カーペットの下を通って、ホールの湾曲部を回って、倉庫の物置に入りこんでいった。だがそこにあったのは、BBCの放送を流しているラジオだった」そこでくっくと笑い、うんざりしたように首を振った。「おれだって、慎重に動くほうとはいえないが、それにしたって、ここまでコケにされたんじゃなあ」

「政府広報でもきいてたんじゃないか」ひとりのスパイがおどけて言った。

「いや、イギリスのコメディかもな」別のスパイが大声で言う。

「どっちも似たようなもんだ」最初のスパイがまじめくさった顔で言った。

クラークのスパイは、ミーティング中、つまらないことでもよく声をあげて笑った。ジャスパーは隅の席にすわり、うまいパイプタバコとスパイの会話を楽しんでいた。クラークの部下たちのことがわかってくるにつれ、彼らに敬意を払うようになっていた。非常に重大な任務についているというのに、彼らはまるで気楽なゲームのようにそれを楽しんでいた。失敗の危険については一切語らず、深刻ぶるのは格好悪いと思っているようだった。若者が虚勢をはるのと同じだと言ってしまうのは簡単だが、この集団のどこをどうさがしても、脅えの気配は微塵もみつからなかった。ここにいるスパイたちは明らかに、任務を楽しんでいた。一般市民の生活から切り離されて壮大な冒険のなかに放りこまれ、人生の最も輝かしい瞬間を生きていることを自覚している幸運な男たちだった。これまでの人生のほとんどを一家の名誉を保つのに費やし、これからの人生もその延長線上にあるとわかっているジャスパーには、とりわけ彼らがうらやましくてならなかった。

冒険小説に出てくるようなスパイはひとりもいない。派手な格好をしているわけでもなく、目に謎めいた光を浮かべているわけでもなく、人の注意を引くような雰囲気があるわけでもない。特筆すべきことがあるとしたら、砂漠にロンメルをさがすという、向こう見ずなことをやるにしては、多少年を食っているというぐらいだ。それ以外はいたって普通の、どこにでもいそうな男たちだった。

「宮殿にあるのは確かなんだ」クラークが言った。ボール紙に書いた間取り図が机の上に立てかけてあり、捜索が終わった部屋には×印がついている。「この食料品貯蔵庫はどうだろう？　ジャック、ここはきみの担当だろう？」

ジャック・スミスは、やせこけた顔に赤味がかったあごひげと口ひげがやけに目立つスパイだ。「そこにはなにもない。五分ほどいたが、おれとコックだけだった。『役者たちが腹をすかせてるんで、ちょっと食い物を探しにきた』と言って、もぐりこんだんだ。あそこはただの食品倉庫。置いてある食い物もひどいもんだった」そこで肩越しにちらりとジャスパーのほうを見た。「だけど腹は満たしてやったんだから、少しは感謝してもらわないとな」

ジャスパーは感謝の印に敬礼を返した。

クラークは食料品貯蔵庫にも×印をつけた。「ここはどうだろう……小さな楽屋のようだが。担当はだれだ？」

アイク・サイモンという筋骨たくましい丸顔のスパイが「おれだ」と言って、きっぱり首を振った。「なにもない」

そこにも×印がつけられた。「このトイレは？」

ジャック・スミスがにわかに声をあげた。「そこならおれがたっぷり三十分もいた！」それから声を落とし、告白するように言った。「しょうがなかった。ちょっと食べすぎちまって」送信機はトイレにもなかった。

そうして二週間ほど捜索を続けたが、宮殿の半分はまだ残っていた。

「王の私室がある棟も対象から外していいだろう」クラークが判断した。「そんなところに無線機を隠しているわけがない。いずれにしろこっちは入れないからな」×印をつけた間取り図をざっと見てから、クラークが現実に目をもどして続けた。「まだまだ調べなければならない場所がたくさんある。難しいだろうが、ショーの時間を最大限に活用して調べてくれ」そこでクラークはジャスパーのほうを向いてきいた。「どのくらい時間が稼げる？」

ジャスパーは肩をすくめた。「どのくらい必要です？」

アイク・サイモンが皮肉っぽく、「十一月いっぱい」と言ったあとで、スパイたちは実際に必要な時間について討議しだした。

ジャスパーには、宮殿を捜索し尽くすのは不可能だと思えた。数が足りない――これだけ多くの部屋を、わずかな人数のスパイで短時間に捜索しようと言うのだから。ジャスパーは宮殿の間取り図をにらんだ。ビザンチンホールの廊下を一本隔てた向こう側に〝作業場〟と書かれた×印のない部屋が集まっているところがある。このエリアへの入り口は舞台裏のほぼ真向かいにあった。リハーサルに向かうとき、しょっちゅうその前を通っている。たいていは、番人がひとり、この廊下の端から端まで歩いて見張っている。数秒間でもこの男の注意をそらすことができれば、廊下を簡単に渡ることができる……。

「最低でも二時間は必要だと思う」クラークが、考えこんでいたジャスパーに言った。「もちろん長ければ長いほど助かるが」

「二時間くらいなら」ジャスパーが言った。「いや、もう少しだけ時間を稼げると思います」そこで言葉を切って、唐突に言い出した。「しかし、それとは別にいい考えがあります。ステージ裏の部屋はわたしが調査しましょう。作業場が集まっている一帯です」

これにはクラークが驚いた。間取り図をさっと見て、それからジャスパーの顔を見た。「本気かね?」

「ええ」

クラークは再び間取り図を見て、ジャスパーの申し出について考えた。そしてきっぱりとはねつけた。「残念だが、だめだ。きみにそんな危険なことをさせるわけにはいかない」

「しかし、その仕事にはわたしがうってつけなんです。物を隠すことについては、この部屋にいるだれよりもわたしが熟知しています。第二幕では箱を使ったマジックをやるつもりです。そのあいだ、だれにもまったく不審がられることなく、六、七分姿をくらますことができる。そのぶん、みなさんの力は、また別の場所の捜索に振りむけることができます」

「冗談はよしてくれ、ジャスパー」マイケル・リースが軽口をはさんで、場の緊張をとく。「きみは王立スパイ学校にさえ通ったことがない」

「もし発信機がそこにあるなら、わたしにもみつけられるはずです」

「危険が大きすぎる」クラークが言った。「もしつかまったら……」

ジャスパーは引き下がらなかった。「つかまらないし、危険など実際のところゼロです。宮殿のみんなは全員、舞台上に置かれた箱のどれかにわたしが入っていると信じこんでいるんですから」

クラークにも、ジャスパーの言うことに筋が通っているのはわかっていた。クルセーダー作戦は十一月十七日に開始される予定で、総司令部はそれより前に発信機の口を封じたいと思っている。まだ×印のついていない白い部分が間取り図にかなり残っているのを見るにつけ、自分の部下だけで捜索を完遂するのは不可能に思えた。ジャスパーなら、力になってくれるだろう。しかし、もしうっかりヘマをやらかしてみつかってしまったら、こちらのもくろみが露見してしまう。王はイギリスからこけにされたことになり、民族主義者には決起する大義名分ができる。

しかし発信機はみつけなければならない。死活問題なのだ。「わたしには自信を持って許可することはできないが」クラークは、顔に心配気な表情を浮かべて言った。「みんなはどう思う？」

「いいじゃないか」ジャック・スミスが言った。「やらせてみたらどうだ。おれたちよりうまくやれるかもしれない」

リースも態度を変えて彼に同意した。「秘密の合い言葉を教えてやれよ。彼ならだいじょうぶだ」

クラークもしぶしぶ同意した。「時間は六分」ジャスパーに警告する。「もしすぐにみつからなかったら、さっさともどってくること。発信機は長距離用だから、擬装は難しい。ところで、鍵は開けられるんだろうね？」

ジャスパーは笑顔になった。ついにスパイ作戦に参加することになった。戦いの現場で働けるのだ。「わたしをフーディーニと呼んでくださってけっこうです」

戦いの現場で働きたいとうずうずしていたのは、ジャスパーだけではなかった。ギャングのほとんどが同じように感じていた。ほかの兵士と同様、彼らもカイロに到着したばかりのころは、〝楽な仕事〟――快適で危険のない仕事――に就きたいなどと話していたものだ。しかし実際にカモフラージュ実験分隊で〝楽な仕事〟に就いてみると、自分たちは貴重な体験を逸しているような気がしてきた。宮殿のマジックショーという任務だけでは満足しようがない。しばらくのあいだ忙しくして気を紛らわすことはできたが、第八軍がクルセーダー作戦の攻撃に向けていよいよ立ちあがるとなると、自分たちだけが取り残されたような気分がますますつのってくる。ジャックは、この戦いが自分の軍隊での最後のチャンスだとわかっていたので、なんとかして実戦にかかわりたいと思っていた。マイケルは、戦争に身体ごとどっぷりつかれれば、虚しさが埋められるのではないかと考えていた。フィリップは戦いが現実から逃れる冒険になると考えていたし、また自分の真価を試す試金石になるのではないかとも思っていた。ビルは平和主義者として、ジャスパーは現実主義者として、それぞれに自分の置かれている状況を受け入れていた。いっぽう元大工のネイルズはうずうずしていた――彼は砂漠にとりつかれていたのだ。

エジプトに着いたばかりの頃、ネイルズはとりたてて砂漠について考えたこともなかった。だだっぴろくて無限の砂があるところぐらいにしか思っていなかった。しかしカイロで従軍してしばらくすると、砂漠に興味がわいてきた。いろいろな話を聞くにつれ、ますます興味がつのっていく。そのうち、どうしても砂漠のことが頭から離れなくなった。

町の近くまで砂漠が裾野を広げているのを目にした。どこまでも伸びる、まっ平らなハイウェイを車で走り、遠くの熱波に蜃気楼《しんきろう》が踊るのを目にした。町のバーにすわり、砂漠から生還した人々の話に耳を傾けた。砂漠に関する本も読んだ。学べば学ぶほど、自分が砂漠についてなにも知らないことがはっきりしてきた。

砂漠に暮らす不便はさほどこたえなかった。カイロで暮らしていれば、なにをするにも細かい砂の粒と無縁ではいられないし、午後の空気を吸い尽くすような熱に悩まされるものだが、それもほかの人間と同様に、いつのまにか慣れっこになっていた。ネイルズが魅了されたのは、砂漠がこの地で生活する人間の精神に与える影響だった。イギリス騎馬砲兵隊の伍長が語った言葉が、砂漠の本質を的確に表している――「砂漠に入って出てくると、別人になっている」

ネイルズが興味をひかれているのはそこだった。

「砂漠がどんなところか、だって?」しゃべっているのは、軽騎兵の軍曹だ。ネイルズは、ジャスパーの御前興行が始まる数日前の晩、このランカスター出身のがっしりした軍曹とマイケルの三人で、ブルームズフィールド・バーで飲んでいた。そしてウィスキーを二本あけたところで、ネイルズが先の質問を軍曹にぶつけたのだった。

軍曹はそう言うと、鼻で笑い、それからさらに声を大きくして、また同じことを言った。そばで飲んでいた男たちが二、三、会話をやめて軍曹の話に耳を傾けたが、それ以外の人間は気にもとめなかった。みな砂漠での従軍経験があり、自分なりの答えを持っていた。「よし、教えてやろう。フライパンのまんなかにすわって、下からライターの火であぶられているようなもんだ。まわりを取り囲むのは砂ばかり。砂は熱く焼け、目や耳や鼻のなかにスプレーのように吹き付けてくるが、それから逃れる術はない。身体のそこかしこが痛み、とりわけ足がひどい。熱ではれあがっているからだ。しかしどうすることもできない。靴を脱いでしまえば、二度と履くことはできず、靴を履かずに砂の上を歩けば、火傷を避けられない。

それから、昼間のうちは戦車の車体に絶対触っちゃいけない。べらぼうに熱くなってるからな。だが夜になるとふるえるほど寒い。ハエは昼夜構わずぶんぶん飛び回り、身体を刺してきやがる。それをほっとけば化膿して水膨れになる。あとは苦しむしかない。

そういったトラブルを首尾よく切り抜けたとしても、やっかいの種は尽きない。食糧も足りない、水も我慢しなければならない。そしてなによりも、ナチスに神経をとがらせていないといけない。ロンメルの大砲がいつでもこっちを狙ってるなかでは、ひとときも気が抜けない。砂丘をひょいと越えてみれば、やつが待っている。最高の武器を用意してな」最初は目を輝かせて自信たっぷりに話していた軍曹も、目の前に地獄がありありと浮かんできたのか、次第に低く、おびえるような声になっていった。話が終わるとネイルズに背を向けて、ダブルのウィスキーを一息に飲み、それきり黙りこんでしまった。

老練な将校たちは軍曹をそっとしておいた。みな彼の胸の内を知っているのだ。

ネイルズにも、ジャスパーがイギリスでの地位を捨てて戦争に飛びこんだわけが次第にわかってきた。大工の彼にはうまく説明する言葉がみつからなかったが、胸の奥深くではたしかに理解していた。とりあえず生き残ればそれでいいと、かつてのネイルズは思っていた。しかし今はちがった。巨大なものさしで自分の力を測ってみたいという気持ちが彼を駆り立てていた。

「おれは狂っているのかもしれない」ほとんどひとり言のようにつぶやいた。

突然、軽騎兵の軍曹があたりを見回して、くっくっくっと狂気じみた笑い声をあげた。

9

命がけのイリュージョン

ファルーク王は、国王登場の用意が整うのを待っていた。すべての観客が席につき、ショーの開幕を待ってそわそわしだし、カメラマンも所定の位置についた、上演開始予定時刻から三十五分を過ぎたところで、王が入場した。中央通路を悠々《ゆうゆう》と歩いていき、最前列に置かれた手彫りの木製の椅子に腰を下ろした。贅沢に仕立てたエジプト軍将校の軍服を着こんだ王に、カメラが次々と向けられてシャッターが切られる。観客が総立ちになって礼儀正しく拍手を送る。

「時計くらい持ってろって」王の入場行進を舞台裏から見ながら、マイケルが嚙みつくように言った。

ジャスパーは王がもたもたしてくれて喜んでいた。今夜は一分一秒でも余分な時間が稼げればありがたいのだ。クラーク准将のスパイたちは、本番の衣装をつけた直前のリハーサルが行われている午後のあいだずっと、いくつもの部屋をかたっぱしから捜索して回ったが、送信機はみつからなかった。ファルーク王が会場へ堂々と入場した今、軍情報部第六課の面々は花園に群がる蜂のように、宮殿のなかを行ったり来たりしていた。

幕が開く直前、いつものようにジャスパーはキャシーのところへ行った。仕掛けトランクの上に腰掛けているキャシーにそっと言う。「いいかい、いたずらはダメだぞ！」そしてこれもまたいつものように、彼女は顔をあげ、にこっと笑みを返してくる。キャシーの緊張をほぐしてやるのと同時に、これには、足の動きひとつとってもリハーサルと違うことをやってはいけないと、思い起こさせる効果があった。ジャスパーのマジックショーではアドリブは許されない。

「用意はいいかい？」

キャシーがうなずく。

「緊張してる？」

「少し」

「わたしもだ」ジャスパーはそう言ったものの緊張してはいなかった。気分が高揚して不安を感じるどころではなかった。しかし、自分もきみと同じなんだと言ってやることで、若いアシスタントの緊張が解けることも知っていた。

「今夜の〝箱のトリック〟では、できるだけ長い時間を稼いでほしい、いいね？」

キャシーはジャスパーの指示には疑問をはさまないようにしていた。彼がこうしてくれと言うからには、必ずそうするだけの理由があった。

「だれかをステージに上げて、箱を調べてもらったらどうかしら」それは今回のリハーサルにはなかったが、エンパイアシアターのショーではよくやることだった。

ジャスパーはキャシーの案が気に入った。「よし」そう言ってから、自分でも面白いアイディアが浮かび、期待に目を光らせた。「たぶん王が力を貸してくれる」

「まさか」キャシーが言い返した。ジャスパーが冗談を言っているのだろうと思ったのだ。

「ほんとうだ。王は喜んで応じてくれる。スポットライトを浴びられるなら、なんでもやるはずだ」

フランクがふたりのそばにやってきた。「王が席に着かれた。二分後に幕が開く」陽気な口調で緊張を精一杯隠している。「いいショーになりそうだ」

ジャスパーはキャシーの頰に幸運を祈るキスをし、自分の登場位置に向かって暗がりのなかを歩いていった。が、途中で足をとめて、もう一度キャシーの横にもどってきた。目を見て話せるように、しゃがんで言う。「箱のトリックをやっている最中に、なにが起ころうと驚いちゃいけない。ふつうに演技を続ける。いいね?」

ジャスパーの目からユーモアが消えていた。キャシーはいぶかしげな顔をしながらも、うなずいた。

「さすがはわたしの可愛いレディだ」ジャスパーは言い、ぎこちなく小さな笑みを見せた。それからもう一度彼女の頰にキスをして、登場位置に急いで出ていった。オープニングのBGMが鳴り響くのを待ちながら、仕掛けが正しい場所にあるか、仲間の用意が整っているか、確認する。今こそマジックギャングたちのありがたみが痛いほどわかった。リハーサル中に新人スタッフがこっそり抜けていったと知っても、なにもきかず、文句ひとつ言わずに彼らの仕事を引き継いでくれた。

ファルーク王は、自分の席に落ち着くのにもたっぷり時間をかけた。そしてようやくショーを見る態勢が整うと、わきの壁に立っている将校にうなずいて合図を送った。将校は、ふたりのトランペット奏者に合図を送り、壮麗な夕べの始まりを告げるファンファーレがようやく鳴り響いた。

ライトが暗くなり、いつもの楽師たちが短い序曲を演奏した。

キャシーは舞台の左袖で、仕掛けテーブルの横に立っていた。テーブルには花が飛び出る仕掛けと、くぼみや仕切りが隠されている。ジャスパーがオープニングの手品を終えたら、すぐキャシーがそれを運んでいくことになっていた。指を湿らせ、カールしたばかりの巻き髪を額の上に散らし、コスチュームの短いスカートのわきをていねいにおさえつけた。顔を上げたとき、ステージの反対の袖でマイケルがじっとこっちを見ているのがわかった。

キャシーに見られて、マイケルはにやりとした。

キャシーは唇を突き出して、そっぽをむいた。馬鹿じゃないの、と思っていた。

ジャスパーは暗いなかから歩み出て、観客の拍手を受けた。ステージに立つ人間にふさわしい華やかな笑みを浮かべる。それからポケットに手を入れて、Vシガレットのパッケージを取り出した。人気のあるインド製のタバコだ。なかから一本抜き出すと、指をパチンと鳴らして炎を出し、火をつけた。一度吸って煙の輪を二、三回吐き出し、本物であることを観客に示す。それから手のひらに、火のついたタバコをぎゅっと押し付けたかと思うと、次の瞬間、耳のなかから別のタバコを飛び出させた。

そのあいだ、宮殿の別の棟では、ジャック・スミスが寝室のひとつに忍びこんでいた。王の寝室というほどの豪華さはないが、王子の寝室とすれば見事な部屋で、イギリスのスパイもすっかりみとれた。さっそくプロの目で捜索を開始する。床まで届くブロケード（繻子地に模様を浮織りした紋織物）のカーテンの後ろから始めて、ベッドの下を這い回り、クローゼットのなかをくまなく探す。壁に隠し扉がないか手でさぐり、カーペットの下に跳ね上げ戸の掛け金がないか、足裏の感触に注意しながら歩いた。スパイたちは宮殿のなかに秘密の通路と隠し部屋があると考えていたが、今のところトンネルがひとつみつかっただけで、それもワインセラーに通じていた。スミスは四分間で寝室の捜索を終了した。この部屋には送信機はないと判断し、扉を三センチほどあけて足音が聞こえてこないか耳を澄ました。なにも聞こえないことを確認すると、すばやく廊下に出て隣のドアに向かった。

ショーは順調に進んでいた。キャシーが黒いベルベットの覆いをかけた仕掛けテーブルをセットすると、ジャスパーはゴブレットにインクをたっぷり注いで、最前列にすわる着飾った女性に向けてセンチメンタルな短い詩を書いた。それからインクの入ったゴブレットにハンカチをかぶせて「ヘイ、プレスト！」と掛け声をかける――インク入りのゴブレットがキラキラした水をはった金魚鉢に早変わりした。鉢のなかで本物の金魚が鱗《うろこ》を光らせて泳いでいる。それから、「どんな生き物もひとりではかわいそうです」と言って、客席に向かって釣糸を垂れ、二匹目の金魚を〝釣り〟あげた。

さらにシルクのスカーフや、さまざまな紙を使ったトリックを見せたあと、今度は、『エジプシャン・ガゼット』紙の見開き二ページをはずして、細長く裂いていき、それをなんの変哲もないガラスのボウルのなかに落としていった。すると不思議なことに、裂いたはずの新聞は、ボウルから取り出したときには、もとの見開きにもどっていた。ジャスパーはそれを丸めて筒にして、なかに金魚鉢の中身を金魚もいっしょに流しこんだ。そして新聞を広げてみると――少しも濡れておらず、金魚も鉢も消えていた。

最初のトリックは会場のほぼ全員に馴染みのものだった。しかし、だからといって楽しみが減るものでもない。奇術が観客を喜ばすのは、トリック自体ではなく、その見せ方だいうことをジャスパーはよく知っていた。彼の場合、マジシャンの役になりきれるところが大きな強みだった。観客はジャスパーが単なるトリックを見せているだけでなく、自分たちといっしょに不思議な世界を覗きこんでいると思いこむことができた。それにはジャスパー独特のあふれんばかりの笑みと、なんでも知っていると思わせる、温かいまなざしも一役買っていた。ジャスパー自身が、極上のひとときを楽しんでいるように見えるのだ。彼よりも器用に個々のトリックをこなすことができる者はいるだろう。しかしステージをこれだけ完璧に支配できる人間は、まずいない。

「わたしが手にしているこのロープ、ずいぶん長すぎるようです」そう告げて、一連のロープのマジックが始まった。

三階ではアイク・サイモンがドアの鍵を金てこでこじ開けていたが、ちょうどそのとき宮殿の番人が角を曲がってきた。十五メートルほどの距離のところから、まっすぐこちらに向かってくる。アイクにはどうすることもできず、はったりをかけて苦境を逃げ切るしかなかった。そこで番人が近づいてきても、そのまま鍵をこじ開け続けた。番人はまっすぐ近づいてきたが、そのまま通り過ぎてしまった。サイモンはそのとき、紛れもないハッシッシの芳香をかぎ取った。番人は、三階に見知らぬ男がうろついているという事実よりも、自分が職務中にハッシッシをやっていたのをみつかるほうが怖かったらしい。サイモンはドアを勢いよく開けた。そこはクローゼットになっていて、イギリスの食糧が詰まった箱が並んでいた。アイクはドアを閉めてさらに先へと進んだ。

ファルーク王はショーを楽しんでいた。ジャスパーのパフォーマンスに胸を躍らせる、普通の若者と変わりない。一幕目ではずっと、仲のいいイギリス人将校のひとりに肩越しにささやき続け、ショーに夢中になっているのがはっきりと見てとれた。

ジャスパーは次に控えた二幕目の〝箱のトリック〟で、王を舞台に上げる下地作りとして、〝リンキングリング〟を持って客席に降りていった。あらかじめ王に失敗をさせて、気分をあおっておくのだ。王には金属の輪をはずすことはできず、ジャスパーが難なくはずしたあとは、今度はもとのようにはつながらなくなった。ジャスパーがもっと熱心にやってみてくださいとせっつくと、王はガチャガチャ音をさせて懸命に輪をぶつけたが、もちろんつながりはしない。ファルーク王は観客の温かい笑い声に包まれながら、知恵の輪を真剣に楽しんでいる子どものように輪をひねり続けた。

ジャスパーは一幕目の演技を、〝ジーニー〟、つまり〝ランプの精〟の奇術で締めくくった。先ほどまで空っぽに見えていた木の箱から、錆びついたランプを〝発見〟して、横をこすると、ランプから煙が出てきた。ジャスパーはランプをステージの上に置いた。すると噴き出した煙のなかから、ランプの精の装いに身を包んだキャシーが現われた。

三つの願いを叶えてあげると彼女は言う。

ジャスパーは観客のほうを向いて眉をひそめた。「たったの三つ？」と不満げだ。会場の笑い声がひとまず収まったところで、ランプの精になにをお願いするか、みんなに意見を求めた。ステージに向かってさまざまな提案が大声で飛び、そのうちのいくつかが会場にさらに大きな笑いの渦をまきおこした。ジャスパーは手を上げて客席を静かにさせた。「富を」とランプの精に要求する。

「あら、そんなものはお安い御用」元気のいい答えが返ってきた。ランプの精は、さきほどジャスパーがランプを取り出した、空っぽの箱のなかに手を入れて、絹の靴下を次から次へ引っぱり出した。その当時のカイロでは、たしかに高価なものにちがいなかった。

がっかりしたジャスパーは、次に「美」を出してくれと言った。

再びランプの精は箱に手を入れた。そして底なしと思われる木の箱のなかから、まさかそんなところに入っていたとは思えない鏡を取り出して、ジャスパーの目の前にかかげた。彼はそれにさまざまな角度から姿を映し、髪の後ろをなでつけたり、口ひげの何本かを抜いてみせたりした。それからうなずいて、満足気に言う。「なるほど、これは納得だ」それから最後の願いとして、「愛」を出してくれと頼んだ。

ランプの精は木箱のなかから二匹の可愛らしいウサギを出した。ジャスパーが抱いて可愛がっていると、ランプの精が腕時計を見て、もう家に帰らないと、と言いだした。「十時がランプの閉まる門限なの。それを過ぎたらカイロの町へ出ちゃいけないって、両親から言われてて」ランプの精は煙を上げるランプの陰に消えた。

ジャスパーは嵐のような拍手に送られてステージをあとにした。

幕間には、観客に飲み物がふるまわれた。若いイギリス人将校が王のまわりに集まって、さっきのリンキングリングでの失敗を楽しそうに再現した。

ジャスパーが楽屋で東洋風の衣装に着替えているところへ、クラーク准将が入ってきた。怪しまれないように、キャシーを通じて楽屋に来てもらうよう伝えてあった。「まだみつからない」クラークが言った。「だがうちの連中は頑張ってる。きみもまだやってみる気はあるかね？」

ジャスパーは肌色のスカルキャップを頭にかぶせ、はみだした褐色の地毛をそのなかに丁寧に入れていった。「もちろんです」まず頬紅をつけ、次に化粧用のペンシルで目のまわりに影をつけていった。それから長く跳ね上がった眉を描く。「急いで覗いてくる、それだけです」

「忘れないでくれ。六分たったら必ずもどってくること」

「まかせてください。だいじょうぶです」ジャスパーは鏡でメーキャップをたしかめた。首を曲げたり、頭をもちあげたり下げたりして、あらゆる角度からチェックした。そしてようやく満足すると、仕上げに白いあごひげと、四角張った満州風の口ひげを糊でくっつけた。きびきびしたエンターテイナーから、古代中国の学者へ変身が完了した。

クラークはジャスパーが丈の長い衣装を着るのを手伝った。

「これはちょっと重くないか？」

「しかたないんです」姿見に映した全身を見ながらジャスパーが言った。「仕掛けがあちこちのポケットに詰まってるんで」

最後にふたりは握手をした。「それじゃあ、幸運を祈っているよ」クラークが言った。

第二幕も滞りなく進んだ。戸棚のなかで消えるトリックでは、キャシーが戸棚の内側にある掛け金で多少手間取ったが、ジャスパーがうまく時間稼ぎをしたので、観客は問題が起きていることなどまったく気づかなかった。それからいくつか小さなトリックを披露したあとで、〝剣の戸棚〟や〝サルコファガス〟の奇術で観客を大いに沸かせた。クライマックスの箱のマジックに向かって、ステージはどんどん盛り上がっていく。次は空中浮遊の術となり、ジャスパーは舞台から一・二メートルの高さのところでキャシーの身体を四分間浮上させたままにした。そのあいだキャシーの体のまわりで輪をあちこちに動かしてみせ、針金などの細工がないことを示した。観客はだれも知らなかったが、このトリックはジャスパーの祖父が世紀の変わり目に発明したものだった。ファルーク王が率先して客の歓声をリードし、やがて浮上していたキャシーが降りてきて〝目を覚まし〟た。

最後の箱のマジックでは、見事なユーモアに客席が沸いた。ステージの中央に進み出たジャスパーは、祈るような姿勢で手を合わせ、優雅なお辞儀をした。それから高いしわがれ声で、年をとった賢者のように言った。「今夜はわたしのつたない術を披露させていただき、誠にうれしいことでした。しかしあとひとつ、最後にお見せしたい謎が残っております。巡り巡る魂というものに、わたしたち民族は長らく興味を抱いてまいりました」ジャスパーはそうして数千年にわたって行われてきた人間の魂の研究について短い解説をした。後ろでは、ギャングたちが、大きさの異なる八つの箱を舞台の上に半円形に並べている。箱の種類は、大きな籐《とう》のトランクから、象牙で装飾した小さなオルゴールまで、さまざまだ。

「ここ数カ月で、わたしはおどろくべき発見をしました」ジャスパーが続ける。「そして、自分の身体をあるところから別のところへ移動させることができるようになったのです。しかしこれを成し遂げるためには、心の誠実なお方の力を借りなければなりません」そう言ってジャスパーはファルーク王に向かって、差し招くように手を伸ばした。「王がわたしに力を貸してくだされば幸いなのですが」

王はもうじっとしていられなかった。ステージに王を上げようと、観客が声援を送る。

みんなの注意が王に集まっているのをよそに、ジャスパーはクラークのほうをちらっと見た。クラークはジャスパーに親指を立ててみせた。その調子だという合図だ。

王が会場に向かってお辞儀をしたときには、舞台の準備は完了していた。王はひとつひとつの箱を確かめるように言われ、仕掛け扉や細工された側面、偽の鍵などがないかどうか調べていった。ひとつひとつ、何度か叩いたりゆすったりしながら、どこにもおかしなところがないことを宣言した。それぞれの箱は確認が終わると鎖を巻かれ、南京錠をかけられ、鍵はすべて、ファルーク王が手にしたリングにまとめられた。

箱の確認が終わると、キャシーが手錠をふたつ出してきた。王は、手錠もあらためた。ジャスパーの両手に手錠がかけられ、もうひとつの手錠は両足にかけられた。それから王が、幅が広くて薄い、中くらいの旅行用トランクの鍵をあけた。合う鍵がみつかるまで五本の鍵を試さなければならなかった。それからマイケルとネイルズがジャスパーの身体を持ち上げて、王の開けたトランクのなかにおろした。ジャスパーは閉まったトランクのなかから、鎖が再びしっかり巻かれる音と、南京錠が閉まる音をきいた。そのころには、ジャスパーには脱出する準備ができていた。

キャシーは王にトランクがきっちり閉まっているかどうか確認してもらった。

王はだいじょうぶだと言った。

次にキャシーはもっと大きな声で、ジャスパーに、だいじょうぶかどうかきいた。

彼はトランクの側面を三回叩いてそれに応えた。

数秒後、ジャスパーは自由になっていた。手には手錠が掛かっているものの、腕は曲がるので、あごひげの下にテープでとめておいた合鍵をつかんで、それを口にくわえるのはわけなかった。鍵を歯で噛んで手首の手錠をはずし、その手を伸ばして足の手錠をはずし、完全に自由になった。キャシーが人間の体を移動させる難しさについてゆっくり説明する声がくぐもってきこえてくる。

「……魂というのは、予想もしないところへ移動するもので、身体はそれについていくしかありません」キャシーが言っている。「ですから、わたしたちのほうでも、どの箱に彼が移動したのかはわからないのです……」

ジャスパーから三回のノックが送られてきたのをきいて、ステージの床下にいたフランクが、トランクの真下の床にある仕掛け戸を開いた。王にはわからなかったが、見えないところに蝶番があって、トランクの底の半分は内側に隠れているバネつきかんぬきを押せば外側に開くようになっていた。フランクが二回トランクの底を叩くと、それで床の仕掛け戸が開いたことがわかって、ジャスパーがトランクのかんぬきをはずす。トランクのなかからすべり出たあとは、底を元通りにしておく。それから三段のはしごをはいおりて、小さくて薄暗いステージ下のスペースに降りていく。

ジャスパーが出たあとで、フランクが仕掛け戸をもとの位置に固定した。「さあ今から六分だ」

「よし」ジャスパーは長い衣装を手早く脱いで、工兵隊のパンツとTシャツに着替え、ドアのほうへ向かった。フランクは声をあげて笑い出しそうになるのをなんとかこらえた。工兵隊の格好と、東洋風の化粧のミスマッチが、たまらなくおかしかった。しかしそれをどうにかする時間も必要もなかった。

そのとき廊下の番人は、廊下の反対側の端の防火扉からステージを覗いていた。ジャスパーは姿を見られることもなく、楽々と作業場のエリアに忍びこむことができた。

ステージではキャシーが長ったらしい説明を終えたところ。魂は落ち着いたかと、大きな声できく。フランクはチョークで〝1〟と書かれたステージ床の真下に立っていて、キャシーの問いかけに応えて、ステージの床をほうきの柄で三回叩いた。観客席からも、ステージの上からも、それは小さなトランクのなかからきこえたように思えた。キャシーは王を連れてそのトランクに向かってステージの上を歩いていった。王は八本の鍵をいじり始めた。

ファルーク王は鍵を開け、鎖をわきにはずしてトランクの蓋をあけた。からっぽだった。キャシーはがっかりして肩を落とし、どこにいるのか教えるよう、魂に声をかけた。フランクは床下の小さな部屋を歩いてチョークで〝2〟と書かれた真下まで行き、ここでもまた三回ほうきの柄でステージの床を叩いた。

「まあ、どうしてそんなところに」いかにもがっかりと、キャシーが迫真の演技で叫んだ。「今日はどうも魂がはしゃいでいて、手に負えないようです。これは予想以上に難しいことになりそうです」彼女はふたつめの箱に向かう王のあとについていった。

ジャスパーはその頃、作業場のエリアにこっそり移動していた。最初に入った部屋には木工道具が置いてあった。細長い作業机の上に、旋盤、プレス機、手工具が置いてあり、床には木切れが散らばっていたが、送信機はなさそうだった。

いっぽうファルーク王はふたつめの箱のなかにもジャスパーをみつけることはできず、フランクが三番目の箱の床を叩くのに従った。今度は特大の革のスーツケースだ。

ふたつめの作業場は使われていないのが明らかだった。ジャスパーはすばやく三番目の部屋に移動した。ドアを開けたとたん無線機が目に入り、ようやく送信機をみつけたと思った。しかしふたつめの無線機が目に入り、さらに三段に積み重なった無線機キャビネットが見えてきて、ここは通信機器の部屋であることがわかった。いくつもの通信機器がテーブルの上、金属の棚、床の上に散らばっているが、程度の差こそあれ、どれも壊れているようだった。ひとつひとつチェックしてみなければならない。送信機を隠すのに通信機器倉庫以上にふさわしいところがあるだろうか？

ファルーク王は革のスーツケースのなかにもジャスパーをみつけることはできなかった。観客はいたずら好きの〝魂〟という道化芝居に忍び笑いをもらし、王はイライラを隠してなんとか笑顔を保ち続けた。それからキャシーのあとに続いて象牙の箱のほうへ向かった。

フランクは神経質に腕時計を確かめた。遅れるのはジャスパーらしいとも思った。とにかく彼に限って悪い事が起きることは絶対ないと、必死に自分に言いきかせていた。三分が経過。フランクは〝8〟と書かれた場所にはしごを移動した。ジャスパーが出てくることになっている普通の仕掛けトランクを置いた床の真下だ。

無線機の山のなかに送信機はないという結論をジャスパーが出すまでに、およそ一分。残りは二分。捜索する部屋はあと三つ。

今度こそと思ってファルーク王が象牙の箱を開けると、なかからリズミカルな音楽が鳴りだした。王は音楽の途中で乱暴に蓋を閉めた。キャシーは王の額に汗がにじんでいるのに気づいた。王の耳元で「観客はずいぶんと盛り上がっていますよ」とささやいたものの、さすがに心配になってきた。

ジャスパーは裁縫部屋に入っていった。さまざまな色の生地や衣類がテーブルの上に積み重なっている。そのひとつひとつをつつきながら、どれかに発信機が隠れていればと願った。みつからなかった。残り時間はあと一分。

ファルークは顔を薄桃色に変えながら、次から次へ箱を開け続けていた。観客が声を上げて笑うなか、ステージの上を行ったり来たりした。あとふたつ、まだ開けていない箱が残っている。ちょうどステージの端と端にわかれて置いてあった。王はなにやらキャシーにつぶやいたが、彼女にはなにを言っているのかわからなかった。王は七つ目の箱を開け出した。

ジャスパーはようやく印刷室で発信機をみつけた。紙の入った箱が積み重なった陰にあって、最初はわからなかった。しかしケーブルが床のモールディングに沿ってはわせてあり、それをたどっていってみつかった。発信機自体はよくあるものだった。マイクが接続されていて、上にヘッドフォンが載っている。みつかって心からほっとした気分にもなれなかった。クラークに頼まれていたように、どこかにコード表がないか捜し回ったが、出てこなかった。しかしもう時間切れだ。部屋を出て舞台にもどらないといけない。

ファルーク王は七つ目の箱も空っぽなのがわかると、すばやくステージを歩いて最後の箱に向かった。王はもう自分の役を楽しんでなどいなかった。とにかく早く終わりにしたかった。

ジャスパーは廊下を覗いた。番人はステージを観るのに夢中だ。そのすきを狙って廊下を渡った。フランクは彼に衣装を着せようと用意しており、ジャスパーはすぐに両手を出して手錠をかけてもらった。そしてもうひとつの手錠をつかむと、〝8〟と書かれた場所のはしごをのぼり始めた。

「だめだ、そこじゃない」フランクが声をひそめて言い、ジャスパーの肩をつかんだ。「そっちはもう間に合わない」フランクはチョークで書かれた数字をにらみ、どの仕掛け戸の上に大きな箱が置いてあったかを思いだそうとした。「こっちだ」そういって〝5〟と書かれた場所を指差した。

ファルーク王は、八番目の箱を開けた。そのなかにマジシャンが手錠をはめて横たわっていると思っていた。空っぽだった。王はくるりと身体を回転させ、キャシーをにらみつけた。答えを要求するまなざしだった。

キャシーは見事に冷静な態度を維持した。つま先立ちになって箱のなかを覗き、眉をひそめ、「まあ、どうしちゃったのかしら」と心配してみせる。「いったい彼になにが起きたのでしょう？」

客はこれもイリュージョンの一部だと思いこんだ。しかしファルーク王はそうではなかった。王の顔は怒りでゆがんでいる。護衛に向かってなにか命じようと口を開きかけたちょうどそのとき、前に一度なかをたしかめたはずの箱のなかからくぐもった声が聞こえてきた。「助けてくれ」ジャスパーが叫んでいる。「出してくれ！」

観客席がざわめいた。ファルーク王はわけがわからぬまま再びその箱を開けた。なかにマジシャンが身体を丸めて横たわっていた。最初に薄くて幅広のトランクに入っていたときと同じように手錠をはめたままだ。マイケル、ビル、にやついた顔のネイルズがステージに出てきて、彼を箱のなかから引っぱりだした。王は手の手錠をはずしてやった。彼は宮殿内でなにかいかがわしいことが起きていたのに感付いたかもしれなかったが、なにも言わず、ジャスパーとキャシーの横でいっしょにお辞儀をした。


マジックショーのあとに王の晩餐会が開かれたが、そこでジャスパーはクラークに送信機を発見したことを告げた。それからすぐクラークは礼儀正しく暇を告げ、王宮をあとにした。

晩餐会はすばらしかった。何種類かのカクテルのあと、手描きの絵皿に盛られた、採れたての紅海エビが出された。縦百二十センチ、横六十センチの絵皿には、日没のアレクサンドリア港に入ってくる古代の漁船団が描かれている。そのあとで、蒸したラムのケバブと野菜料理が出てきて、それぞれの料理にふさわしい酒がたっぷりふるまわれた。

その夜、マジシャンは完全なる成功を収めたわけではなかった。ファルーク王は軍服に身を包んでいるので、ジャスパーは「サー」と呼びかけた。すると気むずかしいイギリス人大佐からわきに呼ばれ、王に対しては「陛下」とお呼びするべきだとたしなめられた。その夜の興奮に少々有頂天になって、ジャスパーは異議を唱えた。「お待ちください。今はあの方も軍人で、わたしも軍人、だからそれでいいはずでしょう」

翌日、大佐はジャスパーを懲戒処分に処し、その通知書が彼の人事ファイルに追加された。

キャシーはその夜、これまでの人生でいちばんたくさん酒を飲んだ。それでマイケルに、あなたは人をイライラさせる男だけれど、それなりの魅力はあると言ってやる勇気が出た。マイケルのほうもそれに同意して、きみはお高くとまりすぎだけれど、やっぱり魅力的だと言った。ふたりはタクシーでキャシーの家まで行き、去り際にマイケルはキャシーに優しいキスをした。

こうして、幻想《イリュージョン》の夜は更けていった。

翌朝、総司令部はジャスパーの発見に対してしかるべき処置をとった。夜明けとともに、アブディン宮殿は武装したイギリス連邦軍に取り巻かれた。でっぷりしたイギリス大使マイルズ・ランプストンが正門までずんずんと歩いていき、王の侍従長との会見を願い出た。

なかに入ると、ランプストンはおどろいている王の側近にこう言った。「こちらには確かな証拠があります。この宮殿内の無線発信機が我が軍の重要機密を敵軍に流している事実を示す証拠です。一時間以内に発信機をこちらにお渡しください。もしそれができなければ、残念ですが、その発信機の口を封じるのに必要な措置をとらせていただきます。さて、どうなさいますか?」

午前中ずっと、脅し文句が飛びかい、約束の時限が決められては延長されるということが何度も繰り返されたのち、ようやく発信機を引き渡すということになった。ニュージーランド部隊が宮殿に入り、印刷室にあった通信機器を押収した。時を置かず枢軸側のスパイが場所を変えて再び情報の発信にあたることはまちがいないが、クルセーダー作戦の攻撃直前という重要な時期に、無線機をだまらせることはできた。

この信頼性の高い情報源を失ったことは、ロンメルの諜報活動にとって大きな痛手だった。ロンメルは大将に昇進していたが、これ以外にも頭の痛い問題を多数抱えていた。戦闘で勝利をあげながらも、アフリカ機甲軍団は、砂漠戦の皮肉なジレンマに苦しんでいた。つまり、伸びきった兵站線を守るためには攻撃を再開する必要があったが、その攻撃を維持するための十分な補給に欠けていたのだ。一方イギリス軍のほうは兵站拠点まで追いやられていたが、その分補給に困ることはなかった。ドイツ軍は地中海を船で渡ってトリポリまで補給品を輸送しなければならず、そこからさらに前線まで千六百キロの距離をトラックで運ばなければならない。イギリス海軍の駆逐艦が制海権を確保した地中海は〝ドイツ人のスイミング・プール〟（撃沈されたドイツ戦艦の乗員が溺れる海域）になっていた。おまけにイギリス空軍による爆撃と長距離砂漠挺身隊のゲリラ襲撃が、ドイツのトラック護送隊を苦しめた。九月にはヒトラーが二十七隻のUボートに、護送船団の通る海域を守るよう命令を出し、これで輸送は多少楽になったものの、イギリス海軍は相変わらず、ドイツ軍の数千トンにおよぶ軍用食、装備、弾薬を地中海の海底に沈めていた。

依然としてロンメルの勝利の鍵を握っているのはトブルクだった。日に焼かれた兵士が手の届きそうで届かないコップ一杯の氷水にじれるように、ロンメルは苦しんでいた。この町を奪取できれば、補給船は水深の深いトブルク港に着岸でき、強行突破を計るイギリス軍に補給線を分断されるおそれもなくなる。しかし十分な補給を得られるまではトブルクを攻撃することはできず、その補給はトブルクを陥落させなければ手に入らない。

砂漠がロンメルに、攻撃に転じよと迫っていた。息もできないような酷暑、物資の不足、ハエ、虫、ひとときもやわらぐことのない敵の圧力が、兵士のエネルギーを奪っていた。士気は低かった。赤痢と伝染性の黄疸に苦しんで、数千の兵士が後方に送られていた。さらにそこへ残酷にも新たな悲劇が見舞った――ドイツ軍は、沿岸の涸《か》れ谷に臨時の病院施設を設置していたのだが、そこが天災によって大打撃を受けたのだ。ドイツ軍では、砂漠の天然の塹壕ともいえる涸れ谷に、カモフラージュを施したキャンバス地で覆いを作り、病人や怪我人を、陽射しやイギリス空軍の爆撃機から守っていたのだが、そこへここ五年で最大の暴風雨がやってきた。滝のような鉄砲水が涸れ谷を襲い、海へ流れていった。その際に大勢の怪我人がおぼれ、数千トンの装備や軍用食がだめになった。

数カ月前に新しく投入された援軍も、心身ともに疲弊しつつあった。ロンメルにはもう選択肢がなかった。どんな犠牲を払ってでも、トブルクを奪取しなければならない。ドイツ軍の攻撃は十一月二十一日に予定された。

一方、ウィンストン・チャーチルは、オーキンレック将軍にロンメルを攻撃するよう何度も迫っていた。政敵からは、戦時の指揮が後手に回っていると糾弾され、軍事顧問からは、まもなくロシアが降伏してヒトラーが中東の貴重な石油地域に勢力を集中してくると警告を受けるようになっていたのだ。ドイツ軍は百万人のロシア人捕虜をとっていた。モスクワでは戒厳令が敷かれ、女や子どもは町から脱出を始めた。十月三日、ヒトラー総統は国民に豪語した。「敵は壊滅寸前だ、二度と立ち上がれないだろう」

政治的かつ戦略的な理由から、チャーチル首相には西方砂漠での決定的な勝利がぜひとも必要で、しかもその必要は差し迫っていた。

オーキンレックはチャーチルの要求に屈しなかった。彼はプロの軍人で、自分の仕事に自信を持っていた。クルセーダー作戦は、慎重に計画を練った上で十一月中旬の攻撃を決めてあり、それを変更する理由はどこにもなかった。その頃には第八軍にも、ロンメルのアフリカ機甲軍団を撃退する準備が万全に整っているはずだった。

一方ジャスパーのカモフラージュ実験分隊では、マジックギャングがすでに自分たちの役割を完了していた。キャンバス地とボール紙の軍隊はもう戦場に送ってあったし、カイロに潜む敵スパイのネットワークも一時的に黙らせることに成功した。ジャスパーはマジックショーのほんとうの目的をギャングたちには話していなかったが、ギャングたちはみな、それがショーの翌日アブディン宮殿の前で繰り広げられた派手な衝突と関係があったことには気づいていた。しかしながらそれも終わってしまった今、彼らは通常の業務にもどり、戦闘の準備に忙しいほかの隊の兵士をうらやましそうに見ているしかなかった。ロンドンの霧のように濃い憂鬱がギャングたちの頭上にたれこめた。

そしてとうとう我慢できなくなった。マイケルとネイルズがジャスパーの事務所を訪れ、そのデスクのまん前に立った。ジャスパーはここ数カ月のあいだにたまったデスクワークに追われていた。顔をあげないでいるのは、たぶんふたりがやってきた目的を知っていたからだろう。マイケルがノックの動作をしながら大声で言った。

「トン、トン」

ジャスパーはしかたなく鉛筆を置いて椅子の背によりかかり、ため息をひとつ漏らした。「ときどき、この部屋にドアがついていたらと、心から願うときがある」

マイケルは安楽椅子にどかっと腰を下ろして、戦闘帽を脱いだ。ネイルズは立ったたまま、居心地悪そうに体をゆらしている。

「話をしてくるように、みんなから言われて」ネイルズが言った。

「そうなんだ」マイケルが口をはさんだ。「つまり、ほら……」ネイルズのほうを見て助けを求める。

「ネイルズが話があるって」

ネイルズはマイケルのほうをちらりと見てから、やけになったように首を振った。それからジャスパーに向き直って口を開いた。

「うまく言えないんだが、その……みんなはここでの仕事に満足してないってわけじゃない……。しかし……今まさに攻撃が始まろうってときだ、そこでおれは考えた……」

「おれじゃなくて、おれたちだ」マイケルが正した。

「きみたちも戦線に出たいと言うんだろ」ジャスパーが冷静に言った。

マイケルが両手を打ち合わせた。「その通りだ。なのにおれたちときたら……」

ジャスパーが先を言ってやった。「ただのらくらしてるばかりだ」

「そう、そうなんだよ」

「みんなそう思ってる」ネイルズが言った。「難しいのはわかってるんだ。それでも……」そこで肩をすくめる。「わかるだろう?」

ジャスパーは深く息を吸い、それから長く吐き出した。そうすることで、この問題を吐いた息とともに消し去ろうとするように。

「わかってる。ネイルズ、気持ちはよくわかる」

ジャスパーもまた、砂漠の呼び声を聞いていた。しかしだからと言って、自分にはどうすることもできなかった。できることならギャングたちといっしょに雄々しく突撃していきたい。血のわくような興奮を味わいたい。しかしそれは不可能だった。彼は国王の下で働く将校で、自分の担当分野の責任を負っていた。喜んでというわけではないものの、とにかくそれを受け入れたのだ。エジプトで従軍しているあいだに、ジャスパーにも軍の組織の大切さがわかってきた。これを受け入れられるかどうかが、戦時に軍人と民間人を隔てるひとつのラインなのだろう。とすれば、自分もまた一人前の〝軍人〟への変身が完了したというわけだ。

「ジャスパー？」ネイルズがきいた。

ジャスパーは眉をひそめた。次の瞬間、本心を隠していた防御壁が崩れた。自分もほかのみんなと同じように、いやだれよりも、砂漠に出ていきたくてたまらない。著名な祖父も、世界に名を馳せた父親も、砲火を浴びた経験はなく、彼自身、長いこと祖父や父の庇護下で生きてきた。しかし、この戦争は見逃すわけにはいかない。これに参加するのは当然の権利なのだ。

「わかった、なにか手を打ってみよう。ジャックに、ここまでジープを運転してくるよう頼んでくれ」

マイケルが鍛えられた兵士のようにきびきび動いた。

ジャスパーはふたりが去っていくのをじっと見ていた。どうしたって〝軍人〟にはなりきれない人間もいるのだと、ひとり言が口をついて出る。

任務を得るのは思いのほか簡単だった。ギャングたちがこれまでに成功した仕事の数々が、軍のお偉方への扉を開いてくれた。簡単な私信で前回の働きに触れ、我々もよくやったでしょうと、ちょっとした圧力をかけ、今後もおどろくべきことをやってみせますと約束する。それだけでカモフラージュ実験分隊は、第二十四機甲旅団へ臨時の配属を受けた。この旅団はベドフォードトラックと、ボール紙の戦車と大砲で構成されたイギリス工兵隊のダミー部隊だった。敵の注意をひきつけ、できれば、敵の攻撃の的になるというのがその仕事だった。

ジャスパーはギャングたちのそれぞれに、この申し出を受けるか、それとも辞退するか、自由に選ばせた。当然ながら全員が喜んで受けることになった。フランクは待っていたとばかりに申し出に飛びついて、すぐにアフリカ機甲軍団に向けて、柄にもない脅し文句を口走った。ジャックはとにかく前線での仕事につけるのがうれしかった。マイケルは大喜びし、ネイルズはいつものように淡々としていた。平和主義者のビルは今度の任務ではだれも武器を携帯しなくていいのを喜んだ。フィリップはいくぶん参加をためらうだろうとジャスパーは予測していたが、ためらうことなく「乗った」と言い、それ以上なにも話そうとはしなかった。

マジックギャングは十一月十四日に前線に出るよう命じられた。トラックに乗って砂漠の縁まで出かけ、そこに集結している軍に加わった。彼らが到着したときには、第二十四機甲旅団はすでに所定の位置についており、魔法の谷で作られた三十五台の折りたたみ式戦車（そのうち十台は自走式）と、二十四門のダミー野戦砲と十分な量のダミー弾薬、十二台のベドフォードトラックを備えていた。兵力として割り当てられたのは四十二人の兵士で、これはすべてイギリス工兵隊の志願兵、そこへジャスパーのグループが加わった。第二十四機甲旅団が所持する本物の武器は、歩兵のライフル銃と将校がベルトにつけたピストルだけだった。そのピストルも、「こいつは便利だ。アヒルの一団に襲撃されたときにね」とマイケルが不満をぶつけるような代物だった。部隊の任務は、あらかじめ慎重に決められた砂漠のルートを南へ前進していくことで、「ただし敵にみつかるか交戦状態に入りそうになったら、すみやかに撤退すること」とされていた。

「すみやかにといっても、そのときはもう遅い」ビルが声をあげて笑った。

ベドフォードトラックのほとんどは無線装置をつけていて、運転手は敵を混乱させるために、ひたすらしゃべり続けることになっていた。イギリス軍の一旅団がこの地域で作戦行動を行っていると思わせるのだ。この作戦のために、第二十四機甲旅団にはあらかじめ偽の司令コードが支給されていた。

それに加えて、ジャスパーはマジックギャングのトラックから、砂漠に向けて七十八回転のレコードを大音量でかけた。かつてロンメルはトラックに飛行機のエンジンを載せ、すさまじい音を響かせて砂漠を流して走らせ、戦車部隊が轟音をあげて近づいてくるように見せかけたことがあった。その方法にジャスパーは感服し、ベドフォードトラックに拡声器を四つボルト留めし、それを前の座席に搭載してある高性能の蓄音機につないだ。レコードには、戦車が猛攻撃をしかけてくる音が録音されており、それを拡声器を通じて大音量で流すと、弱小軍が機甲旅団のような轟音をとどろかすことができた。

クルセーダー作戦の目的は、ロンメルをリビアまで完全に撤退させることだった。第八軍はまっすぐ進軍していき、トブルク包囲軍を攻撃することになっていた。機会をとらえてトブルク要塞の内側にいる守備隊が飛び出して、装備をきちんと整えたカニンガム中将の部隊と共にアフリカ機甲軍団をはさみ撃ちにする。ひとたびトブルクを解放したら、第八軍は敵をキレナイカへ追い詰めることになっていた。

ロンメルの広範囲に散らばった師団を、できるだけ長いあいだ身動きできないようにするために、ドイツ軍の南の兵站線に一連の陽動作戦が行われた。第二十四機甲旅団は、そういったダミーの攻撃のひとつを仕掛ける任務を帯びていた。

十一月十四日の夕方、マジックギャングは攻撃開始地点にキャンプを張った。あと数日もすれば、砂漠にはつぶれた戦車とトラックが散乱し、黒く膨張した死体が散らばることになる。史上最大の戦車隊による歴史的な攻撃が始まるのだ。しかし今はただ、高い空にかかった銀色の月に照らされて、砂漠には一点のしみもなかった。実のところまったく美しい光景だった。

カニンガム中将の軍の大半は実戦の経験はなく、待つことは耐えがたいものだった。兵士は少人数でガソリンの火を囲んで集まった。そして、仲間といっしょにいる安心感に誘われて、ほらを吹き、夢を語って、時間をつぶすのがつねだった。熟練兵のなかには、昔参戦した戦闘を懐かしく思い起こす者もいたが、それを自慢することはほとんどなかった。まるですぐ手が届くところに潜んでいる死神を怒らせてしまわないかと脅えているようだった。焚き火越しに仲間の姿を見やり、これから数日のうちにだれがナチスの銃弾の犠牲になるか、そんなことを思わずにはいられない砂漠の夜だった。

マジックギャングは第二十四機甲旅団に難なくとけこみ、兵士とのあいだに一時的な友情も生まれた。マイケルは初心者のつねとして、夕方のひとときを使って、緑と赤の〝砂漠のネズミ〟パッチを即席でつくり、自分のジャージに縫い付けた。そしてこの男のつねとして、いつのまにか次の攻撃の日を当てる専門家になっていた。「明日だぞ、おれたちもいよいよ出撃だ」

「よし合点だ」と言ってから、工兵隊の伍長レスリー・ファーガスンは「ブクラだな!」と〝明日〟を表すアラビア語で言い換えたものの、その日はなかなかやってこなかった。

十一月十五日は静かに過ぎていった。兵士は機器を調整したり、運動をしたり、分隊演習を行ったりした。ほかの隊を訪ねて食事をしたり、カード遊びをしたり、センチメンタルな手紙を長々と書く者もいた。人を楽しませる芸のできる兵士はそれを披露した。ジャスパーとフランクはギャングのさまざまなメンバーをアシスタントにして、兵士のあいだを回り、手品をまじえて逃亡に関する講義を行った。第三十隊からやってきた軍曹は、テントを張って手相占いの店を開き、一人ひとりに長寿と意義ある人生をまことしやかに保証してやった。

攻撃開始の時間が近づくと、兵士や機器が砂漠に続々と流れこんできた。第八軍の戦車はほとんどが〈サンシールド〉をつけて擬装している。砂漠に小さな町が建設され、数日のうちに移住が完了した。案内標識が設置され、憲兵は混雑した交差点で交通整理に立ち、食堂車の前には長い列ができた。どこそこで賭け金の高いポーカーが行われているとか、闇で品物が買えるといった情報が流れた。また、売春婦のグループが、借りてきた小型トラックのなかで商売をしているといううわさもあったが、いざ兵士が利用しようと駆けつけると、移動式の売春宿はどういうわけかひとつ先の部隊へ移っていた。

マジックギャングのトラックには、ジャックが食糧を積みこんであった。缶詰のソーセージ、牛乳、紅茶、そのほかにもごちそうを持ってきていたから、夕食は楽しかった。しばらくするとジャスパーもみなの知っている曲をウクレレで弾き、そこに多くの兵士が加わった。

十五日の晩、焚き火の炎が弱まった頃、マイケルが情報をほしがっている連中のところへ触れ回った。「まちがいない、明日だ。いとこが司令部で働いているっていう南アフリカ人から聞いたんだからまちがいない。明日だよ」

十六日も動きはなかった。朝の集会でチャーチル首相からの指令が読み上げられた。


国王に代わって、このわたしから西方砂漠の陸空軍の全隊員、さらに地中海艦隊に向けて命令を発する。陛下は、諸君のすべてが、目前に控えた非常に重要な戦闘に全力を注ぐものと信じていらっしゃる。ここにきて大英帝国の軍は初めて、あらゆる最新の装備をほどこした状態で、ドイツ軍と対決することになった。今回の戦闘が戦争全体の成り行きに大きな影響を与えることはまちがいない。今こそ最終勝利を求めて、祖国と自由のために、これまでにない強力な一撃を加えるときである。この砂漠の戦いは、ブレンハイム（スペイン継承戦争でイギリス・オーストリア連合軍がフランス・バイエルン連合軍を破った）やワーテルロー（イギリス・プロイセン連合軍がナポレオンを最終的に打ち破った）にも匹敵する重要な一ページを歴史に加えることになるだろう。全国民の目が諸君に集まっている。国民の心はすべて諸君らとともにある。神が正義の軍をお守りくださらんことを！

首相の檄《げき》に耳を傾けながら、清々しい陽射しを浴びて数十万の兵士とともに砂漠の平原に立っていると、自分が歴史の一部にいると確かに感じることができた。暑い朝だというのに、ジャスパーは運命に背筋を撫でられた気がして寒気がしていた。これから数日のうちに、歴史のなかに自分の章を書きつづることになる——それは祖父も父も演じたことがない役だ。ほんの端役に過ぎないのはわかっているが、これは自分にしかできない役だった。この戦争のさなかにあって、彼は初めて、たしかな安らぎを感じていた。

集結した部隊が解散したあとで、マイケルがみんなに言った。「おれが言った通りだろう。今日がキックオフだって。まちがいなかったろ？」

午後には、ドイツの偵察機が一機、近くに飛んでくるのが見え、兵士はトラックに急いで走っていった。しかしそれを除けば、その日はゆっくりと何事もなく過ぎていった。

兵士たちは今か今かとクルセーダー作戦の開始を待った。戦車とトラックに燃料が入れられ、弾薬の準備も整った。兵士は高まる緊張に気持ちが高ぶり、汗をかきながら汚れた体をもてあまし、眠ることもままならなかった。もうこれ以上の緊張には耐えられそうもなかった。一日前にはなんでもなかったことで口げんかになり、拳まで飛び交う始末だ。攻撃はさらに遅れるらしいとのうわさが砂漠を飛び跳ねていくと、心配はさらにつのった。ふだんは落ち着きはらっているフランクでさえ不安におののいていた。「いつだ？」とフランクがジャスパーにきく。「いったいあの馬鹿どもは、なにを待ってるんだ？」

「天からの霊感だろ」ジャスパーが茶化した。

フランクが馬鹿な、という顔で首を横に振った。「チャーチルめ、いまいましいったらありゃしない」

マイケルは夕闇のなかを遠くに散歩に出かけ、とんでもない話を持ってもどってきた。特別奇襲隊が、リビアのベダ・リトリアのドイツ軍本部にあるロンメルの別荘を襲ったというのだ。詳細は不明だが、砂漠のキツネは無傷で逃げたとのこと。その数週間後、うわさの真相が確認された。奇襲隊の司令官キーズ中佐は、最初の爆撃で火にまかれて死に、二十九人の兵のうち二十七人が捕虜になった。彼らは民間人の服装をしていたが、ロンメルは戦争捕虜として扱えと命じ、キーズには敬意を払って陸軍葬を執り行った。だれもがロンメルらしいと思った。

マイケルは突飛な風聞を伝えたあとで、自信たっぷりにこう言った。「明日だ。指令がタイプされたんだ。二十一軍のひとりが見たんだから、今度こそほんとうだ」

しかし第八軍は十一月十七日は日中ずっと砂漠で汗をかいていた。将校たちは、日にあぶられている兵士がすでに戦意を喪失しているのではと懸念し、ゴーサインを出すよう司令部をせっついた。ナイル川の軍は砂漠のなかで萎れていた。

その夜八時、出撃準備の命令が出された。「だから言っただろう」マイケルがもう一度自慢した。砂漠の装備が丸められて、戦車の車体に結び付けられるか、あるいは装甲車やトラックのわきから吊り下げられた。砲弾からの守りを一層強化するためだ。それから兵士が乗りこんだ。激しい雷雨のなか、隊は泥水を跳ね散らしながら集結地点に進んでいった。

十一月十八日の午前六時、頭上でどんよりと曇っていた空に、赤味がかったばら色の光が揺らめき、それが緑色に変わって、次に赤になった。隊の前に単独で立っていた憲兵が、競技場のスタート係よろしくホイッスルを鳴らし、右手を振りおろした。それを受けて、配置された憲兵が次々と合図をほかへ伝えていった。しかしそういったホイッスルの音も、兵士から沸き起こる歓声にすぐかき消されてしまった。歓声はどんどん高まり、何千というエンジンの轟音のなかで響き渡った。イギリス第八軍が息を吹き返した。第七機甲師団が出撃する。クルセーダー作戦が始まった。

10

第二十四〝ボール紙〟旅団

ヘビの大群が長い眠りから目を覚ましたように、擬装ネットの下からイギリス第八軍が姿を現し砂漠へ出ていった。各部隊が今、クルセーダー作戦に参加したのだ。第二十四機甲旅団の出発は八時三十分と予定されていたので、それまで兵士は乗りこむ車輌のわきにすわって、戦車やトラック、ブレンガン（ガスの力で操作する空冷式軽機関銃）が次々と戦場に向かい、装甲車が朝の平原を颯爽と走っていくのを見守っていた。身の引き締まる光景だった。ジャスパーは誇らしい気持ちで胸がいっぱいになり、なにひとつ見逃すことなく、きっちり記憶のなかに収めておこうとした。大英帝国がいよいよ動き出したのだ。

ネイルズはちょうどその頃、進軍していく新しいアメリカ製のスチュアート戦車の数を数えていた。イギリスの戦車隊員から〝ハニー〟とあだ名されたその戦車を三十二台まで数えたところで、列のなかに、黄色いロールスロイスを装甲車に改造したものが一台交じっているのに気づいた。第一次世界大戦の数少ない遺物のひとつがこの砂漠でまだ働いていた。「全部で戦車が何台あると思う？」ネイルズがフランクにきいた。

戦車は砂漠のあちこちに点在しているようだった。フランクは首を振った。

「攻撃に必要十分な台数。そう願うよ」

第二十四機甲旅団は計画通りに動き出した。砂漠の道路を十六キロ進み、それから南へ向かう。数分もしないうちに、正規部隊は灰色の空にのぼっていく巨大な塵雲にしか見えなくなり、それもしばらくすると地平線上に消えてしまった。ボール紙の旅団はいきなり孤立した。カイロの雑踏と喧騒のなかで数カ月を過ごし、さらにさまざまな分隊とともに行動したあとでは、マジックギャングの面々はみな、ふいに訪れた孤独に不安になった。

午後になると、塵雲がこちらに向かってきた。旅団はその正体をたしかめようと、いったんとまったが、それは単なるつむじ風で、重要な約束に遅れそうだとでもいうように旋回しながら遠方に去っていった。

男たちは不安を隠そうと雑談を始めた。「イタリアがドイツについたと聞いて、チャーチルがなんて答えたと思う?」ネイルズがだれにともなく言った。「こう言ったんだ。『そりゃそうだろう。前回はこっちの味方についたんだからな』だとさ」みんなが少し大げさに笑った。

その日一日、第二十四機甲旅団の無線は何も受信しなかった。敵との交戦状態に入るのをじっと待っていたが、暗号の通信は届かなかった。とりあえずクルセーダー作戦の第一段階は成功だった。カモフラージュ、特に〈サンシールド〉の効果は絶大で、通信のセキュリティーも万全だったことが功を奏した。ロンメルのアフリカ機甲軍団は、まったく気づいていなかった。イギリスの第八軍は妨げられることなくトブルクに向かって前進した。

十五時になると、計画通り第二十四機甲旅団は夜の準備を始め、最初の野営を行った。マジックギャングのボール紙戦車がパチンと音を鳴らして組み立てられ、トラックを取り囲む形で車陣をつくった。キャンバス地の戦車隊を構成する二百人のダミーの兵士のために寝袋が広げられ、夕闇が降りてくるころには、その兵士たちが暖を取れるように何十もの火を焚いた。ビルがそんな焚き火の傍らで手をこすりながら、「これじゃあ嫌でも敵の目につく。第二十四機甲旅団は確実にやられちまう」と言い出した。それがこちらの仕事なんだと、フランクが教えた。

「アヒル狩りのおとりなんだから」とネイルズ。

フランクはくっくと笑う。「おとりというよりも、アヒルそのものだ。いずれ銃を向けられることになるんだからな」

調理の火が消されると、夜警が立ち、ジャスパーはギャングたちの様子を見に野営地を歩きまわった。ジャックはちょうど眠るところだった。ラクダしか通らないでこぼこ道の運転で身体は疲れ切っていたが、心は興奮していた。彼にとっては待ちに待った戦場に出るチャンスがやってきたわけで、その一瞬一瞬を味わい尽くしたかった。フランクとネイルズはベドフォードトラックのバンパーにもたれかかってすわり、何万という星がまたたく夜空を眺めながら、クルセーダー作戦の初日の進展を推し量っていた。フランクのひざはがくがくしており、ネイルズは右の目元に砂塵で擦り傷を作っていたが、どちらも不平はこぼさなかった。ジャスパーは火のついていないパイプの先を噛みながら、ふたりに向かってどうでもいい話を小声ですると、また先へ歩いていった。

兵士のなかを歩きながら、ジャスパーは夜風に乗って運ばれてくるささやき声を聞いた。野犬が低く鳴く声もする。しかしそれ以外は自分のブーツが硬い砂を踏む音しかきこえなかった。

マイケルはまだ眠る気にはならず、話し相手を待ち構えていたので、ジャスパーがやってくると、これまでのステージ経験についてさまざまな質問をぶつけた。まるで子どものようにだまって話に聞き入るマイケルに、ジャスパーは御前興行で最初にステージに立った夜のことを話してきかせた。

あの日パレスシアターには百万本のバラの花が飾られていた。ロシアの貴族が、自分の妻をほんとうに消してくれるなら、大金を差し出すと言ってきた話もした。マイケルは無邪気に喜び、腹を抱えて笑った。ふたりを結びつけるものは、この時と場所以外なにもない。しかし戦争がふたりを友人にし、ともに従軍している限り、その友情は続くはずだった。そしてようやくマイケルはジャスパーに、キャシー・ルイスに関する率直な意見を求めてきた。

「申し分ないね」

「美人ってこと？」

「もしわたしがそうじゃないと言ったら、カイロ中の男のなかでただひとり孤立することになる」

マイケルが身を乗り出してきた。「ほんとうにそう思うかい？」

「ああ、ほんとうだ。どうしていちいち念を押す？　きみはどうなんだ？」

「いい子だとは思う。だが特別どうってわけじゃない」マイケルはそこでいったん口をつぐみ、自分の言葉について考えた。そしてもう一度「特別どうってわけじゃない」と言った。

マイケルがさらにキャシーについてきいてくる前に、ジャスパーは彼の肩を叩いてそばを離れた。あとはひとりで、若く美しい女性の夢を見させてやろうと思ったのだ。

フィリップはひとりですわっていた。くすぶる火を見ながら、ぼんやり灰に向かって石をはじいていた。思い出にひたっているようにも見える。

「すわってもいいかい？」

フィリップが顔をあげた。「砂を払ったほうがいい」

ジャスパーは腰をおろすと、両脚を胸に引き寄せ、筋肉質の長い腕を巻きつけた。砂は昼間の熱を発散しており、嚙みついてくる夜の虫も、まだあまりいない。ふたりの男は居心地の悪い沈黙のなかで、しばらく残り火に目を注いでいた。やがてジャスパーが唐突に口を開いた。「わたしは火が怖い」

上官が重大な秘密を明かしたのには気づかずに、フィリップは淡々と言った。「火が人間の心臓を動かしてるんだって、お袋さんから教わらなかったのかい？」

「ああ」ジャスパーがそっと言った。「そんな話は初耳だ」それから温かい小石をひとつかみして、指先で闇のなかにはじいていった。どうしてフィリップに向かって、こんな打ち明け話をしてしまったのだろう。ほとんど知らない相手なのに。ジャスパーは首をかしげた。自分をさらけ出せば、向こうも心を開いてくると思ったのか。いや、単に自分のことを話したいだけだったのかもしれない。フィリップならずっと自分の恥だと思っていた暗い秘密も守ってくれるような、そんな気がした。

しかしジャスパーの言葉は、フィリップの心にはほとんど届いていなかった。彼は過去を見つめていた。結婚式の日、妻がどんな様子だったかを思い出そうとしていたのだ。着ているものは思い浮かべることができた。白いドレスに、レースの襟がついていて、ベルト部分には襞飾りがあしらわれていた。彼女の笑い声さえ聞こえるのだが、思い出そうとすればするほど、顔はわからなくなってしまう。

ジャスパーは腕のハエを叩き落とした。甲虫が砂の奥の巣穴から出てきている。

「おい、だいじょうぶか？」フィリップにきく。

「ああ、元気いっぱいだ」と苦々しく言ったあとで、言い直した。「心配は無用だ」

ジャスパーは気分直しに世間話でもしようと思ったが、フィリップは乗ってこず、まるで自分が侵入者のように感じられた。ようやくジャスパーは、「それじゃあ」と言って立ち上がり、伸びをした。「無理にでも眠ったほうがいい。明日はかなり歩くことになりそうだ」

フィリップは顔を上げてジャスパーを見た。口角が少しあがって半分笑顔になりかけたが、そこまでだった。

「気を遣ってもらって、すまない」フィリップが言った。「あんたはいい人だ」

ジャスパーは元気な足取りで自分の寝袋にもどっていった。

第二十四機甲旅団は夜明け前に野営地を片付けた。旅団のトラックは再び南へ向かいながら、敵に発見してもらうことを願って途中にゴミを点々と残していった。そしてスケジュール通り、数時間ごとに車をとめて、ボール紙の戦車を設置した。旅団防衛を担当している偵察機は、ドイツ兵の姿はまったくみつからないという報告をしてきた。敵との接触がないということで、隊員はだれもが不機嫌になった。フランクがジャスパーをからかって、緊張をやわらげようとした。「おい、ジャスパー。なんでそんなにそわそわしている？　敵とどんな約束をしてるのか、話してみろ」

午前も遅くなってから、先頭のトラックからニュースが伝わってきた――第八軍は大きな抵抗にあうこともなく、トブルクに向かって前進しているとのこと。まるで砂漠が大きな口を開けて、ロンメルの軍を飲みこんでしまったかのようだった。第二十四機甲旅団は慎重に、地平線へくまなく目を走らせた。ロンメルの姿がどこにもないということは、実際にそれを目にするより恐ろしかった。なんの変哲もない景色が気味悪い形にゆがんで見えたり、自然のあらゆる影が内に脅威を隠し持っているように思えてくる。静寂がどんどん恐怖を増幅させていった。

実のところアフリカ機甲軍団は、隠れてなどいなかった。敵はまったく気づかなかっただけだ。ロンメルは、オーキンレックが十二月初頭まで攻撃してこないものと思いこんでおり、ローマに飛んで妻といっしょに五十歳の誕生日を祝い、それからアテネを少しぶらぶらして帰ってきた。

ふだんは優秀なロンメルの諜報機関も今回だけは敵の異変に気づかずに、砂漠は依然として静かだと旅行中の彼に伝えた。カイロから入ってくる切れ切れの情報は混乱していて、矛盾が多かった。荒れ狂う雷雨がドイツ空軍の飛行場を沼地に変え、ほとんどの偵察機が飛べずにいたし、なんとか離陸できた数機の偵察機も、イギリス軍に変わった動きは見られないと報告した。

ロンメルはリビアに到着するとすぐ、イギリス軍の動きについて大雑把な報告を受けた。十一月十八日の朝だった。イギリス軍の装甲車が数台トブルクに向かっているのがみつかり、あちこちで飛び交う無線通信を南で傍受したとのことだったが、ロンメルは大規模な偵察活動が始まっただけだと考えて、本格的な攻撃の開始ではないかという諜報機関の不安を退けた。結局ロンメルは本格的な攻撃の兆候を見逃し、対抗する策をなにもとらず、トブルク攻撃の日に備えて自軍の準備に集中していた。

十一月十九日、ようやく戦闘が始まった。イギリス軍の第二十二機甲旅団はイタリア軍のアリエテ師団と遭遇し激しい戦いとなった。この南東では、イギリスのアレック・ゲートハウス将軍の第四機甲旅団がドイツの第二十一機甲師団の攻撃にさらされた。しかしイギリスの第七機甲師団は軽い抵抗にあっただけで、トブルクから十五キロ圏内に入りこんで野営をした。その一方で第六戦車連隊は、シディ・レゼグにある重要な飛行場を攻撃して、十九の敵機の後部を轢きつぶして破壊した。

孤立したマジックギャングの第二十四〝ボール紙〟旅団は、その日の遅くにこのニュースを受け取った。「ようやく始まった」ジャスパーがギャングたちに報告した。「第二十二軍が敵の攻撃を受けたらしい」しかし彼らをとりまく砂漠は、激しい戦いの予兆を匂わせながらも、相変わらずなんの変化も認められなかった。

クルセーダー作戦の最初の攻撃は十分な成果をあげないまま終わった。第二十二機甲旅団は四十台の戦車を失ったが、そのうち何台かは故障して打ち捨てられたものだった。対するイタリア軍は二十四台を失った。イギリスの第四機甲旅団は殲滅《せんめつ》され、六十台の戦車を失った。

その夜ようやくロンメルも、オーキンレックが大攻撃を始めたのだと気づいた。おそらく午後九時のBBCのイギリス国内ニュースが判断の決め手となったのだろう。それはこんなふうに戦況を報じていた。「イギリス第八軍の七万五千人の兵士は完全武装し、十分な装備のもとに西方砂漠へ大攻撃をかけました。アフリカのドイツ・イタリア軍を殲滅するのがその目的です」ロンメルはこれに対抗すべく、装甲車を集結させた。しかし情報不足で、敵の攻撃の中心がどこに向けられるのか、正確にはわからなかった。

いっぽうオーキンレックも、隊をどう配置すればいいかわからず、チャーチルにこんな通信連絡を送っている。「敵は不意をつかれた模様ですが、わが軍の攻撃の規模と激しさにはまだ気づいていない様子です。したがって……ロンメルにはバルディアやサルームから撤退しようという意志はないとみられます。本日わが機甲軍がどのあたりまで進軍したのかを確認するまでは、現時点ではこれ以上の分析はできかねます。わたしとしては現状に満足しています」

いっぽう、第二十四機甲旅団は、拡声器をがならせながら砂漠のなかを進んでいき、ダミーの戦車を攻撃隊形に集結させたものの、敵と遭遇することはなかった。戦闘のニュースを聞いた当初に覚えた興奮の波が静まったあと、気がつくとジャスパーは風に飛ばされて砂漠を転がっていくキャンバス地の戦車を見ながら、ひどく暗い気分になっていた。こういった仕掛け全体が急に馬鹿らしく思えてきた。史上最強の軍が、ほんの数百キロ先で本物の戦車と戦っているというのに、自分は軍の余興のステージから出ることができない。まるでがらがらの劇場で芝居を打っているような気がして、絶望に胸をしめつけられた。

ジャスパーは歯を食いしばって前方を見つめ、長いこと黙っていた。

ひとたびロンメルに、イギリス軍の攻撃が非常に大規模であると思わせれば、南にいる非武装のダミー部隊はすぐに呼びもどされるものと、だれもが思っていた。ところが本部ではもうしばらくドイツ軍を混乱させておきたいらしく、「任務続行」との命令が出された。よってマジックギャングは引き続きその地域で砂塵を巻き上げることになった。

第二十四機甲旅団は、敵との接触がないままに、第二夜をすごすダミー兵士の寝袋を広げた。ジャックが仲間のために料理をする。ドイツ軍のガソリン缶を半分に切り、下半分に砂を詰め、ガソリンを撒いて火をつける。上半分には水を入れて火の上に載せる。こうやって煮沸すればガソリンの臭いが抜けてなべとして使うことができた。夕食は砂漠のシチューで、これは缶詰牛肉（アルゼンチンのコンビーフ）と玉ネギ、ジャガイモ、缶詰のスープ、そのほかの野菜数種を混ぜて煮こみ、最後にソースをあしらったもの。マイケルは、ジン、ライムジュース、水をバケツで混ぜて飲み物を作った。

ジャスパーは軍用食の入っていた木箱をテーブル代わりにしてフランクといっしょに使った。砂漠は次第に風が強くなり、食べるときは缶にかがみこまなければならなかったが、それでも食べ物に砂が入ってしまった。しばらくだまって食べていたが、やがてフランクが、今日のシチューはそれほどひどい味じゃないと陽気に言った。

砂まじりの肉を口に入れると、ジャスパーは咀嚼《そしゃく》するのはあきらめて、味のない小さなかたまりをそのまま飲みこんだ。「悪くない」

フランクは眼鏡のレンズ越しにジャスパーを見た。「きみだけじゃない、みんなおなじ思いなんだ」

ジャスパーは知らん顔で受け流そうとした。「なんのことだ？」

「知らばっくれるなよ。うんざりなんだろ。キャンバス地の戦車。ボール紙の大砲。馬鹿げた物をよくもまあ、ここまで集めたもんだ。すさまじい戦闘の様子が肌で感じられるところにいながら、こっちは玩具で遊んでる」

ジャスパーは弱々しい笑みを無理やり浮かべた。「みんな気が滅入っているのか？」

「そのとおりだ」フランクがため息をついた。「ぼくはほかのだれよりも、ダミーの価値をわかっているつもりだ。しかし血気盛んな若い連中は、こんな役回りがうれしいはずはない」

野営地が穏やかな夕闇につつまれた。兵士のグループが小さな火を囲んで集まる。ひとりの伍長がパチパチ音をたてる無線を調整しようと無駄な努力を続けていたが、それを除けば静かな時間だった。「みんなもおなじことを考えてるって？」ジャスパーはいぶかった。

「全員おなじ気持ちだ。どうしてきみは自分だけが特別だなんて思うんだ？　みんなおなじだよ。忘れられて、置去りにされた気分だ。戦いに参加したいって思ってるのはマイケルだけじゃないってことを忘れないでくれ」

「たしかにそうだ」ジャスパーは乾杯するように、水筒をフランクのほうに突き出した。「ましな時が来るように」

フランクがそれに自分の水筒をぶつけて応じた。「ましな時が来るように」

十一月二十日の午前中には、ロンメルも気づいていた。現時点の最大の脅威は、トブルクの攻囲を破られ、行軍しながら再補給できなくなることだった。これに対抗するために、ロンメルは軍をそちらに集中させた。

南にあるロンメルの兵站線への陽動作戦はわずかながら効果があった。アフリカ機甲軍団はダミー軍に混乱した模様だった。しかしそれもわずかのあいだだけで、敵はすぐに状況を把握し、トブルク戦への準備にかかった。

いっぽう、第二十四機甲旅団はそういった詳細をなにも知らされておらず、二十日の日は、いるはずのない敵の姿を探して砂漠を徘徊した。「いかにもドイツ兵らしい。お呼びじゃないときにしか来ない」ネイルズが文句を言った。

「たぶん、向こうにもマジシャンがいるんじゃないか」とビル。「それで目に見えないように、すっぽり隠してもらってるんだよ」

午前のティータイムに、外部との最初の接触があった。第二十四機甲旅団の縦隊が車をとめて燃料を補給し、紅茶をいれているときだった。アラブ人の男がひとり、九十メートル先の砂丘のてっぺんから、こちらを注視しているのがみつかった。落ち着かないラクダの手綱を握っており、ひとりだけのようだった。しっかり足を踏ん張って立ち、野営地のほうを見ているだけで、なにもしない。

マイケルはしばらく男を見返していたが、やがて行動に出ることにした。ネイルズとジャックに、「砂丘のてっぺんを注意して見張っていてくれ」と言いながら、ダミー弾薬のひとつを砂に埋めて、導火線に火をつけた。ふたりの仲間を除いて、だれもこの悪ふざけに気づいていない。

弾薬が二メートルほど砂を吹き上げた。

野営地が一気に動きだした。缶詰が飛び、紅茶が飛び散る。兵士がヘルメットをあわててかぶりながら、さっと散った。みんなトラックの下に飛びこんで、頭を砂に埋め、次の砲声を待った。

アラブ人はおどろき暴れるラクダを必死になだめ、その背に飛び乗って全速力で逃げていった。なにも起きない。最初マイケルは、この大混乱を見て大笑いしていた。しかしその責任が自分にあることに気づいて笑いがとまった。キャンプの混乱が収まると、勇気を出して、午前の蒸し暑い空気のなか、大声で言った。

「すまない、みんな。どうやらおれのまちがいだった」

だれも動かない。

マイケルはキャンプのどまんなかへ歩いていった。「ダミー爆弾をぶっ放しただけなんだ」大声で、みんなが聞こえるようにぐるっと回りながら言った。「アラブ人をおどろかしてやろうと思っただけなんだ」

みな隠れ場所からそろそろ這い出てきた。工兵隊の二等兵は、白い砂がびっしりついた顔で叫んだ。「この野郎、ふざけるな!」マイケルに飛びかかっていったが、別の二人の兵士に押さえつけられてしまった。ひとたびショックが消え、当座の怒りが収まってくると、何人かの兵士が馬鹿げた状況に声をあげて笑い始め、そしてようやくみんながそれに加わった。

マイケル二等兵には一斉攻撃が仕掛けられた。マイケルは身体をつかんで逆さまにされ、軍服をはがれて砂風呂に埋められた。やっと解放されたときには、一週間シャワーを浴びてもとれないほどの砂が全身にこびりついていた。ジャスパーとフランクまでこれに加わり、当然の罰としてマイケルに向かって一握りの砂を投げつけた。マイケルのえらいところは、自分の役割をわきまえているところだった。それらしく反撃していくものの、決してやりすぎず、最後はお人よしにも自分が受けた罰を笑った。第二十四機甲旅団がキャンプをたたむ頃には、緊張はすっかり消えていた。

1430時。カイロへもどるようにとの指令が出た。全員戦車をたたみ、再び長い道のりを走って帰っていった。そしてカイロにもどって初めて、クルセーダー作戦が暗礁に乗り上げていることを知った。

オーキンレック将軍は、敵の勢力が分散しているあいだに戦闘に誘いこもうと、トブルクを包囲している敵の軍に攻撃を仕掛けたが、あえなく失敗。ドイツの装甲軍は無傷のまま、第八軍は予定を大きく狂わせられた。両軍とも戦闘初期に通信用トラックを失い、後方司令部と直接連絡がとれなくなっていたため、戦場の将校たちは、敵軍の布陣もよくわかっていないまま場当たり的に隊を展開しなければならなかった。勝利の鍵を握るのは、リーダーシップと不屈の精神、そして幸運の三つだった。

当初の予定を早めて、二十一日の夜明け、トブルク守備隊が包囲の強行突破を試みた。スコビー将軍の第七十師団は、トブルクを取り囲むドイツ機甲部隊が壊滅もしくは手ひどい損傷を受けているものと期待していたのだが、予想に反して激しい反撃を受けた。しかし熾烈《しれつ》な戦いの後、第七十師団は三千三百平方メートルの突出部を手に入れた。

トブルクで激戦が続いているあいだ、シディ・レゼグの飛行場付近では大規模な戦車戦が繰り広げられていた。両陣営がやみくもに進軍を続けた結果、五十キロ四方にわたって敵味方の軍隊が五つ重ねのサンドイッチのように交錯した。いちばん北には地中海を背にしたトブルク守備隊、その南にドイツ＝イタリア混成軍がトブルクの防衛線に沿って展開、その混成軍の北側を五層の中央に位置するイギリス軍の第七機甲師団が攻撃する。その第七機甲師団もドイツのクリューヴェル将軍が率いる戦車連隊に南から攻撃され、そのクリューヴェル将軍の戦車連隊はイギリス軍の第四機甲師団と第二十二機甲師団の攻撃を受けるという有様だった。

戦いは十一月二十二日中ずっと続き、時に激しさがつのると、砂漠の戦場は砲煙や燃えるトラックの煙に覆われてなにも見えなくなった。午後になって、イギリス軍の第四機甲旅団は、第二十二機甲旅団の援護に駆けつけたが、どうすることもできずに立ち尽くすことになった。敵味方の見分けがつかないのだ。

その夜、アフリカ機甲軍団の第十五軍が味方の第二十一軍を探している最中に、防御陣を敷く準備をしているイギリス軍の第四機甲師団を偶然みつけた。第十五軍はヘッドライトをつけて、攻撃をかけた。大打撃を受けた第四機甲師団は、次の日の戦闘にもどることができなかった。

翌日、いつになく濃い朝霧が砂漠にたれこめた。十一月二十三日の日曜日は、奇しくもドイツでは死者の魂を慰める、〝死者の日《トーテンゾンターク》〟だった。霧が晴れるとアフリカ機甲軍団の第十五軍は、敵のイギリス軍第五南アフリカ歩兵連隊の、防備の薄い輸送車と補給車に襲いかかった。そこに第五軍も駆けつけて戦いに加わった。夕闇が降りるころには、第五南アフリカ歩兵連隊は壊滅していた。五千七百人の兵士のうち三千四百人が死亡か負傷、または捕虜となった。装備もすべて失った。

この惨劇が報告されると、すでに揺らいでいたカニンガムの闘志は粉々に打ち砕かれ、第八軍を救うために全面的な撤退を考え始めた。オーキンレックは緊急会議のために前線に飛んだ。

オーキンレックは依然自信を持っていた。彼の軍は深刻な損害を出していたものの、ロンメルもまた、長引く戦闘で相当な打撃を受けていることを知っていたのだ。イギリスの新しい戦車がすでに前線に向かっているいっぽうで、ロンメルのほうは再補給ができないこともイギリス軍には有利だった。指示を求めるカニンガムに、オーキンレックは恐れを知らぬ命令を出した。「引き続き敵を容赦なく攻撃するように。戦車は最後の一台まですべて投入してよい」

第二十四〝ボール紙〟旅団は、午後の半ばにカイロに到着した。工兵隊員の何人かは、虫に噛まれた所が化膿して口を開いていた。ひどい日焼けに苦しむ者がひとり、やわらかい砂からトラックを掘り出している最中に背中を痛めたものがひとりいたが、あとはまったくの無傷だった。縦隊が砂漠を出て町に入ると、いつもと変わらぬ午後の交通渋滞にまきこまれて、じりじりと町のなかを進んでいった。フランクは交通渋滞を神の情けだと考えた。

「こののろのろ運転なら、谷につくころにはあたりもすっかり暗くなっている。こそこそもどってきた姿をだれにも見られなくてすむ」

しかしギャングたちは実際には、日没前に魔法の谷に帰りついてしまった。貧しい者や病人など、いつものようにエジプト人が門の前にたむろして声をあげ、助けの手が差し伸べられるのを待っていた。ふだんならそんな人々に同情的なジャックも、このときは危険なほどのスピードで人の群れの前を過ぎていった。

一枚のシーツが娯楽室の入り口に吊り下げてあって、その上にだれかが鮮やかな赤色で文字を描いていた——「お帰りなさい。戦う第二十四機甲旅団！」。ギャングたちは押し黙ったまま次々とトラックから降りてきて、その下をくぐっていった。列の五番目にいたマイケルは、手を伸ばしてシーツをひっぱり落とした。

工場で働く民間の労働者が何人か、意気消沈した集団がトラックから降りてくるのを見ていた。歓迎のメッセージが地面にひっぱり落とされたのを見て、そのなかのひとりが言った。「かわいそうに。戦場で大変な目にあったにちがいない」

ジャスパーは仲間に、休養をとったら職場にもどるようにと言った。「諸君にはまだ片付けなきゃならない仕事があるんだからな」できるだけはつらつとした声で言ったものの、いったい片付けなければならない仕事はなんなのか、自分でも思い浮かばなかった。みんなはてんでに自室にひきあげて眠った。

翌朝目覚めたときには、嘘のようなニュースが待っていた。ロンメルの生来の性格からして、予想もしない行動に出るのは不思議ではない。しかし今回は最後の戦車九十台を率いて、エジプト国境を目指してイギリス軍と激しい交戦状態に入ったというのだ。オーキンレックの戦車隊に遅れをとったのを挽回するため、イギリスの通信と補給線を寸断するつもりらしい。この大胆な攻撃で、連合軍の支援部隊のあちこちでパニックが起こった。後方梯隊の補給中隊と管理中隊は、上からの命令を待たずに退却し、まったくの混沌状態に陥った。通信設備は故障し、本部は軍を統括できなくなり、部隊は全方向に散らばってしまった。ドイツの兵士がイギリス軍の制服を着て第八軍の兵卒に交じっていたといううわさも流れた。その日の終わりには、状況は手のつけようがないほど混乱し、第十三軍はしばらく味方の軍と戦った。砂漠の交差点に立っていたイギリスの憲兵は気づいてみると、ドイツ軍の車輛の交通整理をしていた。その日午後遅くには、イギリス軍の第七機甲師団は兵站部の南端に物資を引き揚げ、ドイツ軍は北端で補給をした。

兵士と同じように司令官も混乱していた。カニンガム中将は第三十軍を観閲しているときに、もう少しで敵の捕虜になるところだったし、彼の乗った飛行機も離陸時に砲撃を受けた。ロンメルは乗っていた参謀部の車が故障し、捕獲したイギリス軍の装甲車にクリューヴェル将軍といっしょに乗った。その運転手は道に迷って、将軍たちが静かな夜を過ごしているイギリス軍の野営地に乗り入れた。

カイロでは、イギリスの司令部は表向き平静を保とうとした。ジャスパーはゲジラでのゴルフに誘われたが断った。ポロの試合は予定通りに行われた。

二十五日には、ロンメルの軍はエジプト領内およそ二十四キロの地点まで進入していた。意気消沈したカニンガムは、クルセーダー作戦を放棄してナイル川流域の防衛準備にあたろうと考えていた。

しかしオーキンレックは踏みとどまり、自軍の後方が敵の大胆不敵な突撃にさらされているのをそのままにしておくつもりはなかった。彼は幕僚にこう言った。「ロンメルはこちらの目を目標からそらそうとして、あらゆる方向に攻撃をかけている。しかしそんなやり方を続ければ、いつかは自ら敗北を招くことになる。我々は敵の動きに惑わされずに、作戦を遂行する。ロンメルは必死だが、そう遠くへは進めない。遠くへ行けば、彼の戦車縦隊は補給を受けられなくなるだけだ。まちがいない」

オーキンレックの指摘した通りだった。十一月二十六日、ロンメルの装甲部隊は燃料補給と物資補給のためにバルディアへ撤退しなければならなくなった。さらにロンメルが自ら戦車をひきいて捨て身の攻撃を仕掛けているあいだ、司令官を失った後方の本部は指揮系統に深刻な支障をきたしていた。結果、彼の残りの軍は砂漠で動きがとれなくなった。

オーキンレックはロンメルが撤退を始めた瞬間、リーダーシップを回復し、カニンガムに代えて、ほとんど名の知られていない、副参謀長のニール・M・リッチー少将を第八軍の司令官に据えた。カニンガムは心身ともに疲れ果て、病院に入院した。四十四歳のリッチーはイギリス陸軍で最も若い将軍だったが、最後に指揮をとったときから二十年が経過していた。そのため、実際のクルセーダー作戦の指揮はオーキンレックがとる形になった。しかしこういった異動がある前から、ドイツの反撃は間遠になっていて、戦況は補給が容易な第八軍に有利に傾いていた。

十一月二十六日の夜間、ロンメルの装甲車が燃料の補給を行っている最中に、第十三軍のニュージーランド師団が、トブルクを飛び出して、エルデュダの高地にいた第八軍に合流した。第十三軍の司令官ゴドウィン・オースティン将軍はオーキンレックに強行突破成功のニュースを送った――「トブルクへの通路は開かれ、安全が確保されました。トブルクは今、わたし以上にほっとしています」

しかしそれでイギリス連合軍が西方砂漠の支配権を完全に握ったかどうかは、十二月に入っても疑わしかった。ロンメルは、戦車の数ではほぼ一対四と負けていたが、限られた軍備を見事に活用して、数では遙かに勝るイギリス軍と対等に戦っていた。

「そちらの戦車二台に対して、こちらが一台だからといって、どうということもない」と、ロンメルは捕虜にしたイギリス軍将校に話して聞かせた。「いくら数を出してきても、出てくるとすぐに粉々に粉砕されているんじゃ、意味がないじゃないか」

そんなわけで十二月一日、ロンメルの軍は疲弊しながらも、再びトブルクを包囲した。

一方、イギリス軍司令部のほうは、決戦が近いことを知って、胸を躍らせていた。これからは速い展開が期待できそうだった。クルセーダー作戦以前、砂漠での戦争はやっかいなものだった。大掛かりな戦闘が一続き終わったところで、次の戦いのために再び長期間かけて再補給と部隊の増強に努めなければならない。そういう補給戦は上層部にとって憂鬱だった。しかし今、ドイツ兵は休むまもなくしぶとく立ち上がり、決戦に乗り出そうと待ち構えている。これこそ長い歴史のなかで何度も繰り返されてきた馴染みの戦争の形で、将校たちは意気揚々とそれに臨んでいくことができた。

カイロの住民はクルセーダー作戦はしばらく続くものと考え、戦争を日常生活のなかに自然に織りこんでいった。毎朝仕事に出かける前に、前夜の戦況の変化をラジオで聞くのが日課となり、日中も、一時間毎に伝えられる最新ニュースを定期的に聞くのが習慣となった。株価も安定した。レストランでは料理の値段が多少上がったが、上等な肉や酒が不足するようなことはまったくなく、買いだめは一時的に収まった。秋の社交シーズンも再開した。

ヨーロッパ人の多くは、もしもに備えてスーツケースに荷造りをしてあったが、玄関から引き揚げて、クローゼットのなかにしまった。

気がつくとジャスパーは再びギャングたちのための仕事探しを始めていた。しかし頼りの高級将校たちはクルセーダー作戦に没頭しており、会うことはかなわなかった。魔法の谷の作業場では相変わらずダミーの装備が生産されていたが、そのほとんどは外気にさらされて色褪せていた。確保された輸送ルートを通ってイギリスから十分な訓練を受けた兵士や、新しい大砲、戦車が続々と流れこんでおり、ダミーはもう必要なくなった。ゴースト軍隊の時代は過ぎてしまったようだった。

「われわれはいい仕事をしたじゃないか」フランクが言った。「こちらが近づいていくのさえ敵はまったく気づかなかった」

マイケルが苦々しげに笑う。「ちがうよ、教授。向こうはおれたちの存在さえ知らなかったんだ」

「そういうことじゃない。〈サンシールド〉のことを言ってるんだ」フランクがやんわりと正した。じつのところ、クルセーダー作戦には、マジックギャングが大きな役割を果たしていた。彼らの〈サンシールド〉は巨大な戦車部隊をロンメルの偵察隊の目から隠すのに役立ち、そのおかげで第八軍は完全な奇襲攻撃に出ることができたのだ。それればかりかダミーの大砲や兵士で、軍のすきまをぎっしり埋めていた。しかし、ジャスパーのマジックギャングには、もうこういった役割だけでは自分たちが作戦の一翼を担ったという実感は得られなくなっていた。

ギャングたちが通常の生活になかなかもどれないでいたのは、もどるべき日常業務がなかったことも大きい。フランクがみんなを採用するときに説明したように、カモフラージュ実験分隊には、正式な任務はなかったからだ。しなければならない仕事があるときは、昼も夜も長時間働き、仕事が終わると休みをとって遊んだ。しかし両軍の主力装甲部隊がトブルク周辺で戦っている今、彼らのユニークな能力を必要とするプロジェクトはなかった。将軍も艦隊指令長官も魔法の谷に立ち寄って、さてギャングたちは何を作り出すのかなどと期待して待っている暇はなかった。魔法の谷では砂漠にいすわる熱波のように、時間がいつまでも停滞しており、ギャングたちは暗く沈んでいった。

それから数週間は、ジャスパーにとっても最も辛い日々となった。頭のなかでは、自分が最初に思い描いていた目的は達成したと思っていた――ステージマジックの技法を戦争に活用することはできたのだ。しかし内心では実際にはなにも達成していないという気分を味わっていた。一族の影から一歩を踏み出そうと必死にあがきながら、結局は失敗してしまった。自分の名を重要な人物として知らしめるどころか、歴史のなかの風変わりな逸話――戦争の場で遊んでいたマジシャンというエピソード――を残しただけのような気がした。結局最後に物を言うのは本物の火を吹く武器だけなのだろう。

自分の気分を盛りあげるため、そしてギャングたちを元気づけるため、ジャスパーは日曜の午後にパーティーを催すことにした。招待客のなかには、いちばん人気のあるキャシーを初め、ジェフリー・バーカス、ダドリー・クラーク、自分たちが砂漠に出ているあいだに残留していた機械分隊の数人とギャングたちの女ともだちもいた。擬装工兵のジャック・キーファーとドナルド・キングズリーはファーナムのバックリー少佐のクラスを卒業した仲間で、アレクサンドリアから駆けつけてくれた。またトニー・エアトンは、ちょうど砂漠でダミーの飛行場作りを終えたばかりで、部下といっしょに遊びにきてくれた。

パーティーの参加者は全部で三十五人だったが、フィリップだけが姿を現さなかった。しかしそれを不思議がる者はなく、さびしがる者もいなかった。

パーティーはギャングたちの気持ちを盛り上げるために計画されたものだったが、結果的に戦況好転のお祝いの会になった。ロンメルはトブルクの包囲軍に必要な補給を続けることができず、その朝の夜明け前から、エル・ガザラへの段階的な退却を始めた。八カ月にわたる包囲戦にようやく終止符が打たれた。イギリス軍としてはクルセーダー作戦の一番の目的がこれで達成されたのだった。

蓄音機から流れる音楽は威勢よく、女性は美しく、酒はたっぷりあった。少なくともこの午後だけは、だれもが気ままな気分を楽しんだ。ジャックは醸造所を自分で持ったほうがいいくらいの大酒飲みであることが判明し、エアトンの部下たちと歴史に残るビールの一気飲み合戦に夢中になった。フランクは見事な野鳥の鳴きまねを披露してみんなをおどろかせた。漫画家のビルも、ほどよく酔っ払い、自分の番が回ってくると猥談を披露した。そしてだれもが夢中になって踊りまくった。

フィリップがやってきたのは、パーティーもそろそろお開きという時間だった。青白い顔で入ってくると、立てつづけに二杯あおった。それから隅に立って、踊っている人間たちをとろんとした目で見ていた。フランクがひとりで立っている彼に気がついて、ジョッキを持って近づいていった。

画家はビールを受け取らなかった。「ヤンキーが乗った」呆然とした声でフィリップが言った。

「なんだって?」フランクが大声で言った。フィリップの声は喧騒にかき消されてよく聞こえなかった。さっきと同じようにフィリップがそっと繰り返した。「ヤンキーが乗った」

「だれだい、それは?」

「アメリカだ」フィリップは少しだけ声を大きくしたが、口調は冷静だった。「アメリカが参戦したんだ」

そばでその言葉を耳にした人々がおどろき、フィリップに注意を向けた。「どういうことだ?」そのうちのひとりがきいた。

「日本人が今朝、ハワイでアメリカの艦隊を爆撃した。日本軍は侵略してくるつもりだ。公式には明日、ローズヴェルトが発表するらしいが、アメリカは参戦した」

そのニュースひとつで、部屋全体がジョー・ルイスのパンチをくらったかのように揺れた。蓄音機のプラグが抜かれ、歌っていたジョー・スタッフォードの声がうめくように途切れた。みんながフィリップのまわりに集まり、詳しいことをきこうとせっついたが、彼自身もそれ以上のことは知らなかった。だれかがラジオのスイッチを入れたので、速報を聞くことができたが、このビッグニュースは一晩中繰り返し報道されることになった。米軍が大損害を受けたことが報道されていた。

部屋のなかは一瞬静かになったが、衝撃的なニュースの意味が各自の胸に落ちてくると、小さなざわめきが一気にはじけて騒乱の渦となった。アメリカが参戦すれば、ドイツ軍もさすがに苦しくなるだろう。男たちは握手をかわし、肩をたたきあい、まるで自分たちがアメリカを戦争に送りこんだかのようだった。ローズヴェルト、チャーチル、そして厳しいロシアの冬の気候を利用してドイツの急襲を止めるのに成功したスターリンにも乾杯が捧げられた。あと数カ月以内にヨーロッパに新しい前線が展開するだろうという憶測も飛び交った。合衆国とイギリス連邦の連合軍の前にナチスは倒れる。カイザーと同じ目にあうのだ。アメリカはとことんやるにちがいない！

アメリカ参戦を祝う声は夜に大きくこだまし、やがて浮かれ騒いだ集団は眠りについたが、夢のなかでも兵士や戦車が行進を続けていた。それから数日経って初めて、日本軍がアメリカに与えた被害が明らかになった。アメリカはかぎ爪を抜かれたライオンと同じだった。海軍は真珠湾で完全に打ち砕かれていたし、陸軍はあきれるほどに用意が整っていない。陸軍航空隊もかなり時代遅れだ。しかしこれでイギリスはもう単独で戦わなくてすむ。それだけでも自信を新たにするには十分だった。

その次の週は、山ほどの書類が手早く処理され、将校たちは汗だくになって走り回った。カイロの町がつねにも増して騒々しかったのは、参戦が決まったアメリカが、力を誇示するデモンストレーションでも始めるのではないかと、みんなが心待ちにしていたからだ。しかし実際には、ムスリム同胞団の抗議の行進があったぐらいで、なにも変わったことはなかった。それでも週の初めのうちは、町は大いに沸いた。地元の人々はだれもがアメリカ人をもてなしたい気持ちで一杯だったので、カイロにいる数少ないアメリカ人は、乾杯を受け、敬意を表されて、あらゆる楽しみをただで味わい尽くすことができた。しかし金曜日になると、状況はうって変わり、合衆国が参戦したという喜びは、怒りに変わって町に蔓延《まんえん》した。こちらが苦しい戦いをしていたときに、アメリカはどこにいた？　戦いに勝ち目が出てきたから参戦するなど、いかにも彼らのやりそうなことだ！　その週の終わりには、カイロにいるアメリカ人は、酒を飲むにもディナーを食べるにも、女を買うにも、町で最高額を払わされた。人々は再び現状に目を向け、アメリカが参戦したのはいいが、彼らの準備が整うのを待って戦いを延期させることはないという考えに傾いていた。

第八軍は、十二月十五日にクルセーダー作戦を再開した。リッチー司令官は軍の主力をロンメルの強力な防衛線にぶつけると同時に、装甲旅団を派遣して敵の南の翼を包囲し、アフリカ機甲軍団の撤退ルートを分断した。ドイツ軍は価値のない砂漠での一歩ごとにイギリス軍から血の代償を奪い取りながらしぶしぶ退却を始めた。

結果的にはオーキンレックの我慢が勝利を導いた。敵の戦車三百台を破壊し、三万三千人を捕虜にし、トブルクの包囲を解いた。ロンメルはほぼ一年前に攻撃をスタートさせた地点まで押しもどされた。第八軍も大きな損失に苦しんだものの、兵士も装備もいつでも新しく入れ替えることができた。つまりロンメルが北アフリカに到着して以来初めて、イギリスが砂漠の支配権を握ることになったのだ。クルセーダー作戦の次のステージは、敵にとどめをさすことだった。

しかしジャスパーとマジックギャングにとって、戦争――北アフリカ戦線そのもの――がほぼ終わっていた。補給の事務員や空軍婦人部隊、そして退役将校のように、彼らは新聞やラジオを通して戦争を経験するだけとなった。

「壮大なショーだった、そうだろ？」フランクがジャスパーの気を引き立てようとして言った。ふたりはジャスパーの事務所でいっしょにすわっていた。会話はしだいに過去の話に移った。ふたりはともに過ごしたすばらしい時間を懐かしく思いだしていた――ジャスパーのほうきの柄が腹に向けられているとわかったときの、ゴート司令官のびっくりした顔。ドイツ空軍の飛行機がマリュート湾に進路をずらしたときの、少年のように喜ぶマイケルの笑顔。そして〝ラクダの糞パトロール〟を実施しているときに視察に来たバーカス少佐のばつの悪そうな顔。フランクはフィリップが廃品ゴミの迷路で迷子になったときのことを話した。ジャスパーはあの雨の午後に大笑いした場面を思い浮かべた。ダミーの戦車がふたりの男で簡単に持ち上がるのを高級将校に実演してみせようと、ジャックとネイルズが持ち上げたときだった。なかから裸の准尉と、同じく裸の空軍婦人部隊の隊員が抱き合って出てきたのだ。

ふたりはそれからやっと将来のことに話がいったが、笑い声は消えてしまった。

「もうしばらく部隊の団結を維持していられれば、こちらにも仕事が回ってくるだろう」ジャスパーが熱意をこめて言った。「ぼくにはわかる」

フランクにはそうとは思えなかった。アフリカゾウが身を隠す必要がないように、今や恐れるもののない強力なイギリス軍は、わざわざ擬装などする必要はないのだ。しかしフランクとしてはジャスパーの気分を明るくしてやりたかったので、ずっと昔ファーナムでそうしたように、身を寄せ合って新しい計画を立てようとした。それが仲間だと思っていた。

ところがそれからまもなく、フランクの予想がまちがっていたことがわかった。マジックギャングはこれから、長いアンコールを演じることになる。十一月にドイツの潜水艦が、イギリスの航空母艦アークロイアルと戦艦バーラムを撃沈。十二月十日には日本の攻撃機がマレー沖で軍艦プリンス・オブ・ウェールズと巡洋艦リパルスを海底に沈めた。海軍大将アンドルー・ブラウン・カニンガムの地中海艦隊がこれらの損失に苦しんでいた。そのいっぽうで、十二月十九日にはマルタ島からのK部隊がイタリアの船団を追跡中に機雷原に突っこみ、巡洋艦ネプチューンと駆逐艦カンダハールは海底に沈み、巡洋艦アウロラとペネロペは大破した。同じ夜イタリアのチャリオット、つまり小型潜水艇三隻が、にわかに手厚くなったアレクサンドリア港の防衛を、駆逐艦の陰に隠れてすりぬけた。ひとたび港に入りこむと、イタリア軍の潜水工作隊員六人が戦艦クイーン・エリザベスとタンカーのサゴナの船体に時限爆弾を仕掛け、さらに戦艦ヴァリヤントの浮かぶ海底にも同じ時限爆弾を埋めた。その結果、三時間後に港が爆発。サゴナは撃沈され、クイーン・エリザベスとヴァリヤントは、甲板の大部分は海面より上に出ていたものの、船底が浅瀬についてしまい、数カ月間は使いものにならなくなった。

ほんの八週間前は、イギリス海軍が地中海を制覇し、ドイツとイタリアの船団に攻撃をかけていた。それが突然状況が逆転した。徹底的に叩かれたイギリスの艦隊は覇権を握るどころか、自軍の船団の安全を守ることもできなくなった。アフリカ機甲軍団が首を長くして待ちうけていた物資その他が、リビア経由で供給され始めた。ドイツ空軍はマルタ島に新たな攻撃をかけてきた。そこはイギリスの最も重要な海軍基地で、オーキンレックの地中海防衛の中枢だった。

アンドルー・ブラウン・カニンガム大将は新しい海軍を必要とした。マジック・ギャングに仕事が回ってきた。

11
折りたためる潜水艦

一九四一年のクリスマスは憂鬱な一日だった。太陽は女王のダイヤモンドのようにまばゆく、カイロの町には咲き誇る花の甘い香りが漂った。高級ホテルはどこでも豪華なクリスマスディナーを出し、パーティは果てしなく続いた。お祝い気分のヨーロッパ人はみな日焼けした肌に白い歯を光らせて微笑み、腹が痛くなるまで笑いころげ、心をこめて乾杯をしていたものの、ほとんどの人間は冬寒の故郷の家に帰りたくてしょうがなかった。暖炉の火をかきたて、薪がはじけるのを見て、緑のモミの木の枝にデコレーションの球を吊り下げたかった。流し台一杯になった食器を洗いながら、耳慣れた家族の声で心を温めたかった。

ギャングたちは魔法の谷でのスペシャルディナーに舌鼓を打った。〝ヴォルトゥルノ風グレープフルーツ〟、〝七面鳥のヒナのサレルノ風ローストのマッシュポテト添え〟、〝グリンピースのシェパード風〟、〝フォッジア風ソーセージ〟、そして〝産地不明ソース〟が〝作業場風クリスマスプディング〟に添えられた。

「これは今年のクリスマスシーズンに食べたなかで最高のクリスマスディナーだ」マイケルが評価した。

食事のあとには、ジャスパーとフランクが率先して合唱会を開いた。祝日用の葉巻きに火をつけ、戦場の兵士の救済を厳粛に祈ったあと、すぐに部屋は空っぽになった。

ジャスパーは歩いて通信施設に行き、仮設の電話でメアリーと話をしようとしたが、つながらなかった。彼はその日の早い時間に一通の長い手紙を書いていた。過去のクリスマスにまつわる思い出がぎっしりつづられた手紙には、メアリーへの愛と、会いたくてたまらない気持ちが詰まっていた。

今日はここにいるわれわれ全員にとって辛い一日だ。できればさっさと終わってほしいくらいだ。もし地球の地軸を持って回すことができるなら、ぼくはその回転をずっと速めてやるだろう。きみに会いたいのはいつものことだが、今日は特に切実だ。

シェパードホテルではテラスに大きなツリーを飾り、色紙でつくった飾りを吊り下げている。ブラスバンドの演奏するクリスマスの音楽が、陽射しの降り注ぐ屋外に流れている。エジプト人は楽しんでいるようだが、イギリス人の男のほとんどは、そういったもののすべてに気を滅入らせている。

ぼくらが経験したこれまでのクリスマスとはまったくちがう。まあ、寛大な聖ニコラスはどんな形で祝ってもらおうと喜んでくれるとは思うがね。どうか子どもたちにパパが会いたがっていると伝えてやってくれ。愛しているともね。

ジャスパーは美しいシルクのガウンとさまざまな玩具を十一月の下旬に自宅に郵送してあったが、それが届いているとは思えなかった。

メアリーは思いきり忙しく立ち働いているだろう。目をつむって深く息を吸いこめば、メアリーの焼く七面鳥のいい匂いがしてきそうな気がする。彼女の一日の大半は夫のことを考えて終わるにちがいない。

新しい仕事は、ギャングたちが受け取ったいちばんうれしいクリスマスプレゼントだった。翌日、それを発表するジャスパーの声には元気がもどっていた。「クイーン・エリザベスもヴァリヤントも浸水したが、まだバランスを保っている。損傷した部分はだいたい隠してあるから、ドイツ兵は二隻が破損したことは知っていても、その程度は知らない。だがもうじき使いものにならなくなることを知ったら、ありったけの補給船をかき集めて、ロンメルのところへ急いで補給品を送りつけるにちがいない。そうなる前に、アンドルー・ブラウン・カニンガム海軍大将は、ロンメルの注意をそらしたいと考えている。実際カニンガム海軍大将が頭に描いているのは……」そこで長い間をおいて、ギャングたちをじらしてやる——「潜水艦隊だ」

ネイルズがわざとみんなに聞こえるようにため息をついた。

「なんだ、心配して損した。もっと難しい注文をしてくるんじゃないかと思ってた」

地中海のイギリスの艦隊のほとんどは、損傷を受けているか、どこか別の場所で必要とされていたので、海軍大将のアンドルー・ブラウン・カニンガムは、自軍の潜水艦を頼りに、リビアに通じるロンメルの補給線を封鎖しなければならなかった。だがドイツ空軍の偵察機は二時間ごとにイギリス軍のドックにある潜水艦の数を数えており、それでカニンガムも困り果てていた。イギリス軍の潜水艦の出入りはロンメルに筒抜けだった。これでは、潜水艦隊の効果はないに等しい。カニンガムはこれに対抗するために、航海中に、本物の潜水艦をダミーの潜水艦とすりかえることを考えついた。そうすれば潜水艦は敵に知られることなく港から出ていくことができる。マジックギャングのダミー戦車に感服したカニンガムは、今度は実物大の、浮いた状態のダミー潜水艦を作ってくれと言ってきたのだ。折りたためて、五トントラックに載せて運ぶことができ、どこにでも数時間以内に設置できるものを。

ギャングたちにはこの任務を引き受けるにあたって大きなハンディキャップがあった——だれも本物の潜水艦を見たことがないのだ。「一度だけ実際に見たことがある。十年前サウサンプトンで。でもそれは夜だった」とジャック。

カニンガムの参謀は彼らにトップシークレットの青写真を提供してくれた——さらに秘密を守るために、武装した警備員もいっしょによこした。その設計図を見ると、潜水艦は、どれも船首から船尾まで七八・六メートル、高さは喫水線から司令塔の上まで八・二メートル。さらに甲板砲、錨、鎖、手すりがついていて、そういったものすべてが、どれも本物らしく見えなければならない。

「それに潜望鏡」マイケルが大きな声でみんなに言った。「潜望鏡のついていない潜水艦なんて見たことない」

「潜水艦自体、一度も見たことがない」フランクが言った。

オーキンレックの第八軍は砂漠でしぶとくロンメルを追跡し、ここで再び第八軍は危険なほどに兵站線を伸ばしていた。そんな時にマジックギャングはふつうならば不可能と思われる仕事に取り組んでいたのだ。「ダミーの潜水艦は、ダミー戦車と大差ない」ジャスパーが強調した。「ただ大きいだけだ。ダミーを作る技術は基本的には同じだ。木製のロッドをいくつか手に入れてフレームを作り、そこへキャンバス地のようなものを張っていく——手始めにしなければならないことは、乾《かん》舷《げん》（船体の水上に出ている部分）として通用する大きなものを探すことだ」

「本物の潜水艦を使えばいいじゃないか」ビルが提案した。

ギャングたちはナイル川流域で、大きくて、使われなくなったもので、手に入るものを探し始めた。このころになるとみな、普通では考えられない場所に材料を探しにもぐりこんでいくのに慣れていた。また、そんなものを使って、いったいなにをしようとしているんだときかれても、適当なことを言って切り抜けることができるようになっていた。アラブ人たちが耳の上あたりで小さな輪を描いてみせる、つまりは頭がおかしいことを示す万国共通のサインにも慣れっこになった。「いいかい」ジャスパーが成果のなかった初日の終わりに、こう言った。「ダミー自体は浮かばなくていいんだ。下に樽をつければいいんだから」

あとからフランクが、樽などひとつもないことを知らせた。買い物リストに樽が追加された。

材料探しの三日目に、ネイルズがエジプトの企業家からラクダの糞五十キロを提供された。その企業家は、ギャングたちがペンキプロジェクトの材料集めに奔走していたのを覚えていたのだ。しかし、潜水艦のデッキや司令塔の基礎構造になりそうなものはなにもみつからなかった。

さらに二日が経過した。手に入るものは、どれも大きさが足りず、いっぽう大きさが十分あるものをやっとみつけても、それはギャングたちの手には入らなかった。鉄くずは本物の戦車や飛行機の修理工場に持っていかれたし、自動車の車体はすでにダミー戦車の車体に使われている。撃破された飛行機のねじまがったフレームでさえ、魔法のような腕を持つ砂漠軍の機械工によって、分解され利用された。焼け焦げた戦車の車体なら手に入ったが、数トンの重さがあった。「紅茶を入れたカップに、鉛の塊を落とすようなもんだ」ネイルズが言った。「そんなダミー潜水艦は沈むだけだ」

ジャックが最後に、ガラクタ置き場で解決策をみつけた。「路面電車に乗って、ずっと考えてたんだ」これまでだれにも見せたことのない、ひどく興奮した様子で説明を始めた。「しかし、いまいましいことに、電車のなかはうるさくって考えごとなどできやしない。ところが、電車が甲高い悲鳴をあげながらバブ・エル・ルクの急な角を曲がったときひらめいたんだ。鉄道車輛なら使える。まるで車輪の音がそう叫んでいるようだった」

ジャスパーは鉄道車輛を使うという案に賛成した。しかしカイロを走る路面電車はすでに相当酷使されていることを、念のためフィリップに教えた。

「エジプト人は決して新しいものに取り替えようとはしないだろうし、今使っているものをこっちがちょっと借りてくるというわけにもいかないだろう」そこで少しためらってから、マイケルのほうを向いて、その顔をじっと見た。「できるかな?」ときいたが、マイケルが答える前にジャスパーは首を振って、そんな考えを頭から追い出し、自分で自分の質問に答えた。「だめだ。できるはずがない」

「いや、その点は心配いらないんだ」ジャックが満面に笑みを浮かべて言った。「さびついた車輛がずらりと眠っている場所が駅のそばにある。アラビア横断鉄道用に作られたものらしいんだが、こちらに到着したころには、ローレンスが線路を粉々に吹き飛ばしていた。だからそいつらはだれの役にも立てない、われわれ以外にはね」

全部で十八台の車輛が眠っていた。ジャックが言ったように、それらは世紀の変わり目にイギリスから輸入されたものだった。アブデュル=ハミト二世のオスマン帝国に向かって伸びる千三百五十キロの線路は一九〇八年に完成しており、主にムスリムを聖なる都市メッカに運ぶ用途に使われていた。十年間操業を続けたところで、第一次世界大戦が勃発。T・E・ローレンスとアラブ人の隊がしょっちゅう線路を爆破したため、使い物にならなくなった。車輛は狭軌の線路用だったので、ほかの路線で使うことはできなかった。それでときどきホームレスのアラブ人がなかでキャンプをしているのをのぞけば、今まで鉄道の墓場に打ち捨てられたまま、忘れられていたのだ。ジャックの言う通り、それらは鉄道車輌としては使いものにならなかったが、立派な潜水艦に変身できそうだった。というわけで、スルタンの錆びついた夢の残骸は、マジックギャングの潜水艦隊の骨組みになることが決まったのだった。

海軍大将カニンガムの購買担当者は、鉄くずの回収という名目で、車輌のほとんどを買い上げてくれた。そのひとつが戦車修理部隊の手によって魔法の谷に運びこまれてきた。錆びついた鉄道車両が、庭の片隅の焼けた砂の上にこっけいな感じで待っているあいだ、ギャングたちはその変身計画を練った。先の大戦がはじまる前には、この車輌も均整のとれた美しい車体を光らせ、砂漠を征服する新しい技術のシンボルとして人々の目に映ったにちがいない。しかし今は、高価なスライド式ドアも、見事な天井扇風機も、金属製のドアも、カバーをかけたシートも、無惨にはずされて、巨大な車体だけが、砂漠のなかで朽ちていくままになっている。腐食した塗装のなかになんとか見取ることができる見事な筆跡で書かれたアラビア文字だけが、過去の面影を漂わせていた。

「あそこに置いてあると、ずいぶんわびしい感じがする」フランクが悲しそうに言った。

ビルは、かつて威光を放っていた頃の車輌の姿を想像しようとした。

「迷信深いベドウィンが、砂漠のなかに初めてこれを見たときの気持ち、それを思い浮かべてごらんよ。どこからともなく姿を現して、黒い煙を吐き出したんだ。すごいと思ったろうよ」

マイケルがうまい比喩を思いついた。「こぶが三つあるラクダがトラファルガー広場を駆け回っているのをおれたちが見るようなもんだな」

ジャスパーはネイルズと、さらに機械分隊からやってきた数人とさまざまなアイディアについて話し合ったあと、車輌の上にのせる木製のフレームを組み立てて、横木を必要な数、蝶番で固定していくことにした。フレームは水に浮かぶ車輌からはずせるようにデザインし、平らにたたんで、次の港まで輸送できるようにした。次の港では、またフレームを開いて横木を釘付けし、パイプを溶接して同じ形の車輌の上にかぶせればいい。フレームには、ペンキを塗った帆布を張る。「仕掛け全体を数分でたためるようにしなければならない」ジャスパーはギャングたちに概略図を見せながら言い、ダミー潜水艦の概観もあわせて発表した。「潜水艦の舷側は、蛾の羽のように張り出させるが、それを本体部分から簡単に引き出せるようにして、輸送が楽にできるようにする。指令塔は、伸縮式の支柱を中心に、直径が小さくなっていく七つの木製の輪に帆布を張っただけのものだ。これを滑車で引っ張り上げて、留め釘《ペグ》で正しい位置にセットする。輪が帆布の骨組みになるわけだが、これは輪をたたんでしまえば、ほぼ平らになる。甲板砲《デッキガン》は帆布にペンキを塗って作り、ロープを鎖に見せかける。錨はボール紙で作るが、ドイツ兵の目をごまかせるように本物らしく作らないといけない。以上。質問は？」

ジャックがひとつだけ残った問題についてきいた。「で、そいつは浮かぶんでしょうか？」

ジャスパーは肩をすくめた。「そればかりは、やってみないと」

ネイルズが概略図をもとに縮尺模型を作り、数日後には娯楽室に設置した水槽のまわりにギャングたちが集まって進水式の準備が整えられた。薬莢を使って作った鉄道車輌の模型に木のフレームをかぶせて実験の準備は完了した。

「おい、忘れるなよ」ネイルズが念を押した。「これは動く必要はない。浮いているだけでいいんだぞ」そう言って、水面にそっと模型を置いた。模型は数秒、船体を高く維持したものの、すぐにふるえ始め、いきなりひっくり返った。逆さまの状態で数秒浮いていたが、やがて水槽の底に沈んでしまった。

「少々頭でっかちのようだ」フランクが言った。

ジャスパーは製図板にもどった。そのあいだにも、カニンガム海軍大将はダミーの潜水艦はまだかとギャングたちをせっついた。ドイツの諜報部はカニンガムの潜水艦の小艦隊を厳重に監視しており、その状態で複数の潜水艦が港を離れるのはとても危険だった。すでに枢軸国の新たな補給ルートが地中海を通ってトリポリまで再構築されていて、再びロンメルのもとに軍需品が続々と入ってきている。一月五日、巨大なイタリア船団が五十四台の戦車と数トンのガソリンを積み、地中海を渡ってトリポリに着いた。ここで再び砂漠における力のバランスが変わった。アフリカ機甲軍団は撤退を余儀なくされたものの、そのおかげで補給が楽になった。一方、第八軍の兵站線はキレナイカを横断して長く伸び、補給が困難になってきた。オーキンレック軍は彼が思い描いていたような、決定的な打撃を敵に与えることはできず、傷を負った砂漠のキツネは新しい戦車を得て、これまでにないほど狂暴になっていた。

一月十六日までに、ギャングたちは潜水艦が沈むという問題を、少なくとも水槽のなかでは解決し、それから試作品が作られ、テストに回されることになった。カニンガム海軍大将とその参謀が魔法の谷の庭に立って見守るなか、車輌の上にフレームがかぶせられ、固定されたところで、ジャックとネイルズが左右の舷側を引っ張り出した。マイケルとフランクが滑車のロープを引っ張ると、旗が竿をのぼっていくように、司令塔がするすると立ち上がった。ジャスパーが両手を後ろで組み、指で十字をつくって成功を祈るなか、木製のフレームとペンキを塗ったキャンバス地が、イギリス軍の潜水艦と同サイズのダミーに変身していった。わずか数分のことだった。「ヘイ、プレスト！」マジシャンは小さな声で言った。

カニンガムがこちらを向いた。「なかなかだな、ジャスパー」興奮をおさえて言ったものの、だれが見ても大喜びなのは明らかだった。「で、これは浮かぶんだろうね？」

ジャスパーは明からさまな答え方は避けた。「わたしも閣下と同じくらい、それを望んでいます」

ダミーの潜水艦は、防備の固い紅海まで輸送されていった。進水はスエズの南方で予定されていた。ギャングたちはトラックに乗って試験場に向かった。

「これについては、だれにも知られてはならない」カニンガム自らギャングたちに言い含め、「絶対にだ」と念を押した。

進水は一月十九日の予定だったが、その日は幸先の良い日だったことが後に判明した。その日の午後にイギリスの第八軍がようやくハルファヤ峠を奪取したのだった。

夕方に、ギャングたちはダミーの潜水艦を設置した。水面から木製の潜望鏡の先まで、帆布と粘着テープ、ロープとロッドでできた潜水艦はどこから見ても本物らしかった。もちろんしかるべき距離を置いて見たらということだが。しかし水面下は、まるでフジツボの怪物にとりつかれているような有様だった。石油の入っていた黒いドラム缶に少し砂を詰めたものが、ロープで車輌の前と後ろに浮力を与えるためにくっつけてあった。その一方で安定を増すために、竜骨から大きな岩が吊り下げられている。

マイケルが進水式のセレモニーのために、上等なイタリアワインを持ってきた。ダミーには「H・M・S（イギリス軍艦）・ホープ《ホープ》フル」という名前がつけられていた。ずっと浮いていて欲しいというギャングたちの期待がこめられていた。ワインを調達してきた者として、マイケルが自ら船の命名の儀を執り行うと言い出した。そして、自信に満ちた大きな声でしゃべり出した。

「わたしはこの……」と、すぐに言葉に詰まってしまった。目の前の代物をなんと呼べばいいのか、正確な言葉がみつからない。

「潜水艦」ビルがせっついた。

マイケルは肩をすくめた。「了解。わたしはこの潜水艦を〝H・M・S・ホープフル〟と名づける。立派に務めを果たすよう、われわれのだれもが心から望んでいる」そう言って、ダミーの潜水艦にワインボトルをたたきつけるのはやめて、コルク栓を歯を使って抜いた。それからワインをちょっとキャンバス地にふりかけて、まず自分がたっぷり飲んでから、ほかのみんなに回した。

イギリス海軍のモーターボートに護衛されるなか、ホープフルは曳き船に引っぱられ、辛そうな音をたてながら、グリースを塗った船架の上から穏やかな海に滑り出した。ギャングたちは浜辺に立ち、ダミーの潜水艦が浅瀬を航海していくのを見守った。まるで何も知らない娘が無情な世間に出ていくのを心配そうに見守る父親のようだった。ホープフルはスピードを上げた。そのまま海底につっこんでいくのではないかと、見ているものの気をもませたものの、なんとか自力で浮上した。そしてみんなが固唾《かたず》を飲んで見守るなか、ふらふら横揺れし初め、一度右舷に大きく傾いたが、再びまっすぐ身体を起こし、いくぶん危なっかしい格好で、紅海を進んでいった。

「見ろよ、あいつほんとうに浮かんだぜ」ネイルズが言った。

「まあ、落ち着け」とフランク。「あの娘《こ》には、まだ海に慣れる時間が必要だ」

そよ風が吹いてきて、キャンバス地の甲板にしわがより、かすかにふるえたが、ホープフルはなんとか持ちこたえた。

「あそこは鋲で留めてやらないと」ジャスパーが厳しい目で見て言った。まるで娘のスカート丈について話しているような口調だった。モーターボートの航跡がダミー潜水艦を揺らし、船体の下をくぐってから浜に上がり、砂のなかに消えた。そのあいだホープフルは前後にそっと体を揺らし、木のきしる音を響かせたものの、波にとらえられることはなかった。

ジャスパーが岸からもう少し遠くへ出すよう無線で指示を出すと、ホープフルはもっと深い水域に引っぱられていった。パステルカラーの空を背景に海に浮かぶシルエットはいっしょに並んでいる本物の船と遜色《そんしょく》なかった。「上出来だ」ジャックが言った。ジャスパーは、これならドイツ軍の目もあざむけるだろうとすでに満足していた。フィリップの下でペンキ塗りを担当した連中がすばらしい仕事を見せていた。

ギャングたちは、夜のあいだホープフルをひとりにしておくのが忍びなかったが、しぶしぶ帰ることにした。「だいじょうぶ」フランクが請け合った。その言葉を合図にみなは三トントラックに乗りこんだが、フランクはいつものように気休めを言っているのだと、みなわかっていた。

翌日、朝日が昇ると同時に、全員が浜辺に駆けつけた。ホープフルは昨日より水面から一メートル近く沈んでおり、昨夜はなんとか水面から顔を出していたドラム缶の浮き台が、今はまったく見えなかった。帆布製の潜水艦は、軽い揺れに身を任せてのんびり遊んでいるようで、波のうねりにあわせて船体を上下させ、海錨を引っぱっていた。

「だから言ったじゃないか」フランクが心からほっとして大きな声で言った。「だいじょうぶだって」

ギャングたちはシャツもブーツも脱ぎ去って、朝の陽射しを体いっぱいに浴びながら、海軍大将カニンガムの視察団が到着するのを待つことにした。

「これこそが人間の生活だ」ネイルズが言った。「地中海の太陽が降り注ぐなか、おれたちは浜辺で……」

「そして見渡す限り、百六十キロ先まで、目の保養になりそうなねえちゃん……はいない」マイケルがため息をついた。

十時を少し回ったところで、イスマイリアの地域司令官から派遣された伝令が、浜辺から離れたところに設置してある立ち入り禁止のバリケードへ、すごい勢いでやってきた。ジャスパーに緊急命令が出て、ただちに地元の本部に出頭するようにとのことだった。「おそらく地域司令官がこっそり見せてくれと言い出したんだろう」ジャスパーはそう考えてシャツのボタンをとめ、つややかな黒い髪をきちんと撫でつけた。

ところがそうではなかった。地域司令官は、ジャスパーが海に浮かべているのがなんなのか、正確なところを知りたがっていたのだ。

ジャスパーは司令官の前に立ち、しっかり練習していたようにおどろきの表情を浮かべた。カニンガム海軍大将からは、秘密は絶対に漏らすなと厳命されていた。ホープフルが存在するという事実はだれにも明かしてはならなかった。ダミー潜水艦計画の成否は、秘密をどれだけ守れるかにかかっている。「なにも浮かべていませんよ」ジャスパーは嘘をついた。

「いや浮かべている」将軍が言い返した。「わたしは知っておかねばならんのだ」

「いいえ、なにもありません」

「われわれは味方だ。話してくれて、いっこうに差し支えない」

「それはそうですが、こちらはなにも隠してなんかいないんです」

司令官は眉をひそめた。そして厳しい声で警告した。「そうやって突っ立って、わたしを騙そうったってそうはいかない。これはピカデリーのマジックショーじゃないんだ。もしきみがほんとうのことを言うつもりがないなら、断固とした懲罰措置をとらせてもらう。さあ、そこでもう一度きくが、きみは海に潜水艦を浮かべていたんじゃないのか?」

「いいえ」

司令官はうなずき、それからジャスパーにすわるように言った。「まあ、きいてくれ」そう言って今度はなだめるような口調で話を続けた。「厳しい態度をとって申し訳なかった。しかしイギリス空軍から報告が来てるんだ。身元不明の潜水艦が、スエズの南岸で認められたとね。海軍にきけば、その水域に船は一隻もないはずだと言う。で、ちょうどきみがここにいるもんだから、これはなにか関係があるんじゃないかと思ったわけだ。そんなものは存在しないという確認が取れるまでは、こっちはどうすることもできない」そう言って机のむこうに手を伸ばして電話をとりあげた。そのクランクを回しながら、またひとこと言い足した。「味方の船を吹き飛ばしたくはないからね」

ジャスパーは口を固く結んだ。海軍大将の命令は絶対だった。

司令官は電話で話した。「空軍総司令部、応答を願います。ああ彼でいい」

待っているあいだ、司令官は受話器を手で覆って、ジャスパーに言った。「敵が侵入してきたんだろう。この海域でいったいなにをするつもりか、さっぱり見当もつかんが。バッテリーの故障かなんかだろう。しかし大変なことにならないうちに手をうたないといけない。爆撃機を一個中隊飛ばす。それに逃亡ルートを遮断するために、駆逐艦も二隻向かわせる」

これは脅しだろうか。だとしたら見事な演技だ。ジャスパーはふと考えた。今の自分は、マジックショーの観客と同じジレンマに陥っていた――まさか相手がそんなことをするとは思わないものの、絶対にあり得ないとも思えず、そうなったときのことを考えると、やはりおそろしくてたまらない。

「アーチーかね？　マルコムだ。たいへんすまないが、あの潜水艦の身元はこっちにもわからない。どうもうちのじゃないらしい、となれば、ここは思い切って……」

「うちのです」ジャスパーがきっぱりと言った。

司令官が彼の顔を見た。「ちょっと待っていてくれ、アーチー」電話を机の上に置いた。「どうして言ってくれなかったんだ？」

「カニンガム海軍大将の事務所と連絡をとってください」

誤解はすぐにとけ、謎の潜水艦の爆撃指令は取り消された。その日の午後遅く地域司令官のもとにカニンガムからの通知が届いた。それにはこう書かれていた——「誤解を与えてすまなかった。その地域では今後ジャスパー・マスケリン率いる面々の特殊任務が行なわれる」

ホープフルの処女航海は文句無しの成功を収めたが、実際の任務につく前に、フランクが深刻な欠陥をみつけた。「航跡がまったくない」ホープフルの写真一組と、偵察機が撮影した本物の潜水艦が航海中の写真を見比べて言った。

「潜水艦に」ネイルズが答えた。「航跡はなくていいだろう」

「しかしドックに入ったときには航跡がいる」フランクは、潜水艦であっても投錨しているときは二本の白く細い航跡が船体のまわりから船尾まで、ゆるやかに伝うことを説明した。ホープフルにはそのような航跡はまったくできなかった。フランクはこの問題を一日がかりの実験で解決した。百七十リットルの水しっくいのドラム缶四つを舳先からつるしてみたのだ。ドラム缶すべてに親指の爪ほどの穴をあけておけば、そこからにじみ出てくる水しっくいを航跡のように見せかけることができた。しっくいのにじみ出る量は潮の状態によって調整する。

ホープフルがカニンガムの視察に合格すると、魔法の谷の作業場では本格的な艦隊づくりが始まり、多くのキャンバス潜水艦が作られた。全長七八・六メートルのダミー潜水艦は最初レバノンのベイルートの海軍基地で使用されたが、のちにほかの港でも戦時中ずっと使われることになった。航海中に本物の潜水艦とすりかえたり、あるいは敵に、連合軍の潜水艦がそこで——実際はなにも行われていない場所で――活動していると思わせるのに使った。敵がこの作戦に騙されたという記録はどこにもないが、ドックに浮かんでいるあいだ、ダミーの潜水艦は繰り返し攻撃を受けた。いちばん最初に作られた帆布製の潜水艦ホープフルは、進水してから七カ月後に、爆破されて粉々に散った。

しかしジャスパーの潜水艦がテストに合格するよりずっと前に、ロンメルは攻撃に移る準備を整えていた。そして手はじめに、メルサ・ブレガの町の数十の建物に火をつけ、波止場で自軍の補給船の海水弁を開き、多数沈没させた。連合軍の情報部はそれを見て、ドイツ軍はリビアからの撤退を準備しているのだろう、と報告した。

まさにロンメルの思う壺だった。イギリス情報部のために焼き払ってみせた〝砦〟は空家で、自沈させた船は使い物にならない廃船だった。撤退どころか、アフリカ機甲軍団は攻撃をかけようとしていたのだ。ドイツ軍は夜のうちに前進し、昼は擬装網の下に隠れて汗だくになって数日間を過ごしていた。一月二十一日の水曜日、ロンメルはキレナイカに奇襲攻撃をかけた。

第八軍はひとたまりもなかった。アジダビアとベダフォムの町は二十二日に陥落。ベンガジは二十九日に陥落し、千三百台のトラックと数トンのガソリンをはじめとする備蓄品が奪取された。次の週、イギリス軍は西方砂漠を押しもどされ、補給品も底をついてしまった。今再びロンメルはイギリス軍の鼻をあかしたのだった。

オーキンレックは第八軍のリッチー司令官を更迭《こうてつ》することも考えたが、最終的にはそのままにした。いっぽう、ロンメルは二月六日、補給が難しくならないところで軍を止めていた。ようやく彼も補給線が生死を分ける砂漠戦の現実を理解し、自軍がしかるべき力を補給できるまでのあいだ、前進を控えることにしたのだ。クルセーダー作戦の最終局面で両軍はガザラインをはさんで対峙《たいじ》することになり、百キロの距離にわたって点在する第八軍の陣地は、地雷原に守られていた。こういった陣地は〝ボックス〟と呼ばれ、それぞれが、およそ五平方キロの面積に、ほぼ一週間の包囲を追加補給なしでしのげるだけの物資が備蓄されている。約五百台のイギリス軍の戦車が六つのボックスのあいだをパトロールして回り、地雷原を巧妙に通り抜けようという敵の意志を鈍らせるとともに、攻撃を受けたボックスがあればすぐに支援に向かえるようにしていた。こういった〝抵抗の島〟のひとつひとつを地雷原、鉄条網、各個掩体、機関銃を備えたトーチカが取り囲んでいた。オーキンレックは、ロンメルの攻撃をくいとめるにあたって、難攻不落とされているこのガザラインに大きく頼っていた。これが突破されれば、ナイル川流域と、中東の石油は敵の手の内に入ってしまう。

ロンメルはとりあえず戦闘で疲れた体をゆっくり休めることにした。この夏はナイルで過ごすつもりだった。

ジャスパーとフランクはその頃、マルタ島に向かっていた。英空軍の中東方面の司令官アーサー・テッダー空軍中将は、マジックギャングが陸海軍に多大な貢献をしたことを知っており、空軍のためにもぜひ、トリックの袋から力になるものを出してほしいと言ってきた。マルタ島をすっぽり隠してほしい、というのが彼の願いだった。

砂漠戦の最初から、マルタ島の三つの飛行場と水深のある天然の港は、ロンメルの補給船団を駆逐してきた飛行機や艦船、潜水艦にとって重要な基地だった。たとえば一九四一年の十一月には、マルタを本拠地とする連合軍の攻撃機が、リビアに向かうドイツ軍の四隻から成る船団のうち、毎回ほぼ三隻を撃沈した。ドイツの司令部は、アフリカ軍が生き残る鍵はこの封鎖を解くことだと気がついた。そのためには、マルタ島を完全に破壊しなければならない。

一九四一年の終わりには、枢軸国の潜水艦群が公海でイギリスの戦艦を襲い、ドイツ空軍とイタリア空軍が歴史上最も激しい爆撃を行った。何万トンという爆弾の雨が小さなマルタ島の上に毎週降ってきた。マルタの首都バレッタは一日に八回の空襲を受けた。飛行場と港は爆破されて穴だらけの瓦礫になり、住人は洞穴や防空壕で暮らすことを余儀なくされた。犠牲者の数は増える一方だった。食品と弾薬は乏しくなり、島に補給を試みようとするイギリスの飛行機はすべて撃破された。兵士は雄々しく戦ったが、爆弾の波は来る日も来る日も休むことなく押し寄せてきた。

島に残ったイギリス空軍のわずかな中隊は、装備もままならず、人員も乏しかったが、なんとか持ちこたえていた。テッダー空軍中将は彼らにかかる途方もないプレッシャーを少しでも緩和するための方策をジャスパーとマジックギャングが考え出してくれるものと期待した。イギリス軍の新しい爆撃機が島にやってきたように見せかけてはどうだろうと、テッダーは提案した。そうすれば少なくとも敵に弾薬を無駄遣いさせることができるし、昼間の爆撃にも慎重になると言うのだ。「もちろんその程度じゃ、たいしたことはないだろう。しかしここにいる人間には、それでさえ精一杯なんだ。なんでもいい、諸君が力を貸してくれるというなら、これほどありがたいことはない」

ジャスパーとフランクをマルタに運んだイギリス空軍のウェリントン爆撃機は軽やかに着地し、バウンドしながら速度を落とした。パイロットは土の滑走路に口を開けた爆弾の穴の一番ひどいところを器用に避けた。シャベルを持った三人のクルーが滑走路を走りまわり、とりわけ深い穴を、石や土で埋めていた。ウェリントン爆撃機は粉砕された木の幹の横の点まで誘導されていき、プロペラの回転が止まらないうちから、地上勤務員の手によって擬装ネットをかぶせられた。二台のトラックと一台のジープが傍らに止まり、兵士が手早く貴重な補給品を機体から運び出した。ジャスパーとフランクも、ジープに乗って急いで飛行場から出た。「のんびりしている時間はないんでね」

ジープを運転している陽気なアイルランド人の伍長が愛想よく言った。「いつ敵が遊びにくるか、わかったもんじゃない」

整然としたエジプトの白い町で数カ月を過ごしてきたジャスパーとフランクは、バレッタまでの短時間のドライブのうちにすっかり動転していた。そこには敵が空軍の総力をこの島に費やしたのではないかと思えるような光景が広がっていた。どこもかしこも爆撃を受けていて、割れた岩とガラスとコンクリートブロックからなる不毛の荒野と化している。建物の列は、卵を大槌で叩きつぶしていったように完全に粉砕されていた。町のあちこちに民間人がつみあげた瓦礫の山がある。戦争に参加しようとジャスパーが船出したとき、ロンドンで見かけた瓦礫の山とまったく同じだった。

ここにくらべれば、西方砂漠はまだ戦場にふさわしい地と言えた――占拠すべき建物はないし、傷つく民間人もいない。ただ灌木の茂みと砂が広がるなか、ふたつの軍が最新の装備で戦う。兵士は死に、武器は破壊されるものの、それはある意味、仕方がない。しかしこのマルタ島では、罪のない民間人が最も苦しんでいるのだった。

町の上空には灰色のもやが絶え間なくたれこめ、黒焦げになった家々から立ちのぼるじょうご型の、か細い煙がそれに加わる。くすぶる火の臭いをいつでも空気のなかに嗅ぐことができた。子どもが瓦礫のなかで遊ぶ一方、大人は家屋や商店の瓦礫のなかで物をさがし、ときどき鮮やかな色の衣料品や壊れていない家具を引っぱり出す。ジャスパーとフランクを乗せたアイルランド人の運転手が、ロイヤルオペラハウスの残骸だと言って指差した場所は、まるで採石場だ。フェニキア人の寺院遺跡は奇跡的に無傷で残っていたが、やわらかい石灰石のあちこちにトンネルや防空壕が掘られている。

イギリス空軍は地下にもぐり、深い防空壕のなかで作戦を練っていた。ジャスパーとフランクは温かい歓迎を受け、紅茶とクランペット（マフィンに似た軽いパン）でもてなされた。状況について簡単な説明を受けたあと、ふたりは島巡りに送りだされた。空軍少尉のロバート・サイモンがふたりに付き添った。

サイモン少尉は、イギリス空軍が苦労してようやく頭数をそろえた、恐いもの知らずの若き戦闘機乗りのひとりだった。平時なら大学を終えたばかりか、あるいはようやく仕事をおぼえた年頃だろうが、戦時の今は野心的なガンマンになっていた。「あの大空戦に乗りおくれたのが残念でしょうがない」と、穴ぼこだらけの通りを運転しながら、サイモンはさらりと言う。一九四〇年のバトル・オブ・ブリテンに参加できなかったのが悔しいというのだ。「だけどここで、航空兵を四人しとめたし、偵察機を一機撃ち落とした。偵察機はシュトゥーカ。きりもみしながら落ちてくのをみんなで見物したんだけど、あいにく夜だった」

ジャスパーはぺらぺらしゃべり続ける若者をじっと見ていた。小柄で細身の身体はまさに操縦室にすわるのにおあつらえむきで、男っぷりもいい。ほどよく焼けた肌の下には若者らしいニキビ跡がみられ、産毛《うぶげ》のようなあごひげが生え始めている。

サイモンのおしゃべりは途切れることがなかった。次から次へと脈絡もなく話が続いていく。「オランダではさ」と、前任地での話に移る。「オランダ人が回れ右して、『レンブラント万歳《ハイル・レンブラント》！』ってナチスの敬礼をしながら叫んでるんだ。それでドイツ兵が、いったいなんの真似だときくと、『おれたちの国にだって、すごい絵描きがいるんだ！』って言ったらしい」

ジャスパーがみつけた数少ない飛行機は、滑走路やその近辺で、キャンバス地の覆いか、擬装ネットをかけられていた。空からみると農機具に見えるように、絵を描いたベニヤ板の下に隠されているものもあった。「何機かは無傷でとっておかないとな」きかれる前にサイモンが言った。「ドイツ兵がやってきたときに、すぐに迎えにいけるように」

マルタ島に残っている飛行機はたしかに慎重に隠されていた。納屋やトンネルのなか。あるいはジャガイモや玉ネギやトマトを積んだ下や、作りものの瓦礫の山の下。小さな牧草地のなかに草で覆われて隠されているものもあった。

「汚れちまうが、みつかりにくい」サイモンが説明した。

「全部で何機あるんだろう？」フランクがきいた。

「七十機から百機が使える状態にある。ほとんどがハリケーンだが、スピットファイアーや海軍のソードフィッシュもある。今月中にスピットファイアーの一個中隊もやってくるって話があるんだが、話ばかりで、いったいいつくるんだか」

「で、ドイツ軍の飛行機は？」ジャスパーが質問した。

サイモンがゲラゲラ笑った。「まるでサーカス団。なんでもそろってる。ユンカース、ハインケル、シュトゥーカ。スターリンが集めたコミュニストの数より多いだろう。メッサーシュミットだって九機か十機はあるはずだ。こっちが名前も知らないぜんまい仕掛けの爆撃機だってあるかもしれない」

三人で島のあちこちを巡っている最中に、空襲警報のサイレンが鳴りだした。敵の爆撃機と戦闘機がグランドハーバーを攻撃してきたのだ。数キロ距離が離れている安全な場所にいても、ジャスパーとフランクの耳には爆撃音を切り裂いてぞっとする鋭い音が聞こえてきた。

「あれがシュトゥーカ。急降下爆撃機だ」サイモンが爆音のなかで大声でどなった。「エンジンの上にサイレンを置いて、地上の人間を音でも怖がらせているんだ」

フランクは小高い丘の陰にシュトゥーカが急降下していくのを見守った。「効果絶大だな」と怒鳴り返す。

空襲は二十分続いて止んだが、一時間もしないうちに再びサイレンが響き、新たな爆撃機の一団が現われた。今回の敵のターゲットはスリーマの町だった。ジャスパーとフランクは頭上を飛行機が密集隊形で飛んでいくのを恐ろしげに見ていたが、サイモンは、またやってきたなという感じだった。そのことにフランクが触れると、サイモンは平然として言った。「ああ、じきに慣れるよ。やつらはこの島を空母の甲板がわりに使っているんだ」

島の視察を終えると、ジャスパーとフランクは地下の避難所にもぐってマルタ島のカモフラージュ作戦を練ることにした。最初から選択肢がほとんどないことは明らかだった。アレクサンドリア港やスエズ運河とちがって、マルタ島は移動することも隠すことも、見えなくすることもできない。海のまんなかに浮かぶ二百四十平方キロの隠しようのないターゲットだった。今回ばかりは、本物の魔法の術でも使えない限り解決は不可能に思えたし、ジャスパーにそんな力はなかった。

ふたりは二部構成の実用的なプランを策定した。これまで使ってきたカモフラージュのテクニックを応用したもので、ドイツの攻撃を未然に防いでマルタ島の人々を爆撃から守ることはできないが、敵の空襲の効果を減じることはできるはずで、それが今回の任務の目的だった。

地下の避難所にすわって状況を論議しながら、ふたりとも腰から上は裸になり、カーキ色の短パン一枚になっていた。胸を流れる汗に、ジャスパーはマジックの世界からこれほどかけはなれた状況にいるのは初めてだと思った。しかしこれこそが擬装の仕事の基本だった。

翌朝早く、将校の一団及び民間防衛軍のリーダーたちと、指令部のシェルターで顔合わせをした。おんぼろ会社の重役会のように、みんながぐらぐらするテーブルを囲んだ。テーブルは木の架台の上にベニヤ板を載せたものだった。

「爆撃機をずっとよせつけずにいるのは、まずわれわれには無理だ」ジャスパーはそう始めた。「よってこちらの目標は、敵の弾薬の効果を最小限にとどめること。つまり無駄弾を撃たせることだ。フランク中尉とわたしがその手伝いをする。敵に価値のないターゲットを提供し、この島の滑走路を守るにはどうしたらいいか、その方法を説明しよう。たいしたことはできないのはわかっている。しかし……」

そこでイギリス空軍の少佐が口をはさみ、笑いを取った。「あちこちの広場にチョコレートでも撒いておけば、それですむんじゃないか」

ジャスパーとフランクが夜と昼とで作戦を変える二部構成の計画を説明した。

擬装計画は、マリュート湾の作戦をもとにした。夜はダミーの滑走路をライトアップして本物の飛行場から敵の目をそらすのだ。「本家本元では、それにちょっとひねりを加えていた」フランクが、基本的な計画を説明したあとに言った。「飛行機の着陸灯をジープに載せて、それをダミーの滑走路のライトのあいだを行ったり来たりさせる。そうすればまるで飛行機がそこを通っているように見える。そりゃ効果があるにはちがいないが、わたしだったらそんなジープを運転するのは遠慮したい」

空襲警備員は反対だった。「ここはシチリアからたった百キロしか離れていない。くしゃみをすれば向こうにバイキンが移るんだ。滑走路がダミーだなんてことは、一時間もすれば敵に知れてしまう」

「そこを逆手にとって相手に混乱した情報を与えるんだ」ジャスパーが答えた。「ダミーの飛行場を使っていることが相手にはっきりわかったら、今度はわざと本物の飛行場をライトアップして、そのすぐ横で爆発の火を起こす。すると敵は本物をダミーだと思いこんで、また別の方向へ飛んでいく」

「いいかい」フランクが強調した。「われわれは魔法使いじゃないんだ、単なる――」掩蔽壕《えんぺいごう》にいた男たちがフランクの言葉に大笑いし、フランクの肉付きのよい頰がばつの悪さに真赤になった。

「少なくとも、このわたしは魔法使い《マジシャン》じゃない」そう言い直し、笑い声が収まるのを待ってから先を続けた。「大事なのは、ドイツ軍を混乱させること。彼らがそこに見えるはずだと思っているものをなんでも見せてやる。そこが勝負の決め手だ」

日のある時間帯に、ドイツの偵察隊に被害を受けたように見せかけるのは骨の折れる仕事になりそうだったが、やってみれば難しくはなかった。マルタに唯一ふんだんにある瓦礫を使わない手はない。イギリスでは、とジャスパーはカモフラージュの専門家ジョン・F・ターナー大佐の話を始めた。大佐はイギリス空軍の滑走路に何トンものゴミを放りこんで、いかにも爆撃を受けたように敵に見せかけて守った。ドイツ軍の写真撮影用に、砕けた岩やコンクリートブロック、壊れた飛行機の残骸を滑走路のいたるところにぶちまけた。それに加えて、水を混ぜると急速に固まる焼き石膏で、軽量の〝爆弾痕〟(フランクはそれを〝世界初の携帯穴〟と呼んだ)を作り、ターナーの部下の絵描きがキャンバス地の切れ端に弾痕を描き、それをタールマック舗装の道路に釘で止めた。

「二種類のバージョンだ。晴れの日用とどんより曇った日用の」

仕掛けと背景は、日中のあいだは太陽の動きにあわせて始終移動させなければならないため、影の色づけには正確を期さなければならない。

敵の爆撃機中隊は、この会議の最中にも埠頭地区《ふとうちく》を攻撃してきた。ジャスパーとフランクは防衛委員にならって、それを無視することにした。一度、大きな装置がそばで爆発してオイルランプが震えたときだけは、さすがに不安になって目を見合わせた。

フランクはそれから、昼間の時間帯に使えるさまざまなダミー航空機の説明をした。キャンバス地のダミー飛行機は作るのが簡単で、高い高度から見るかぎり本物として通用するが、それには正確な影を落とすことが肝心だ。そう言ってから、ピーター・プラウドがトブルクで成功させた、見事な擬装について説明した。ピーターは、わずかな大砲しかなかったときに、凹肩坐墻《おうけんざしょう》（砲および砲兵を掩護する塹壕）用の擬装網が多数あるのに目をつけて、キャンバス地の大砲をその偽装網で覆った。ドイツの空軍も大砲偵察隊も、ネットの下にできた影を見て、そのなかに本物の大砲があると考え、貴重な弾薬を山ほど使って標的を吹き飛ばした。「同じ作戦が、ここでもつかえる」そう言ってフランクは話をしめくくった。

そこから先はジャスパーが引き取った。「ダミー飛行機は、カメラの目をごまかすのは難しい。それでも本物の戦闘機を隠すときと同じように、いかにも慎重にカモフラージュする必要がある。結局こちらの目的は、本物と偽物の区別がつかないようにしてドイツ兵を混乱させることなんだ」

「そしてひとたび敵が、ダミーだと気づいたら、それこそ混乱するはずだ」フランクが口をはさんだ。「そうなったら、今度はそれを利用して、ぎゃふんと言わせてやる。キャンバス地の飛行機を本物の飛行機のあいだに散在させるんだ。そうやって、つねに相手を混乱させておく」

最初に島をめぐったときからジャスパーはすでに気がついていた。これまでのものよりもっとずっと洗練されたダミーがこの島には必要で、そうでないとドイツの諜報部に、イギリス空軍の兵力が増強しつつあると思いこませるのは無理だ。敵のカメラの目をごまかすために、ダミーは正確な影を落とすだけでなく、〝翼〟も〝機体〟も陽光を反射しなければならないし、擬装網の下からコックピットも覗かせないといけない。そんなマジシャンの悲観的な報告に対して、イギリス空軍の少佐が冗談を言った。「つまりわれわれには、ダミーとして使える本物の飛行機が必要というわけだ」

最後の手段としてジャスパーは、使い物にならなくなった金属製品を活用することを提案した。

「下に飛行機を隠していると見えるようにネットを伸ばし広げておく。あとは金属やガラスなど、光を反射する物をネットの下に置いておけばいい。飛行機でもオートバイでも路面電車の一部でも……光るものならなんでもいい」

しかしそのあとでふたりきりになったとき、ジャスパーはフランクに、この島で効果的なダミーを作れるとは、内心期待していないことを打ち明けた。

カモフラージュ作戦を実施するのに必要な部品の製作がただちに始まった。数日のあいだにふたりの擬装工作兵が飛行機の設計を行い、試作品の製作を監督した。マルタ島にいる者はすべて、歩兵もコックもパイロットも民間人も、この仕事を手伝った。焼き石膏の〝穴〟は、ジャスパーがこれまでステージで使ってきたどんな仕掛け穴より深い口をあけた。滑走路に置くキャンバス地の弾痕も着実に製作が進んだ。飛行機のダミーは本物そっくりにできたが、キャンバス地の翼を棒で支えなければならなかった。金属製品をいくつか寄せ集めた様は、飛行機というよりも、頭のおかしな人間がメカーノ（組み立て玩具）を使って作った模型のように見えた。しかし、この状況においてはそこまでが精一杯だった。

仕事に追い立てられる数日間だったが、そんななかでもひっきりなしに敵の爆撃機がやってきて仕事が中断された。いつのまにかジャスパーとフランクは単にそれを、仕事に邪魔が入ったという目で見るようになり、非人間的な攻撃を受けているという意識は薄れていった。五日目の終わりにはダミーの準備がすべて整った。そうなると彼らがマルタ島でやることはもうなにもない。

ダコタC-47機が滑走路にこっそりと入ってきた。ふたりをヘリオポリス空港に帰すためだったが、その機体には何トンもの補給物資が限界を超えて積まれていた。兵士がわっと群がり、荷おろしから燃料の再補給までを二時間もしないうちに終わらせた。ジャスパーはそのあいだ、時計をちらちら見ながら青白い空に目を走らせていた。不思議なことにドイツの爆撃機が見当たらないことで不安になっていた。

マルタの防衛委員会のほとんどの人間が、すぐそばまで見送りに出てきてくれた。

「あなたたちはちゃんと飛べる空軍をぼくらに作ってくれたんですから、次は敵の包囲を突破して数千トンの補給物資を受け取る方法をみつけてくれますよね」空襲警備員が言い、親しみのこもったジョークにみんなが笑った。

数分後、ダコタははずむように離陸し、ガタガタ音をたてながら空へ舞い上がっていった。カイロまでの長時間の旅のあいだ、ジャスパーはマルタでの数日間を振り返っていた。できることはすべてやった。しかしそれは砂漠にバケツ一杯分の砂を増やしたにすぎない。あの小さな島に、三十万人の人々がぎっしりと、十分な食糧も医療品もなしに暮らしている。自分の身を守るための、しかるべき手段さえもたずに。ジャスパーは座席に身体を沈みこませて、毛布を首までひきあげた。飛行機の後部座席は息が白く見えるほど寒かった。目を閉じて眠ろうとすると、切れ切れの考えがめまぐるしく頭をよぎっていき、どれもつかまえようとすると逃げていく。まったくたいしたマジシャンだと、ジャスパーは胸の内で苦々しげに言った。切れ目なく降り注ぐ爆弾の雨の下で、人々が粉々に吹き飛ばされているというときに、人工の穴の作り方を教えるなんて！　あの子どもたちの目。どこまでも深い悲しみのこもった目がこちらをじっと見ていたのが思い出された。ジャスパーには魔法の力など存在しないことがわかっていた。ここに存在するのは単なるトリックと、それを演ずる愚か者だけだった。

ジャスパーは、常日頃から自分は思いやりのある人間だと自負していて、故郷では持っている時間や金の一部を慈善行為に捧げるよう気を遣ってきた。しかしマルタの悲劇を見たあと、そういったことをする自分の動機が、どこにあるのかをもう一度確かめないわけにはいかなかった。自分がそういう献身をしたのは、それが求められていたからだ――そうすることが人としての正しい道で、その道を自分はたどるべきだと思っていた。それでいて、身体に障害のある人々や、経済的に逼迫《ひっぱく》している人々とは距離を置こうとしていた。カイロのシェパードホテルでも、裕福なアラブ人のビジネスマンに泣きつかれ、同情はしながらも、ばつの悪さをひどく感じていた。

マルタがジャスパーの心を揺るがし、謙虚にした。これまでまったく経験したことのないやり方で、心をこじあけられたような感じだった。マルタにやってきたことで、自分は永遠に変わってしまった。ダコタがヘリオポリス空港に着陸するずっと前からジャスパーはそれに気づいていた。ただ、どのように変わったのかがわからなかった。

ジャスパーにとってカイロに帰ってからの生活は厳しいものとなった。町はとてもきらびやかだった――豪勢なホテルやエレガントなレストランは、マルタ島でもがき苦しんでいる人々をあざ笑っているかのようだった。今このとき、マルタ島でなにが起きているだろうかと、一日のうちに手をとめて、ふと思いをめぐらす瞬間が数え切れないほどあった。そして決まって浮かぶのは、ドイツ軍の爆撃にさらされている島の光景だった。

ジャスパーが魔法の谷にもどってきた日、マイケルが二通の薄黄色の封筒を振りまわしながら、食堂に飛びこんできた。

「お偉方も、頭の固いやつらばかりじゃないようだぜ。あんたやフランクを大尉にするってさ」

ジャスパーは何も言わずマイケルから辞令の手紙を受け取って読んだ。臨時大尉に任じられ、さらに戦時終身中尉に、正式に昇進したことがわかった。ジャスパーは昇進の辞令をていねいに三つ折りにして、薄黄色の封筒のなかにもどし、食堂から出ていった。

「あらら、どうしちまったんだ？」マイケルがフランクにきいた。

フランクはジャスパーが出ていくのをじっと見守っていた。

「怒っているんだろう。人間に対する非人間的な行為に。爆撃にも、戦争自体にも」

マイケルは席について、ジャスパーの食べ残しを自分の腹に片付けた。

「ジャスパーはなんとか乗り切るさ」マイケルは自信たっぷりに言った。

ジャスパーはメアリーに会いたくてたまらなかった。彼女ならこのやりきれない思いも理解してくれ、心の重荷もいくらか軽くなるはずだった。フランクは打てば響くような、とても気の合う友人だが、男同士の絆と男女の恋愛のあいだには遠い距離があり、その距離が彼の孤独を測るものさしだった。夜になるとベッドに横たわって目をあけたまま、メアリーの姿を思い浮かべた――ちょっとしたほめ言葉に照れて笑う妻を自分の部屋に連れてきて、その声を聞くのを想像する。部屋のなかいっぱいにメアリーの存在感が色濃く漂うような気がした。そうして妻のことを思い浮かべているあいだは心が落ち着いた。しかしそれも、どこかから響く鋭い音に破られ、再びカイロの町の現実に引きもどされて、心は再び空っぽになった。

ダミーの潜水艦作りと、マルタ島での擬装に没頭しているあいだに、あちこちからマジックギャングの支援を求める書類がジャスパーの机の上に山積していた。クルセーダー作戦が終わったばかりだというのに、司令官たちは早くも次の攻撃の準備にとりかかっていた。そんななか歩兵隊准将は各個掩体をなんとかしてほしいとマジックギャングに要請してきた。白い紙についたインクのしみのように目立つ各個掩体を擬装できないかと言うのだ。一方、輸送部隊の少佐は、砂漠で大量のガソリンを隠せるいい方法がないものかときいてきた。また空軍中将テッダーは、飛行機からパラシュートを使わないで補給物資を落とせないかと言ってきた。売店はチャリティー公演の開催を依頼してきたし、装甲軍団は可動式の地雷除去装置を考案してほしいと言い、カニンガム海軍大将は、ダミーの潜水艦隊に非常に満足して、今度は乾ドックに入っている全長二百二十メートルの戦艦のダミーを作れと言い出した。

ジャスパーは多くの注文をナイルデルタに新しく組織されたカモフラージュ部隊に引き渡した。彼がスエズに乗りこんできて以来、カモフラージュは軍の重要な部門となっていた。高級将校たちは、マリュート湾の空っぽの海岸に何トンもの爆弾が落とされるのを見ていたし、ドイツ空軍の飛行機がスエズ運河を探してあちこち飛び回るのも見ていた。戦場でジャスパーの作ったダミー軍が活躍するのを目にし、彼が東へのルートを安全に確保したのも知っていた。ジャスパーをはじめ、トブルクのピーター・プラウドの活躍や、トニー・エアトン、そのほかバックリー少佐の教え子たちの成功で、カモフラージュは今や戦略の要と考えられるようになっていた。

ジャスパーとしては、最も差し迫った注文に集中せざるを得なかった。カニンガムの戦艦だ。

「戦艦だって？」マイケルが信じられないという声で繰り返した。マイケルは肩先にすわっているネイルズのほうを向いて、声をあげて笑った。

「聞いたかい？　今度は戦艦を作るんだとさ」

ネイルズが鼻で笑った。「だから？」

マイケルは目をぐるぐるさせた。「おいおい、これだけ人がいて、まともなのはおれひとりかい？とんでもない仕事が転がりこんできたんだぜ」

ジャスパーのダミー潜水艦のおかげで、敵は船を動かす際に特別な警戒を取らざるを得なくなったと、イギリスの情報部が報告してきた。とりわけ地中海に出ていたイタリア艦隊には効果が大きかったらしい。今カニンガム海軍大将は、新しい戦艦をこの地域に追加して、作戦の一層の強化を図ろうとしていた。「なにか質問は？」ジャスパーが全長二百二十メートル、三万四千トンのイギリス海軍の戦艦H・M・S・ネルソンの写真を何枚か配りながらきいた。

「確認したい」ビルが両手で持った写真に目を落として言った。「作るのは、このうちのひとつだけでいいのかい？」

12

戦艦建造プロジェクト

いつものようにひとしきり文句を言ったあと、マジックギャングは全長二百二十メートルの戦艦作りに着手した。こんな途方もないことができるはずがないと悩む日々はとうの昔に終わりを告げていた。彼らは戦争の擬装プロフェッショナルに変貌し、自分たちの小さなチームに、戦争史上だれも想像しなかった戦闘マシーンを作り出せる力があることを自覚して、大きな満足を感じていた。

度重なる成功でマジックギャングは自信をつけていた。ひっきりなしに毒づき、皮肉たっぷりのジョークを投げ合い、手に水ぶくれをつくり、筋肉痛に顔をしかめながら昼夜かまわず働く。そこに運がちょっと味方して、馬鹿でかい戦艦の骨組みを丸ごと上に乗せてピンで留められるような土台さえみつかれば、戦艦はすぐできあがると思っていた。実のところ、最初のうちはまさに、とんとん拍子に進むと思われた――そして、これはいつもとまるで勝手が違うとマジックギャングが気づくのは、プロジェクトがようやく終わりに近づいてからだった。

ジャスパーは、任務は困難であればあるほどいいと思っていた。このプロジェクトに全精力を傾けていれば、そのあいだだけでもマルタ島から持ちかえってきた憂鬱をわきに置いておくことができる。まずは仕事の分担を決めていく。フィリップには概略図と設計図作りを手伝ってもらう。ビルには戦艦に塗る灰色のペンキを調達してもらう。ネイルズとジャックは、主に木材や金属といった建設資材を集める係。マイケルは大砲を探す責任者になった。「十六インチ口径を九門、六インチ口径を十二門。それに高射砲も何門か必要だ」というジャスパーの指示は、まるで本物のドレッドノート（一九〇六年に建造されたイギリスの大型戦艦）の装備を整えるようにきこえるが、しめくくりの言葉でそんな印象は粉々に吹き飛んだ。「ゴミ捨て場に行って、配水管をあさってみてくれ。適当なものがみつかるだろう」

フランクはカニンガム海軍大将の事務所との連絡役を務めた。海軍はジャスパーのリクエストに応じて、土台となるものを探す手伝いをしてくれた。十分な大きさがあり、骨組みを載せてもだいじょうぶな安定感のあるものが必要だった。戦艦のダミーの全長は潜水艦のダミーのほぼ四倍で、水面からの高さも必要だった。最終的にジャスパーは、本物の船を擬装するのが最善の策だという結論に達した。しかしその船をみつけるのが難題だった。

ほかのギャングたちがそれぞれの準備に忙しくしているあいだ、フランクは北アフリカの海に浮かぶがらくた船をひとつひとつ見てまわった。古色蒼然《こしょくそうぜん》たる廃船の一団のなかからようやくひとつ選んだのが、スエズの塩湖で朽ち果てようとしていた古い巡洋艦だった。錆びついた船体は、ペンキで描かれた船名もはるか昔に剝がれ落ちている。世紀の変わり目に進水し、第一次世界大戦時に改装を施されて海岸警護の任務についた船だ。退役したのちはスコットランドの入り江で余生を過ごしていたが、ダンケルクでの悲惨な状況に、イギリス海軍はやむをえず、そんな過去の遺物まで再び任務につかせることになった。自力で進むことができないのでスエズ運河まで曳航《えいこう》され、高射砲を備えた船として使用された。有能なイギリス海軍の大佐は、老いぼれ艦の肩を持ってフランクにこう語った。「ほら、こいつはそれでもまだ浮いてる。たしかによくできた船じゃないか」

ほかの難破船や骨組みばかりとなった船を見てきたなかで、フランクはこれがたったひとつ使いものになりそうな船だという結論に達した。

「ダミー戦艦の馬鹿でかい骨組みを支えられるだけの大きさがあるのはあれだけだった」フランクはジャスパーに言った。「それに甲板の上に一度に十人以上の人間が乗ってもひっくり返らない。もちろん立つ位置には注意しなきゃいけないがね」

実際の船体を見る前から、ジャスパーは心もとなくなった。

「しかし四十年も経ってるんだぞ、フランク」と不安を訴えるジャスパーに、「われわれと、おなじじゃないか」とフランクは答えた。

実物を見ても、ジャスパーの心配はやわらぐことがなかった。その巡洋艦は全長百五十メートルだったが、幅はやっと二十二メートルで、時代遅れの煙突が三本とマストが二本立っており、後方のマストにはカラスが巣を作っていた。軍艦砲は数十年前にとりはずされていて、甲板に開いた穴の上に木の板がボルトで留められているが、それ自体が腐っているばかりか、船首にも船尾にも、あちこちに穴が開いていた。最後の任務に駆り出された際の改装で、頭でっかちになってしまったようで、わずかな風にも、ぐらぐら揺れる。

ギャングたちは慎重に乗船した。まるでバレエの踊り子が、針の上で踊るような格好だった。

「みんなじっとしてろよ」マイケルが不安そうに言った。「いきなり動くのはなしだぜ」

「いきなりもなにも」ネイルズが言った。「深く息を吸うことさえできやしない」

「そう悲観することはない」いかにも事情を心得ているかのようにフランクが言った。「片側だけに重みがかかり過ぎないようにちょっと注意する。デッキの穴に気をつける。重い機械は乗せない。

そしてわれわれが食べるのをやめて、あと十二キロほど減量すれば、そんなに神経質になる必要はない」

ジャスパーもギャングたちを安心させるために言った。「みんな泳げるだろ。心配ない」

おんぼろの巡洋艦を第一線で活躍できる新しい船に変身させるプロジェクトは、まず巻尺作戦から始まった。甲板上の端から端まで、あらゆる部位の縦横の長さを測って記録していく。ただし、だれも甲板の下に行こうとは思わなかった。

ジャスパーとネイルズが船の縮尺模型をつくった。改良を加える際には、すべてまずこの模型で試し、娯楽室に設置した水槽で実験をした。模型のマストが除去され、棒で作った足場が上に追加された。喫水線より上にあるものはすべて、石油のドラム缶でつくった浮きや箱船《ポンツーン》を使ってバランスをとった。左舷に張り出しオール受けや下桁《ブーム》をつけたら、右舷にもまったく同じようにつけてバランスをとる。船首と船尾は付け足して、模型で六十センチ分、実際のダミーでは六十メートル分長くする。戦艦には、射出機《カタパルト》を使って飛び立つ飛行機を四機載せなければならないが、ジャスパーはこれをマルタ島で使用したキャンバス地のダミーで代用できると考えた。「ドイツ兵は上からみるんだ」と美術担当のフィリップとビルに教え、「正しい影さえ落とせば、奥行きはなくてもかまわない」と言った。そういったものを備え付けているあいだに、マイケルが廃品の山から拾ってきた配水管の砲身も搭載して全体のバランスを見ることになった。

できあがった模型はいろいろな棒や機械らしきものが甲板から突っ立ち、船べりからもさまざまなものがさまざまな角度で突き出していた。船の基礎というよりは、頭のおかしな建築家がデザインした木造建築の骨組みのようだった。しかしジャスパーには、この土台にペンキを塗ったキャンバス地を張れば、立派に戦艦として通用するという自信があった。水槽での模型づくりは終わり、やがてスエズの湖で本番の作業が始まることになった。そこで実物の建造が行われる。まだ若干の改良は必要だったが、模型はなんとか水の上に浮いていた。

作業員たちが仕事を始めた。魔法の谷からトラックで運ばれて、老朽化した巡洋艦を最新の戦艦に変身させるのだ。一度に多数の人間が船に乗らないよう詳細な作業スケジュールがたてられ、ペンキ塗り、切断、組み立てといった作業も岸でやることにした。ダミーの戦艦はたちまちのうちに形を成していった。

作業チームは六時間勤務で四交替のシフトを組み、二十四時間働いた。このプロジェクトに没頭することでジャスパーはマルタ島のことが頭に浮かんできても、たいていはすぐに忘れることができた。しかしふとした拍子に爆撃機のことが頭に浮かんでくることがある。それがあまりに鮮明で、落ち込みそうになると、椅子にすわってメアリーに宛てて長い手紙を書いた。実際に投函することもあれば、書くだけのこともあったが、ただ書いているだけで気持ちが落ち着いた。

フィリップとは設計の仕事でいっしょにいることが多かった。最初のうちは短い会話しかせず、話題も仕事のことだけだったが、やがてふたりの共通の関心事に話は及んでいった。フィリップは、ジャスパーが信用できる男のように思えてきた。自分でもおどろいたことに、胸のうちに巣食う獣のような感情のいく分かも、彼にさらけ出すようになっていた。ある夕方、彼が設計図を描いて、ジャスパーが小さなシャフトを糊で模型に固定しているとき、フィリップが何気なく言った。

「女房と離婚することになった。手紙の検閲で、すでに知ってると思うが」

ジャスパーは、手紙の検閲は食堂部隊の隊長に代わってもらったことを説明して、フィリップの質問をはぐらかした。「代わりにこっちは、缶詰牛肉の調理法を二十以上教えられるようになったよ」

フィリップは製図板に目を落としたまま言った。「なるほど。だがまあ、こっちはそういうわけだ。

女房のやつ、アメリカの戦闘機乗りとつきあってるらしい」

ジャスパーは糊が乾くまで細い棒を手で押さえていた。フィリップが胸のうちをさらけ出したのだとわかっていた。

「残念だ」おだやかに言った。「辛いだろう」

「まったくだ」フィリップがさびしそうに笑った。それでもふいに、弱音を吐いたことで、ほっとしているようだった。

ジャスパーは早く糊を乾燥させようと、そっと息を吹きかけながらメアリーのことを考えた。今頭に浮かんでいるのは、白麻の服を着て、黒髪を風に揺らしている妻の姿だった。メアリーはにっこり微笑みながらどこか遠いところを見ている。ジャスパーは自分の心のうちで微笑んだ。妻のことを考えるだけで心に開いた穴が一時的に埋まるのだった。

ダミーの戦艦は二月半ばに完成した。ジャスパーはそれを著名なマジシャン、ロバート・フーディーニにあやかって、〝H・M・S・フーディン〟と名づけたが、できあがった戦艦には、ひどくがっかりした。全長も必要なだけあり、四機の飛行機をはじめとする必要なものも備えている。しかし巨大な船橋の位置は明らかに中心からずれており、キャンバス地の舷墻《げんしょう》（甲板にあるかこい）も、ちょっと風が吹いただけですぐにはずれてはためいている。それに三万四千トンの戦艦にしては、船体がずいぶん高く浮き上がっている。そのほかもろもろの小さな欠陥をあわせると、とても人の目をあざむけるとは思えなかった。非常に遠くから、しかも光量が乏しいか、あるいは悪天候のなかでなら、なんとか本物に見えなくもないが、それでもうさんくささはぬぐえない。

「今回の件は申し訳なかった」カニンガム海軍大将が空からダミーを視察したあとにそう言った。

「きみの帽子から戦艦を出してくれというのは、少し無理な注文だったようだ」海軍大将は、脚の細いテーブルに、ジャスパー、フランクとともにすわっていた。テーブルは三トントラック後部のキャンバス地の垂れ蓋を持ち上げて作った四角い日陰に据えられている。H・M・S・フーディンがジャスパーの肩越しに見える数キロ先の静かな湖面で、ぷかぷか浮いている。

「きみの部下の多大な努力には、感謝の言葉もない。しかし、あれを使うわけにはいかない。危険だ。ドイツ兵にみつからないうちに片付けてくれ。われわれの置かれている状況の厳しさをわかってほしい」

フランクは、もう一度チャンスをと懇願した。「あと一週間ほど時間をください。おかしなところは全部直せます。うちの連中がとことん苦労して作ったものなんですから」

カニンガムは譲らなかった。「ちょっとやそっとの調整ですむような問題じゃない。全体の印象からしてまったく違う、わかるだろう」

フランクにはわからなかった。まちがいは正せるものと思っていたから、海軍大将をぽかんとした顔で見つめた。

海軍の人間ならすぐにおかしいと直感的に思うはずだと、カニンガム海軍大将は思った。しかしそれを陸軍の人間に説明するのは難しかった。「つまり戦艦としての魂が感じられんのだよ」

フランクも納得した。海軍の連中の精神主義がわかってきたのだ。

ジャスパーもカニンガムの結論をきいて納得した。あれでは効果がないのがわかっていた。ただ、ギャングたちが一生懸命作りあげたものが、無に帰してしまうのは辛かった。なんとか今回の仕事が役に立たないものか。フーディンは戦艦としては通用しない、当然だ。ドイツ兵がつぶさに観察し、おかしな点に気づいたら――。

そこである考えがひらめいた。「ちょっと待ってください、海軍大将。解決策がみつかりました」

「なんだね？」

「われわれはドイツ軍に、こちらの巡洋艦を戦艦であるように信じこませようと苦労を重ねてきました。しかしほんとうは、戦艦じゃないと見せかけるべきだったんです！」

「つまり、あれは戦艦じゃない、と思わせるのかね？」カニンガムが混乱しながらきいた。

「そのとおりです」

「なるほど」カニンガムが言った。「それなら、さほど難しいはずがないと？」

実のところ、カニンガムにはジャスパーがなにを興奮して言い立ててるのかさっぱりわからなかった。

それからジャスパーは身ぶり手ぶりでフーディンを救う計画を説明しだした。「いいですか、われわれはダミーの船のあらゆる縄の結び目や錨まで、本物とぴったり同じになるように努力してきました。しかしここでひとつ、われわれが本物の戦艦を所有していると考えてください。すでにドイツ軍の手で、こちらの最も大切にしている二隻を海の底に沈められたことを思えば、われわれとしては、残ったものをなにがなんでも守ろうとするはずです。隠したり、あるいはカモフラージュしたり、あるいは」そこでちょっと間を置いてから小声で言った。「ほかのものに見せかけようとしたり」

カニンガムは首をかしげた。ジャスパーが何を言いたいのか、いくら考えてもさっぱりわからない。

「まあ、そうだが」自信なさげに言った。

「ところが、それがまったくうまくいかない。おわかりですか？」

「わからん。さっぱりだ」

「それじゃあ、説明させてください。マジシャンがステージで使うテクニックに、〝騙し効果〟あるいは、〝騙しの餌〟と呼ばれるものがあります。観客自身に結論を出させるのです。マジシャンがミスをしたところをみつけたと観客に思わせる手法です。たとえば、もしわたしが箱のなかは空っぽですと言ったところで、すんなりとは信じてもらえない。しかしその箱にわたしが足をひっかけて、その拍子に観客になかが見えてしまい、空っぽなのがわかった――それなら信じるでしょう。観客は、マジシャンの言うことより、自分の目で見たものを信じるものです」

カニンガムは熱心にきいていた。かすかに身を乗り出し、安定の悪いテーブルの上にひじをしっかり載せている。両手を胸の前でがっちり組み、太い腕が、すっかり冷め切った薄いコーヒーの上で、要塞を作っているように見える。

「わたしの祖父のパートナーは偉大なマジシャン、デヴィッド・デヴァントでした」ジャスパーが説明を始めた。「数あるイリュージョンのなかで、デヴァントはよく動物を消してみせました。どんな動物でも使いました。ブタでもハトでも原理は同じです。しかしもっともよく使ったのはウサギでした」

カニンガムは考えてみたものの、ブタを消すのと水に浮かんだがらくたの山を戦艦に見せるのとが、どう結びつくのかわからなかった。

「ウサギを出したあとで、彼はそれを、テーブルの上に置いた何の変哲もない箱のなかに入れます。ごく普通のテーブルです。それから箱を一面ずつ取り外していく。まず上を、次に側面を一枚ずつはずし、アシスタントに渡すか、テーブルの後ろの床に投げ捨てます。そうして、箱のなかはからっぽで、ウサギは見事消えたことを示します。テーブルだけが、舞台上に残った唯一のものです」

「しかしながら」ジャスパーが続けた。「このとき観客には、テーブルの上面からちょこっと飛び出ている白い毛の房のようなものが見えています。デヴァントはまだ手に持っている箱の一面でそれを隠そうとしながら、見事なショーを演じました。ほかのマジシャンのなかには、テーブルの前に一歩足を踏み出してそれを隠しながら、いかにもばつの悪い表情を浮かべる演技をする者もいます。同じ効果を生むのに、さまざまなテクニックがありますが、なにをする場合でも、目的はひとつ。その白い毛の房のようなものを隠そうとしているふりをしながら、わざと観客の注意をそこに向けさせる。そうして観客に仕掛けを見やぶったと思わせるのです。やがて観客はマジシャンのミスをはやし立てます。ときには後ろの席にサクラを入れておいてはやし立てるように扇動することもあります。それからマジシャンは、観客の声を無視しようと、あらゆる努力をしたあとで、おもむろに手を伸ばし、テーブルからその白いものをひったくります。デヴァントの場合、それはマシュマロであることが多いのですが、似たようなものならハンカチでもなんでも構いません。そして最後に、それを観客に見せてから、テーブルを折りたたんでなかに動物が隠れていないことを見せるのです。わたしがなにを言いたいか、おわかりですか?」

カニンガムはため息をついた。「わかったような気がする。そうか、そうだ」人差し指をふりながら、慎重に考えをまとめて言う。「もしわれわれがドイツ兵に、まったくの偽物にしか見えない戦艦を――つまりあいつを――本物の戦艦だと信じこませたいなら、われわれはあいつを戦艦じゃないものに見せかけようとしているのだと、やつらに思いこませればいいんだ」

「やっとおわかりになりましたね」ジャスパーが言った。

「ウサギはほんとうはどこにいるんだい?」フランクがそっときいた。

ジャスパーは彼をちらりと見て言った。「もちろん、テーブルのなかに決まってる」

遠くではダミーの巡洋艦が穏やかな風に揺られていた。

ジャスパーが続けた。「ドイツ軍が自分で納得するようにしむけるんです。こちらが非常に苦労してカモフラージュしたのにうまくいかなかったと見せる。すると向こうの諜報部は大喜びする。われわれのキャンバス地と張り子の下に、本物の戦艦が隠れていると見抜いてほくそえむわけです。あれだけのサイズなら、隠れているのは戦艦以外にないでしょう。われわれの失敗がすべてこちらに味方してくれる。立派な戦艦をわざとあんなふうにして隠しているんだと、向こうに思わせるのです」

カニンガムはこの大胆な計画に大喜びし、すぐに実施することに同意した。敵軍の攻撃によってイギリス海軍が過去数カ月になめた辛酸を思い起こせば、憎らしいナチスにボール紙まがいのもので仕返しをすれば一気に胸がすくと思ったのだろう。

「さて、われわれの戦艦をなにに見せかけよう？」カニンガムがきいた。

ジャスパーは最後のきかせどころをさらりと述べた。「錆びついた巡洋艦というのはどうでしょう？」

ギャングたちはそれからすぐ仕事の方針を変え、見事な腕で下手くそなカモフラージュを展開していった。キャンバス地を青く塗って作った〝お飾り〟や〝水引き幕〟をマストとブームのあいだに渡す。これは普通なら背景の海に船をとけこませる方法として使われる。カメレオンが周囲の環境に合わせて色を変えるのと同じだ。しかし今回はわざとその青色をとことん緑っぽくする。さらに〝お飾り〟は海のなかにとけこむように不規則に切るのではなく、きっちり正方形に切り取った。空からみると、それはチェス盤のなかのピンクのマス目のように目立った。それに加えて、舷墻《げんしょう》をゆるめておいて、そよ風のなかでうねるようにしておく。ボール紙の煙突にはわざと水をかけてだらりとさせる。わざとへたくそに、ダミー戦艦の、ダミーの舳先《へさき》を擬装し、ドラム缶のフロートを水面からわずか十センチくらい下にくるようにした。ギャングたちが入念にこの幼稚な擬装を完成したころには、偽のビームが張り巡らされた下や、ボール紙を積み重ねた下、キャンバス地の下に、いったいなにが隠されているのか、正確に見極めるのはほとんど不可能になった。唯一、目を見張るほどの長さと胴回りと、かすかに目に入る大砲のような大きな下水管を見ると、これは戦艦ではないかと思えた。

「これならフーディーニも自分の名前が使われことを喜んでくれるよ」ジャスパーは誇らしげに告げた。ギャングたちは湖の土手に立ち、最後にじっくり「H・M・S・フーディン」の姿を目に入れてから、アバシアへもどっていった。

マイケルは眉をひそめてみせた。「まちがいなく、ああいう船は世界のどこをさがしたってない」

「敵の諜報部の人間はしばらく口もきけないにちがいない」ビルが言った。

「うちの情報部だって」フランクが言い足す。「度肝を抜かれる」

フーディンは陽が沈んだあとは、所定の場所に牽引しなければならなかった。小さな波でも来たら粉々に壊れてしまうから、きわめてゆっくり、穏やかな水面を引いていかなければならない。ダミーの港やボール紙の武器とちがって、この作戦がはたして成功だったのかどうか見極めるには、いくぶん時間がかかった。海軍本部では、イギリス軍の戦艦が、その地域で足りていないのにつけこんで、ドイツ軍もイタリア軍も今のうちに補給船団の規模と送り出す頻度を大幅に増やすだろうと考えていた。したがってダミー作戦の成功の度合いは、そういった補給船団を護衛する敵の艦の数の増加や、航路の変更で測れるかもしれないが、だからといってそれが直接フーディンの功績によるものだと決めることはできなかった。

カニンガムは、ダミーの戦艦を人目につく海域に浮かべて勝負をかけることにした。最悪でも敵を混乱させることはできるという自信が彼を支えていた。

「このわたしでさえ、たしかに混乱したんだから」マジックギャングにそう言った。

ドイツの偵察機が一機、スエズにフーディンが停泊しているのをみつけた。双発型の飛行機は大きくターンをして、もっと近くで見ようと低く降りてきた。数時間後、さらに二機の偵察機がやってきた。それらが船に近づき過ぎないように、岸にいる高射砲中隊が砲撃を始めたが、二機とも十分な近さまで降りてきて、魅力的なフーディンの姿を写真に収めていった。夜になるとフーディンは別の場所へ牽引されていった。

魔法の谷へもどってくると、ジャスパーはボール紙軍艦の処女航海に関する報告を辛抱強く待った。もしドイツ軍が餌に食いつけば――彼としてはそうなるだろうと思っていたのだが――ギャングたちはまたひとつ、不可能と思われる任務を成功させたと世に認められることになる。しかしもしこのインチキが見破られたら……ジャスパーは不適な笑みを浮かべた。もしそれがばれたとしても、もうひとつひねりが用意できている。腕のいいマジシャンはつねに切り札を用意しているものだ。

マジックギャングへの仕事の依頼は増え続けていた。ダドリー・クラーク准将はA部隊のスパイのために、また新たなツールを開発してくれと言ってきた。〈サンシールド〉をもっとたくさんほしいというリクエストも来ていた。情報部では、砂漠で安全に前線観測所を配置する方法を考えてくれと言ってきた。輸送部隊の少佐は相変わらず、大量のガソリンを砂漠のなかに隠す方法をせっついてきていた。カニンガムはダミー海軍をさらに増強するべく、消える高速ボートを注文してきた。そんななか、勇敢で知られる砂漠空軍からも依頼がきた。

始まりは、かなりの金を賭けたカードゲームの場。そこでカニンガムの側近が、ある空軍少佐に、ジャスパーの〝魔法の海軍〟のことを何気なく口にしたのがきっかけで、情報が次々と伝わった。話を聞いた空軍少佐は、ゲジラ島でのクリケットゲームで、ある空軍将校にそのことを話し、その空軍将校は上官のテッダー空軍中将に話した。テッダー中将は興味をひかれ、カニンガム海軍大将に連絡をとり、ジェフリー・バーカスに取り次いでもらった。そういう経緯を経て、バーカスはジャスパーに、カイロのイギリス空軍参謀部へ立ち寄るようにと、気軽な調子で言ってきた。

空軍の中東方面最高司令官アーサー・テッダー空軍中将はただ、補給物資のコンテナを千メートル上空からパラシュートなしで落とす方法をジャスパーに考えてもらいたかった。「パラシュートも不足しているんでね」とテッダーは言い、落ちたときの衝撃で中身が粉々にならないようにしてほしいとのこと。彼の補佐官が説明するには、いい方法がみつかれば、占領国で戦っている遊撃兵に弾薬を供給することができるらしいが、ジャスパーはそれを聞いて、同じ方法を使えば、孤立したマルタ島の人々へ食糧や医療品を届けることができると気づいた。さっそくこれを開発するのが、彼の最優先事項になった。

心地よい涼しさが感じられる二月中旬の午後、ジャスパーは事務所の椅子の上に立って、さまざまに包装した卵をキャンバス地のシートの上に落としていた。そこへフィリップが入ってきた。およそ一ダースの卵が割れて、キャンバス地のまんなかには危険な気配を漂わせた薄黄色のねっとりした池ができていた。

フィリップは顔をしかめた。「またずいぶんと派手にやったもんだな」

「実験だ」ジャスパーが答えた。「卵が割れない方法を探している」

フィリップはおずおずと提案した。「落とさなければ割れないいんじゃないか？」

ジャスパーが鼻で笑った。「空軍のテッダー中将から頼まれてるんだ。補給物資をパラシュートなしで落としたいらしい」ジャスパーは分厚い綿でくるんだ一個の卵を親指と人差し指のあいだにはさんだ。

フィリップは黄色い池から目をそらした。「わたしをお呼びだと、ネイルズから聞いたんだが」

卵は五百キロの重さがあるかのような音をたてて、キャンバス地の上に落ちた。数秒のうちに、ねっとりした液体が綿から染み出してきた。「また、失敗のようだ」ジャスパーは顔をしかめて椅子から降りた。手を拭きながらフィリップに、歩兵隊から防弾式の前戦観測所を作ってほしいという依頼が来ていることを伝えた。

「砂丘に似せた模型を作るか、あるいはヤシの木の幹をくりぬいてもいいかもしれない。いい案がないか？　急がなくていい。明日のうちにできればありがたい」手をふき終わると、袋からまた新しい卵を取り出して、そのまわりに綿の切れ端を縦横に交差させた。

「ちょっとしたサスペンションシステムを作るというのはどうだろう？」フィリップが提案した。

ジャスパーはそれについて考えてみた。「頑丈な外箱を使ってかい？」

「そう。コンテナに衝撃を吸収させればいい」

「ふむ。いいかもしれない。やってみよう」

ジャスパーは卵を入れるケースを探して部屋のなかを見て回った。そのあいだフィリップは自分で紅茶をいれた。彼は最近、少し打ちとけてきて、ジャスパーにはそれがうれしかった。理由はわからないが、この頃はけんか腰の感じがなくなり、ギャングたちと出歩くようにさえなっていた。みんなに馴染んでいこうという彼の努力は、最初のうちはぎこちないもので、たとえばサーカスの怪力男が高く張った綱わたりの綱を渡るような感じだったが、ギャングたちはその点も見て見ぬふりをした。「これはどうだろう?」フィリップが軍用食の箱を取り上げて言った。

「ああ、それはいい」ジャスパーが言った。それから彼は卵を長いテープで巻き、そのテープの端を箱の内側に固定した。それから箱の外側を何層にも重ねた綿でくるんでいく。そのあいだふたりは親しげに話をした。いつものように戦争がいちばんの関心事だった。ロンメルの最後の電撃攻撃を考慮に入れても、クルセーダー作戦は全体的には成功と言っていいだろうというのがふたりの結論だった。第八軍がようやく闘争精神を発揮し、砂漠のキツネ、ロンメルの率いるアフリカ機甲軍団を見事にしとめたのだ。砂漠戦はまだ終わりではないし、終結の兆しさえ見えないが、イギリスの力は疑いようがない。ヒトラーの最も優れた軍を打ち倒す力があると証明したのだ。そこへついにアメリカが加わり、ソ連もロシアでナチスの攻撃をストップさせた。ヒトラーは突如、防戦体制に入ることになった。

箱を綿で完全にくるんでしまうと、ジャスパーは椅子の上に立ち上がって、キャンバス地に向かって落とした。箱はキャンバス地の隅の方に着地して、一度ひっくりかえって転がった。フィリップが拾い上げてなかを開けてみた。卵にはひびが入っていたが、割れてはいなかった。

「もう一度やってみよう」ジャスパーが言った。「今度はテープを縦横に渡す。それをサスペンションにすれば、一種のサポートネットのような役割を果たしてくれるだろう」

再び手を動かしながら、ふたりの会話は男の第二の関心事に移った。

「いやあ、あそこの女の子はとびきり上等だよ」フィリップが大げさな口調で言った。工兵隊のメンバーと出かけたカイロの夜のことを話しているのだ。「そのうちのひとりなんか……もうたまらなかったね……だってこうなんだぜ……」

言葉だけでは説明しきれないと思ったのか、フィリップは両手を使って宙に二回、魅惑的で流れるようなラインを描いてみせた。

ジャスパーはピンときた。そういう女がいたのは事実だったろうし、フィリップが言うように魅力的だったのだろう。しかしフィリップがほんとうにその女に夢中になったとは思えなかった。ああ言うことで、自尊心を守っているのだ。ひもが卵を支えるようにしっかりと。それは少しも悪いことではなかった。

だからジャスパーとしては、その話題を無視することはできなかった。ようやくフィリップがそういったことについて話せるようになったのだ。ジャスパーはそこで思いきって、奥さんから連絡は来ているのかときいてみた。

フィリップは不快気に、吐き出すように言った。「女房からかい？　来ないね。来てほしいとも思わないが。あとのことは両方とも弁護士に任せてある。ふりかえってみれば、すべてが茶番さ。どうしてここまで馬鹿だったのか、自分で自分に呆れるよ。女房の浮気がなかったとしても、幼い子どものことを除けば……そう、赤ん坊にだけは辛い思いは絶対させたくない……もともとふたりがいっしょに暮らすべき理由はどこにもなかったんだ。とくに終わりのほうは決してうまくいってたわけじゃなかった。それについては自分に嘘をついちゃいけない。結婚したときはお互い若かった。あれからこっちもずいぶん変わった。今の自分は、もうあの頃の自分とはちがう。それに……」

ジャスパーは話に耳を傾け、適切なときにあいづちを打ち、求められているとわかれば、同意を示す言葉も返した。彼としてはこれまでの人生をイリュージョンを作り出すことに捧げてきたわけだから、他人のイリュージョンをこわすつもりはなかった。

新しい卵にはさらにもう一本、交差したひもをゆるく巻きつけた。卵はちょうど、小さなハンモックに揺られているような感じになった。箱がキャンバス地の上に落ちたあとも、卵は無傷だった。

「さてあとは、一個の卵を一千発分の弾丸に取り替えるだけだ。成功だよ」

ふたりが片付けを終わろうというときに、フランクがやってきた。わきの下に、折りたたんだ新聞をはさんでいる。「ここにひとりの英雄が誕生した」フランクが気取って言った。

ジャスパーはフィリップのほうをちらりと見た。フィリップはまっすぐこちらを見返していた。

ふたりそろってフランクの顔を見る。

「きみだよ」フランクがジャスパーを指して言った。「その様子じゃ、まだ読んでないんだな？」

そう言って新聞を振りかざした。「世間の注目を集めているようだ」

フランクの言葉に首をかしげながら、ジャスパーは新聞を受け取った。それは一週間前のドイツの新聞、『ベルリーナー・イルストリールテ・ツァイトゥング』のフランス語版だった。

「三ページ目だ」

ジャスパーはそのページを開いた。ロンメルの砂漠戦の特集記事で、煙をくすぶらせたマチルダ戦車の大きな写真も載っていた。すばやく記事に目を走らせながら、自分の名前がアドルフ・ヒトラーの名前と同じ文のなかに入っているのを見て驚いた。「いったいなんて書いてあるんだ？」

フランクが胸ポケットから紙切れを取りだした。「クラークのスパイのひとりが、急いで送ってくれたんだ。きみが喜ぶだろうって」そう言って紙切れを開いた。「これは、イギリス陸軍の公式翻訳だ」眼鏡をぐっと押し上げて、紙切れを目の高さまで持ち上げると、えへんと言ってふたりの注意をひく。それから一語一語をはっきり発音して読みだした。「イギリス軍は自軍の絶望的な状況に気がついて、有名なマジシャン、ジャスパー・マスケリンを雇い、わがアフリカ機甲軍団を怖がらせて追い払おうとした！」そこまで読んで顔を上げた。「どうだい、これは？」

「このヒトラーのところはなんて書いてある？」フィリップが新聞の次の段落を指してきいた。

「落ち着けよ。これからそこを読むんだから。総統は、イギリス軍に対するロンメルの見事な反撃をほめた。『……総統は将軍ロンメルに言った。ドイツ軍はジャスパー・マスケリンなどという男がいなくても、イギリス軍を消し去ることができる』」フランクはそこで翻訳のメモから顔を上げてジャスパーのほうをちらりと見た。「どうやら、我らがミスター・ヒトラーは陰できみのことをうわさしていたようだな」

フィリップがおどけて、ひざを曲げてお辞儀をしてみせた。「そんな偉い方といっしょに仕事をさせてもらっていたなんて、これまでまったく知りませんでした」

ジャスパーは喜んでいいのか戸惑うべきか、笑っていいのか怒っていいのか、決めかねていた。「なるほど」とやっと心を決めた。「身に余るお方にばかにされたということだな」

自慢屋のマイケルがふれまわったおかげで、ヒトラーのコメントはカイロ中のイギリス将校のあいだでうわさになり、それから数日間、ジャスパーはずいぶんからかわれた。下士官のほとんどはその話を愉快に思って、温かい言葉でからかってきたものの、なかには嫉妬心を煽《あお》られた者もいて、意地悪な批判も飛んできた。ジャスパーのほうはこの一件をなんともばつの悪いジョークのように考えるようになり、すべて軽く受け流した。「なかには、ぼくがヒトラーの仲間だと思っている人間もいるらしい」とメアリーに手紙を書いて、いっしょに翻訳文も同封した。「まったく、冗談じゃない！」

マイケルはこの騒ぎを楽しんで、みんなに向かってこんなことを言った。「向こうがこんなふうに侮辱してきたんだから、ジャスパーだって言い分があるはずだ。ヒトラーになんて言ってやるのか、楽しみだ」

バーカス少佐もクラーク准将もこの記事を面白がりはしなかった。「きみが戦場に慰問公演にやってきたんじゃないってことを、敵に知られているってことだ」バーカスが苦々しく言った。「今後は連中のきみへの監視が一層厳しくなる。ますます仕事がやりにくくなるぞ」

クラークはすっかり落ちこんでいた。「今回のことできみが敵の格好の標的になるんじゃないかと心配だ。ムスリム同胞団の頭のおかしなやつらが、ヒトラーの機嫌をとろうとしてどんな行動に出るかわかったもんじゃない。身をひそめていたほうがいい」

「敵の標的ということなら、われわれみんながそうでしょう?」ジャスパーが答えた。「それが兵士の仕事です」ジャスパーにはムスリム同胞団がどんな狡猾《こうかつ》な作戦を練っているかなど、心配している暇はなかった。魔法の谷は、繁栄していたころのエジプシャンシアターのように、多くの人々が立ち働いていた。ただしそこにいるのは、俳優やマネージャーや報道陣ではなく、アシスタント志望の女性でも、職人や簿記係でもない。大工、画家、電気技師、織工、機械整備士、工作機械熟練工、製図工、事務員、組み立てラインの作業員といった人々がそれぞれの仕事で忙しく飛び回っていた。ジャスパーは彼らに仕事を割り当てるだけで、頭がくらくらしていた。忙しくなればなるほど、孤独を感じることは少なくなり、マルタ島で苦しんでいる人のことも考えなくてすむようになった。完成させなければいけない継続中のプロジェクトがあり、手をつけなければならない新しいプロジェクトがあり、考えなければいけない将来のプロジェクトがあった。それに加えて夕刻の時間は指の訓練にあてなければならないし、クラークからも、またあれを——新しく到着した兵士に、だれにも大人気の逃亡の講義を——やってくれと言われていた。夜になって仕事が終わるとやっと一息つけた。そんなとき、ジャスパーは自分の思いをメアリーへの手紙にしたためた。

悔しいことに、パラシュートなしで投下できる補給物資のコンテナは、まだ完成していなかった。

フィリップと開発したサスペンションが使えるかどうか、砂漠で最初のテストが行われたのは一九四二年の三月一日だった。

ジャスパーは目の上に手をかざして、空を飛ぶ一機のウェリントン爆撃機を見上げていた。ウェリントンは一度旋回すると、百五十メートルの高さからコンテナを投下した。コンテナは幅一・五メートル、高さ一・二メートル。外側を厚い綿屑でしっかりくるんである。なかには、密閉したしっくいの箱が十個入っていて、それぞれ、三十八、四十五、三十三の口径の弾薬が五十発ずつ、あるいは対戦車砲弾が五十発、全部で五百発入っている。それらがコンテナのなかにキャンバス地のひもで吊りさげられていて、さらにあいだに綿を詰めて衝撃をやわらげるようにしてあった。

コンテナは最初の数メートルはまっすぐ落下したが、そこから先はゆっくりと回転しはじめ、地上に落ちると、まもなく爆発した。

噴水のように吹き上がる砂が収まるまで、だれもなにも言わなかった。やがてビルが言った。「うーん、あんまりよくないな」

「まだいくつか改良点がありそうだ」ジャスパーは認め、砂漠にできた新しい弾痕に背を向けた。いつものようにマイケルが、ジョークでみんなを笑わせようとした。「だけど、これなら、たこつぼ壕を掘るのに使えるんじゃないか」

幸い、ほかのプロジェクトはうまく進んでいた。イギリス海軍からは、フーディンが地中海で立派に任務を果たしているという報告が入ってきた。枢軸国側では、トリポリに船団を送る頻度を増やした気配はなく、少なくともイタリアの戦艦二隻が航路を変えたことがわかっており、敵がイギリス軍の〝戦艦〟と出会うのを避けたのは明らかだった。フーディン自体は依然、船としての体裁を保っていたが、永遠にふたりきりの乗組員はトラブルに頭を悩ましていた。船の部品がはずれたときに、どこへくっつけていいのかわからなくなるのだ。修理を監督するために、ネイルズとジャックが二度派遣された。

フィリップはビルに助けてもらって、前線観測所を隠す方法をいくつか考え出した。なかでもダミーの砂丘とブリキの木というふたつの案は見事だった。ダミーの砂丘は、隠したいものはいちばん目立つところに置けというステージマジックの原理に基いて、ふっくら盛り上がった骨組みを砂色に塗ったものを、なにもない砂漠のなかに置いた。なかには人ひとりがすわれるだけのスペースがあって、上から砂をかぶせると普通の砂漠の吹き溜まりとほとんど見分けがつかなかった。ブリキのヤシの木は、青々としたオアシスに置かれ、重要な目標物や部隊集結地域になった。第一次世界大戦時に使われたものと同様、防弾スチールで内張りをしたなかに偵察兵がひとり入れるようになっていて、望遠鏡と無線送信機の設備を備えていた。

最初のブリキの木は数時間かけて工房で作られた。仕上げにちょっとした装飾をしてやると、実に自然に見え、枝が夜の焚き火に使われないかと、なかに入った兵士が心配するほど本物そっくりだった。残念ながら覗き穴については、近くで見るとはっきりわかってしまう。いくつか実験をしたあとで、幹の色と同じ色を塗ったガーゼで穴を覆えばほとんど目立たなくなることがわかった。フランクは動物の擬態に詳しい専門家として、ガーゼは手でちぎるようにと言った。はさみで切ったような直線的な形は、自然環境にはめったに存在しないからだ。

一連のテストが終わると、偵察兵を隠す砂丘と木が魔法の谷で大量生産され、三月の終わり、長距離砂漠軍団、つまり砂漠のネズミ（英国第八軍の兵士）がそれを砂漠に設置していった。

最初のダミー砂丘が使用されるようになるとすぐ、ジャスパーは輸送部隊の隊長に、燃料や弾薬の大きな貯蔵庫も同様の手法で隠したらどうかと提案をした。そして次の数カ月のあいだ、戦略的に重要な地点の主要路沿いに、一夜のうちに巨大な砂丘が次々と現れることになった。そのなかに、山のような補給物資が隠れている。こういった大きなダミー砂丘は、北アフリカの最終戦が繰り広げられたとき、重要な働きをした。

一九四二年の春、ヨーロッパやアジアに散らばる枢軸国側の軍は、しぶとい連合国軍側の抵抗にあいながら、徐々に前進を続けていた。大西洋では相変わらず、Uボートが連合国軍の商船や戦艦に大きな打撃を与えていた。日本軍が奇襲攻撃で大成功を収め、その結果孤立した太平洋の島を次々と占領していた。真珠湾では、ダグラス・マッカーサー将軍は、潜水艦でフィリピンを去り、オーストラリアに着くなり、フィリピンに「必ずもどってくる」と誓った。それから数週間、カイロでは部屋を出ていくときに、「必ずもどってくるからな」と言うのが流行った。

連合国軍は時間稼ぎをしていた。援軍がもうじき到着し、アメリカの強力な製造ラインがフル生産に入れば、補給物資も次々と入ってくるのがわかっていたからだ。

北アフリカでは、相変わらずドイツ軍が地中海を渡るイギリスの補給ラインを攻撃し続け、そのあいだにロンメルはアフリカ機甲軍団を増強していた。ガザラインでは、時折、敵の野営地にさぐりを入れたり、あごひげを生やした砂漠のネズミが、攻撃してはすぐに引き上げるヒットアンドラン戦法をしつこく繰り返すぐらいで、膠着《こうちゃく》状態が続いていた。砂漠のなかでロンメルが錆びついていくいっぽうで、オーキンレックは、初夏の攻撃に向けて自軍の再補給が着々と進んでいるのに気を良くしていた。

魔法の谷ではさまざまなプロジェクトが進行していた。マルタ島への容赦ない爆撃を思って、ジャスパーはほとんどの時間、落下しても壊れないコンテナの開発に没頭していた。試作品の失敗以来、落下速度を落とすことが必要だとわかったが、それはどうしても、パラシュートのようなものをつけないことには難しかった。多数の技術者と話し合いをするなかで、最終的にはキャンバス地の吹流しをコンテナにつけてみることにした。

二度目のテストのために、何人かの関係者が再び砂漠の縁に集まった。ウェリントン爆撃機が飛び、百五十メートルの上空で一度旋回したのちに、弾薬の入ったコンテナを投下した。大きなコンテナは落下しながら右に左に揺れたが、何本もの吹流しが風をつかまえて、ほぼまっすぐになった。気流のなかでキャンバス地の長い脚をふるわせて落ちてくるさまは、死んだタコのようだった。

コンテナは砂漠に叩きつけられ、塵と砂の飛沫を吹き上げた。だれもが緊張して待っていたが、なにも起きない。ジャスパーはほっとして、肩の力を抜いた。「いまのところは、だいじょうぶだな」ジープに乗りこむときに、自信なげな口調でそう言った。

コンテナにはひびが入っていたが、壊れてはいなかった。しかしネイルズがそれを開いてみると、ほとんどの弾薬が保護用のやわらかなしっくいの箱のなかにくっついてしまっていた。ほぼすべて、使うたびにひとつひとつ、しっくいをぬぐい取らなければならない状態だった。戦場でそんなことをやっている暇はない。「少なくとも、問題の半分は解決した」ネイルズが達観したように言う。「空から落とすことはできたんだから、あとは梱包の仕方を考えればいいんだ」

この問題の解決方法はいたって簡単だった。ジャスパーは弾薬の箱を、しっくいではなく、くっつかない紙張り子で作ろうと考えた。ギャング全員が娯楽室に集まってすわった。編物をしながらおしゃべりをする女のように、みんなで輪になって、不要になった書類をちぎりながら午後の時間を過ごす。細かくちぎった紙は大きな桶のなかに放りこんでいく。この桶のなかには、ポスター貼りに使う糊をつくる要領で、廃棄処分になった小麦粉と水でつくった、つんと鼻をつく糊が入っている。これらを練りまぜて作った箱に、まだ濡れているうちに弾薬を押しつけておけば、使うときには箱が乾いて固まっており、弾薬を保護する役目を果たしながら、一発ずつ楽にはずすことができる。

三度目のテストは完璧に成功し、テッダー空軍中将の部下たちが追加のテストをしたあとで、イギリス空軍からジャスパーに正式に要請が入った。できるだけたくさん魔法の谷で生産してほしいとのことだった。ネイルズは〈サンシールド〉を生産している場所に、この箱の組み立てラインを置くことにしたが、箱作りに使う数百キロの紙をちぎる方法が悩みの種だった。手でちぎっていったら大変な時間がかかってしまう。そこでいくつかの方法を検討した結果、オートバイを一台失敬してくるという結論に達した。

カイロで暮らす人々のあいだには、ひとつの常識がある。どんなものであろうと、放っておくとなくなる。その持ち主以外には絶対に価値がないと思われるようなものでも、ちょっと目を離したすきに消えてしまう。番人がいる通路でも電球が盗まれ、クローゼットからボロ靴が消える。机の上からは端を嚙みつぶした鉛筆が盗まれたし、バザールの闇市では、自動車のホイールキャップがおおっぴらに売買されている。そんな状況だったから、フッサー伍長は、チェーンでつないでおいた自分のオートバイが軍司令部のまん前から突如消えてしまったと知っても、さほどおどろかなかった。

実際の盗みはマイケルが行ったが、ビルがそのあいだ、陽動作戦を行った。米国の軍隊向け新聞『星条旗《スターズ・アンド・ストライプス》』のアメリカ人記者に扮して、司令部を警護していた番兵に中東での生活についてインタビューをしたのだ。

ネイルズはマイケルの盗んだハーレーを工作機械に変えた。しっかり固定したレンガの上にバイクを逆さまにして置き、後ろのタイヤをゴムのベルトに取り替え、ベルトをまぐさ切りの駆動輪にかけた。古い地図が大量にあったので原料にはことかかなかった。急ごしらえだったが、この機械には一時間に約七キロの紙くずを生産する能力があった。

マイケルの提案で、それぞれのコンテナには中身がわかるように、キャンバス地でつくった異なる色の吹流しをつけることになった。赤は弾薬、緑は道具、白は軍用食というように、中味にあわせて色を変えていった。

ジャスパーはプロジェクトの成功を祝って、フランクと町に出て豪勢なランチをとった。午後は輸入タバコを一パック全部吸いながら、ウクレレをかき鳴らして気持ちをなごませた。何もしなくていい午後はなんとも贅沢な感じがした。

しかしウクレレが奏でる音楽は悲しげだった。翌朝、コンテナのプロジェクトに関するデスクワークを片付けるとすぐ、ジャスパーは次の仕事にとりかかった。カニンガム海軍大将は海のまんなかで自在に形を変える高速ボートをご所望だった。それが終わったらこれ……これが終わったらあれ……いくらやっても仕事は次から次へ舞いこんでくるのがわかっていた。すべてが終わったとして、いったいなにが変わるというのだろう。

ステージでマジックショーをやっているときには、こういう憂鬱な時期がくるのに、慣れっこになっていた。なにかを成し遂げたあとに、しばしば強い憂鬱がやってくる。ステージマジックの仕事を降りれば、そんなものともおさらばできると思っていた。ところが悔しいことに、そうではなかった。古い、馴染みの感覚がまたもどってきていた。胃のなかをかき回されているような感じがして、肩もひどく重い。目はしょぼしょぼして、疲れ果ててしまった感じ。こういう症状が現われると身体的な辛さよりも、精神のほうがこたえた。いつこれに襲われるかはまったくわからない。今はあれほどやりたかった仕事をやっていて、必要な名声も得ている。ギャングたちは固い団結のもとに、第八軍に属する同規模のどんな分隊よりも忙しい毎日を送っている。なのに、なぜか気が滅入ってしょうがない。これはいったいなんなのか。

「たぶんホームシックだ」フランクが豪華なランチを食べながら言った。「もうずいぶん故郷《くに》に帰ってないからな……」

さびしいのはまちがいなかった。戦争はだれをも孤独にする。そんなことはわかっている。孤独の痛みはこれまでずっと抱えてきて、いまでは馴染みの敵といった感じになっていた。しかし今のこの感情は、それではなかった。「ちがうんだ」そう言ってジャスパーはまた暗い表情になった。「ちがうんだよ……」

「戦場で活躍できないことに退屈しているのかもしれないな」とフランク。

退屈などしている暇はない、とジャスパーは答えた。それに新しい注文はどれもが難問で、大切な仕事だった。なんとしてでも遂行しなければならない。「ぼくらは頼りにされてるんだから」ジャスパーは強調した。しかしそんなふうに言えば言うほど、フランクの言うことは正しいと思えてきた。もう仕事に喜びを感じられなくなっている自分がいた。しかしなぜだろう?

その答えは、慰安奉仕会のバラエティショーを観客席で見ているときに降ってきた。どの出演者も真面目に一生懸命やっているのだが、ショー自体は平板だった。ジャスパーはあくびをかみ殺しながら、このショーは失敗だと思った。幕開けから中盤まで、ずっと同じ調子で続き、この先の展開に観客が期待に胸を躍らすことができないのだ。

期待こそショーの成功に欠かせないものだということを、ジャスパーは舞台裏で学んでいた。それこそが観客を劇場に呼びこみ、好奇心を維持させる妙薬だった。祖父はよく言っていた。観客はライオン使いが生き長らえるのを見にサーカスに行くわけじゃない、と。

フランクは正しかった。ジャスパーは退屈していたのだ。この先に待っている仕事はすべて、すでに成し遂げたことの繰り返しに過ぎなかった。あちこちで水漏れのするダムにひとつひとつコルクで穴をふさいでいるようなものだ。ダミーの兵士はドイツ軍を混乱させた。フーディンはイタリア軍の動きを緩慢《かんまん》にさせた。ダミーの戦車、飛行機、トラック、コンテナ、港、スパイのツール――すべてが実際に役に立ってきた。しかしそういったばらばらのものをひとつに集めてみても、結局は個々の集積でしかない。テーマのないパフォーマンスを演じてきたようなものだった。どのイリュージョンも、それひとつをとってみれば、よくできている。しかしマジシャンならだれでも知っているように、見事なショーというのは、壮大な結末にたどり着かなければならない。自分のパフォーマンスにはその結末がないことに、ジャスパーは気がついていた。

なにか大きなことを、状況をがらりと変えるなにかを、成し遂げなければならない。これまで戦争の舞台で演じられたことのない、大がかりですばらしいなにかを。そう考えただけでジャスパーは胸がわくわくしてきて、思わず客席から立ち上がりそうになった。すぐに机に向かって仕事に着手したい気分だった。しかしステージの上で甘い歌声を響かせている若い歌手は一生懸命だ。ショーの途中で出て行くような失礼はできなかった。

隣の席でフランクはぐっすり眠っていた。

同じ夜、ジャスパーとフランクがショーを見ているあいだ、マイケルとキャシーは、シャリア・エル・ガンフリヤにあるロイヤル・アームズに、ムーア二等兵夫妻として宿泊名簿に名前を記入した。ふたりは滑車を利用したエレベーターに乗り、四階まで無言で上がっていくあいだ、お互いの顔は見なかった。小さな部屋はこぎれいに整っており、窓からアズバキヤ・パークが見下ろせた。真鍮のフレームのベッドには、鮮やかな花柄のカバーがかかっている。ほかには、高い背もたれのついた木製の椅子が二脚と、ヴィクトリア朝風の西洋ダンス《シフォニア》のイミテーション。二枚のタオルがベッドの上にきちんと折りたたんでおいてあり、ベージュ色の壁紙をはった壁の一面には、メフメト王朝のモスクの複製画が額縁に入れて飾ってある。トイレは廊下の突き当たり近くにあった。

ムアッジンが日没の礼拝の時刻を告げてから、まだせいぜい一時間しかたっていなかった。穏やかな夕べだというのに、キャシーは寒気がしていた。窓辺によって鎧戸を閉める。

マイケルは空っぽのスーツケースを運んできてくれたポーターにチップをやり、ドアの鍵をしめた。「さてと」そう言ってキャシーのほうを振り向いた。「着いたよ」

キャシーは窓辺に立って、マイケルに背を向けたまま「そうね」と弱々しく答えた。

マイケルは彼女のそばによって両腕をつかみ、うなじにそっとキスをした。

キャシーはマイケルから離れて鏡のほうへ行った。「見てよこれ」と言って泣きそうな声を出し、髪をいじり始めた。「ひどいでしょ」

「きれいだよ」

「ちがう、みっともないの」キャシーが言い張った。「髪はめちゃめちゃだし、お化粧もくずれてる。ほんとうにわたしって……」全部言い終わらないうちに口を閉ざし、両手をわきに落として、床をじっとにらむ。それから小さな声で言った。「あなたは、たくさんの女性と経験がある、そうよね？」

「多少は」マイケルが認めた。

キャシーは首をかしげ、目を大きく見開いてマイケルの顔を見た。あどけない目だった。「とても怖いの」

「わかるよ」マイケルがキャシーのそばへ寄ろうとした。

「ちがうの」キャシーが言い、片手をあげて彼をおしとどめた。「ちょっと時間をちょうだいと、そう言いたかったの、お願い」

キャシーは鏡から離れ、ベッドに近づいたが、はっとしていきなり方向を変えた。そしてようやく背もたれの高い椅子に腰掛けた。足を組み、ひざの上で手を重ねる。気がつくと彼の顔をまともに見ることができなくなっていた。

「気が乗らないなら……」

「そんなこと言ってないわ」嚙みつくように言った。「ちゃんと来たじゃない、あなたの望みどおりに」そう言って、自分の黒い靴を見下ろした。自分の足がこれほど大きくぶざまに思えたのは初めてだった。

マイケルは抗議した。なにも強制していないし、きみのことを大切に思っている。だいたいここに来ようと言い出したのは、きみのほうじゃないか、と。

キャシーはきいていなかった。頭のなかに奔流が渦巻いている。この男はだれ？　どうしてついてくることを承知したの？　いったい自分はなにをするつもりだったの？

マイケルはベッドの反対側に立っていて、彼女のほうへ行くのが怖かった。そしてふいに自分の手がどうしようもなく気になった。この手をどうしていいのかわからない。マイケルは自分の手が目に入らないように、後ろでがっちり組んだ。「聞いてくれ、キャシー」

キャシーは目を閉じていた。正しいことを言って、マイケル。お願いよ、正しいことを。そう心のなかで祈っていた。

「おれにとって、きみは特別なんだ。それをわかってほしい。ほんとうだ。だから……きみが後悔するようなことはしたくない……」

キャシーは目を開けてマイケルをにらんだ。「ちょっと、マイケル。わたしは子どもじゃないのよ、そんなふうに扱われるのはごめんだわ。ここになにをしにきたかぐらい、ちゃんとわかってる」

「ちがうんだ、そういうことを言うつもりじゃなかった。すまない。悪くとらないでくれ。しかしおれは本気できみを特別だって思ってる。これまで知り合ったどんな女ともちがう。これから先だって、きみみたいな女とは出会えないだろう。しかしこのいまいましい戦争が終わったあと、おれがどうなっているか、おれの人生がどうなるかはわからない。だからもしきみが結婚を考えているなら……」

「結婚！　だれがそんなことを言ったのよ！」キャシーは怒りを爆発させた。椅子を手でつかんでいなければ、飛び上がってしまいそうだった。「そんなこと、わたしはひとことも言ってない！」

マイケルはどうしたらいいのかさっぱりわからなくなった。「いや、こっちが勝手に思っただけだ。ほら、きみみたいな女は。つまりこういうことは……」そういって片手でベッドを指した。「ただちょっと気をまわしただけさ」

結婚？　キャシーはなにがなんだかわからなくなってきた。

「わたしがあなたと結婚ですって？」ばかにするように言った。それから無理矢理声をあげて笑った。

「どんなプレゼントをもらっても、あなたとなんか絶対に結婚しない」そしてようやくぎゅっと握り締めていたこぶしを開いて立ち上がった。「実際」スカートのしわを伸ばしながら続ける。「ここであなたとなにをしようとしているのか自分でもわからない。これはまちがいだわ。とんでもないまちがいよ」ハンドバックと薄い上着をとりあげ、決してベッドには触れないように注意しながらそこをまわりこみ、ドアのほうへ向かった。「ほんとうに申し訳ないけど」こわばった声で言う。「でもこんなこと……まちがってる。わたしったら、どうかしてたんだわ」そう言って部屋を出ていった。ドアは開けたままにしておいた。

マイケルはあとに続いて部屋を出た。ドアノブをつかんで、最後に一目、しわひとつない花柄のベッドカバーを見た。そして笑った。なるほど、生粋のお嬢様だ。少しほっとした。マイケルはドアを閉めた。

ふたりともだまってエレベーターに乗り、どちらも相手の顔を見ようとはしなかった。フロントを過ぎるときに、マイケルが鍵を置いた。

「終わったよ」悪魔のような声で言って、片目をつぶってみせた。

コンシェルジュがウィンクを返してきた。「お楽しみいただけたようでなによりです、ムーアご夫妻」くだけた英語で言ったが、〝ご夫妻〟の言葉が口から出るころには、ふたりの姿はドアの向こうに消えていた。

13

失意と絶望の日々

イギリス海軍の注文は急ぎだった。小型の高速ボートを敵の支配する地中海で安全に走らせるために、ちょっとした擬装をして欲しいと言う。

「Uボートの好奇心旺盛な司令官の、しつこい視線にさらされてもばれない、そんな擬装が必要だ」D・F・グレゴリー大佐が説明を始めた。

大佐は海軍の擬装工作に長年携わってきた。キプロスの近海で夜襲を仕掛けたときに怪我をして、脚の傷が癒えるまでということで、マジックギャングの支援に回されてきたのだ。

「それから、いざ一戦を交えることになったときのことを考えて、擬装はすばやく外せるようでないといけない」グレゴリー大佐はさらに説明を続けた。擬装ボートの主たる用途として、スパイ及び、重要な貨物を積んで海を渡ることをあげ、さらに「艦長の思いつきで、なんにでも使いまわせるようにしてほしい」と言った。

ジャスパーにしてみれば、〝戦況をがらりと変える〟壮大なイリュージョンではなかった。しかしチャンスが転がりこんでくるまで、あるいは自分で作り出すまでは、こういった小さな任務をこなしていくしかなかった。ところがこの任務は思った以上に手ごわかった。フーディンでさんざん苦労をしてきたあとでもあり、今回のボートは、ペンキで塗った箱をかぶせて擬装するわけにはいかないことも、最初からわかっていた。高速で走らせるなら、それは無理だ。あらゆるカモフラージュは船本体に直接行わなければならない。それも今回はボートが失速しないように。手に入るさまざまな船を調べたあと、ジャスパーとグレゴリー大佐はイギリス空軍の最新式のレスキューランチ（大型ボート）、〝マイアミ〟を使うことに落ち着いた。この均整のとれた魚雷型のボートは、前方のキャビンが低くなっていて、その上に通信用のアンテナが立っている。後部甲板は細長く、全長はおよそ三十メートル。そのほとんどが甲板だ。

偵察機で撮った真上からの写真のほか、水面のさまざまな角度から撮った六十枚の写真がジャスパーのオフィスの壁に鋲で留められた。しかしそれらの写真をじっくり見た後でも、ジャスパーはボートをなにに擬装していいのか決めかねていた。「何に見せかけたいんです？」グレゴリー大佐にきいた。

背の高い、ひきしまった身体をした大佐が、肩をすくめた。「なんでもいい」

そこで戦時の地中海を見とがめられることなく自由に航海できる船をかたっぱしからあげてみた。そのなかでもっとも安全なのは、中立国の国旗を揚げた富豪のヨット——欲を言えば裕福なアラブ首長国の船——とか、汚らしい櫓櫂《ろかい》船ということになった。ジャスパーはフィリップに、イギリス空軍の高速ボートと同様の縮尺を使って両方の船の概略図を描かせた。そうしてできあがったものをマイアミ船体の基本構造に重ねてみることにした。

大佐は概略図をピンで壁に留めると、後ろに下がって、フィリップ、ジャスパー、フランクと同じ位置に並んで、じっくり確認する。「どう思う？　どっちがいい？」大佐がきいた。

ジャスパーは冷えたパイプの柄を噛みながら、両方を比べてみた。前へ出たり後ろへ下がったりしながら確かめる。「どっちも」やっと結論を出した。「両方使えます」そう言って鉛筆をとりあげて前に出て、フィリップの書いた図を直した。「ちょっと手を加えるだけで、ヨットにもぼろ船にもなりそうだ。たとえばこの通風管」そう言ってヨットの後部甲板に立つ短い煙突をパイプで指し示した。「これは簡単に別のものに変えることができる。さらにここに二本目のマストを置けば……」

ジャスパーがそんなふうに始めると、みなもそれぞれひとつかふたつのアイディアを付け足していき、消しゴムで消したり、線を追加したりで、紙がすれて穴が開くころには、さまざまな形に変身させることが理論上、可能なことが証明された。

「さあこれで、簡単なほうの問題はクリアできそうだ」大佐が言った。「さて、じゃあこれからいちばんの難問にとりかかろう」

「はあ?」フィリップがきいた。まるで大佐の言葉がちゃんと聞きとれなかったといわんばかりだ。

「いちばんの問題は、ボートを別の物に見せかけることだと思いましたが」

大佐は首を振った。「これを見てくれたまえ」そう言って、よごれて見えにくくなった船体のラインを船首から船尾まで人差し指でたどった。

「一人前の海軍兵なら、このシルエットだけですぐに船種を見抜く。この形を変えないことには、上部構造にどう手を加えても意味がない。牛の上に板を載せて、これはテーブルだと言うようなもんだ」

「船体の形を変えるなんて絶対無理です」フィリップがきっぱりと言った。

ジャスパーは図面をじっと見て、考えながら言った。「それにボートのスピードを落とすわけにもいかない。だから、なにかをこれに付け足すこともできない」

「スピードを出して走ったとたん、波にひきちぎられてしまうからな」大佐が同意した。

フランクはだまって図を見ていた。これと似たような現象が自然界に見られないかと、記憶のなかをさぐっていた。動物や昆虫の多くは、自分の外形を変えてみせる能力を持っている。フランクは頭のなかでそのボートに命をふきこみ、動物に見立ててみた。すばやい動きの動物が、目に見えない敵から逃げようと、波間を必死に飛び跳ねている場面。鋭い歯を噛み締め、耳をぴんと立て、なんとか生き残ろうとしている様を。フランクは慎重に口を開いた。「解決策があります」

三人がそろって彼のほうを向いた。

船の図面をじっと見つめながら、フランクはまだ頭のなかで恐怖におびえる動物を見ていた。「自然界には」と、まるでそらんじている講義をするように説明を始めた。「擬態を行う動物や昆虫が多数存在する。つまり、自分の姿をまったく異なるものに見せられるということ。たとえばクジャクチョウ。これはアカタテハ属のチョウだが、通常は名前の通り、目をひく美しい羽を見せている。しかしこれが一度危険を察知すると、羽をたたみ、体を木の葉に見せかけ、これによって敵をだますことができる。ちなみに、自然界には三通りに姿を変える動物もたくさんいる。しかしこれ以上言わなくても、もうこの自然の原理はおわかりかと思う」

礼儀正しい生徒のように、三人は同意の言葉をつぶやいた。

「さて、そこでだ」フランクがひょうきんな教授の声音になって先を続けた。「こういうおどろくべき生き物は、どうやってそんなことを可能にしているのだろう?」彼は生徒からの答えを待たなかった。「天敵の視力の限界につけこむ。体の色を変えてみせるんだ!」

「よく見ていてほしい」そう言って、赤、黄、緑のクレヨンをフィリップの道具箱から取りだし、さっそうと壁の図面に向かった。「わたしの下手な絵では、全員に納得してもらうのは難しいかもしれない。しかし、色を利用することで、船体のラインを変えることが可能だと思う。技術的には、〝セイヤー（アメリカ海軍の軍人・歴史家・戦略研究者）の原理〟の応用だと思えばいい。だれかその原理を説明できるかな？」フランクは肩越しにふりかえり、三人ともだまっているのを見て、くすくす笑った。「もちろん、そんなことを知ってるわけはないか」

ジャスパーはフィリップのほうをちらりと見た。フィリップはフランク教授のパフォーマンスに、これはこれはと首を振り、にやりと笑ってみせた。

「セイヤーによれば、色の濃淡を段階的に変えていき、その差がとことん微妙になっていくと、人間の目には境目を見分けるのがとても難しくなる。ということは、船体の色を、内側から外側へ、しだいに濃度が薄くなるグラデーションにしていけば、船の輪郭を見極めるのは非常に難しくなる。こういう手法は、実際じつに効果があるんだ」そう話を結ぶと、後ろに下がり、自分の仕事のできばえをほれぼれとした目で見た。

船体のまんなかは濃い緑に塗ってあり、それが次第にライムグリーンに変わり、さらに薄くなって淡い黄色に変わっていく。教授の色の塗り方にはかなりむらがあったが、ポイントは伝わってきた――わずか数メートルしか離れていないところからでも、黄色の境界線は見分けるのが難しい。

「灰色や青色だともっとうまくいくと思う。水の色に溶けこませやすいからね。しかしこれだけはたしかだ。船体はどんな形にでも見せることができる」

「ただし遠くから、ということだな」グレゴリー大佐が正した。

「遠くからです」フランクがうなずいた。

大佐はこのアイディアに興味を持った。カモフラージュに色を使うのは特に珍しいことではない。

しかし今聞いた話はどこか新しく、わくわくするものだった。彼はフランクに、オメガグレーを使って実験を始めたらどうかと提案した。オメガグレーは青味がかった灰色で、南極ミズナギドリという海鳥の色だった。

「前回の戦争で、アメリカの海軍がカモフラージュに使えるものはないかと、あらゆる色について調査を行った。その際に、ミズナギドリが海の上を飛んでいると、海とほとんど見分けがつかないことを発見した。その鳥の光学的性質をそっくり真似して作ったのがオメガグレーという色なんだ。それ以来アメリカではよく使われている」

フランクは賛成だった。

「ちょっと待ってくれ」フィリップが抗議した。「これ以上ラクダの糞を集めたりするのはごめんだ。ほかのみんなだって……」

大佐が頭のおかしな人間を見るような目でフィリップの顔を見つめたので、ジャスパーが昔のペンキプロジェクトの説明をした。「ああ、そういうことなら心配ない」大佐が請け合った。「あの色なら一万リットルはある。時代は変わった。これからはなんでも手に入る」

フィリップはそれでも疑わしげな顔をしていた。

その週の終わりまでにネイルズが高速ボートの模型を木で作った。模型自体の形に大きな改変は加えずに、フランクが色の濃淡をさまざまに変えて実験した。少しずつよくなっているのは確かなのだが、けっこう難しい仕事で、サンドペーパーをかけて色を全部落として、それからまた塗りなおすこともたびたびだった。

ジャスパーは大佐と甲板の上の構造を少しずつ改変していった。小さな部分をあちこち変えていって、大きな変化を生み出していく。たとえば、キャビンの横の普通の救命具は、片面は清潔でこざっぱりとしており、高価なヨットに装備されているものに見える。しかし裏返したとたん、それは厳しい天候のなかで長い年月を耐えてきたもののように見えた。後部にはマストが一本立てられ、そこから、ヨットのときなら鮮やかな色の信号旗を揚げればいいし、ボロ船のときなら、船員の汚い洗濯物を干せばいい。船名を書いたボードもとりかえ可能にした。

高速ボートの仕事が軌道に乗り、ほかのギャングたちもそれぞれの仕事に没頭するようになると、ジャスパーはクラーク准将に、また脱出と逃走についての講義を再開しようと提案をした。クラークは最初の講義を四月十六日の木曜日に設定した。

しかし、十五日の朝、バーカス少佐から魔法の谷に電話が入り、予定の変更を迫られた。彼はジャスパーに、翌日の午後、司令部で開かれる会議に参加してほしいと言う。

「戦略の研究会なんだ。きみに同席してもらう価値は大いにあると思ってね」

ジャスパーはバーカスに、翌日は午前十一時三十分にガザラインにある要塞に飛ぶ予定が入っていることを告げた。

「そのことなら、気にしなくていい。クラークのところの連中とかけあってみる。講義は次の週まで延期してもらえばいい。問題ないよ」

ジャスパーは最初延期に応じようと思った。しかし長年スケジュールどおりにショーを行うのを習いにしてきたものだから、今回だけ変更するのは気が進まなかった。

「いい考えがあります。フランク・ノックスなら十分に講義ができると思います。わたしといっしょに山ほどショーをやってきて、見事な腕前を見せてきましたからね」

バーカスは反対しなかった。「ただ、みんなはがっかりするだろうね。ヒトラーの贔屓《ひいき》にしているマジシャンを見られるのを心待ちにしているんだから」

「フランクがすぐにみんなをとりこにしますよ」

フランクは喜んで乗ってきたが、すぐに自分の手品の腕を心配し始めた。

「腕をもう少し磨かないと」いかにもプロらしい口ぶりで言う。

「そうだな」ジャスパーが言った。

「それに、口上もチェックしてもらわないと」

「ああいいよ」

「それから、リンキングリングの練習もしないと」フランクの自信は、膨らんだときと同じようにみるみるしぼんでいった。

「だいじょうぶだ」と、ジャスパー。

フランクがため息をついて提案した。「これはやっぱりリハーサルをしたほうがいいな」

その夜、マジックギャングたちと、そのほかに数人の観客を招いてリハーサルが行われた。みなは一杯ひっかけたい気分も手伝って、フランクを励ましてやろうと娯楽室に押しかけた。

「いいかい、諸君」ジャスパーがあらかじめ観客に注意を促した。フランクは幕の代用品として白いシーツをおろした後ろに控えている。「これはリハーサルなんだから、野次はなしだぞ」

「心配しなくていい」フランクがシーツの後ろからうれしそうな声で言った。「今夜は入場料分だけしっかり満足させて帰してやるよ」

その言葉にさっそくみなが野次を飛ばした。

ジャスパーは観客が静かになるのを待ってから、出演者を紹介した。「それではただいまより、すばらしいマジシャンを紹介しましょう。本邦初公開、かつてどこのステージにも立ったことのない、まったく新しいマジシャン、偉大なるプロフェッサー・ノックス・オーの登場です！」

フランクはシーツの陰から前に進み出てきた。着慣れない黒いマントを肩の上でなびかせたマジシャンに、まばらな拍手が飛ぶ。「この講義は諸君の身を守るためのものだ」フランクが真面目な口調で口上を切りだした。声がふるえていて、緊張しているのがはっきりわかる。「今夜ここで見たもの、聞いたもののすべてをぜひとも覚えておいてほしい。いつとは言わないが近い将来、必ず役に立つことはまちがいない」それからネイルズの前へ進み出て、いかにも芝居がかった声できいた。「さて、お名前を伺えるかな?」

「フィッシュです」ネイルズが答えた。「コッド・フィッシュ(タラ)二等兵」

フランクはネイルズのふざけた答えを受け流した。六枚のトランプを扇形に広げて、それからフィッシュ二等兵に言った。

「きみにアシスタントをお願いしたい。この六枚のトランプをみんなに無作為に配ってほしい」ネイルズがそれを配り終わると、フランクは受け取ったトランプにサインをするよう頼んだ。「恥ずかしがることはない。スペリングがわからなかったらきいてくれ」

全員が書き終わるとネイルズがトランプを集め、フランクにそれを渡した。フランクは仕掛けテーブルを前にして、六枚のトランプを観客によく見えるように並べた。「いちばん避けなければいけないのは、袋のなかに入れられることだ」そう言いながら、観客に向かって背嚢をひっくり返してみせ、なかが空っぽであることを示した。そしてそれをテーブルの上の、トランプの横に置く。

ジャスパーは後方の壁によりかかってフランクの活躍を楽しみながらパイプをふかしていた。

「……さてここで、諸君も、仲間も、砂漠でばらばらになったとしよう。最初にしなければならないのは、隠れ場所を探すことだ。どこでもかまわない」フランクが説明しながら、シャツのポケットに手を伸ばし、なかからサイン入りのトランプを引っぱりだした。「砂丘の陰、あるいは岩石の陰や涸れ谷のなか」と言いながら、短パンの両方のポケットから、そしてソックスのなかから、みんなの署名が入ったトランプを取り出した。「そして絶対覚えておきたいのが、壊れた乗り物は見事な隠れ場所を提供してくれるということ」そう言って、最後にキャシーの方へ近寄っていき、キャシーの左耳の後ろから彼女がサインしたトランプを取り出してみせた。

温かい拍手がわき起こった。もちろんみんなは、これと同じトリックをジャスパーがやるのを数え切れないほど見ていた。

「残念ながら」と言って、フランクはまたテーブルの後ろにもどってきた。「諸君のうちの何人かがロンメルにつかまってしまうということも考えられる……」そう言いながら、なめらかな手つきで背嚢に手を入れた。「そして、袋のなかに入れられてしまうことも……」と言って、六枚目のトランプを引っぱりだす。それはマイケルがみだらな言葉を書いたトランプだった。再び観客から歓声があがる。なかでもジャスパーがいちばん大きな声をあげていた。

フランクはトランプを背嚢のなかにもどした。「さて、諸君は袋のなかに入れられてしまった。このとき真っ先に考えることはなんだろう？」そこで客席の緊張を高めるために間を空けたが、緊張は高まらなかった。「逃げることだ」と、緊迫した声音でささやく。そしてもう一度、今度はもう少し大きな声で繰り返した。「逃げることだ。朝でも夜でも真っ先に考えなきゃいけないのは、袋のなかから逃げること。そして仲間たちのもとへ帰ってくること」

「そんなこと、できるのかしら？」ビルが女の甲高い口真似をしてきいた。

フランクはビルのからかいを無視した。「逃亡は可能だ。諸君の仲間がすでに何百人も帰ってきている。必要なのはちょっとした工夫だけだ」

そこまで言うと背嚢をひっくり返し、裏返してなかを見せた。トランプは消えていた。背嚢を再びテーブルの上にもどして、フランクは兵士の心がけについて決まり文句の口上をまくし立てた。つかまったらとにかく逃げること、それが不可能なら仲間の逃亡を助けること。そして再び背嚢を手にとって、「ときに諸君は、仲間のために、自分の計画はわきに置いておかなければならないことがある」と言い、背嚢のなかに手をつっこんでエースを四枚取り出した。

「まあ素敵……」マイケルがうっとりした声をあげる――「本物のジャスパーみたいじゃないの」ジャスパーがマイケルの脇腹を肘でつっついて、にらんで黙らせた。

フランクは先を続けた。

ジャスパーはショーを満喫した。フランクは得意満面で、みんなを喜ばせるのに一生懸命だった――顔を輝かせ、声は力強く、仕草のひとつひとつに自信が満ちていた。ここにきてようやく、いつもホームズの陰にいるワトソンも自分で謎を解決するチャンスをつかみ、その喜びを大いにかみしめていた。ジャスパーから見れば、フランクのショーはあちこち雑だった。しかしそれはささいなもので、訓練を積んだ目にしか見えないミスだった。もちろん砂漠の観客にはわかるはずがない。それをとやかく言って、フランクの面目を失わせるつもりはなかった。

「……逃げることができたら、あとは近くで味方の軍をみつける」教授は先を続けた。

フランクの変身ぶりこそ、まさにこのショーの最大のマジックであることにジャスパーは気づき、それを心から喜んでいた。

翌朝、偉大なるノックス・オーは、十一時にカイロ近郊のヘリオポリス空港に到着した。彼の乗ったダコタ機は、それから数分のうちに離陸した。行き先は前線に六つある要塞、〝ボックス〟と呼ばれる陣地のひとつで、そこに第八軍は兵力を集中させているのだった。フランク以外の乗客は、休暇からもどる五人の下士官、アメリカ人の中尉、若い看護士ふたり、交代要員の将校ふたり。さらにひとり、足首にギプスをしたイギリス空軍のパイロットも混じっていた。貨物室には補給物資も積んでいた。

飛行機が巡航高度に達すると、フランクは目を閉じて浅い眠りに入った。

ジャスパーは同日午前八時、軍司令部に出頭していた。二時間後、会議が始まった。オーキンレック将軍が議長を務めた。五十人を越える将校がダンスホールに集まり、全員の顔が見えるようにひな段状にしつらえてある座席についた。ジャスパーは後方の一角にすわった。

「諸君は、機甲戦における史上最大の攻撃の準備をしにここへやってきた」オーキンレックは静まった会場に向かってそう告げた。ダンスホールの壁に設置した大きな戦況図を指示棒で示し、「今回われわれは、敵を完全に砂漠から追い出す」ときっぱり言った。「われわれは、兵士の数でも武器の数でもロンメルをしのぎ、これまでにないほど充分な補給を得ている。装備の上でも士気の上でも、準備が万端に整ったということであり……」

会議はほぼ終日続いた。ガザラの現在の膠着状態について説明があり、手元にある物資の詳細とこれから入ってくる物資についても細かい説明があった。ジャスパーはこれほど詳しい軍の内情を知ったのは今回が初めてで、興味深く話に耳を傾けた。将軍のあとは彼の補佐官が引き継いで、作戦の概略をほぼ完璧に説明していった。

第八軍は相変わらずガザラインで所定の位置についていた。百キロにわたる砦と地雷原が、地中海沿岸から砂漠の中を通って南へ伸びている。将軍たちが入れ替わり立ち替わり語る話の様子からすると、ロンメルのアフリカ機甲軍団がそれを突破してナイルに達することはとうてい不可能に思われた。しかしジャスパーは自信満々の説明をききながら、フランスのマジノ線（第二次世界大戦前に対独防衛線として仏独国境に構築されたフランスの要塞線）のことを思わずにはいられなかった。それもまた難攻不落と言われていた要塞だった。あの惨事から、将軍たちの絶大なる自信ほど、あてにならないものはないと学んでいた。

ジャスパーが将校たちの威勢のよい話をきいているあいだ、フランクは砂漠でショーを演じていた。仕掛けがないことを示すために高く掲げた銀のリンキングリングが、午後の陽射しに輝いている。「ときに、脱出が不可能と思われるときもあるが……」フランクは半円状に集まった兵士の全員に聞こえるように大きな声で言い、それから仲間内でいちばん人気のある将校を前に呼んで手伝い役にした。

講義はエル・アデムの砦でとても好評で、フランクは帰りの飛行機に乗る前に、将校たちとのランチを楽しんだ。ジャスパーには言えないが、フランクはつかの間有名人になった気分を心から楽しんでいた。

カイロにもどる飛行機には、サッカーの試合中に腰の骨を折ったという若い軍曹と、緊急休暇をとった三人の兵士が同乗した。飛行機が離陸するとすぐ、同乗者のひとりからトランプをしないかと誘われたが、フランクは読書をすることにした。

離陸してから数分もしないうちに、パイロットはシディ・レゼグ一帯で大きな砂嵐が発生したとの報告を受けた。飛行機はそれを避けるため、トブルクを目指して北に向かった。このとき彼らは知らなかったが、ドイツ軍のメッサーシュミットが、最近トブルク一帯で作戦を開始したばかりだった。

いっぽうグレイ・ピラーズの会議では、閉会にあたって参加した将校全員が、意見や提案を書面で送るよう告げられた。それもできるだけ早く、五月一日までにとされた。「今こそ固くなった脳みそをやわらかくして使うときだ。斬新なアイディアが届くのを心待ちにしている。大胆な意見も大いに歓迎、ただし常識の範囲を超えないように」

結局相も変わらぬものがほしいだけなのだ、とジャスパーは書いたメモを集めながら思った。自分の部隊がこれまで送り出してきたような、ダミーの戦車や大砲、兵士の人形や〈サンシールド〉といったものを。

「首相は首を長くして待っている」幹部が続けた。「すべておとといまでにほしかったとおっしゃっているくらいだ。諸君がすぐにでも名案を出してくれるよう祈っている」

作戦部の少佐に、シェパードホテルで一杯やらないかと誘われたが、ジャスパーは高速ボートのプロジェクトを少しでも進めたかったので、断って魔法の谷に帰ることにした。

フランクは、イーヴリン・ウォーの『スクープ』を読んで笑い通しだった。ロンドンはフリート街の新聞記者ウィリアム・ブートが主人公の社会風刺小説だ。その最中に、ドイツの戦闘機が襲いかかってきた。太陽のなかからまっすぐ飛び出してきたかのようで、軍用輸送機ダコタのパイロットさえ初めのうちは攻撃されているとは気づかず、最初の機銃掃射で右の翼を撃ちぬかれてようやく状況を把握した。副操縦士が乗客にただちに床に伏せるよう命じた。

フランクはぴたりと床に伏せ、片腕を伸ばして腰に怪我をしている兵士をかばった。最初に叫び声、次に祈りの言葉が機内を飛び交った。しかしやがてみんな静かになった。パイロットは敵機から逃れようと、きりもみしながら上昇し、高度が十分に上がると、いっきに急降下した。副操縦士は無線で支援を求めた。

メッサーシュミットが一機、急降下に入ったダコタをみつけて、着陸装置をねらってきた。それから三度目の攻撃に移ろうと方向転換した。しかしそうしているあいだに、高度の高いところにイギリス空軍のスピットファイアーが二機飛んできたのを認めると、すぐに攻撃をやめた。ドイツ軍の二機は低空を飛んで砂漠に逃げていった。

ダコタの機長はすばやく機体の損傷をたしかめた。弾が数発機体を貫いてキャビンに飛んできたが、怪我人は出なかった。送油管のひとつに穴が開き、ガソリンがもれていたが、もうひとつのエンジンのほうにはカイロまでたどり着くのに十分なガソリンがあった。最も深刻な問題は、着陸装置をやられたことだった。自動では出ないし、手動で出るかどうかも疑わしかった。もし車輪が出なかったら、胴体着陸するしかない。飛行機胴体にガソリンの飛沫がかかっていることを思えば、好ましくない状況だった。

「パラシュートは積んでるか？」機長は副操縦士にきいた。

きかれたほうは、その質問に対して苦笑いで応えた。

機長が眉をひそめた。「ひょっとしたらと思って、聞いてみただけだ」彼はカイロに向かうことに決めた。飛行できる範囲では、緊急着陸用の設備なら、ヘリオポリス空港がいちばんだった。長時間飛んでいるうちに、着陸装置のほうの機嫌もなおって、だましだまし使えるようになるかもしれないし、機体にこぼれた燃料も蒸発してくれるかもしれない。飛行機を着陸させることはできるが、怖いのはその際に爆発することだった。

魔法の谷に帰ってきたジャスパーが、ようやく腰を落ち着けて高速ボートの仕事に取り組もうとしたとき、ジャックがジープの轟音《ごうおん》をあげながら、猛スピードで谷にやってきた。ブレーキを思いきり踏んで、タイヤをスピンさせると、ジャスパーの部屋の前にジープをとめ、エンジン音がまだ収まらないうちにもう部屋のなかに入ってきた。

「大変だ、ジャスパー」ジャックがいきなり声を張り上げ、大きく息を呑んだ。「敵の飛行機がフランクの乗った飛行機を攻撃してきたそうだ。今、街できいてきた」

ジャスパーが凍りついた。「嘘だろ」

「フランクはだいじょうぶ。みんな無事だ。しかし着陸装置をやられて降りてこられないんだ。胴体着陸をするらしい」

マイケルとビルは、ジャックが猛スピードでやってきたのを知っていた。なにが起きたのか確かめようとうろうろしていたのだが、事情がわかるとすぐ、ただちにジープの後ろに飛び乗った。

「しっかりつかまっててくれ」ジャックは言うと、アクセルを力一杯踏みつけた。ジープはカイロの町をつっ走り、信号やエジプト人の警官も無視した。ジャックはハンドルにかぶさり、目を道路に釘付けにして、レーシングカーなみにほかの車を次々とよけていく。

「心配しなくていい」ジャックが叫ぶ。「飛行機より先に到着してやる」

ジャスパーはバケットシート（背に丸みのある一人用座席）にすわって前方を凝視していた。

ダコタの機内では、フランクとひとりの下士官が副操縦士の両足を押さえていた。副操縦士はキャビンの狭い空間にぶらさがり、手動で着陸装置を出そうとしていた。「だめだ、めちゃめちゃになっていて、なにひとつ使えない」もどってきて言った。

機長は落ち着いていた。「じゃ、あとは胴体着陸をするまでだな。みんなをできるだけ翼から離せ。飛行機がとまったら、すぐに外へ出られるようにしろ」

フランクは腰の骨を折っている若い兵士の隣にすわった。若者は汗をかいてふるえていた。「もうだめか？」若者がおびえてきいてきた。

フランクはにっこり笑って首を振った。「まさか。わたしなんかもっとひどい窮地に陥ったことがある」そう言ってやってから、少しでも仲間の乗客を楽しませようとして、めくらましライトにやられて墜落しそうになった自分の〝危ない経験〟を話し出した。「もうおしまいだと思ったよ。それに比べたら、こんなのはぜんぜん」そう言って深刻さを振り払うように軽く片手を振ってみせ、

「なんてこともないさ」と言った。

フランクの話が終わる前に、すでにダコタは飛行場に向かって接近を始めていた。いっぽうジャスパーと彼の部下は、エプロン（格納庫に隣接した鋪道広場）に立ち、遅い午後の空をにらんでダコタの姿を探していた。すでに消防車が滑走路を水浸しにしてあり、飛行機が着陸したらすぐ飛び出していって水の絨毯《じゆうたん》を広げられるように待機していた。火花がガソリンに引火するのを防ぐのだ。

「心配ない」マイケルが声に出して言った。「楽勝さ、どうってことない」

ヘリオポリス空港周辺のほかの飛行機はすべて待機状態に入っていた。ジャックが望遠鏡でダコタをみつけた。「きた！」と叫んで、どんより曇った空を指差した。「ほら、あそこだ」

その言葉はすぐに飛行場全体に広がり、だれもが劇的な着陸場面を見守るために、仕事の手をとめた。消防車のサイレンが鳴り響いた。

飛行機のなかでは、フランクが腰に怪我をしている兵士に優しく話しかけていた。「飛行機がとまったらすぐ、きみを抱き上げてやる。しっかりわたしにつかまっているんだぞ。いいな？」

若者がうなずいた。

「よし」フランクは親しげに脚をぽんぽん叩いてやる。「さあ、心配しなくていい。あと数分で無事着陸だ」このとき初めて、フランクは自分の口のなかが夏の砂漠のようにカラカラになっているのに気がついた。

ジャスパーは自分の両肩で飛行機を支えているような気分で心で祈った。

「さあ行くぞ！」ダコタのパイロットは大きく叫んでエンジンを切った。飛行機は風に乗るカモメのように優雅に空を滑っていき、そのスピードが時速百九十キロを下回ったとき、機体が滑走路に触れてスリップした。フランクの耳に、苦しみにあえぐ飛行機の金切り声が聞こえた。コンクリートの滑走路に腹を切り裂かれているのだ。耳を両手でぎゅっとふさいだが、それでもまだ、若い兵士の叫び声が聞こえた。

ダコタは機体を傾けて滑走路を滑っている。巨大な筒型花火が発射されたように激しい火花が飛び散っている。パイロットがフラップを下げて、荒れ狂う獣を必死にいさめようとする。

恐怖にかられ、信じられないという声で、ビルがそっと言った。「爆発する！」

右のエンジンから炎が噴出し、それからようやく飛行機がとまったが、炎がみるみる機体を丸ごと包んでいった。消防士たちが飛行機に勇敢に近づいていこうとしたが、激しい熱に押しもどされてしまった。

「だめだ、くそっ、だめだ！」ジャスパーが叫んだ。「たのむ、無事でいてくれ！」そうして前につんのめりながら、三歩、四歩、五歩と歩を進め、燃える飛行機に向かって駆け出していった。

「ジャスパー！　やめろ！」マイケルが叫んで、ジャスパーを追いかけて飛び出していった。

ふたりの操縦士がなんとかコックピットの窓から這い出してきて、地面に無事に飛び降りた。キャビンのなかでは、フランクが怪我をしている兵士といっしょにもがいていた。下士官のひとりがなんとか後方の扉を開けた。ほかの乗客を呼ぼうと後ろを振り返る。

飛行機が爆発した。ドアロにいた兵士が、果物のタネのように吐き出され、真っ赤な火の玉となって二十メートルほどの高さまで飛んだあと、滑走路に叩きつけられた。

マイケルがジャスパーの足に飛びついた。タックルで相手の身体を地面に押し倒す。ジャスパーは振りほどこうともがき、脚を蹴り上げ、大声をあげた。「どうにかしてくれ！　助けてやってくれ、頼む……」

「もう遅い」マイケルがすすり泣いた。「遅いんだよ、ジャスパー、もう遅い」

飛行機は金属の太陽と化し、暗い午後の空にまばゆい光を撒き散らし、一キロ離れたところに立っている人間の皮膚まで熱くした。

消防士にはなにもできなかった。ダコタの皮膚がゆっくりとめくれていく。恐怖の数秒が過ぎたあと、ふたつの影が炎のなかで不気味に動くのが見えた。ゆっくりと、まるで黄色く燃える海のなかを泳いでいるような感じだった。そして炎にやさしく背中を押されたかのように倒れた。

「フランク!」ジャスパーが金切り声をあげた――血も凍るような長い叫びは、それを聞いたすべての者の耳にとりついて、それから幾晩も、眠れぬ夜を過ごすことになるかと思われた。

しかしその叫びも無駄だった――フランクは死んだ。

ジャスパーはその晩のほとんどを空港で過ごした。そして残りの乗客の遺骸が黒こげの機体から全員運び出されたのちに、ようやくそこを後にした。それからの数日はなんとかしてやり過ごした。恐ろしい時間だった。まるで神が自分の胸に手を入れて、心臓をもぎとっていったような気がした。朝起きるだけで、全身の力が抜けていった。いつも疲れていて、それは何時間眠っても同じだった。つねに感じる寒気。一日の最も暑い時間でも、悪寒がしていた。ほとんどなにも食べなかったが、腹はまったくすかない。やがてなにも感じなくなった。無感覚な目を通して見る世界には、まばゆい色も希望も、笑い声も興奮もなかった。身体の痛みもなければ、恐怖もない。なにが起ころうと、なにも感じなかった。彼は今、無感覚の宇宙にいた。それでも人生は続いていた。

ジャスパーは毎日何とか動いていたが、暖かいところでいつまでも眠っていたいということ以外になにもしたいことがなかった。

ありえないことじゃない――と自分に向かってつぶやく――フランクはほんとうは生きていて、今にも事務所のドアから入ってくる。たぶんいつものように一度つまずいて……。

ギャングたちも、友人も、慰めの言葉をかけてくれたが、ジャスパーはそんなみんなの努力を受け付けず、一切の同情を拒否した。なぜなら彼は事実を知っていたから――あの飛行機には、ほんとうは自分が乗っているはずだった。講義をしに行くのは自分の仕事だったのだ。フランクは自分の身代わりになって死んだ、そう確信していた。自分がダコタに乗っていたらあんなことにはならなかった。敵からの攻撃もなく、不時着事故もなく、炎もない。自分ならそれを防げたはずだ。どうにかしてこの事態を避けられたはずなのだ。

たくさんの人が集まった告別式で、自分がなにかしゃべったのは、ぼんやりとおぼえていた。しかしなにを言ったのか、正確にはひとつも思い出せなかった。

式が終わってから、ジャスパーは丸一日使ってフランクの娘たちに手紙を書こうとした。書きたいことはたくさんあった。しかしそれを言葉にしたものは、どれもまちがっているか、意味不明か、不適切だとしか思えなかった。最後に書きあがったのはこんな手紙だった。「あなたたちのお父様は、わたしの親友でした。すばらしい人間で、勇敢な男でした。彼はいつもほかのだれかを助けようとしていました。それは死の直前でも同じでした。さびしくてたまりません。わたしはあなたたちのお父様を心から愛していました」

彼はメアリーにも長い手紙を書いて、心の内を吐露した。その手紙には、自分があの飛行機に乗っているべきだったとも書いた。

ジャスパーは桁外れに多くの仕事を引き受けて、悲しみをまぎらわせようとしたが、わずかな時間も集中できなかった。いつでもフランクの思い出がこみあげて、気がつくと記憶の中でファーナムにもどって、フランクと無邪気に水風船で戦っていた。あるいはスマリア号でにぎやかにデュエットをしていた。ラクダの隊商のあとをふたりでついていったこと、マリュート湾で協力して敵を騙したこと……次から次へと思い出が浮かんできた。フランクの耳慣れた笑い声がきこえたような気がして、ズボンからシャツをだらしなくはみ出させた彼が立っているのではないかと思って振り向いたり、あるいはもっと不思議なことに、部屋のなかに彼の存在を感じることが度々あった。そしていつも、結局それは自分の心が非情ないたずらをしているのだとわかって、なお一層悲しみがつのるのだった。

大事な人を失った悲しみや孤独感以上に彼がまいってしまったのは、無力感だった。フランクの死に、なにか意味を与えてやろうと、その方法を一生懸命探した。しかしどんなに必死になっても、なにひとつ思い浮かばなかった。

毎晩毎晩、ヘリオポリスの飛行機事故を思い出しては、これをきっかけに、なにか大事なことができないかと考える。ジャスパーの人生は〝もしも〟をぎっしり詰めた樽のようになってしまった。もしも砂漠での講義を延期していたら。もしもダコタが飛ぶのが遅れたり、早まったりしていたら。もしも砂嵐が発生していなかったら。もしもドイツ軍の機関銃の弾が、数センチずれていたなら。もしも、もしも、もしも。もしも火災が発生しなかったら……悲劇に思いをはせればはせるほど、ますます欲求不満がつのっていった。もし火災がなかったら、みんな生き残ったのだ。彼らを殺したのは不時着のあとの火災だった。これまでにも同様の火災が、そういった事故のなかで、多数の人間の命を奪ってきたのだ。

火だ。火。悪魔の吐息。ああ、どれだけ火を憎み、畏れてきたことだろう。幼いころも、エジプシャンシアターで火を使った演技を見るだけで、汗が吹き出て頭痛がしてきたものだった。祖父がステージで見せた蛾を消すイリュージョン。美しい女性のアシスタントが燃え盛る炎のなかに消えていく。それらを舞台の袖から見ているときの気持ちといったら、まったく耐えがたかった。

フランクは飛行機の不時着自体は生き抜いた。彼の命を奪ったのはそのあとの火災なのだ。この反駁《はんばく》の余地のない事実が、彼を仕事に向かわせた。耐火性軟膏を開発しよう！　もしそれがあれば、ヘリオポリスの空港での、あの惨事は防げたはずだ。この〝魔法の〟物質を生み出すことこそ、フランクを追悼するのに最もふさわしいように思えた――もし成功すれば多数の命を救える。

ジャスパーには、それが不可能ではないことがわかっていた。一九一六年、連合艦隊の砲兵を逆火の火傷から守るために、彼の父がその手のクリームや軟膏を海軍本部に提供したことがあったのだ。ジャスパーは今ならそれを飛行機で使えると確信した。クルーや乗客を数分間でも火から守れる軟膏。この数分があるかないかで、生死が分かれることが多いのだ。

ジャスパーはこの軟膏のことはだれにも言わず、手伝いも求めなかった。日常の決まった仕事は午前中のうちに急いで片付けてしまい、午後はこの仕事にひとりで没頭するようにした。ギャングたちは一生懸命、彼を憂鬱の淵から引っ張り上げようとしたが、だれも成功しなかった。数日のうちに、ジャスパーは最初の軟膏を作りあげた。

毎日ジャスパーが目を通す書類を持って、ネイルズが部屋にふらりとやってきたとき、ジャスパーは炎をあげるゴミ箱のなかに右手を差し入れていた。なにかおかしなことをしていると、ネイルズが気がつくまでに、一瞬、間があった。それから――「なにをしてる！」大声で叫んだ。ネイルズは書類を投げ捨て、部屋のなかに突進していった。ジャスパーの手をつかんで、強引に炎のなかから引っぱりだした。まるで上官を押し倒しそうな勢いだった。ネイルズは手を火傷してしまった。

「いったいなにを考えてる？」ネイルズは叫びながら、熱いゴミ箱を素手で拾いあげてあわてて外へ持ち出した。「気でもちがったか？　これはなんの真似だ？」

ジャスパーは自分の手をながめている。

ネイルズは砂を何杯か手ですくって急いでゴミ箱にかけ、火を消し終わると、ジャスパーをとっちめようと部屋のなかへずかずか入っていった。「ふざけるな、ジャスパー。もうたくさんだ。みんなおなじ気持ちなんだ。おれだって、どうしていいかわからない。フランクがいなくなって悲しいのはだれもがおなじだ。だが、だからと言って部屋にずっとすわって……」

ジャスパーは固くなった白い皮を手からはがしていた。

「頼むよ、ジャスパー」ネイルズがもう少し穏やかな口調で懇願した。「これぼっかりは、おれたちにはどうしようもないんだ。彼は死んじまった。フランクはもういないんだ。おれの言うことがわかるか？　たくさんの人間が戦争で死んでるんだ。そりゃ辛いのはわかる……」

ネイルズはそこで言葉を切った。ふいにジャスパーが妙なことをしているのに気づいたのだ。「なにをやってるんだ？」

ジャスパーは手をネイルズに差しだした。まだ白い皮があちこちこびりついていて、皮膚の色は異常なピンク色になっていた。しかしそれを除けば、手にはまったく異常はなかった。

「わけがわからん。いったい……」と、ネイルズ。

ジャスパーは深いため息をついてから、耐火性軟膏について説明した。

「で、使い物になるのか？」ネイルズがジャスパーの話を最後まできいてから言った。

「火のなかに手を入れたのを見ていただろう。使えるんだ」

最初のテストが終わったものの、ジャスパーはまだ汗をかいていて、頭もズキズキしていた。この実験は彼にとって実に厳しかった。何度も何度もためらいながら、やっと火のなかに手を入れることができたのだ。その勇気を奮い起こすために、燃える機体のなかで倒れるふたつの人影を記憶からよみがえらせることもした。

ネイルズはジャスパーの手を調べた。やけどはなかった。

「すごい。信じられない。おれなんかゴミ箱を拾いあげただけで火傷をしちまったんだから」

「科学の力だ。それだけだよ」ジャスパーはそう言って救急箱のなかからネイルズの火傷につける軟膏を出してきた。そして今後の計画についても話した。最終的には自分の全身に軟膏を塗って、火のなかを歩くつもりだった。それでだいじょうぶだと実証されれば、耐火性軟膏を軍に提供するつもりだった。

ネイルズが残りのギャングたちにこのプランについて話をすると、みんなは必死になってジャスパーを思いとどまらせようとした。「冗談じゃない。めちゃくちゃ危ないだろうが」マイケルが食ってかかった。「あんたはなくてはならない人間なんだぜ。どでかいことを考えつく、アイディアの泉なんだし」

「まったく自分のことしか考えてない」ビルも辛らつに言った。「いつでもスポットライトのなかにいて注目を浴びようと考えてる」

ジャスパーはみんなの抗議に耳を貸さなかった。これは自分がフランクに負っている借りに対する、ささやかなお返しのつもりだった。自分が作って自分でテストする。失敗して苦しむのは自分だけ。だれかが身代わりになって死ぬことはない。

軟膏の基本的な材料は、カーニバルの火喰い男が使うのとおなじだった。ふつうの石炭酸せっけん、アスベストパウダーか、ふつうの漂白剤などに水を混ぜたもので、これにわずかだか、なくてはならない素材を混ぜて調整していく。その結果できあがるのは、どろっとした白い軟膏で、これが強い火のなかで固まり、完全に炎をシャットアウトする。ただし効果があるのは揮発してしまうまでで、ふつうは三、四分しかもたない。

バーカス少佐は、ジャスパーが燃え盛る炎のなかをふつうの格好で歩くつもりだときいて、びっくり仰天した。「なにを馬鹿なことを考えてるんだ！」と怒鳴りながら、魔法の谷に飛んできた。そしてずかずかと部屋に入ってきて、いきなり「答えはノーだ」と、おどろいた顔のマジシャンに噛みつくように言った。「絶対にノーだ。魔法の軟膏なんてものを実験する許可はぜったいに出さないからな」

しかし、ジャスパーは食い下がった。

バーカスは怒り続けた。「きみにどんな考えがあろうとも、アスベストスーツも着ないで火のなかに歩いていって、生き残れるような人間はひとりもいない。だいたいきみみたいな知識人が、そんなことを信じるなんてこと自体驚きだ。たとえ一瞬でもな」

「人の命を救いたいでしょう？」ジャスパーが穏やかに言った。

「ああ、それならイエスだ。だがスタンドプレー的なトリックで命を無駄にするのは話が別だ」

「わたしの軟膏は命を救うんです」ジャスパーが言い張った。「これがあればフランクも、ほかの人間も、死ななくてすんだはずです」

バーカスは腰を落ち着けて、冷静に話し合おうと決めた。

「ジャスパー、きみがどれだけフランクの死を悲しんでいるかは知っている。彼はほんとうにいいやつだった。その彼が死んだのだからこれは大きな悲劇だ。しかし、だからといってきみの命を危険にさらすわけにはいかんのだ。軍司令部の会議の席にもいたからわかると思うが、これから大変なことが始まろうってときだ。お遊びをしている暇はない」

「これはお遊びじゃありません」ジャスパーは抑えた声で言った。「それに危険もまったくありません。このあたりの人間が、燃える石炭の上を歩いたり、真赤に焼けた火かき棒をなめたりするのをご覧になったことがありますよね？　あれを見て少佐は魔法だと思われるんですか？」

「それとこれとは関係が……」

「いえ、関係があります。この軟膏と似たようなものが、数百年にわたって芸人たちに使われてきたのです。わたしはそれを新しい目的のために使おうというだけです」

「残念だが、ジャスパー」バーカスがきっぱりと言った。「許可は出せない」

「わたしも残念です」ジャスパーが言い返した。「しかしこちらとしては、許可が出ようが出まいが実験は行います。どうしておわかりにならないんです。これは人の命を救うんですよ」

バーカスは娯楽室に行って、ギャングたちに助けを求めた。「彼をやめさせるよう、だれか説得できんのかね？」

「できますよ」マイケルが気をきかせて言った。「フランク・ノックスなら」

バーカスはどうしようもなく、しぶしぶ各部署を集めてのデモンストレーションを行う日取りを決めることにした。ただしひとつだけ、燃え盛る炎のなかに入る際には、アスベストスーツを着た防災将校をひとり伴うこと、というのが条件だった。「もしそれさえも拒否するというなら」バーカスが脅してきた。「きみは自分に残されたカイロでの短い日々を、勝手に火遊びをして過ごせばいい。ただしだれも観客はいないからな」ジャスパーはしぶしぶこの要求をのむことにした。

それから一週間かけて、ジャスパーは軟膏を調整した。いろいろな素材を足したり引いたりしながら、できるだけ長い時間、効果を持たせようとした。新しい調合に変えるたびに、バケツに入れた軟膏に手をつっこみ、白い皮膜で覆われた手を、燃える紙くずの上に直接かざした。

彼の場合、火に対する恐怖は生来のものだった。火に対してあまりに神経過敏になるために、だれかがいきなりマッチを擦っただけで、ぞっとするほどだった。しかしなんとか少しずつ恐怖を乗りこえていった。それしか道はないとわかっていたし、この軟膏は人の命を救うと確信していた。自分でやってみるしかないのだ。

バーカス少佐はこのデモンストレーションが、ジャスパーの新しいマジックショーではないということを、お偉方たちにわからせるのに苦労した。ジャスパー・マスケリンが本物の火のなかに歩いていくなどとは、だれも真面目には受けとらなかった。そんなのはトリックに決まっていると、みんな笑い飛ばした。少佐は、そんなみなの前で大道芸人のようにマッチを擦ってみせ、みなの好奇心をつのらせておいてから、それを軟膏で保護した自分の手に近づけてみせた。

その内の数人が、マッチに仕掛けがあるのではないかと考え、確かめようとして指に火傷をした。

耐火性軟膏のデモンストレーションは四月三十日にヘリオポリス空港で行うことになった。しかしジャスパーとしては、それ以前に魔法の谷で内々のテストをするつもりだった。

リハーサルは、魔法の谷のなかの人目につかない場所で行われた。ジャスパーは内輪だけの参加者に、テストについて秘密を厳守するように言った。「火傷をすることなく火のなかを歩ける人間がいる、なんていううわさが広まったら、北アフリカ中から狂信的な人間が集まってきて、うちの門を叩くにちがいない」

テストの前夜、ジャスパーは生まれて初めて睡眠薬を飲んだ。それでも一晩中たえまなく寝返りを打ち、目が覚めたときには頭がぼんやりしていた。

リハーサル当日の朝は明るく暖かだった。「地獄の業火のなかへ、ちょっと散歩に行くにはうってつけの日だ」ジャックが辛らつなことを言いながら、テストの現場まで車を走らせた。ジャスパーは水泳パンツの上に、フードつきのカバーオールを着ていた。キャシーが、使えなくなった軍用毛布で作ってくれたもので、全身をすっぽり覆うことができた。炎のまぶしい光から目を守るために溶接用のゴーグルをつけ、手作りのマスク、手袋、ブーツを身につけた。ガーゼのフィルターを用意したのは、息を吸うとき喉を火傷しないためだった。

高さ一・五メートルの木箱が六つ用意され、円形に並べられた。それぞれに材木の切りくずとぼろ布が詰まっていて、ガソリンにひたしてあった。これにジャスパーの合図でマイケルが火をつければ、火の輪ができる。

ジャスパーは木箱が用意されているあいだ、そっちを見ないようにした。火以外のことを考えようとするが、火以外に何も頭に浮かんでこない。今まで生きてきて、これほど強い決意をしたことは初めてで、これほどの不安と闘うのも初めてだった。

大きな洗い桶に軟膏を満たし、そのなかにしゃがんだ。ギャングたちが彼のカバーオールからマスクまで、ブラシを使って軟膏を一面に塗りつけた。どんな小さな塗り残しもないように細心の注意を払い、白い軟膏を全身に塗っていった。立ち上がったときには、イギリス軍将校というよりは、ぶかっこうな雪だるまのようだった。

彼のまわりに集まったギャングたちは、まるで大きな試合の直前に選手に最後の指示を出すボクシングのセコンドのようだった。マイケルがもう一度軟膏をすくってジャスパーの脛《すね》にぴしゃぴしゃ叩きつける。ビルは、少しでも熱いと感じたらすぐに出てくるように、と言った。しかしジャスパーはギャングたちの言うことをほとんど聞いていなかった。彼の心は、これから立ち向かう敵、つまり六つの箱に釘付けになっていた。がらんとした野原のまんなかに立つ箱は、子どもの遊び場に作ったストーンヘンジに似ている。ふいに彼はギャングたちから離れ、敵に向かって歩いていった。自分のために用意した地獄のほうへ。

輪からおよそ十五メートル手前のところで一度とまり、ゴーグルをかけ直した。マスクの下に手を入れて鼻をかき、息を整えてから、右手を振りおろした。

マイケルがたいまつに火をつける。たいまつは、ぼろ布をガソリンにひたして長い棒の先に巻きつけて作ってあった。マイケルは火のついたたいまつを持って木箱の輪に近づいていった。ゴリラに餌でもやるかのように、できるだけ手を伸ばし、ひとつの箱のわきに置いた。それからさっと背を向け、腰をかがめて駆けだした。

ヒューッ！　空気を吸いつくすような音がとどろいて、ひとつの箱が一気に炎に包まれた。箱詰めのマッチの一本に火をつけたように、炎は残りの五つの箱に次々と燃え移っていく。並んだ木箱の輪の外へ黒い煙が噴き出してくる。すさまじい熱気に、見ている者は後ずさりした。

ジャスパーは火が起こした風によろめいたが、ぐっと足をふんばった。それから意を決して、輪のなかに歩いていった。

「まったく信じられん」ジャックが感心したようなつぶやきをもらした。ジャスパーが火の中へ消えていく。

今ジャスパーは燃え盛る炎のまんなかに立っていた。炎がその身体を洗い、防御のなかにわずかなすきまを見つけようと必死に探している。火は何度も何度も襲いかかっていく。それでもむさぼり喰うことができないのに怒り、ますます燃えさかる。炎の恐ろしい吠え声は大きくなって、これまできいたこともないようなすさまじい音があたりにとどろいた。ジャスパーはゆっくりと身体を回転させていく。燃える火箱のかけらがあちこちに飛び散った。

穏やかな気持ちだった。不安はどこか遠い世界に置いてきたような……これまでずっと恐れていた恐怖の核に身をおきながら、彼は安らぎのなかにいた。目を閉じて、ジャージー島の砂浜に寝転がっているところを想像した。八月の熱い陽射しが顔を焼く。夕方には真赤に日焼けしていることだろう。静かな気持ちで秒数を数えていく。「……九十二、九十三、九十四……」「……百十九、百二十……」二分を経過したところで、ビルが腕時計から顔をあげた。火は弱まってきていたが、ジャスパーの姿は見えない。しかしビルにはわかっていた。実際のところ時間など計っても意味はないのだ。もしジャスパーが助けを必要としていても、こちらにはなすすべがないのだから。

ジャスパーは火と一体化していたから、それが弱まってきたのが、はっきりわかった。炎の怒りが収まっていた。あれほどの轟音が、今はシーツが風を受けてはためくほどに小さくなっている。多少呼吸が苦しいが、それを除けばまったく問題はなかった。三分を数えたあとで、火のなかからきびきびと出ていった。

「まったくなんて男だ」ジャックがほれぼれと言った。ほかの面々も喜びに歓声をあげながら、ジャスパーに駆け寄っていった。「待て、冷えるまで触るんじゃない」ジャックが叫んだものの、だれも聞いてはいなかった。

熱がひくのを待ってからホースの水で軟膏を洗い落とし、ジャスパーはギャングたちの肩を借りて娯楽室にもどってきた。

四月三十日の朝、リハーサルをしたことなど知らないバーカス少佐は、ヘリオポリスの空港にほかの部署の代表が集まってきたときは、当然ながら緊張し、不安でいっぱいだった。今からでもやめる気はないかと、一応ジャスパーを説得にかかる。しかし少佐にはそうする前から、むだな努力だとわかっていた。

前日の夜、ジャスパーはとことん辛い思いを味わっていた。部屋のなかにひとりですわり、十一時近くまでウクレレをかき鳴らしていた。疲れているのに、目をつぶるとすさまじい火がよみがえってくる。火は体に噛みついてきて、彼を地面に引き倒した。まるでコンクリートの長靴を履いて流砂のなかに閉じこめられてしまったようだった。悪夢のなかでは、逃げようがなかった。一度テストに成功したぐらいで、長年しみついた火への恐怖は少しも消えてなくならなかった。それどころか、かえって火の恐ろしさをリアルに感じるようになってしまった。

もうすぐ真夜中という時間になって、谷をぶらぶら歩いてみることにした。無数の星が頭上できらめいていた。夜行性の生き物が楽しそうに歌っている。番兵が谷の周囲を歩いていた。ジャスパーはズボンの後ろに両手をつっこんで、長いこと歩いた。ときどき通りかかる人間に会釈しながら、心のなかでは来る朝のことばかりを考えていた。どこへ行く当てもなかったのだが、気がつけばフランク・ノックスの事務所兼作業場の前に来ていた。あの事故以来、ここにやってくるのは初めてだった。今ならなかに入ってもいい気がした。

灯りをパチンとつけ、ドアをつかんで立った。部屋のなかはフランクが去った日以来、そっくりそのままになっていた。マグカップの紅茶が半分残ってファイルキャビネットの上に置いてある。机の上には鉛筆や紙が散らばっていて、作業台の上には、部分的に色を塗った高速ボートの木の模型が置いてあった。その横には教科書が置いてあり、鳥を描いたフルカラーのページが開かれていた。ジャスパーはしばらく部屋のなかをじっと見ていたが、やがて明かりを消して部屋の外に出た。後ろでドアがバタンと閉まった。

翌朝、ヘリオポリスの空港で、軟膏の風呂に入りながら、ジャスパーはフランクのことを考えていた。

今回のデモンストレーションでは木箱を使うのではなく、飛行機の翼をまるまるひとつと、戦闘機の残骸の一部を使うことにし、それらを空港の片隅のだれも近づかない場所に持ってきてもらった。翼は重い丸太をつっかえ棒にして支え、急ごしらえでつっこんだ燃料タンクに、飛行機のガソリンを入れておいた。大量の燃えやすい藁や、貯油タンクの油に浸した壊れた荷箱などが翼の下に撒き散らされた。中心には起爆装置が置かれ、導火線は五十メートルほど伸ばされて、安全なところから見守れるようにした。

九時を過ぎ、イギリス空軍のレスキュー隊員がジープに乗ってやってきた。すでにアスベストスーツに身を包んでいる。そのスーツは北アフリカには数着しかない貴重なものだった。将校は手袋をはめた手でヘルメットをつかみ、ジープから重そうに降りてくると、ジャスパーのほうへよたよたと歩いてきた。「ディック・フォン・グレンだ」と隊員は名を名乗った。「散歩のお相手をしにきた」

ジャスパーは洗い桶から隊員を見上げた。このデモンストレーションのために、ジャスパーはイギリス空軍の標準の飛行服を着ていた。それに手作りのマスク、ゴーグル、ブーツ、手袋。「なあに、短い散歩だ」ジャスパーが言った。「ただしちょっと暑いがね」

フォン・グレンがヘルメットを叩いてみせた。「だからこれを持ってきた。それ以外に気をつけなきゃいけないことは？」

ジャスパーは首を振った。「なにもない。たった三分だ。出て入って、それで終わりだ。ただわたしについてきてくれればいい」

フォン・グレンがそこでにやりと笑った。「で、やっぱりほんとうにやるのかい？」

ジャスパーは平然とした顔で相手を見ていった。「やらなきゃならない」

「わかった。それじゃあぴったり跡をついていく。幸運を祈る」

午前九時半。ジャスパーはガーゼのフィルターを口のなかにいれて、飛行機の残骸のなかへ歩いていった。前と同じように頭がズキズキして吐き気がしてきた。足もがくがくしている。一瞬吐いてしまうのではないかと思ったが、だいじょうぶだった。翼の六メートル手前で後ろを振り返り、フォン・グレンの様子をうかがった。彼は今や完全防備で、人間かどうかもわからない外見になっていたが、親指を立てて合図を送ってきた。

観客席のすぐ後ろで救急車と消防車が静かに動いて所定の位置についた。

数秒後、穏やかな朝が爆発音に切り裂かれ、飛行機の残骸が爆風を吹き上げるかまどになった。ジャスパーは背筋をのばし強力な疾風を受けとめた。そしてブリザードのなかに踏みこんでいくように、火のなかに入っていった。

炎のなかに入ってすぐ、後ろを振向くと、数歩あとにフォン・グレンがついてきていた。彼はジャスパーの顔を見てオーケーサインを出した。

高級将校たちは声もなくこの光景を見守っていた。アスベストスーツも着ていない男が、実際に地獄の業火のなかにずんずん入っていく。最初の爆風で、将校たちの編み上げ帽子が数個、飛行場のなかを飛んでいき、補佐官がそれを追いかけていった。しかし高級将校たちは一人残らず、観客席から五十メートルのところで繰り広げられている信じがたい光景から目を離せずにいた。

ジャスパーはグレンが人差し指を立てたのを認めた。一分経過。

炎が飛行機の残骸を切り裂いた。機体や翼の切れ端がコンクリートの上に落ち、死にかけたクモが足をひっこめるように、しだいに内側に丸まっていく。シュー!ッ　翼のまんなかの大きな部分が下に落ちた。一瞬青空がそこから覗いたが、すぐに煙と炎が穴をふさいだ。ジャスパーはこんなときにも芸人魂《だましい》を発揮して、燃える翼の穴から頭を突き出してみせた。

「こんなときまで気取ってやがる」マイケルがつぶやいた。

数秒後、ジャスパーは頭をひっこめた。翼のほかの部分が崩れ落ちてきていて、残骸を頭にかぶりそうだった。軟膏は熱に耐えることはできたが、落ちてくる金属のかたまりから身体を守ってはくれない。フォン・グレンのほうを見ると、指を二本立てていた。二分経過。

ビルが写真を撮った。救急車と消防車の隊員が、もっとよく見ようと自分たちの車を離れた。

ジャスパーは足の裏が熱くなってきた。陽射しに焼かれた敷石の上に裸足《はだし》で立っているような感じだった。片方の足をあげる。次にもう片方。そうしてスローモーションのフォークダンスを踊っているかのように、片方ずつ足を上げていった。ようやく百六十秒。ほぼ三分。彼はフォン・グレンに、出ようと合図を送った。

ジャスパーは誇らしげに歩いていった。自分の開発した軟膏が完璧な効果を発揮することが十分に証明されたのだ。これなら飛行機のなかで使える。燃える翼のなかから完全に脱出すると、すぐに後ろを振りかえってフォン・グレンの様子をたしかめた。その瞬間、満足感が白い恐怖に変わった。フォン・グレンは火のなかから出るのに苦労しているようだった。ふいによろめき、炎のなかに倒れこみそうになった。

ジャスパーは身体の向きを変え、彼を助けに向かおうとした。しかし、フォン・グレンは自分で体を起こし、片手を上げて大丈夫だと合図した。

火は、檻から逃げ出した巨大なクマのように吠えている。

ジャスパーはフォン・グレンが無事に火のなかから出るのを待ってから歩きだした。どうも様子がおかしいような気がしてしかたない。彼がなにかにつまずいたように見えたのは、目の錯覚だろうか。数歩進むごとに後ろを振り返って相手の様子を確かめた。フォン・グレンは頭を下げて、のろのろ進んでいるものの、自分の身体はコントロールできているようだった。

ジャスパーは見物人のいる場所に無事にたどり着いたとたん、マスクとゴーグルをはぎとった。口から焦げたガーゼを吐き出して、新鮮な空気を深々と吸いこんだ。肩の力を抜いた。そしてもう一度深く息を吸ったそのとき、初めて叫び声がきこえてきた。

フォン・グレンが片膝をついていた。まるでナイトに叙せられるときのような格好だった。なんとか立ち上がろうともがくものの、身体は左右にぐらぐら揺れた。もう少しで立ち上がれそうだというときに、地面にばたりと倒れた。小さな炎がいくつかヘルメットの下から噴き出している。彼はアスベストスーツのなかで火に巻かれていた——生きたまま火にあぶられているのだ。

ジャスパーが真っ先に助けに向かった。手袋をはめた手は、まだ軟膏で守られていたので、赤く焼けたスーツのクリップをつかんでもやけどはしない。クリップとファスナーをつかみ、フォン・グレンからスーツを脱がそうと夢中で引っぱった。

観客は大混乱に陥った。なにが起きているのかと、みなが走って見に来る。消防士のひとりが、良かれと思って消防車の水ホースを取り上げて巻きをほどき、ジャスパーとフォン・グレンに向かって放水を始めた。

「やめろ!」ジャスパーが恐怖に悲鳴を上げ、冷たい水の流れを両手でブロックしようとしたが、無駄だった。彼の叫びも騒乱のなかに消えた。

フォン・グレンの身体からジュージューいう音が上がった。スーツの下から白い煙を吐き出しながら、苦しみにのた打ち回る。

おどろいた消防士がホースを投げ捨てた。ホースはヘビのように地面を這いまわって、なにもない地面に水を撒き散らしていった。別の消防士がホースの水をとめた。

ジャスパーはフォン・グレンのヘルメットと格闘した。ヘルメットをはずして呼吸ができるようにしてやるのが先決だった。しかし水で急冷却された金属のファスナーはゆがんで、動かなくなっていた。

高級将校は倒れた男のまわりに集まって、どうすることもできずに立ち尽くしている。ジャスパーは怒りにまかせて叫んだ。「出してやってくれ！　くそっ！」みなが一歩後ずさった。

ひとりの消防士が仲間うちから飛び出していって、弦鋸《つるのこ》と大ばさみを持ってきて、フォン・グレンのスーツを器用に切り裂いた。最初の切れ目から水蒸気が噴き出した。まるでポットから熱湯が吹き出したようだった。フォン・グレンの悲鳴がヘルメットのなかでくぐもってきこえた。ジャスパーはつかむところをみつけると、すぐにスーツを切り裂きにかかった。看護兵のひとりが彼をとめた。「あとはこちらでやりますから」やさしく言った。

マイケルとネイルズに支えられてジャスパーが立ちあがったとき、ようやくフォン・グレンのヘルメットがはずれた。

もう彼の顔は見分けがつかなかった。ふたつのビー玉のような目が、腫れあがった顔から飛び出し、黒ずんだ舌が口から突き出ている。皮膚は焦げて褐色になり、水ぶくれに覆われている。それでもまだ生きていて、恐ろしい音を発していた。

ネイルズが顔をしかめた。無意識のうちに口をついて出た。「ひどい」

フォン・グレンは病院に急送されたが、看護兵のひとりは首を横に振り、助かる見こみはないことをほのめかしていた。

ジャスパーは軟膏で固まった飛行服を脱いで手袋をはずし、乾いた制服を着ると、病院に連れていけと言い出した。マイケルが思いとどまらせようとした。まずは谷に帰って、身体を洗わなければいけない、と。「あんたが行ったって、どうしてやることもできないんだ、あとは医者に任せるんだ」

ジャスパーはかたくなだった。「わたしが行く。これはわたしの責任なんだ……」

「ちがう」マイケルが言った。「これは事故だ。だれのせいでも……」

ジャスパーが爆発した。「慰めなんかよしてくれ！　こっちの責任がどうだこうだなどと、偉そうな口をきくんじゃない！　自分のしたことぐらい自分でわかってる。これは全部……」

ネイルズはずっとジャスパーの手袋を持っていたが、怒ってそれを舗装道路に叩きつけた。「いいかげんにしてくれ！　マイケルの言う通りだ。だれのせいでもない。だいたい、どうしてあんたは、この戦争で起きたことをぜんぶ自分のせいみたいに思うんだ。あんたの泣き言をきくのはもううんざりだ」

ジャスパーがネイルズをにらんだ。「大きな口を叩くな」声が怒りにふるえている。「よくもそんなことが言えるな。フランクが死に、さらにもうひとり、死にかけている人間がいる。どっちもわたしのせいだ。それなのに、よくも……」

「これから大勢の男が、あんたのつくった軟膏のおかげで、ぶっ壊れた飛行機のなかから、歩いて出てくるっていうんだ。それだけでもすごいじゃないか。あんたはいったい自分をなんだと思ってるんだ？　奇跡の男か？　まるであんたは自分を……なんて言っていいかわからん」

ジャックがそのあいだに立ちはだかった。

「もうよせ！」命令をするようにきっぱり言った。

ジャスパーはジャックを無視した。挑みかかるようにネイルズに迫っていき、激しい言葉をあびせた。「わたしの言うことがきけないんだな、ネイルズ。だったらおまえは……」

「いい加減にしろ！」ジャックがジャスパーに向かって怒鳴った。「もうたくさんだ」

ジャスパーは背を向け歩み去っていった。マイケルはネイルズをちらりと見ると、ため息をついてジャスパーの跡を追いかけていった。

14
砂漠での失敗

ジェフリー・バーカス少佐の真の才能は、部下のひとりひとりと親しく交わり、相手の才能をあますところなく発揮させる力にあった。中東に広く散らばるカモフラージュ部隊だが、創造の才に富む将校はみな、彼のために全力を尽くす。バーカスはときに親友に、ときに教師や相談役となり、必要があれば厳しい司令官にもなった。たとえばジャスパーの場合、放っておけば、いつまでも鬱々としていたことだろう。しかしバーカスはそれを許さなかった。ジャスパーにもギャングたちにもこれまで以上に多くの仕事を押し付けてきた。「悪いね」と一応は詫びの言葉を添える。「しかし、われわれはこれから大規模な攻撃を仕掛けることになっており、その準備にはいくら手があってもたりない。わたしの部下たちはすでに砂漠に出ていて手一杯。ここはどうしても諸君に活躍してもらわなければならない」

ジャスパーは仕事を歓迎した。かつてこれほど憂鬱になることはなかった。フランクは死んだ。レスキュー隊員、フォン・グレンはなんとか命だけはとりとめそうだが、おそらく重い障害はまぬがれない。空軍中将のテッダーからは、耐火性軟膏をできるだけたくさん作って、砂漠の兵士に送ってほしいといわれているが、そんな話を聞いても気分は晴れなかった。北アフリカの最初の一年は、メアリーに日々手紙を書きつづるなかで自分の問題について考えることができた。まるで彼女がそばにすわって話を聞いてくれているような気がしていた。しかし今では、気がつくと妻にさえ、自分の感情を隠すようになっていた。自分がそこまで追い詰められることなど、考えもしなかった。だからバーカスの要求には熱心にこたえていった。馴染んだ仕事に没頭することで自分を忘れられる、そのチャンスを喜んで利用したのだ。

一九四二年の五月。史上最大の砂漠の戦闘が北アフリカの地で始まろうとしていた。イギリスとしては決して負けられない戦いだった。

ヨーロッパ大陸では、中立国のスイスとスウェーデンを除いて、ほとんどの国がドイツの占領下にあった。ナチスはロシアの過酷な冬を切り抜けて、スターリングラードに再び進軍する準備を整えていた。日本は東南アジアを制圧し、中国にも攻勢をかけて、勝利は目前のように思われた。こういった状況に加えて、さらにここでイギリスがエジプトを失い、スエズ運河とペルシアの石油を失えば、あとは破滅が待っているだけだった。

西方砂漠の緊張は極限まで高まり、今にも爆発しそうだった。両陣営とも、春の間ずっと、戦車や物資、新しい兵を補給できるだけ補給して、今は満腹状態。ロンメルは九万の兵士、戦車五百六十台、すぐにでも飛行できる飛行機を五百機近く戦場に配置した。地中海もドイツ海軍の支配下にあった。一方オーキンレックは十万の兵士、戦車八百五十台、飛行機百九十機で対抗したが、チャーチルの望む決定的な勝利を収めるには、とても足りないことがわかっていた。しかしチャーチルは早く攻撃を開始しろと言ってきかない。マルタ島が占領されるとのうわさに脅え、トブルクの要塞がいつまで持ちこたえられるか、気が気でなかったのだ。そしてなによりも兵士の士気を上げるための華々しい勝利を必要としていた。

ギャングたちが受け取る要請には、すべて〝緊急〟のマークがついていた。〈サンシールド〉も、ダミー戦車も大砲も、まだあと数百は必要だった。パラシュートなしで落としてもこわれない補給用コンテナも、まだまだ足りない。運河防衛軍では〈目くらましライト〉を、イギリス空軍ではできるだけたくさんの〈耐火性軟膏〉を必要としていた。そして海軍のほうからは、いつでも変身可能な高速ボートを早く完成しろとせっつかれていた。

作業場での実際の生産ラインは、イギリス陸軍工兵隊の将校たちの助けもあって、ネイルズとマイケルに監督を任せておけた。さらにデスクワークはジャックが処理してくれたから、ジャスパーはそれ以外のプロジェクトに没頭することができた。まるで一度に何人もの相手をして駒を動かすチェス名人のように、ジャスパーはあちらからこちらへと進行中のプロジェクトのあいだを駆け回った。昼も夜も仕事でぎっしり埋めて、心のなかに辛い記憶が蘇ってくる隙を作らなかった。厳しい仕事という包帯は、深い傷を癒すことはできないまでも、少なくとも血のようにほとばしる感情をおさえることはできた。

しかしそれでもやり切れない夜はあった。そんなときは、火傷しそうな悪夢を寄せつけないように、一晩中まんじりともせず日の出を迎えた。

最初に仕上げた仕事は、イギリス空軍の高速モーターボート、マイアミを、海に浮かぶ〝ステージ〟に変えるための詳細な計画だった。その計画では軍用大型ボートが、一瞬のうちに、豪華なレジャー船や、ぼろ船に早変わりするのを見せることになっていた。

ジャスパーはちょうどエジプシャンシアターの何もない舞台に仕掛けを設置していくような案配で、この課題に取り組んでいった。レジャー船に見せるときは、後ろ甲板にしっかりした客室を作り、金属の通風管を船の中央に立てて、甲板室の形を変えた。前方には多段式望遠鏡のように入れ子構造になった通信アンテナを立てる。加えてキャビンに舷窓を取り付け、鮮やかな信号旗を掲げ、ぴかぴかの船名板を艇尾板と船首につけた。

ところがドロップレバー、定置網、平衡錘、運搬具といった小道具を追加して手を加えると、ほんの数分のうちに優雅なレジャー船は、汚いぼろ船に変身した。船首にゴムのタイヤをつけ、通信アンテナははずす。舷窓も、船名板も、鮮やかな信号旗もはずす。金属の薄板でできた通風管は布で巻き、くすぶる鍋から黒い油煙を吹き出させて煙突にする。作り物の客室の下にはジャガイモを入れた袋が隠してあり、それを出してきて、ダンボール箱のようにつぶした客室の上に山積みにする。甲板室も形を変え、船尾にはゆがんだマストを立て、そこに破れた帆や船員の洗濯物を干す。甲板の一部は油で汚し、破れた魚網を船べりにたらし、救命具の汚い面を表に向ける。

マイアミの主な武器である高射砲は、レジャー船の場合はダミーの客室に、ぼろ船の場合はジャガイモの山に隠しておく、そしてジャガイモの麻袋のなかには手榴弾をぎっしり詰めておき、携帯武器を甲板下の偽の隔壁にしのばせておいた。このボートは、自分より大きな船相手に長時間戦うことはできないが、スピードを出して逃げきるまでは十分身を守ることができるはずだった。

フィリップは色や明暗のぼかしを活用して、船体の形を変える仕事を請け負っていた。ジャスパーが時々仕事を見にきたが、一度やってくると数時間いすわってしまうので、この仕事の監督は、海軍のグレゴリー大佐に任せることにした。

ジャスパーの計画がカニンガム海軍大将に届いたころには、グレゴリー大佐は早くも次の面倒な仕事に着手していた。十二隻の〝魔法の〟船とその乗組員の身元に関する書類作成だった。〝レジャー船〟の幾隻かは、本物のレジャー船の船籍を借用し、その航海日誌を船に積んだ。ほかの船は、海軍情報部が会員限定のボートクラブに登録した。念入りにでっちあげた古い航海日誌はみな、改ざんした寄港地の記録と照合したときに、つじつまが合うようにしてあった。

ぼろ船のほうは、こういったきちんとした船籍は不要で、あちこち不備のある汚い航海日誌を与えられ、その言語もさまざまだった。

船の乗組員は、こざっぱりしたヨットマンと、粗野な船乗りのふたつの顔を持っており、占領下の港では、両方の顔を自由自在に使い分けることになっていた。そのためにイギリス海軍情報部では、乗組員ひとりひとりに身分証明書を用意した。そのなかには、故郷の村の写真、家族や友人からのしわだらけの手紙、洗礼証明書、そのほか必要な書類がすべて含まれていた。集中トレーニング期間を終えたあとでは、乗組員は全員、まったく異なる二カ所の故郷の暮らしについて、こまごまとした情報をそらで生き生きと語れるようになっていた。また、ギリシャ語、トルコ語、イタリア語、そのほか地中海のさまざまな言語を流暢に話すことができた。乗組員のすべては志願兵で、なかには初期の特殊部隊に参加した経験を持つ老練な者も混じっていた。

その年の夏、グレゴリー大佐は試作品のボートを進水させた。それから時を経ずして、ふたつの顔を持ったボートが、ふたつの顔を持った乗組員を乗せて一斉に任務につくことになった。それらはイギリスの基地と枢軸国が支配する港のあいだをだれにもとがめられることなく行き来し、スパイや、武器、金を始めとする貴重な貨物を輸送し、連合国のためのスパイ活動も行った。時に疑いの目を向けられることもあったが、クルーはそういった場面をうまく切り抜け、船の擬装も見破られなかった。

ボートの仕事に熱中するいっぽう、ジャスパーは病院と頻繁に連絡をとっていた。耐火軟膏のデモンストレーションで火傷を負ったレスキュー隊の将校、フォン・グレンの病状を確認するためだ。

彼はなんとか持ちこたえていた。五月十日に入った報告では、危篤から重症へ病状は改善していた。

数日後、珍しく豪雨に見舞われて、カイロの町は水浸しになった。大昔に作られた排水溝はすぐに詰まって通りは大洪水となり、オーストラリア人兵士がふたり、洗い桶に乗ってシェパードホテルの前を漕いでいく写真が『エジプシャン・ガゼット』の一面を飾った。まれに見る大雨に、町は機能するのをやめ、通常の仕事はストップした。そんななかジャスパーはゴム長靴を履いて病院に向かった。

フォン・グレンは全身を滅菌した白い包帯でぐるぐる巻きにされていた。鎮痛剤を打たれて痛みを感じることなく眠っているという。ジャスパーはその傍らにしばらく立っていたが、すっかり無力感に襲われ、一言も声をかけず、伝言のメモも残さないまま立ち去った。それを最後に、二度と病院へ足をむけることはなかった。

罪悪感が、厳しい仕事に向かうエンジンの役割を果たした。ジャスパーは殺人的なペースで仕事をこなし、まるで少しでもスピードを緩めると罰せられるとでも思っているようだった。ギャングたちはそれぞれの方法で、ジャスパーを絶望の淵から救い出そうとしたが失敗した。

「いったい、そんなに焦ってなにを証明しようってんだ?」ある午後、マイケルがきいた。

「別になにも」ジャスパーが答えた。はたしてほんとうにそうなのか、それともおまえには話したくないということなのか、マイケルは測りかねた。

そんな時期、ジャスパーのもとにまたひとつ悲しいニュースが届けられた。高速ボートの設計図と向き合っていたところへ、ネイルズが事務所に入ってきた。「フーディンが死んだ。激しい潮流につかまっちまって、ばらばらになったらしい」

ジャスパーは仕事の手をとめもしなかった。おどろいてはいなかった。このごろはどうやら、自分が関係したものはすべて崩れていくのが、当たり前のように思えていた。

「それでどうなったんだ？」

「スエズの北で浜に引き揚げられた。ドイツ兵はすっかり戸惑ってる。写真を撮りにひっきりなしに上空を飛んでいるらしい」

「そりゃ悲惨だな」ジャスパーはひとりごとのようにつぶやいた。「まったく悲惨だ」

ネイルズは事務所を出ていくと、〝艦隊司令長官〟のマイケルを捜して、彼の自慢の艦隊が粉々になったことを知らせた。

ジャスパーはひとりになると、海軍本部に手紙をタイプして、このときのために最後までとっておいた切り札の計画を明らかにした。

件名
《カモフラージュによって、敵の船を至近距離までおびき寄せる方法について》
観客をいったんこちらのペースに引きこんでしまえば、マジシャンは、観客の物の見方を自在に操ることができるようになります。つまり、こちらが思わせたいように、観客に思わせるわけです。これは、しかるべき演技とトリック、そして人間行動心理学に関するちょっとした知識があれば達成できます。これらを完全に活用すれば、マジシャンは観客に見せたいものを見せることができるのです。ピッチャーのなかに牛乳が入っていると思わせるように、あの船に積まれた白い液体をぜんぶ牛乳だと思わせることができます。
敵の諜報部は、スエズの北に流れてきた漂流物を見て、かつてその海域を就航しているのを空からの偵察で何回も見た、あの戦艦だとわかったにちがいありません。初めて、あれは本物の戦艦ではなく、もとからぼろ船のダミーだったと気づいたわけです。この発見は地中海で作戦活動を行っているすべてのドイツ軍、イタリア軍に報告されるはずです。そうなればしめたもの。われわれは、ここにきて相手の物の見方を、こちらに都合のいいように操作することができます。つまり、本物の戦艦にわざと粗末なカモフラージュを、そう、ちょうどあのダミーの戦艦H・M・S・フーディンのように施せばよいのです。あれはただのダミーだから安全だと敵に思いこませて、小口径の大砲でも効果があるほどの至近距離まで敵の船をおびき寄せるのです。この手のカモフラージュは、わたしの部隊はお手のもの。アバシア駐屯のカモフラージュ実験分隊に安心しておまかせください。

この提案書は五月十九日付けで、〝ジャスパー・マスケリン陸軍工兵隊大尉〟と署名された。これが彼の編み出した大掛かりなトリックのクライマックスとなる。

翌五月二十日、ジャスパーは軍情報部第六課のために開発したミニコンパスのテストをしに、マイケルといっしょにトラックを走らせて砂漠に向かった。マイケルは、この旅のほんとうの目的はコンパスのテストとはまったく関係ないことを知っていた。ジャスパーはカイロの熱病にやられたように、なにをしても癒せない心の傷を抱えており、それを砂漠の自由な空間に出て癒したいと考えているのだ。

マイケルがジャスパーを自室に迎えにいったとき、空はまだ夜明けのバラ色の光に包まれていた。できれば日中の焼け付くような陽射しに見舞われる前に町にもどってきたいと思い、ふたりはフォードソンの四分の三トントラックで砂漠に向かった。魔法の谷で軽量の機器を運ぶのに使っているトラックだった。〈ワイヤー〉に開いた穴を抜けて西に向かう。〈ワイヤー〉というのは、三百キロにわたってコンクリートを重しにして鉄条網を張り巡らしたフェンスで、移住してきたイタリア人が戦前に立てたものだった。ジャスパーは夜よく眠れなかったようで、トラックのなかでまどろんでいた。よくこんなでこぼこ道のドライブ中に眠れるもんだとマイケルは思ったが、わざわざ起こしたりはしなかった。彼は彼で考えなければならない問題があった。

キャシーにはすっかり戸惑っていた。ある夜に彼女を喜ばせたことが、別の夜には怒らせる原因となった！　どんなに親切に接しても、必ずどこかに不満をみつけてくる。それで、もう二度と会うものかと心を決めるのだが、おかしなことに彼女のほうはまた誘ってくる。そしてこの頃ようやく、その理由がわかってきた気がした。女性心理を男が理解するのは難しかったが、マイケルが自分なりに考えて出した結論は、キャシーはほんとうは自分にほれている、ということだった。ただし彼女はその事実を認めるのがいやなのだ。こんな気持ちにさせられたことが腹立たしいのだ。だからこっちが親切にしてやると嚙みついてくるのだろう。キャシーはマイケルにどうしようもなく恋している。だからしょちゅうけんかをふっかけてくるのだ。

女性の行動パターンから考えると、その結論はまったく正しいもののように思えた。キャシーはおれのことを心から気にかけている、そう考えたら、マイケルはたまらなくうれしくなって口笛を吹いた。ジャスパーを起こさないようにそっと。

ふたりの後ろでは、カイロの町が砂漠のなかに沈んでいった。マイケルは最近ついたばかりのタイヤの跡をたどって、急な斜面、つまりだれもいない、とてつもなく広い砂漠の高地を目指してひたすら進んでいった。しだいに太陽がのぼってきて、空は夜明けの褐色から、心地よい薄黄色に変わった。午前九時にもなればそれが白っぽくなって熱気を発散させるのだ。

砂漠には舗装道路は一本もない。だからすでにできているタイヤ跡をたどり、焼けた砂の上に自分たちのタイヤの跡を追加していく。目印になるのは低木の茂みくらいしかない。ふたりを乗せたトラックは、〈ピカデリーサーカスとチャリングクロスまで千六百キロ〉というとぼけた標識を過ぎ、錆びたトラックやジープの前を通り過ぎていった。それらは損傷が激しく、カイロまであと六十五キロの距離を走ることができなかった車輌で、くず鉄としても価値がないと捨てていかれたのだった。さらにガソリン缶がきちんと並んだ場所、使い古したタイヤが目印の見捨てられた野営所跡を過ぎていき、軍隊がやってくる前に住んでいたイタリア人移住者の、セメントの墓標も三つ過ぎていった。それから地雷原を示すドクロマークの標識を過ぎ、砂漠のネズミの一団が機関銃を搭載したベントレーで一目散に町へ向かうのにも行き合った。

ジャスパーは一時間眠ったあとも、なにもない砂漠をながめているだけでほとんどしゃべらなかった。マイケルは話の糸口をみつけようとしたが、ジャスパーが短く答えるだけだったので、やめることにした。実際、マイケルには沈黙は気にならなかった。

トラックで砂漠を走るのは楽しかった。体をちくちく刺す砂やハエ、それに暑さもわずらわしかったが、果てしなく続く地平線はありがたいことに考える時間を与えてくれる。砂漠はフィリップのキャンバスのように静かだった。そしてこの静寂に満ちた荒野が激しい戦闘の場になったことが信じられなかった。しかも、人でごった返すけばけばしいカイロの町は、その間も終始平和で安全だったのだ。

ふたりは二時間ほど車をとめた。手足を伸ばし、気分転換にライムジュースと水を飲んだ。風があたりに砂を巻き上げるので、ふたりとも顔を覆ってバンダナを結んだ。それで多少はしのげたものの、砂は身体のありとあらゆる穴から入りこんできた。砂漠で一日過ごしたあとは、二日間シャワーを浴びなければ砂がとれないというのは、広く知られたことだった。

「ここでどうだろう？」マイケルがきいた。

ジャスパーは地平線をにらんでいる。「えっ？」

「テストをするなら、ここがいいんじゃないか？」

ジャスパーは同意した。木の杭と砂用のシャベルをトラックの後部から取り出し、およそ二十メートルほど歩いたところに杭を立てた。それからミニコンパスの針が指す方向を次々とノートに記録していった。「じゃあ少し車を走らせよう。それから再びここへもどってこよう」ジャスパーが言った。

ふたりはもう一キロ半進んだところで車をとめた。ジャスパーはトラックから飛び降りて、位置をたしかめた。それからコンパスを見ながらメモをとっていったが、右をむいたとたん、遠くを見つめていぶかしげな顔になった。そしてようやく首を振った。まるで説明不能な考えを頭から追い払うような感じだった。それからまた一連の記録をとっていく。

そんなジャスパーの様子を見ながら、マイケルの胸に初めて緊張が走った。その瞬間、砂漠へのロマンチックな幻想はすべて消えた。今彼の目の前には、残忍で生物が棲めない茫漠たる広がりがあるだけで、それこそが砂漠のありのままの姿だった。様子を見に行こうと、マイケルがフォードソンから降りたとたん、トラックの運転席と後部の荷台にたまっていた大量の砂が滝のように流れ落ちてきた。シャツから砂を落そうと、身体をくねらせながら、ジャスパーのほうへ歩いていった。

「まずいことでもあったのかい？」

ジャスパーはしばらく、なにも言わずにマイケルの砂落としのダンスを見守っていたが、すぐにノートを振ってみせた。「おかしいんだ。コンパスの針が指す方向が違う」コンパスの指す指示に従うなら、杭を立てた場所に行くには北へ向かわないといけない。しかし杭は明らかにふたりの後ろにあった。現在いる場所の西だ。

マイケルもコンパスをあちこち向けて試してみたが、結果は同じだった。

「杭を立てた場所にもどろう」ジャスパーが提案した。「もう一回やってみよう」

マイケルはUターンをして、勘を頼りに杭を立てた位置にもどった。ここで再びジャスパーが位置をたしかめた。「奇妙だ」トラックから降りてきたマイケルに、ジャスパーが告げた。「またちがっている」

マイケルはぐるりとあたりを見回してみたが、あるのは砂と低木の茂みと岩だけ。なにひとつ、わずかも動かなかった。

「もう一回やってみよう」ジャスパーが言った。コンパスの方向表示がなぜ違うのかわからなかった。全部のコンパスが狂っているということはあり得ない。

ふたりは東に三キロ進んで、もう一度記録を取り直した。今度はどのコンパスも正確な方向を示したようだった。しかしジャスパーは喜ぶどころか、すっかり頭が混乱してしまった。なにが問題なんだ？　不思議でたまらなかった。「もう少し詳しく見てみよう。あと一回だけやってみたい」

トラックは西方砂漠をさらに奥へ進んでいった。ジャスパーはなにが原因なのか考えていた。砂漠から昇る激しい熱波か、あるいは巻き上がる砂嵐で電気が生じたせいか。磁場の変化を起こすようなことがここで起きて……

マイケルはジャスパーの理屈をほとんどきいていなかった。それよりも自分たちのいる場所を見極めようとしていた。ここがどこなのか、自信がなくなってきた。それで砂漠のなかに目印になるようなものがないかと目を走らせていると、〝それ〟がやってくるのが見えた。

「くそっ」マイケルが毒づいた。

ジャスパーはマイケルの先に目をやり、同じものを目にした。まるで魔法使いが太陽に呪いをかけたように、まばゆい陽射しがかげり、邪悪な気配が当たりに満ちてきた。風が膨らみ、トラックの防風ガラスに向かって小石がパラパラとぶつかってきた。空気が濃密になり、ふいに息をするのが辛くなった。マイケルはアクセルを思い切り踏みこんだ。フォードソンが車体を傾けて砂漠の平原を駆け出したが、もう逃げることはできなかった。

そそりたつ砂塵の壁が、赤味がかった色を見せてずんずん近づいてくる。ハムシンだった。吠え声をあげて砂漠を席巻しにきた魔法使いの大隊のように、ハムシンが襲ってきた。トラックはがくんと横に揺れ、ひっくり返りそうになったが、マイケルがハンドルを切って、車体の尻を風に向けた。強風がキャンバス地で覆った後部の荷台を襲って、トラックを逆さまに持ち上げそうになったが、なんとか逃れた。

「ここでとまるんだ！」ジャスパーが叫んだ。マイケルは十センチほどしか離れていないところにすわっているのだが、嵐の吠え声に邪魔されて、ジャスパーの声はかすかにしか耳に入ってこなかった。

ハムシン。それは五十日間吹き続ける烈風。自然の兵器庫に眠っているもっとも恐ろしい大砲だった。それがやってくれば戦争は中止する。飛行機も空を飛ぶ勇気はなくなり、戦車も恐怖にすくむ。

それが全力で向かってきたのだから、ふたりにはどうすることもできなかった。ただトラックのなかで身を寄せて、砂が目や耳に入らないようにして待つ。すぐ終わってくれるようにひたすら祈るのだが、いつ終わるかは予想がつかない。一週間吹き続けるかもしれないし、一時間でやむかもしれないのだ。

一度ジャスパーが背を起こして、目を開け、あぜんとした。砂漠は消え、トラックは渦巻く赤砂のトンネルのなかにあった。まるでいくつもの映画のスクリーンに周囲を取り囲まれているようだった。それぞれのスクリーンが光速で突進してくる赤い砂を映しだし、多数のスピーカーが信じられない音量で恐ろしい音を響かせている。砂は防風ガラスの上を水のように流れ、横窓をものすごい速さで通過し、トラックのどんな小さな穴も見逃さずに流れこんできた。

二時間後、嵐が急に勢いをなくし、過ぎていった。太陽が再びまぶしく輝きだし、立ちのぼる熱波の層が地平線上でちらちら光った。小さな砂柱が数本、遠くでねじれているが、それを除けば砂漠は不気味なほどに静まりかえっていた。

ジャスパーとマイケルは砂に埋まったトラックのタイヤをひとつずつ掘り出していった。それから荷台にたまった砂を掃き出した。そして午後も中ごろになってようやく出発できるようになった。マイケルはハンドルをがっちり握り、まっすぐ正面を見た。そしてふたりとも慎重に避けていた疑問を口にした。「どっちへ行く?」

ジャスパーはミニコンパスを確認したが、しょっちゅう針の方向が変わるので、信用できなかった。「東だな」できるだけ自信をこめてそう言った。「太陽を背にして走るんだ」

「東、了解」マイケルが言った。砂漠は嵐によって変貌していた。車輌のタイヤの跡はすべて消えていた。嵐の前にあった砂丘は平らにならされ、別の場所に新たな砂丘ができている。岩はどこかへ運び去られ、馴染みのものはなにひとつなかった。

どちらも口にはしなかったが、同じ恐怖を感じていた。ろくな準備もなく砂漠に出て、しかもそこがどこだかわかっていない。それでも、迷ってしまったとは、ふたりとも認めたくなかった。頭のなかで考えることさえ拒否した。そうして恐怖と背中合わせで、砂漠に目を走らせ、大きなタイヤの跡やオアシスなど、目印になるものがないか探した。それがないなら、せめて生きて動いているものが砂を吹き上げるところくらいは目に入らないかと必死だった。太陽がちょうど沈みかけていた。

ふいにマイケルが半分埋まった岩を避けようとしてハンドルを切った。トラックは砂に埋まった涸れ谷に滑りこんでしまった。後部左のタイヤがやわらかな砂にめりこんで、激しく空回りした。砂を撒き散らしながらさらに深く穴を掘っていく。「くそっ、くそっ、くそっ」マイケルが、腹立ちまぎれにハンドルを叩く。それからエンジンを切って、シートに背を預けた。「すまない」「悪いのはわたしだ」ジャスパーが答えた。ついに現実を直視することになったという、安堵もあった。「しかし、少々まずいな」

ふたりはトラックを掘り出そうとしてみたが、ろくに身が入らなかった。不可能だと思っていたのだ。フォードソンは前のめりに砂のなかに突っこんでいて、尾板のところまで砂にめりこんでいた。左のタイヤは完全に砂に埋まっている。

日が沈むと、ふたりはトラックを掘り出す作業をやめ、砂漠での一夜を過ごす準備を始めた。マラリア対策のズボンの裾を足首まで下ろして厳しい寒さから足を守り、むき出しになった皮膚の部分には虫除けパウダーを塗って夜の虫に嚙まれないようにした。マイケルは日中の陽射しに温められた石を探してきて、毛布のまわりに置いた。相談した結果、紅茶をいれるのはやめた。火がドイツ軍の偵察隊の目をひく可能性があるからだ。敵より恐ろしいアラブ人の盗賊もいる。夕食を一食分食べようかどうか話し合ったが、一個の缶詰をふたりで分け合って食べ、ライムジュースと水二口分で流しこんだ。それから横になって、眠れぬ時間を過ごした。

光に満ちた朝を迎え、状況はそれほどひどいものではないとふたりは感じた。もう一度トラックを砂から出そうとしてみた。タイヤの下を掘り、その下に岩や毛布を押しこんだが、すぐに吐き出されてしまった。フォードソンは完全に動けなくなってしまった。あとは救援隊にみつけてもらうのを待つしかない。「今日あたり来ると思うかい？」マイケルがきいた。

「まあ、もうすぐだ」とジャスパー。

マイケルが唇をとがらせた。「よし、今日くるほうに五ポンド」

「まず無理だよ、マイケル。わたしは勝負のわかっている賭けはしない」

ふたりはその日一日を切り抜けた。砂漠で生き残るための授業で学んだあらゆることをつぎつぎと実践していった――基本的には直射日光を避ける場所にいて、半時間ごとにトラックに上がって、救援隊の注意をひくために毛布を振る。食糧の在庫を確認し四等分する。トラックのラジエーターに入っている水を缶にあけ、蒸発しないように砂のなかに埋める。ガソリンとオイルを別の缶に入れ、必要なときにいつでも火をたけるようにする。それから砂の上に長い矢印を描いてトラックのほうを指すようにし、陸からでも空からでも、至近距離になにか近づいてきたら、すばやく点火して、近づいてきた者の注意をひけるように、すぐ近くにオイルを用意しておいた。また耳を地面につけて、砂漠の四、五十キロ先で動きがないかもたしかめた。落ちこまないよう陽気に歌を歌い、余計な運動は避け、助かることだけを話題にし、不安については絶対口にしなかった。ジャスパーは高速ボートを変身させるプロジェクトについて考え、思いついたことをノートに走り書きし、まるでザマレクでナイルの川辺の庭園にすわっているように、穏やかに午後の時間を過ごした。しかし夜の寒さがやってきて、心を紛らわせる小さな仕事がなくなると、強がりは消えて現実が目の前に立ちはだかった。

ふたりは最後のチョコレートを分け合い、夕食には牛肉の缶詰を半分ずつ食べた。「トラックから離れないでいるのは、いつまでとしよう？」マイケルが考えた。

砂漠で生き残るための第一の原則は、車輛のそばから離れないことだった。人間がひとりやふたり単独でいるよりも、車やトラックのほうが空からはみつけやすいからだ。しかし砂漠での経験が豊かな人間は必ずしもそうは思っていなかった。ほとんどの場合、自分なりの限界を決めていた。車輛を諦めることで、捜索は難しくなる。しかしいつまでも待っていると、厳しい砂漠を歩いて帰れないほどに身体が衰弱してしまう。

今回の場合、選択肢がないことをジャスパーは知っていた。「ここを離れることはできない。そうするだけの装備がないんだから」上官として、今回の失敗は彼の責任だった。彼は砂漠で生き残るための第二の原則を無視していたのだ――つねに十分な装備をしておくこと。砂漠のそばで暮らすことの長くなった人の常で、彼もあたりまえのようにそうしてきた。しかし今回の旅ではそれを忘れていた。彼らが持ってきたのは、種々雑多な軍用食の缶詰を四つ、一リットルより少し多めのライムジュースと水、携帯用の武器、弾薬一ダース、ガソリンとオイルをいくらか、懐中電灯、虫除けパウダー、鋤《すき》、あてにならないコンパス（六分儀はついていない）、タバコ一箱、パイプとマッチ、スペアのタイヤ、消火器、毛布、カイロの街路地図、そしてトラックだけだった。

ふたりはトラックの横にすわっていた。マイケルは頭の後ろで手を組んで、星の輝く夜空をながめた。銀色の夜の雲がひとつ、ゆっくりと東へ、ナイル川のほうへ向かっている。目を閉じて、その雲に鉄のハンドルがついていて、それにつかまって自分が安全な場所に運ばれていくさまを想像した。「カイロからどのくらい離れてると思う？」

「百五十キロほどだろう」

「歩くとなったら長いな。恐ろしく遠い」

ふたりは身体を丸めて熱を逃さないようにしたが、寒さは骨の髄までしみこんできて、なかなか眠れなかった。長いこと黙っていたあと、ジャスパーが言った。「陸軍も空軍もこのあたりをしょっちゅううろついてる。そのうち偶然ここに行き当たるさ。心配しなくていい」

捜索が始まったのは、丸一日が過ぎてからだった。キャシーが最初にふたりがいないことに気づいた。マイケルが三十分ほど遅れることはよくあるが、その日はそれを過ぎても迎えにこなかったので、彼の自室を訪ねてみた。ちょうどビルが夕食に出かけるところで、マイケルなら今日は一日姿を見ていないと言われた。「ジャスパーといっしょに砂漠に新しい機器のテストをしに出かけたんだ。そろそろもどってきてもいいころなんだが」

「だれかに知らせたほうがいいかしら？」

「いやそれは必要ないと思う。ジャスパーのことだ、なにかに夢中になると、時間の感覚がなくなっちゃうんだ。まあそれはいいことだが。ほら、フランクのことがあってからずっと……」

キャシーはうなずいた。「そうね。でも、彼が帰ってきたら……」

「すぐにきみに電話を入れるようにと伝えるよ。しかし今夜は野宿だということになっても、おどろかないほうがいい」

ジャスパーとマイケルは翌日の正午になってももどってこなかったので、ビルがこれはおかしいと言い出した。

捜索救助の手続きがとられ、すぐに捜索が始まった。通常の偵察隊や砂漠で活動している部隊のすべてに、フォードソンが道に迷ったという連絡が入った。イギリス空軍の捜索救助チームには、ふたりの将兵の帰りが遅れており、道に迷ったと思われるという連絡が入った。ここでジャスパーは残念ながら、もうひとつまちがいをおかしていた。だれにも予定のルートを話しておかなかったのだ。

捜索救援用の地図は砂漠を四分割し、混乱を避け、系統だった捜索ができるようにしてあった。捜索活動は時間がかかるが、砂漠で迷った人間に足りないもののひとつが、その時間だった。しかも夏の攻撃の準備が始まっていて、使える車輛が限られていることもあって、捜索活動はひどく困難になっていた。

マジックギャングでも独自に捜索隊を組織した。魔法の谷での仕事はすべてストップして、ネイルズ、ビル、フィリップがそれぞれ広い地域を分担して責任を持ち、谷で働く人々で組織したチームを指揮した。車輛はバーカス少佐が供給してくれた。ジャックはジャスパーの部屋に陣取って、さまざまな調整に当たった。正規軍の捜索救援部隊はこういった素人集団が捜索に首をつっこむことに眉をひそめたが、それを止めることはできなかった。

ギャングたちはキャシーをなだめるためにできるだけのことをしたが、彼女のほうはいても立ってもいられなかった。フィリップに向かって、「ほんとうのところ、彼らにはどのくらいのチャンスが残っているの？」と迫ってきた。「たっぷりだ」フィリップはそうは言ったものの、目はキャシーをまともに見ていなかった。「手は尽くしている。通常の偵察隊に加えて、三十台の車輛と、百五十人の人間がふたりの捜索にあたっているんだ。隊商とも連絡をとって、懸賞金の広告も出した。だが時間がかかる。まったくあのふたりときたら、無線さえ持っていかなかったんだから。馬鹿としか言いようがない」

「それでも確実にみつかるって言うの？」

「ああ、必ずみつけてやる。ふたりがトラックから離れずに、食糧を温存していれば、時間はある。

今いちばん必要なのが時間なんだ」

大掛かりな捜索が始まった。ジャスパーとマイケルが砂漠で迷って丸二日が経過していた。

午後半ばになると、太陽がじりじり照りつけて、ふたりの男の胸からは希望が抜け落ち、その隙に恐怖が忍びこんできた。前の晩は実に辛かった。凍えそうなほど気温が下がり、地上に這い出してきた虫の攻撃にさらされた。虫除けパウダーはもうほとんどなく、ふたりは絶え間なく噛まれ、刺された。噛み傷のなかに細かい砂粒が入り、小さく腫れ、痒くてたまらない。飢えたハエは朝にも攻撃してきた。

ただ待っているだけというのは拷問に近かった。とにかくここを出発して、自らの手で自分の命を救いたいというせっぱ詰まった気持ちが抑えきれなくなる。しかしなんとかそれに抵抗しなければならない。今すぐ出発したほうがいいと思えてくるのは、砂漠が人を殺すために仕組んだイリュージョンのひとつだとわかっていた。

なかでも強烈な熱気は、砂漠の最強の武器だった。午後には砂漠がかまどになる。ふたりとも身体に汗をかいているのだが、シャツにしみができる前に蒸発する。皮膚は乾燥し、唇はひび割れてかたくなり、湿らすための十分な唾液も出なかった。

食べる量を半分にし、ライムジュースと水も数時間ごとに一口飲むだけに制限した。マイケルはラジエーターの水をろ過して飲んでみたが、鉄くさく、ひどい頭痛に苦しんだ。

体力を温存するために、毛布を振っての信号は一時間に一回に減らした。灼熱の時間にトラックが火傷しそうなくらい熱くなると、トラックの日陰で横になって、眠って現実を忘れようとした。考える時間は有り余るほどあったが、考えることは助かるか死ぬか、それ以外になかった。砂漠で死ぬ恐ろしさをふたりともわかっていた。腫れた舌を口から突き出し、わけのわからないことを考えるようになり、脱水症と熱射病にさいなまれ、生きる気力を失っていく。ふたりは絶対にそんなことにはならないことを祈った。

熱波のせいで、不満が鬱積《うっせき》し、ジャスパーの銃のことで口論になった。マイケルは注意をひくために数時間ごとに発砲すべきだと考え、ジャスパーは最後の瞬間まで弾薬をとっておくべきだと考えていた。

「このままなにもしなかったら、おれたちは干上がっちまうんだぞ」マイケルが怒鳴った。「うるさい」ジャスパーも怒鳴った。「ひとたび食い物がなくなったら弾薬の一発一発が貴重になるんだ」そう言って、怒ってトラックからつかつかと歩いていった。マイケルがイライラするのも無理がないのはわかっていた——自分のせいでこの窮地に陥ったというのに、そこから出るためになにもしようとしないのだから当然だ。この点については、マイケルが正しかった。なにかしなければならないのだ。

ジャスパーはトラックにもどって装備を確認した。すると、ある新しいアイディアが頭に浮かんだ。からっぽのガソリン缶に砂とモーターオイルを詰めると、熱い金属で手を火傷しないよう気をつけながら、ふたつのサイドミラーをトラックからはずしにかかった。

マイケルは黙ったまま、しばらく不思議そうにそれを見守っていたが、やがて沈黙を破った。「手伝おうか?」

「いや、いい」ジャスパーが言った。「ひとりでできる」

「さっきのことは謝るよ。怒鳴るつもりはなかったんだ」

ジャスパーは仕事の手をとめ、詫びの言葉を受け入れた。「いいんだ。本気じゃなかったのはわかっている。ふたりともちょっといらだっているだけだ。じゃあ、このミラーをいっしょにはずしてくれないか」

マイケルは立ち上がって服にたまった砂をはらった。「誓って言うが、おれはしばらくはもう、砂浜のリゾートには行かない」

ミラーがはずれるとすぐ、ジャスパーはオイルに火をつけた。真っ黒な煙が空にもくもくとあがっていく。それから慎重にふたつのミラーを動かして、白麻のような雲の上に黒い染みを映し出した。

「すごい、まるで屋外映画館だ！」マイケルが喜んで大声をあげた。

「魔法のランプよりすごいだろう」ジャスパーが誇らしげに言った。「わが家では世紀の変わり目から、これを宣伝に使ってきたんだ」

ジャスパーはふたつめのミラーを上下に傾けた。雲にしみが現れたり消えたりして、原始的な信号の役割を果たしている。

雲は十五分もすると見えないところへ流れていってしまった。また別のちょうどいい雲が近くに流れてきた頃には、暗くなってきて、信号を送り続けることはできなかった。マイケルが火を消そうとした。

「そのままにしておこう」とジャスパー。

「ドイツ兵にみつかったらどうする？　それに盗賊は？」

「いいから燃やしておこう」そう言って歩み去った。

ふたりは缶詰の半分をさらに半分にしたものと、水を一口、そしてディナーの空想を夕食にした。

マイケルはキャシーといっしょに高級ダンスクラブに入り、豪勢な夕食を食べに行く場面を想像した。「今夜はフォーマルスーツで決めていくことにした。彼女が喜ぶからね。あれを着てくれってうるさくってさあ。なんでそんなことで言い合いをしていたのかよくわからないんだが。とにかく美しく着飾ったあいつといっしょに店に入っていく。するとステーキを焼く音がきこえてきて、旨そうな匂いにパンチを食らう……」

ジャスパーはメアリーといっしょにポートベローロードに行ったときのことを思い出した。日の陰って涼しい日曜日の午後、露店のあちこちを見て回る妻に引っぱられていく。メアリーは珍品や骨とう品を指差して、これはどうかしらと意見を求めてくるくせに、ジャスパーが答える前に、自分で結論を出してしまう。ジャスパーはほかの亭主連中と同じように、しぶしぶ妻のあとについて、求められれば意見を言い、値切り交渉が終わるのを道に立って静かに待ち、彼女がねだるような目で見るのを合図に、財布から札を取り出す。当然ながら買ったものを持って帰るのは亭主の役目。だが、そうして買って帰ったものは、どこかに片付けられ、再び目にすることはめったになかった。

ジャスパーはマイケルにそんな話をしながら、その日の涼しさや、腕にかかる買い物の重みや、妻に愛されているという確信までを、ありありと感じていた。「一度こんなことがあった」ジャスパーが言い、遠い日の事件を思い浮かべて顔をほころばせた。「わたしがなにかにつまずいた。たぶん自分の足だと思うんだが、それでマントルピースに置くために買ったばかりの時計を落としてしまい、粉々に砕けてしまった。するとこっちが謝る前に妻が『だいじょうぶよ』って言ったんだ。『ほんとうはそんなに気に入っていなかったの』と言い出した。『それじゃあ、なんで買ったんだ』と言ったら、あいつはいたずらっぽい笑みを浮かべた。どんな馬鹿をやっても許されると思ってるような笑みをね。そしてこう言った。『だって安かったんだもの』」

「女だなあ」マイケルが感服してうなずいた。

ジャスパーはグラスを持っているかのように、片手をあげて乾杯の仕草をして言った。「ああ、まったく女ってやつは」そう言いながらも、彼はそれからの砂漠での残酷な時間を、妻といっしょに過ごす、ロンドンのいつもの日曜日の午後のことを思い浮かべてやり過ごした。

寝る準備が整うと、マイケルは耳をそばだてた。砂漠の風に乗ってカイロの街から音楽がきこえてこないかと思ったのだ。一度ほんとうにきこえた気がした。しかしすぐ幻聴だと気づいた。なんだか信じられないような気持ちだった。にぎやかで活気に満ちたまばゆいばかりの町から、せいぜい百五十キロしか離れていないところにいるというのに、これほどやりきれない孤独を感じているとは。眠りに落ちる寸前に、彼は決心した。もどったらすぐキャシーと結婚しよう。


フィリップは、その日の午後のひとときを、総司令部の捜索本部で過ごした。ギャングたちはべつに捜査の邪魔をしているのではないことをわからせたかった。その日の早い時間には、希望の光が見えてきた。イギリス空軍のパイロットが砂漠で乗り捨てられた一台のトラックのまわりでなにかが動いているのを認めたのだった。しかしその後の調査で、それは遊牧民の一団が錆びついた車体を剝がしていたのだとわかった。

「どう思われます？」フィリップが、捜索作戦を指揮しているフランクリン・ジョージ・ブルース大佐にきいた。

大佐は肩をすくめた。

「だっておかしいじゃないですか」フィリップが大佐をせっつく。「ふたりがただ忽然と消えてしまうわけはないでしょう？」

「いいかね」大佐が無愛想に言った。「わたしはこの仕事についてもう二年になるが、まだきみにどう言っていいのかわからない。みつかる者がいれば、みつからない者もいる。八十キロの距離を歩いてもどってくる者がいれば、あと十六キロというところで息絶える者もいる。砂漠では奇妙なことが起きる。説明できないことがね。人が消えたというのに、皮膚も髪の毛もまったくみつからないということもある。ドイツ兵か、あるいはアラブ人の盗賊にみつかったのかもしれない。砂漠のいたずらかもしれない。だからわたしに予測などきかないでくれ。いろいろ見れば見るほどわからなくなるんだ」

砂漠での生活が三日を過ぎると、辛さもあまり感じなくなってくる。そうやって砂漠が人を緩慢で残酷な死に追いやるのだ。

太陽が皮膚や唇に水ぶくれをつくり、絶え間ない雨となって降り続く細かい砂が、生傷をこする。化膿した虫の嚙み傷は醜い赤色に変色し、膿がいっぱいたまった。喉は腫れあがり、一滴の水を飲みこむにも、小さいスロットにコインを無理やり押しこむような苦しさがあった。昼夜の大きな気温差に頭がくらくらし、ふたりとも風邪をひいた。そして小さな咳をするたびに、サンドペーパーをかけられたように喉に激しい痛みが走った。

太陽の容赦ない陽射しに昼間はひどい頭痛に襲われた。

凍える夜は、身体がふるえ、咳といっしょに血を吐いた。

腕と肩が痛むのは、空っぽの砂漠のなかで注意をひこうと毛布を思いきり振り回したせいだが、それも四日目にはあきらめた。

一瞬でもこの惨めな状態から逃れることは不可能だった。砂が身体のあらゆる部位や服のなかに入りこみ、歯がじゃりじゃりして、砂の入った目は焼けるように痛かった。砂粒は足の裏にもめりこみ、砂漠暮らしで伸びたあごひげのなかにも、喉の奥にもこびりついた。ジャスパーの足は腫れあがり、ブーツで歩き回るのが痛くてたまらなかったが、一度脱いでしまったら二度と履けないことはわかっていた。

ほとんどの時間はただトラックの陰に横たわり、太陽の動きに合わせて移動する影を追いかけて寝場所も移動した。フォードソンはすでに砂の薄い層に覆われていた。マイケルは思った。あと一年もすれば車体は丸ごと砂のなかに埋まるだろう、すぐにでもみつけてもらわなければ、じきにジャスパーも自分も永遠にこの下に埋められる。いったいこの砂の下にはどんなものが埋まっているのか。どこまで行っても砂で、そのまま地球の中心まで続いているのか。それともどこか途中で固い土に変わるんだろうか。それともどこまでも掘っていけば、道に迷った数千人の旅人の骨が光って出てくるんだろうか。もしかしたら町ひとつが丸ごと砂に飲みこまれて埋まっているかもしれない。ジャスパーにそのことについてきいてみようかと思ったが、その気力さえ、もうなかった。

ジャスパーはトラックの上の砂を払って、飛行機にみつけてもらえることを願った。そして四日目の午前中の残りはすべて、雲にしみを投影する作業に費やした。焼けつくように熱い午後は休みにあてた。

夕食として、最後に残った二口分の固いコンビーフを分けあったあとで、マイケルが言った。「ジャスパー、もし袖のなかに仕掛けが隠してあるんなら、出すのは今だぜ」

ジャスパーは夕もやのなかに銃を一発発砲した。

その夜は砂が吹き上げてきて、一億の針で刺されているような状態だったので、トラックの荷台で眠ることにした。暑すぎるし虫が多いし、実際ほとんど眠れなかったが、ハエが騒ぎ出して起こされるまでのわずかなひとときを、切れ切れでもなんとか眠るようにした。ジャスパーがもう一度眠ろうと、うとうとしかけたときに、マイケルがしわがれ声できいてきた。

「来たかいはあったのかい、ジャスパー？」

ジャスパーはなにを言われているのかよくわからなかった。

「こんなところまで来なくて良かったものを。あんたは故郷にじっとしていられたんだぜ」

来たかいがあるか？ ジャスパーは反射的に、乾いた舌で塩の吹いた唇をなめた。唇に刺すような痛みが走った。来ると決めたのははるか昔のことで、それ以外に選択肢があったかどうかなど、ほとんど思い出すことができなかった。来たかいがあったろうか？ 自分はなにを成し遂げただろう？ 「来るしかなかったんだ」彼は息を詰まらせたように小さな声で答えた。

冗談だろというように、マイケルが鼻を鳴らした。

「ほんとうさ。そうしなきゃならなかった。自分のためにね」それから咳が出て、胸が痛み、喉に火をつけたような痛みが走った。「そんなことを考えるな、マイケル。まだ終わりじゃない。助けがこちらに向かっているさ」

長い沈黙のあとで、マイケルがきっぱり言った。「なら、急いでもらわないとアウトだぜ」


魔法の谷ではギャングたちがいらだっていた。なんの進展もなく、時間だけがいたずらに過ぎていく。ささいな問題を大げさに考え、だれもがイライラと怒りっぽくなっていた。午後には嵐がきて、飛行機が離陸できなかった。フォードソンが残したタイヤの跡もこの嵐で消えてしまったことはまちがいなかった。

夕刻の作戦会議の最中に、ひょっとして捜索の仕方がまちがっているんじゃないかと、ネイルズがぼそりと言ってしまった。魔法の谷のリーダー役になっていたジャックが嚙みついた。「おれのやり方に文句があるなら、どうぞ勝手にやってくれ。おれだって車を飛ばして四六時中捜したっていいと思ってるんだ。こんなところにじっとすわって口論してるより……」

「いいや、おれがやればもっとうまくいくなんて言っちゃいない。ただ……」

ビルが怒鳴ってみんなを黙らせた。「とにかく決められた仕事をやろう、いいな？」

その日ジャックは、物資と輸送の関係を扱うQ支部にかけあって、もっと多数の車輌を出してくれと頼んだのだが、埒《らち》があかなかった。さらに百人以上のボランティアが捜索に参加しようと名乗りをあげてくれたものの、車がなくてはどうしようもなかった。昼夜二交代制にしようという考えも出た。ジャスパーとマイケルが夜間に火をたいて信号を送ってくることも考えられたからだ。しかしその案も却下された。「すでにふたりの行方不明者を出しているんだ」バーカスが言った。「とりあえず現状のままで行こう」

砂漠のネズミが結成したチームのなかには勝手に動いているものもあったが、それでも夜間に出かけていくようなことはしなかった。

キャシーはネイルズに、マイケルは絶対生きていると、自分の確信を打ち明けた。「わたし、勘がいいの」キャシーは言った。「あまり人には言わないけれど、ある種のことに関しては正確な勘が働くの。彼は絶対にだいじょうぶ」

ネイルズは守るように両手を差し伸べ、キャシーを泣かせてやった。

フィリップも辛かった。捜索がスタートしてから、ほとんど眠っていなかった。仕事をしていないときは、ほかにどんな手があるかを考えていた。まだ捜索していない道がないか探してみたり、ジャスパーの気持ちを考えて、いまいましい灼熱の砂箱の、どこに向かったのかを見極めようとした。フィリップが、自分以外のことにこれだけ頭を悩ませることは長らくなかった。

最初は、自分が彼らの立場にいなくてほっとしていた。しかしやがて捜索に没頭していくにつれて、気がついたら彼らに自分を重ね合わせて、自分だったら今ごろなにをして、なにを考えているだろうと想像するようになっていた。この悲劇のおかげで、フィリップは自分に対して心底正直にならざるをえなくなり、あらためて素直な目で自分の置かれた状況を見ると、これはまずいと思った。三日目の真夜中、清潔で温かな自室に腰を落ち着けて、フィリップは妻に長い手紙を書いた。といっても実際には自分のために書いたと言ったほうがいいだろう。

「これまでの自分の人生で愛してきたどんな人や物より、きみのことを愛してきた」と彼は手紙の中で認めた。

そして、今でもいろいろな点できみを愛している……わたしはいっしょにいて楽しい人間じゃないのはわかっている。わたしにはどこか他人を信用しない部分があり、それがその原因だ。どうしてそうなのかわからない。ただ自分のそんなところを自分でさえ好きになれないのは事実だ。それがわたしの不幸の根源だ。どうにかできたらと思っている。そちらに帰ったらきみに会いたい。やり直そうというわけじゃない。ふたりとももうとっくに別々の道を歩いているからね。しかしわたしは自分のことをもう少し知りたいんだ。こんなことをきみに頼むのは自分勝手だと思われるだろうが、わたしのことをだれよりもよく知っているのはきみで、わたしにとっては自分を知ることがなによりも重要なんだ。

フィリップは、あたりさわりないの無い近況報告も書こうかと思った。しかしこのまま、誠実な心の内だけを吐露した手紙のほうがいいと考え、署名をして、愛をこめて封をした。

翌朝ジャスパーが断続的な眠りから目を覚ましたのは、口のなかに虫が入りこんできたからだった。無意識のうちに腕を動かしてそれをはたき落そうとしたが、鋭い痛みが肩に走った。うめき声が出て、それで自分の置かれている状況を思い出し、口から虫を吐き出した。

ゆっくり立ち上がろうとするが、わずかに身体を動かすだけでいちいち痛みが走った。もう食物が残っていないのはわかっていたが、とにかく確かめに行く。胃が飢えでふくれてきた。

身体を支えるためにトラックによりかかり、小波の立った砂漠を、無人島のロビンソン・クルーソーのように眺めた。鋤を手にとり、再び砂の上に長い矢印を描いていく。難しい仕事ではなかったが、身体の衰弱と脱水症状のせいで、描き終るまでに三度休まないといけなかった。

描き終わったときにはマイケルが目を覚ましていた。顔は極度の日焼けで真赤になり、唇に大きな傷がぱっくり口を開けている。

「おはよう」ろれつのまわらない口でつぶやいた。

「おはよう」ジャスパーが答えた。しかしそのあと、ふたりはなにもすることがなかった。ただ直射日光を避けて待つだけだった。なんでもいいからなにかが起きるのを、そしてそれが一刻も早く起きるのを待っているばかりだった。

すっかり身体をやられてしまうと、次は精神的な打撃がきた。マイケルは意識がもうろうとしていた――辻馬車を引く怠け者のラクダを馭者《ぎょしゃ》が怒鳴り散らす声をもう一度きけるなら、おれはなんだって差し出すと、まったく正気なことを言ったかと思えば、次の瞬間には、両親や、ジャスパーのまったく知らない友人に向かって話しかけていた。まるで彼らがすぐそばにすわっているとでもいうように。

午前中はずっと、バンダナをラジエーターのぬるい水に浸して顔を拭いていた。そんな汚い水もあっというまに蒸発してしまう。昼近くになるとジャスパーは宙に向けて消火器の栓を開け、その冷却材を体に浴びて涼を取った。皮膚が焼けたが、いくぶんかでも解放感を味わわせてくれた。

正気のひととき、マイケルがジャスパーに、もしドイツの偵察隊にみつかったらどうするときいた。

「ひざで這ってすり寄って行く」ジャスパーが言った。砂漠では物の見方を変えざるを得なかった。

「なるほど」マイケルが言って、また意識がもうろうとしてきた。

このとき初めて、ジャスパーは自分がこの砂漠で死ぬという可能性と正面から向き合った。まだ望みはある。最後の瞬間まで希望を捨ててはいけない。しかし、もしあと二日、最大でも三日、それだけ経過して、だれにもみつけてもらえなかったら、死ぬしかない。砂漠でコンパスのテストをしていて道に迷うとはなんという皮肉でむなしい結末だろう。こんな死に方をした場合、自分の葬儀はどんなふうに行われるのだろうと想像して、すぐに家のなかですわっているメアリーの顔が浮かんだ。

彼女にはさぞかし辛いことだろう。自立心は強いほうではない。それはたぶん夫である自分のせいでもあるのだが。もう一度ひとりで人生をやり直すというのは、メアリーには不可能だろう。再婚はしないで、他人のためになることをして残りの人生を過ごすことだろう。

考えただけで胸が悪くなった。今すぐ妻に手を差し伸べて、人生は続いていくんだよと言ってやりたかった。愛する人が死んだからってすべてが終わるわけじゃないんだと。だがそんなことを考えながら、この自分も同じ過ちを犯していたことに、ふと気がついた。フランクを飛行機事故で死なせてしまったあと、自分は人生を投げていた。フランクを失った悲しみにもがくばかりで、自分の人生にはまったく無頓着だった。まるでそうして苦しむことで、フランクが自分のなかで生き続けるとでもいうように。

フランク……。ジャスパーはマイケルを見た。意味不明のことをもごもごとつぶやいている。もしかしたらマイケルとではなく、フランクとここに来ていたかもしれなかった。もしも――そこで彼は思いとどまった。もう〝もしも〟はなしだ。フランクは死んで自分は生きている。大事なのはそこだ。自分にはまだ命があって、必死に生き延びようとしている。

その瞬間、彼は生きることを決意した。砂漠なんかにやすやすと殺されてたまるか。さあ今日から、今この瞬間から、本物の戦いが始まる。そう心を決めたとき、ジャスパーを取り巻いていたあらゆる防御壁が一枚一枚剝がれていった。そして最後に、生きる意志だけが残った。今からそれが試され、その意志がどれほどのものかが明らかになる。

大事なのは生き残ることだ。砂漠のヘビも、ハエも、マイケルも、ドイツ兵でさえも、生き残ることがいちばん重要なのだ。

ジャスパーはマイケルの身体をゆすって起こし、話しかけた。一語一語が、いや、一息一息が苦しかった。しかし自分の身体に鞭を打ちながらマイケルに話し掛け、マイケルから返事をもらおうとした。ジャスパーは言葉遊びをしようとしたが、マイケルはあまり得意ではなかったので、これまで街の通りで知り合った女の子の話をさせることにした。

自負心がマイケルを動かし、ジャスパーの質問に答えた。マイケルはしわがれた小さな声で始めた。話はかなり露骨だったが、ジャスパーは苦しさのあまり、恥ずかしささえ感じなかった。

マイケルの話が終わると、今度はジャスパーがエジプシャンシアターのことや、ほかのマジシャンのことについて彼に話してきかせた。そのほかにもマイケルの心を正気にとどめておける話なら何でもした。話に飽きるとふたりは歌を歌い出した。痛む喉からしわがれ声を出して、「国境の南」、「ラン・ラビット・ラン」、「ジークフリート線」など、気を紛らわせるものなら何でも歌った。

ふたりとも目をつぶったまま歌っていた。だから快活な声が、「お茶は入ってるかい」ときいてきたときも、ジャスパーは、また心のなかに新しい拷問が仕掛けられたのだと思った。うっすらと目を開けてみた。太陽が両目を直撃してきたが、大きな影が目の前で動いて光を遮った。強いオーストラリア訛りの声で、その男が言った。「なんか言ってくれよ。客が来たっていうのに、こんなもてなしかたはないだろう」

ジャスパーの口から嗚咽《おえつ》がもれ、やがて身体のどこか奥深いところで涙がにじんできた。

15
刻々と変わる戦況のなかで

目をあけると、太陽の光が矢のように飛びこんできてなにも見えなかった。几帳面そうな看護士が親切に窓のブラインドを調整した。

「なにかお飲みになりますか？」看護士がきいた。

ぎらぎらした光は徐々に消えていった。ジャスパーはぼんやりした視界のなかで目をぱちぱちさせ、自分がどこにいるのかたしかめようとあたりを見回した。

「第四総合病院ですよ、大尉」看護士が説明しながら、グラスに入った生温かい水を持ってきた。

「ちょっと長く砂漠にいすぎたみたいですね、覚えていらっしゃいますか？」

「ああ……」話そうとしたが、ずっと火を吹いていたかのように喉が痛かった。その痛みの衝撃で現実にもどってきた。

「少しずつ飲んでくださいね」看護士はジャスパーの乾いた唇にグラスを持っていきながら、ジャスパーの質問を先取りして言った。「もうひとりの方もだいじょうぶですよ。ずっと詳しい検査をしていたんです。でも今日の午後にはこちらに移されるんじゃないかしら」

ジャスパーは水を数滴飲みこんだ。「どれくらい、ここにいるんだろう？」しわがれ声できいた。

「丸二日です。あと一週間くらいは、こちらで過ごすことになるでしょう。体力がもどってくるまでは。喉にひどい水ぶくれができていて、化膿している傷もありますから。でも深刻な病気の心配はないようですよ」

頭上では扇風機が回り、ひんやりして気持ちがよかった。ナイトテーブルの上では、バラが花瓶に活けられている。体を起こそうとしたら、鋭い痛みが両肩を突き抜けたので、枕にゆったりもたれた。

「お仲間が何度かお見舞いにいらっしゃいました」看護士が花瓶の花を活け直しながら言った。

「伝言を残していかれましたよ」

「どんな？」

看護士は手をとめ、右手にバラを一本持ったままにっこりした。

「日なたに出るなって」

マイケルはその午後遅くにジャスパーと同じ病室に移された。砂漠で生えたあごひげがきれいに刈りこんであって、こざっぱりして見えた。しかし医者から数日はしゃべってはいけないと言われているらしく、イライラしてもいた。クリップボードに嵐の絵を描いて心の内を表現する。フィリップ、ネイルズ、ジャックが仕事を終えた足で直接病院に寄って、どうやって命びろいをしたのか、ジャスパーとマイケルに話して聞かせた。オーストラリア人の兵士が古いマチルダ戦車に乗っていたところ、午前中キャタピラーがひとつ故障してしまった。それで近道をして仲間に追いつこうとして、ふたりのトラックに行き会った。オーストラリア人は、ふたりが行方不明になっていたことは知らされていなかった。

「すごい幸運だ」フィリップが感心して言う。

「トランプのオールマイティーをひいたようなもんだ」ネイルズがつけくわえた。「ふつうならありえない。北アフリカ中の男の半分が、ふたりの捜索に出たのにみつからなかった。もしその戦車のキャタピラーが壊れなかったら……」そう言って首を横に振った。

キャシーが毎日昼食時と夕方にやってきて、まるで母親のようにマイケルの世話を焼いた。額を拭いてやったり、わがままをきいてやったり、マイケルの伝えたいことを取り違えれば謝り、彼がクリップボードに書き出したことにはすべて同意した。マイケルはまだプロポーズの言葉は書いていなかった。それは具合が良くなってからにすることにした。

ジャスパーはマイケルがやすやすと通常の生活にもどっていくのを見守っていた。看護士といちゃついてみたり、クリップボードに冗談を書いたり、医者ともけんかをしていた。そんな様子を見ながら、早くもとの自分にもどりたいと思った。しかし彼の場合はそう簡単にはいかなかった。大きな打撃を受けていた。

砂漠であまりに身近に感じた〝死〟を、なかなか追い払うことができなかった。スケッチをしたり、読書をしたり、手紙を書いたりしていないときは、いつでも砂漠で起きたことについて考え、現実に起きたことと幻覚を分けようと必死だった。

しかしやがて、そんなことはどうでもいいことなのだと思い切った。大切なのは、今生きているということだ。

自分は生きていて、フランクは死んだ。現実は単純だ。フィリップはそれを幸運と呼び、ネイルズは「オールマイティー」と呼んだ。彼としては運命と考えるのがいちばんぴったりだった。

そして何よりも、自分が清められたような気がしていた。新たに生まれ変わったような気分だった。親友のことはこれからも悼み続けるだろう。しかしそれと同時に自分の人生に復帰して、そこでとことん生き抜こうと決心した。フランクのことは決して忘れない。けれど今は彼の思い出を胸の奥深くにしまっておく。折に触れてそこに友を訪ねながらも、まずは自分の人生を精一杯生きるのだ。メアリーのために、子どもたちのために、そしてなによりも自分のために。

ジャスパーは日々体力を取りもどしていった。ジャックに頼んで、病院にマジックの小道具を持ってきてもらい、歩くことが許されるようになるとすぐ、ほかの患者を楽しませるために簡単な手品をして回った。手の動きはずいぶん鈍っていたが、見事なタイミングと温かみのある口上で人々を楽しませ、自分も心から満足した。

ある日の午後、リチャード・フォン・グレンがジャスパーの部屋にやってきた。火に巻かれたレスキュー隊の隊員は、松葉杖をついて足をひきずっていた。顔の下半分はまだ包帯に巻かれていたが、声ははきはきして、頭もしっかりしているようだった。これまでに二回の手術を受けたことをジャスパーに伝え、顔に受けた損傷は、ほとんど治すことができると医者から言われていることも告げた。「良かったら、ダグラス・フェアバンクスみたいな顔にしてやるなんて言われたが、断ったよ」そこでちょっとためらってから、こう結んだ。「クラーク・ゲーブルでなきゃ嫌だって言ってやった」

自分の病棟にもどる前に、フォン・グレンがこんなことを言っていた。「あの日に起きたことでは、これっぽちだって自分を責めたりしないでほしい。つい興奮しすぎて、スーツに水をかけて濡らすのを、おれが忘れていたんだから」嫌な思い出を頭から振り払おうとするかのように首を振った。「基本的なことをなおざりにしちゃいけないってことを思い知ったよ」

病院にいるジャスパーの頭をいつまでも悩ませていた問題がひとつあった。砂漠でなぜコンパスが正常に動かなかったのかということだ。説明がどうしてもつかない。砂嵐のせいだとは思えない。イギリス工兵隊の機械兵にコンパスを一組送って調べてもらったが、テストをしたところ、まったく問題ないと言われた。ジャスパーは砂漠での自分の動きを何千回も頭に思い浮かべて、その原因を探ろうとしたが、手がかりはまったくなかった。

几帳面そうな看護士がひょんなことからその答えを導き出してくれた。ジャスパーのベッドのとなりのナイトスタンドに、彼女が金属製の水差しを置いた瞬間、コンパスの針がノミでもたかったかのように踊り出したのだ。「なんだ、こういうことか」すっとんきょうな声でジャスパーが言った。

子どもの頃学校で習った、コンパスを使うときの基本的なルールをすぐに思い出した――決して大きな金属のそばで使ってはならない。そう、トラックのような。

それだった。こんな当たり前のことになぜ気づかなかったのか。ある記録はフォードソンのすぐ横で取り、また別の記録はそこから数メートル離れたところで取っていたのだ。フォン・グレンと同じように、基本的なことをなおざりにしたための失敗だった。

これで、第四総合病院にいる彼の頭を悩ます問題はひとつだけになった。砂漠の戦況だ。五月二十六日の午後遅く、ハイティーでもという時間に、北アフリカ戦線での最終決着をつけようというエルヴィン・ロンメルの時間を無視した攻撃が始まった。

ガザラインでは、二月初旬以来の睨み合いに終止符が打たれた。ガザラインの戦闘では、相手の作戦の読み合いになった。オーキンレックはおそらく、よろいに身を包んだ騎士が城の砦につっこんで行く様子を思い描いたのだろう。ドイツ軍がガザラインに真正面から攻撃をしかければ、ドイツ軍は難攻不落のボックス陣地に突き進んで自滅するだろうと思っていた。しかしロンメルにはまったくそのつもりはなかった。速攻と奇襲を信条とする彼は、イギリス軍のほうこそ、この作戦で、ボックス陣地に閉じこめられて苦しくなるだろうと考えていた。英国第八軍はこの広範囲にわたる補給を守らなければならず、自由には動けない。自軍の陣地にしっかりと足をつけていなければならない。となれば、いつどこに攻撃を仕掛けるか、戦闘の主導権は自分が握っているも同然と考えていたのだ。

ガザラインはビル・ハケイムに作られたボックス陣地で終わっており、そこから南は、果てしない砂漠になっていた。五月二十六日、ロンメルはテセウス作戦を開始。兵力の一部をまっすぐガザラインに差し向けてイギリス軍の兵力をそこに集中させる一方、十万台の車輌を自ら率いて、その南端を迂回していった。ロンメルは自信満々で、この調子ならトブルクまで四日以内に到達すると踏んで、兵士にはそれに必要なだけの量の食糧と水しか与えていなかった。

そんなロンメルの大胆な計画はもう少しで成功しそうだった。最初の夜に、この陣地の屈折地点ビル・ハケイムのイギリス軍のボックスを首尾よく迂回したが、この迂回作戦は砂漠のネズミのパトロールに感知され、すぐにオーキンレックが戦車を送りこんで、奇襲攻撃をストップさせた。結局ドイツ軍はガザラインをわずか十六キロ入ったところで完全に動けなくなった。ドイツ軍は激しい戦いのなかで、戦車の三分の一を失った。窮地に陥ったロンメルは第八軍のボックス陣地と幅広い地雷原が取り巻く、およそ二百六十平方キロほどの半円形の地域に、残った戦車を再結集させた。この地域をエジプトの新聞各紙は〝大釜〟と呼ぶようになった。電撃攻撃の成功を狙ったロンメルの賭けは失敗し、彼の装備不十分な軍隊はイギリスの地雷原という暗幕の陰に避難していた。

「地雷原を突破して自軍へ補給することができなければ、ロンメルは終わりだ」ネイルズがあっさり言った。ギャングたちはみな毎晩のようにジャスパーの病室に集まって、最新のニュースとうわさ話を砂漠から生還したふたりに話してきかせていた。

『ガゼット』紙を読んでいたフィリップが言った。「大釜のなかにいるロンメルに、イタリア軍が補給物資を運ぼうとしているらしい」

「グッバイ、エルヴィン」海軍のグレゴリー大佐が言い、みんなが笑った。フィリップが続ける。「安心するのはまだ早いんじゃないか。キツネは何度でもよみがえる」

「しかしこちらは、今持っている力のすべてを投入したんだからな」グレゴリー大佐が言った。「とことん追い詰めたんだ。すばやく動けば、必ず仕留められる」

「ロンメルが突破したら?」ジャックがいぶかった。「そうなったら、彼とナイルのあいだにはだれが立つんだろう?」

「ロンメルは突破できない」

ビルが声をあげて笑った。「さすがはグレゴリー大佐だ」

ジャスパーはあまりしゃべらず、背中をベッドに預けてくつろいでいた。自分の役目はもう終わった。ドン・キホーテのような気力は砂漠の経験ですっかりしぼりとられていた。自分が出ていかなくとも、戦いには勝てるだろう。だからといって自分を怠け者だと思ったり、活躍できないことを恨みに思うこともなかった。かつて感じていた、あの腹の内側から噛みついてくるような、おそろしい焦燥感は、今ではすっかり影をひそめていた。まるで噛みつかれた腹の穴に継ぎをあてられたような気分だった。ジャスパー・マスケリンは今ここに来て、大きなショーのなかのちっぽけな役割を喜んで受け入れられるようになっていた。ここでは壮大なイリュージョンは不要だ。

二十九日の夕刻には、ロンメルが生き残れるかどうかは、彼の決断とその神がかり的な力しだいという状況になった。ロンメルの当初の戦闘計画はすでに粉々に砕けてしまっていた。兵士には水が不足し、戦車には燃料がほとんど残っていなかった。夜を徹してビル・ハケイムあたりにいる補給部隊まで行き、大釜までこっそり誘導することで、自軍をなんとか戦闘可能な最低限の状態に回復させたものの、依然として絶望的な状況に変わりなかった。

損害はロンメルが予想していたよりずっと大きかった。三分の一以上の戦車が、破壊されるか、故障していた。そこにきて頼みの綱だった部下、クリューヴェル将軍が捕虜になり、参謀長のゴース将軍が負傷。アフリカ機甲軍団は地雷の巣にとじこめられ、イギリス軍の戦車とテッダー中将の砂漠空軍からの絶え間ない攻撃にさらされた。ロンメルは捕虜にした第三インド軍の将校に、補給物資を運ぶイタリア軍の部隊が地雷原を突破できなければ、敵の言いなりになるしかないと認めた。イギリス軍が総力を挙げて攻撃してくれれば、ひとたまりもないとわかっていたのだ。

しかしイギリス軍は攻撃を思いとどまった。

リッチー将軍はせっかくのチャンスを生かせなかった。砂漠のキツネが窮地にあるのを察して、ねぐらにいる敵に攻撃を仕掛ける絶好のチャンスだというのに、彼は逡巡《しゅんじゅん》した。恐らく、今では定説となっているが、ロンメルの機略縦横《きりゃくじゅうおう》の才を警戒したのだろう。思いがけないところに隠れている敵のわなにかかるのを恐れて、とにかく数で圧倒できるような力がこちらに備わるまでは攻撃に出るのを控えたのだった。このチャンスをふいにしたことで、戦況がひっくり返った。

六月一日、イタリア軍の土木工兵がようやく地雷原に道を開き、絶望的だったアフリカ機甲軍団のために補給路を確保した。補給が完了すると同時にロンメルは反撃に出た。第百五十旅団のボックス陣地を七十二時間で攻略し、それから南の、急に孤立したビル・ハケイムのボックス陣地をめざした。リッチー将軍が自軍の戦車に大釜に入れと命じたときには、もう手遅れだった。彼の分散した戦車軍は、ロンメルが一カ所に集結させた強力な戦車隊にずたずたにされた。

六月七日、ジャスパーは第四総合病院を退院。一日遅れでマイケルも退院した。魔法の谷はしばらくのあいだ活況を呈していたが、ジャスパーがもどってきたときには、自動車発明後の馬車工場のような雰囲気だった。今回の戦闘は大釜の内側で、至近距離で展開されたから、擬装の必要はほとんどなかった。

それに対して自由フランス軍の兵は〝オールド・ラビット〟と呼ばれたピエール・ケーニッヒ准将の指揮の下ビル・ハケイムを守り、弾丸や砲弾を最後のひとつまで使って戦ったものの、六月十日ついに陥落した。このビル・ハケイムの陥落によってロンメルには安全な補給ラインが南に確保された。たっぷり補給を受けた彼の軍は意気揚々と北へ向かった。その結果〝難攻不落〟と言われたイギリス軍のボックス陣地は、捕獲した物資で腹を太らせたアフリカ機甲軍団にひとつひとつつぶされていった。アフリカ機甲軍団は容赦なくトブルクをめざしていった。六月十日、のちに〝黒い水曜日〟と呼ばれることになるこの日、英国第八軍の機甲車輌集団は、エル・アデムの小さな町の外に塹壕を掘って設置されたドイツ軍の八十八ミリ砲の奇襲を受け、戦車二百台が破壊された。

ナイルデルタでは、軍司令部がエジプト撤退の準備をしているといううわさが流れたが、実際にはだれもそんなことは信じていなかった。トブルクは持ちこたえる。第八軍は再結集し、みごと反撃するにちがいない。だれもがそう信じ、パニックになる必要はまったくないと考えていた。

しかし軍人も民間人も〝最悪の事態〟に備え出した。「もし撤退が決まったら」とマイケルはキャシーに言った。「きみにはすぐ出ていってもらいたい、いいね?」

「あなたはいつから将軍になったの? 少なくともわたしは、砂漠で迷ったりなんかしないわ」

「頼むよ」マイケルが頼んだ。「口答えはやめて、言われたとおりにしてくれ」

キャシーはマイケルに保護者面をされたくなかったが、それでも彼が自分のことをとても気に掛けているのがわかってうれしかった。「まあ、考えておくわ」

トブルクの要塞は前回に包囲を受けたときよりもかなり弱体化していた。防衛境界線の大砲の多くは、ガザラインを強化するために移動され、広大な地雷原も小さくなっていた。そこを守るのは、南アフリカのH・B・クロッパー将軍率いる三万五千人の兵士だが、そのほとんどが実戦経験のない新兵だった。六月二十日、ドイツ軍の大規模な攻撃が始まった。

その日、百五十機のドイツ空軍の爆撃機が、延べ五百八十回出動してトブルクの町を襲った。ドイツとイタリアの砲兵隊はひっきりなしの弾幕砲火を続けた。ロンメルの突撃部隊は炎のカーテンの下でトブルクの要塞に攻撃をかけ、戦車隊がそのすぐ後ろに続いた。

午後には、クロッパー将軍が、アフリカ機甲軍団の略奪を防ぐために、自軍の物資集積所を爆破した。しかしその際に誤って自軍の通信ラインのほとんどを破壊してしまい、その結果、部隊を管理することができなくなってしまった。トブルクをめぐる戦闘は、一日で終結した。六月二十一日午前九時四十分、クロッパーは三万三千の守備隊をロンメルに引き渡した。

「トブルクの要塞が降伏した」ロンメルは自軍の兵士に告げた。「これから全部隊は再集結し、さらなる前進の準備を始める」

六月二十二日、アドルフ・ヒトラーはロンメルを〝国民に愛されし者〟と名づけ、ドイツ軍史上最年少の四十九歳で陸軍元帥に任命した。

ナイルへの道がようやく開かれた。ロンメルは砂漠に来て初めて、自軍の戦車装備の優勢を経験することになった。ドイツは北アフリカでの大勝を祝う準備を始めた。ドイツの中央銀行ライヒスバンクは軍票を発行。勇敢なる砂漠の兵士のために、従軍記章が作られた。エジプトの解放を祝う歌が作られ、レコードに吹きこまれたその歌がイギリスの降伏の際に流れるよう準備を整えた。

チャーチル首相はロンメルがトブルクに進軍してきたとき、ワシントンでローズヴェルトと会談していた。そのニュースをきいて「実に困った」と言ったものの、それ以外は自信満々のふりをした。しかし実際のところ、自信は大きく揺らいでいた。ローズヴェルトが二百五十台の強力なシャーマン戦車を北アフリカに送り届けると言ってくれたものの、チャーチルの不安は消えなかった。二年の苦い戦闘の結果、ついに西方砂漠で決定的な敗北を喫したのだ。

カイロにあるイギリス軍司令部は、依然冷静を保っていた。しかし政府機関が公式に「自軍の戦線を強化するための一時的な調整期間」をとることと、「先遣部隊の一部を撤退する」旨を知らせると、ラジオ・ローマは、エジプトに侵攻軍を迎える準備をするよう呼びかけ、「枢軸国はエジプトに戦争をしかけるつもりはないから安心するように」と伝えた。「われわれは単に、イギリスの占領からエジプトを解放するだけだ。心配はいらない！　一週間分の食糧を買いこんで、家のなかにいるように。だれも危害を加えられることはない」

枢軸国の支持者は、ロンメルの公式官邸としてピラミッド通りに豪邸を用意した。ムスリム同胞団のリーダーは、しかるべきときにイギリス軍に対して蜂起できるよう準備を整えにかかった。

この騒ぎのなか、ジャスパーは軍司令部に呼び出された。高官が彼に簡単な状況説明をする。ロンメルはまだ砂漠を半分しか進軍してきていないが、カイロとアレクサンドリア防衛のための準備をしなくてはならないということだった。「こちらでは本気でロンメルを迎え撃つ準備が始まっている」若くて生意気そうな少佐が自信たっぷりに言ったが、そうではないことがジャスパーにはすぐわかった。街路の標識を変えたほかは、〝ドラゴンの歯〟と呼ばれる金属製のピラミッド型対戦車障害物を置いておくといった程度で、デルタの町を守る包括的なプランなどないに等しかった。

マジックギャングには、しかるべきカモフラージュを考え、それを実際に作るようにとの命令が下った。「つまり」ファーバー中佐が説明を始めた。巧みなポロの腕前ばかりが有名になった人物だ。「なんでもいいから、向こうが動きにくくなるプランを考えてほしい」そう言って顔をほころばせ、前歯の隙間をあらわにした。「ひとつ、やつらを思いっきり混乱させてやろうじゃないか」

ジャスパーは奥歯を嚙みしめた。軍の歴史上最も大規模で破壊力のあるものがこちらに向かってくるというときに、ポロしか能のない中佐は、敵を攪乱《かくらん》するのをスポーツのように考えている。「承知しました」ジャスパーは嚙みつくように返事をした。「最善を尽くします」そう言って敬礼もしてみせた。魔法の谷までオートバイに乗って帰りながら、彼はロンメルがイギリス人の捕虜に語ったという言葉はやはり正しかったと思った。「諸君はライオンのように戦ったが、それを率いているのがロバだからな」ロンメルはそう言ったらしい。

マジックギャングはさっそく仕事に取り掛かった。ジャスパーとフィリップがプランを練り、マイケルとネイルズが作業場の監督をした。ジャックは輸送手段を用意し、ビルは資材をかき集めた。カモフラージュと隠匿のプランのおおよそは、ダンケルク以後に、ロンドンや他のイギリスの都市の防衛に考えられた方式に倣うことにした。本物とダミーの両方の機関銃座が作られた。砲座を隠すため、つねに日陰になっている〝壁〟を描いたキャンバス地も山ほど作られた。ジャスパーは鏡を使った仕掛けを作り、通りを行き止まりにしたり、どこまでも続いているように見せたりした。砲兵の隠れ家にするために、建物の上には最上階を増築した。フィリップのアーティストチームは、キャンバス地に長い路地を描き、それを建物のあいだにつるして、ドイツ軍の車輛を壁に衝突するよう誘き寄せることにした。作業場ではキャンバス地の対戦車障害物、ベニヤ板の落とし穴、ダミーの大砲が次々と作られていった。

そして巧妙な擬装爆弾も作られた。本物の地雷をラクダの糞や壊れた車のパーツ、町のゴミといったものに擬装するいっぽう、本物の地雷に見せかけた偽物を大量生産して通りにばらまいた。かつて高性能爆弾をヒツジの皮に詰めたことがあったが、今回は死んだネズミの体内に仕掛けた。公衆便所に爆弾を仕掛ける計画も立てられた。

バーカスはジャスパーのオフィスに進捗状況を確かめにきた。「われわれも、侵略軍を迎える準備については、まったく手馴れてきたもんだ」バーカスが言った。

「おっしゃる通り、馴れというものはすごいものです」とジャスパー。

できあがった大量のダミーは防水シートの下で、カイロやアレクサンドリアでどのように配置するかジャスパーの全体プランが完成するまでのあいだ待機することになった。ほかの擬装将校も同様のプランを、スエズやポートサイド、デルタのさまざまな町で練っていた。ジャスパーはこういった仕掛けでドイツ軍の攻撃をとめられるとは思っていなかったが、第八軍が首尾よく逃げるための時間稼ぎにはなると考えていた。

六月二十五日にはオーキンレックがリッチーを解任し、第八軍を自ら指揮した。ウェイベルの時代から、イギリス軍は必要となればマーサ・マトルーで最後の抵抗を試みるだろうと多くの人間が信じていた。マーサ・マトルーは小さな港町で、トブルクとアレクサンドリアの中間に位置している。しかしオーキンレックは、そこに塹壕を掘るだけの時間的余裕はないと考えていた。特にロンメルがトブルクを陥落させて以来、その感を強くしていた。ロンメルは二千トンの燃料と五千トンの食糧を確保し、大量の弾薬と二千台の車輛を手に入れていた。オーキンレックは第八軍をエル・アラメインの中継基地まで撤退させることに決めた。アレクサンドリアの西、八十キロたらずの地点だ。そしてそこを最後の防衛ラインと定めた。

オーキンレックはこのプランを公にしなかった。そのため、ロンメルが短くも激しいトブルク攻防戦の後にマーサ・マトルーを過ぎていくと、ナイル川流域の人々は第八軍が壊滅したと思いこんだ。何千人という民間人がアフリカ機甲軍団と空襲から逃れようと大慌てになり、アレクサンドリアとカイロの町でパニックのような脱出が始まった。

アレクサンドリアから最初に逃げ出してきたのは金持ち連中で、リムジンに乗ってカイロに逃げてきた。片手に純血種の犬の引き綱をつかみ、もう一方の手に宝石箱を持って。やがてパニックが広がるにつれ、ほかの雑多な階層の人々が町に流れこんできて、バスやトラックは大混雑となった。みな家財道具を布袋に入れて持ち出した。しかし、カイロの町に最も多く運びこまれてきたのはヒステリーだった。

七月一日、〝灰の水曜日〟とのちに呼ばれたこの日、灰になった書類が雪のように降り注ぎ、カイロの通りは真白になった。大使館や軍の事務所が秘密書類を焼いたのだ。イギリス海軍はアレクサンドリア港を出て紅海に逃げた。町の外へ出て行く道路は、動力のついたあらゆる車輛で大渋滞となった。鉄道の車輛はすべて満員となり、屋根にまで数千の乗客が群がった。ヘリオポリス空港では飛行機が何度も離着陸して、載せられる限りの貨物を安全な中東やアフリカの町に運び出した。乗り物に乗れなかった者の多くは、背中に荷物を背負って徒歩で町を出ていくしかなかった。ドイツ軍によって被害を受けるわけでもない人々までがそういった避難民の列に加わるさまは、まるでタビネズミの集団自殺のようだった。

それでもカイロの町は混沌をなんとか切り盛りしていた。警官や交通整理官は通常の業務をこなしていたし、株価は下がったものの、株式市場は依然開いていた。バークリー銀行では臆病な預金者に一日で百万ポンド近い引き出しに応じた。一年しか使っていない車の値段が八割引きにまで暴落する一方、鞄やスーツケースは思い切り値上がりし、売春婦は値を下げて二十四時間営業するようになった。人々は、いざというとき自分で運んでいけないものは、すべてアパートの前に出しておき、買いたいという人間がいれば、いくら安くても売り渡した。

アメリカの民間人は合衆国公使館にこぞって押し寄せ、移動手段を用意してくれと迫った。アレグザンダー・カーク公使は、飛行機や大きな車輛を苦労して調達した。

それでもイギリス政府は自信満々のふりを通した。大使のマイルズ・ランプソンは、アレクサンドリアの午後の競馬に出かけ、そのあいだ彼の妻はカイロのバザールで装飾品を物色していた。ヘリオポリスではクリケットの試合が予定通りに行われ、ゲジラ島のゴルフコースでは順番待ちの人の名前がリストにずらりと並んだ。

ムッソリーニは自信たっぷりにお気に入りの白馬をリビアに運んだ。カイロではそれに乗って勝利のパレードの先頭に立つつもりだった。

夜になると、うるさく鳴き騒ぐ町も、鳥かごに覆いをかけたように静かになった。夜間戒厳令が発令されたものの、最高級のレストランやダンスクラブは人で満員になった。モーゼルワインは冷えていて、イチゴは新鮮だった。人々は美しいドレスに身を包み、ワインを飲み、食事を楽しみ、シェパードやコンチネンタルといった高級ホテルやクラブでは、ビッグバンドの奏でる軽快な音楽に合わせて踊った。ランプソン卿はメフメト・アリー・クラブで八十人の客を集めてディナーパーティーを開き、その席でこう言った、「ロンメルがここに到着したら、われわれの居場所はすぐわかるだろう」パーティのムードを邪魔するものは、時折鳴り響く空襲警報と、大使館の煙突から吐き出される機密書類を焼く白い煙だけだった。

ジャスパーとマジックギャングは猛烈に働き、ようやく自分たちも戦争に参加することになったように感じていた。ジャスパーがずっと前に冗談のように言っていた決戦の日が、いよいよやって来たのだ。

七月二日、総司令部は国から戦地に来ている家族すべてと女性職員に、移動手段が用意されたらできるだけ早く引き揚げるようにとの命令を出した。金髪女性にはドイツ人も手を出さないと信じられていたから、黒い髪の女性は待機者の列の先頭に入れられた。薬局で漂白剤が飛ぶように売れたのは、女性兵士が自分の部署にできるだけ長くとどまろうと、苦肉の策を講じた結果だった。

キャシーは荷造りをして待機していた。いつ船が出るかさっぱりわからなかったので、夜間戒厳令のパスを偽造して、魔法の谷にあるマイクの私室に向かった。女性職員の引き揚げ命令が出たことを報告しようと思ったのだ。ギャングの部屋は空っぽだった。顔を洗おうと思ってトイレに入り、当然のように鍵をしめたところ、スライド錠が壊れてトイレに閉じこめられてしまった。

ドイツ軍がカイロに進撃してくるときいても、まったく動じなかったキャシーの顔に、みるみる恐怖の表情が浮かんだ。無我夢中で叫び、ドアを激しく叩く。声がしわがれてくるのがわかったが、そばでそれをきいている人間はいない。そんなとき、不思議な偶然でマイケルがもどってきた。今後に備えて清潔な制服をとってこようと考えたのだ。すぐに彼女がトイレにいるのがわかった。

マイケルはドアを蹴って鍵を壊し、キャシーを助け出した。キスをして恐怖を取り除き、愛していると言ってやった。その言葉を口にするのがこんなに気分がいいとは、自分でもおどろいたが本気だった。ふたりはしばらく話をし、何度もキスをし、そのうちに、すっかり遅い時間になったので、彼女が今夜そこに泊まるのが当然のように思えた。

そのころ、第八軍はエル・アラメインに塹壕を掘っていた。六月三十日、オーキンレックは士気を高めようと、兵士に向かって言った。「敵は補給の限界に来ており、われわれの軍はぼろぼろだと思っている……しかし向こうはこけおどしをかけているに過ぎない。そんなことでエジプトを奪取されてたまるか。今こそやつらにもうおしまいだと思い知らせてやれ」エル・アラメインは防御に都合のよい地形だった。軍隊の通過できる幅が六十五キロと西方砂漠のなかではいちばん狭い。北側は地中海と塩沢によって、南側はカッターラ低地の流砂によってさえぎられている。迂回する余地はないので、ドイツ軍が攻撃を仕掛けるならまっすぐ向かってくるはずだった。オーキンレック将軍は、兵士も大砲も地雷もできる限りの量をこの六十五キロに集結した。これを突破しようとするロンメルには、その一センチごとに血の代償を支払わせるつもりだった。

ドイツ軍はエル・アラメインの西側に到達。ロンメルは第八軍に時間を与えないよう、偵察する間も惜しんで疲れ切った兵士を配置につけ、進軍を始めた。しかし偵察隊からの情報がまったくないということは大きな障害で、思いがけないところに敵が集中しているのに出くわした。両陣営とも翌日七月一日には大きな損失を負ったが、イギリスの防衛ラインは長い白兵戦の一日を持ちこたえた。その夜、ドイツのベルリンにある最高司令部は早まってエル・アラメインでの勝利を発表をした。「エジプトでは、ドイツとイタリアの師団が、強力な急降下爆撃機の協力を得て、エル・アラメインの陣地を突破した」

完全勝利の予感に、アフリカにいるドイツの司令官は、マルタへ侵攻するはずだったヘルクレス作戦を中止し、突撃部隊をロンメルのもとに配属した。これによってロンメルが死ぬほど望んでいた増強がかなったわけだが、一方で、イギリス空軍や海軍に再びマルタからの出撃を許すことになった。イギリス軍は枢軸国の補給船団を徹底的に攻撃した。

ロンメルの攻撃は七月二日に再開されたが、エル・アラメインを突破することはできなかった。にもかかわらずムッソリーニはキレナイカの最高司令部で、勝利のマーチが始まるのを今か今かと待っていた。

七月三日、戦況が逆転した。選り抜きのイタリア軍アリエテ師団がニュージーランドの第十三軍に撃破された。イギリスの砂漠空軍は、のべ九百機という驚異的な数の出動をかけた。これによって、夕闇の降りる頃には、ロンメルの手持ちの戦車は二十六台にまで減ってしまった。戦力が削がれたことに気づいたロンメルは、自軍を強化し、再補給をすることに決めた。

エル・アラメインを守る第八軍の勇敢な戦いが、デルタ地帯の人々に勇気を与え、パニックはしだいに緩和されていった。価格はすぐに非常事態以前にもどり、ドイツ語のメニューがレストランから再び消えた。しかしながら状況は依然として予断を許さず、エジプトからの組織立った撤退の準備が続いた。前線ですぐ使う予定のない物資はスエズ運河の東へ移送され、撤退に使うことになった。ダマスカスにいるイギリスのスパイはデルヴィーシュの長老が再びおかしな気を起こしたりしないよう慎重に動静を追い続けていた。

家族がまず本国に向かったが、女性の軍職員はあらたな展開がみられるまで、もう少し居残ることが許された。緊急本部が町から距離を置いた安全な場所に設置された。

ギャングたちは着々と仕事を進め、カイロとアレクサンドリアを枢軸国の侵略者を陥れる恐ろしいわなに変えていった。基本的な仕掛けが自分の手を離れて大量生産の段階に入ると、ジャスパーはさらに手のこんだ仕掛けを考案していった。濃い霧を利用して大きな大砲を隠したり、人工の流砂を作ったり、陰影がなく立体感を出しにくい平面光を活用して武器の位置の見極めを難しくした。また、鏡を駆使して奇襲地点に敵をまっすぐ誘いこむ迷路も作った。

その間、両陣営とも一進一退のまま、激しい戦闘が七月の初頭ずっと続いた。ロンメルは繰り返し探りをいれて、突入する場所を探し、大砲が足りなくなっているのを、装甲部隊のあいだに木製のダミー戦車や八十八ミリ砲を混ぜることで巧妙に隠した。

第八軍は敵の攻撃の度にしっかりと反撃し、オーキンレックはアフリカ機甲軍団を消耗戦に引きずりこもうとしていた。これなら勝てる自信があった。

七月二十日、ムッソリーニはローマにもどった。ロンメルの大掛かりな攻撃が止まり、再びアフリカ機甲軍団は砂漠で夏を過ごすことになった。

七月末までにはカイロはある程度の落ち着きをとりもどした。しかし人々は荷物を鞄に詰めたままだったし、すぐに発進できるように車の燃料はいつでも満タンにしてあった。砂漠のキツネが最後の切り札を隠し持っていたときのために、準備を怠ることはできなかった。

八月三日、チャーチル首相はカイロに到着し、アフリカと極東の司令官と会合をもった。帝国参謀本部長のアラン・ブルック将軍は、首相の数時間後に到着。そのあとで南アフリカの陸軍元帥スマッツがやってきて、ウェイベルもインドから駆けつけた。オーキンレックは戦場で自軍を指揮しており、カーキ色の教練服に、おなじみの略帽という格好のまま最後に駆けつけた。

彼らはすぐ、終日続く会議の席に消えたが、会議の目的はまったく明らかにされなかった。きっとチャーチルは第八軍に新しい司令官を任命し、オーキンレックには、中東の舞台を丸ごと仕切る仕事に専念させるのだろうとの憶測が流れた。

マジックギャングの面々はそれぞれにチャーチルの訪問理由を推測した。「きっとここの売春婦を買いに来たんだ」マイケルがきっぱり言った。「だってほら、ここならいくらでも簡単に手に入るが、あっちじゃあ、いつも国じゅうから見張られてるじゃないか」

ジャックがため息をついた。「マイケル、おまえはいつでも女のことしか頭にないのか？」

マイケルは真剣に考えるふりをした。

チャーチルがやってきたのは、部隊の大改造人事を行うためだった。これだけ装備の整った軍が、戦場でなかなか勝てないのにイライラしていたのだ。ガザラインの惨劇で、チャーチルの戦争指揮に、またもや不信の声があがるようになっていた。失われた信望を回復するためにも、今こそ砂漠での勝利が必要で、チャーチルはここでもう一度司令官たちをせっついた。
「ロンメル、ロンメル、ロンメル」チャーチルは腹立たしそうに言った。「さっさとやつを倒せばすむことだろう？」

オーキンレックのほうは、戦略的な状況をチャーチルよりも的確に見ていた。初秋までには、ドイツ軍を圧倒する数の兵士や装備を配備できるという見通しがあり、そのときまでエル・アラメインのラインをなんとか持ちこたえるべきだと、戦略について首相と激しく言い争った。

チャーチルとブルックは、第十三軍の人気司令官、ウィリアム・ゴットをリッチーの後任として第八軍の司令官に据えることに決めた。それだけでもかなり思い切った決断だったが、ふたりはさらに八月十五日付けで、オーキンレックを解任して、ハロルド・アレクサンダー将軍を中東方面司令部の司令官にすると発表した。

八月五日、首相は士気を高めるために前線を回った。ヘルメットをかぶり、日よけのゴーグルをつけ、パラソルをさしてゆっくり歩く首相の姿が話題を呼んだ。カメラマンが戦意高揚に利用しようと、この勇敢なショーの場面をたくさんの写真に収めていった。

チャーチルが飛行機で去った二日後、ウィリアム・ゴット将軍の飛行機はチャーチルが砂漠の司令部から帰るのに使ったのとまったく同じルートをたどった。しかし今回はドイツ空軍のＭｅ-１０９が二機、突如空に現れた。まるで待ち構えていたかのようで、将軍の乗った飛行機は砂漠の彼方で撃ち落とされた。将軍は飛行機から無事に脱出することができたが、勇敢にも、なかに閉じこめられた兵士を助けにもどったときに、ドイツ軍から二度目の攻撃を受けて死んだ。

そのニュースをきいてジャスパーはめまいを起こした。この悲劇がフランクの事故と似ていたのでぞっとした。しかし今回は、動揺しないよう必死に恐怖と戦った。ひとりで軍人墓地に出かけ、なだらかな丘の頂上に立って、全く同じ形の白い十字架が整然と並んでいるのを見下ろした。その広さと均整が墓地に穏やかな美を与えているものの、圧倒的な数の十字架が、ひとつひとつの死の重みを薄れさせているような気がした。かつてジャスパーは風の音に耳をすませ、ここに眠っている兵士がなぜ死ななければならなかったのか、その理由を教えてもらおうとしたことがあった。しかし今はそんなことをする必要はなかった。そこに立っているだけで、気持ちが落ちついた。ジャスパーは、死者の魂に敬意を払ってから、魔法の谷に帰っていった。

チャーチルはウィリアム・ゴット将軍の後任にバーナード・ロー・モントゴメリーを据えた。モントゴメリーは第八軍に長くいる兵士にはちょっと不思議な男だった。彼はダンケルク以来、イギリスでずっと兵士の訓練にあたっていた。タバコも酒もやらず、敬虔な福音派の信徒として知られ、狂信的なまでに身体を鍛えることに情熱を燃やしているというのも有名な話だった。ジャックは彼を選んだ軍の選択眼はすばらしいと言い、ロンドンでモントゴメリーの講義に参加した日を懐かしく思い起こした。講義室には、〝禁煙〟と〝咳を禁ずる〟という貼り紙があった。

マイケルはそれをきいてぞっとした。「ユーモアのセンス抜群だな」

モントゴメリーはロンメルがエル・アラメインを突破したときに備えてオーキンレックが立てていた一連の撤退計画を焼き捨て、自分の意向を明らかにした。「ここで生きるか、ここで死ぬか、それしか選択肢はない」表面ばかりを気にする軍隊を苦々しく思ってはいたものの、モントゴメリーは砂漠の規律のゆるい生活になかなか馴染めなかった。ニュージーランド軍の司令部にフライバーグ将軍を訪ねたときも、彼はそっけなくこう言った。「きみの兵士は敬礼をしないな」

「手を振ってやればいい」フライバーグが教えてやった。「振って返す」

モントゴメリーにはわかっていた。ロンメルはドイツ軍の準備が整いしだい攻撃してくる。イギリス軍に時間を与えれば、それだけエル・アラメインの守りが堅くなるからだ。できるだけ早く電撃攻撃をかけて防御線の弱い所をみつけたい。ぐずぐずしていると、増強され再補給を整えた第八軍につぶされるのは目に見えている。したがって、モントゴメリーとしては、できるだけ長く時間稼ぎをする必要があった。

「そのためには、ふたつの方法がある」バーカス少佐が言った。自分の上級擬装兵を緊急に集めた会議の席上だった。「事実と嘘だ。イギリス空軍と砂漠軍の特殊部隊が敵軍の補給線を攻撃する。それは事実。嘘はこちらの出番だ」

バーカスはそこで言葉を切り、部屋に集まった面々の顔を眺めた。ウェイベルが輝かしい勝利をあげたときから、北アフリカでずっといっしょに働いている男たちがそこにいた。「諸君」バーカスは低い声で呼びかける。「ようやく軍がわれわれの力を真剣に考えるようになった。わが軍が実際以上に強いとロンメルに思いこませられるかどうかは、われわれの肩にかかっている。具体的には、どこから見ても完璧なダミー軍を作るのがわれわれの仕事だ。このチャンスを首を長くして待っていた。決して無駄にはしてはならない」

〝センティネル作戦〟の目的は、時間稼ぎだった。第五十一師団がやってきて、アメリカ製のマーシャル戦車が二十五台補充されるまでのあいだ、なんとしても時間を稼がなければならない。この作戦ではまず、イギリス軍が軍備の増強を始めていることをドイツの諜報部に強く印象づける。そのあいだに、擬装工兵は力や物資を必要なだけ使って準備を始める。ジャスパーはバーカスの補佐官、トニー・エアトンと協力してそのプランを練った。

ここで初めて、ファーナムのバックリー少佐のクラスを卒業した面々は、二年間の砂漠の経験で培ったあらゆる技術や仕掛けを戦場に投入するチャンスを得た。もう必要な機器を探しまわったり、ゴミの山から掘り出したりする必要はなかった。モントゴメリーは戦争の歴史をよく学んでおり、戦場のマジックはギリシャ人が木馬のなかに隠れてトロイアの城門内に入りこむ以前から有効に使われていたことを知っていた。モントゴメリーがバーカスに望んでいるのは、二個の自動車化師団をカイロ北部に広がる荒野に出すことだった。

イギリスやアレクサンドリアでドイツ軍を騙したイリュージョンは、日中には通用しない。ダミー軍の野営地を丸ごと作って本物に見せなければならないのだ。しかも低空を飛ぶドイツの偵察機の目も欺けるように。

三日後、二個師団を擁するのに十分な野営地が建設された。テントがずらりと設置され、調理場から煙が上がり、ゴミの山もできた。重い建築機材や補給物資を運ぶトラックがもうもうと上げる砂煙で、野営地の大部分がぼんやりとかすんだ。敷地内全体にタイヤの跡が網の目のように走り、日ごとにテントの数が増えていった。真新しい重砲が現れ、その多くがまだ輸送用に梱包されたままだった。物資の臨時集積所はたちまちのうちに広がっていった。数千人の兵が固い砂につけた足跡は、基地の売店が繁盛している証拠だった。夜のあいだは、あちこちで火がたかれた。日常の仕事に奔走し、教練を受け、講義に耳を傾ける兵士の姿をドイツ軍の偵察隊がたくさんの写真に撮っていった。なかには使われていないガソリン缶の陰でうたた寝をする兵士の写真もあった。

この野営地で本物はテントだけだった。忙しそうにしているイギリス兵は、すべてジャスパーのダミー人形。考えうる限りのさまざまなポーズをとっており、なかには便器に腰掛けているものまであった。大砲や備蓄品、トラックのほとんども、魔法の谷で作られた偽物だった。毎朝ゴミがトラックで運ばれていくが、建物は中身のない外枠だけ。タイヤの跡は、本物のトラック数台が一日中敷地内を走り回ってつけ、敵の偵察隊のためにちょうどいいタイミングで砂煙をあげてみせた。約百人の兵士が実際に野営地で生活し、足跡をつけ、火をたき、ダミーの兵士を動かして回った。本物のゴミも出した。ボール紙の戦車で戦闘をする危険に比べたら、これは郊外の社交クラブでの仕事のように気楽なものだった。

野営地が〝兵士〟や〝武器〟が運ばれてくるたびに大きくなって、二個師団にふさわしい大きさになると、今度はその一部がエル・アラメインの部隊を増強するためにトラックで運ばれていった。擬装を完璧なものにするため、追加の凹座掩体《おうざえんたい》(砲および砲兵を直接砲火から援護するための塹壕)、ダミーの戦車と兵士がエル・アラメインの防御地点に置かれ、既存の要塞にうまくとけこめるように慎重な注意がはらわれた。「どう見える?」と言う言葉が毎日あちこちで飛び交うことになった。「だまされたよ」と言うのが通常の答えだ。「けど、おれは二等兵だからさ。上官の目から見たら、どうだかな」という答えもあった。

魔法の谷の工場では〝兵士〟や〝大砲〟や〝戦車〟や〝トラック〟が続々と生産された。〝兵士〟に命を吹きこもうということで、〝飛び出すイギリス兵〟も作られた。これは普通のダミー兵士の足に錘《おもり》をつけておき、ヘルメットに打った釘にひもをかけて、地面に寝かせておく。ひもを放せば掘っておいた穴のなかに錘をつけた足が落ちて、ぴょんと立ち上がるという仕掛けだった。

ジャスパーとジャックはジープのなかで生活しているようなものだった。ジャスパーの日課は、まず魔法の谷で行われている仕事を確認し、できあがった仕掛けを運び出すための輸送手段を手配する。それから野営地でダミーの設置を監督し、物資調達リストを確認する。少なくとも一日に一度はバーカスかエアトン、あるいはファーナム時代の仲間と連絡をとる。そこまで終わってからやっと製図板に向かうことができた。夜になると、もうすっかり疲れきって、メアリーへの手紙も書かなくなった。彼女ならそれもわかってくれるだろう。夫はようやく戦場のまんなかに足を踏み入れたのだから。

モントゴメリーはロンメルをあざむくために、さらに巧妙な仕掛けを用意した。敵の装甲軍団の足どりを遅くするために、地図作成者にまちがった砂漠の地図を作らせたのだ。エル・アラメインに広がる〝通り抜け不可能な〝やわらかい砂地〟と安全に通れる〝硬い砂地〟をでたらめに描かせた。それに適当にしわをつけてコーヒーのしみまでつけてから、ベリーダンスの得意な敵の女スパイ、ヘクメス・ファーミーにひっかかって軍の恥をさらしたイギリスの将校に委ねた。将校はドイツの地雷原に勇敢に車を乗り入れて死んだ。イギリスの情報部の思惑通り、ドイツ軍はこの地図を入れたケースをみつけて、ロンメルのいる本部に送りつけた。

枢軸国の諜報部が餌に食いついた。地図を本物と判断して、そこに描かれた情報をもとに攻撃ルートを決めていったのだ。結果、ドイツの装甲車は、やわらかい砂のなかにはまって身動きがとれなくなり、イギリス空軍の格好の標的になった。

ロンメルは厳しい八月の熱波のなか、自軍の攻撃を控えさせた。どちらも砂漠の厳しい夏に苦しんだが、モントゴメリーのほうは兵士をいくぶん安心させることができた。

カイロではみな、ドイツ兵が今日こそ攻撃をしかけてくると思って目を覚ました。ロンメルが秋まで待つとはとても信じられなかったのだ。第八軍は着実に増強していた。ロンメルは今こそ攻撃してくるに違いない——攻撃せざるをえない。

マイケルにとってもこの時期は厳しかった。仕事に気持ちを集中しようとするいっぽうで、キャシーのことで決断を下さなければならなかった。これ以上、彼女を待たせるわけにはいかない——

プロポーズするか、別れるか。しかし、どうしても最後の決断ができず、しまいに気が変になりそうだった。

マイケルはジャスパーに相談することにした。父親のように思っていたわけではないが、これまで親しくなった人間で彼がいちばん信用できるような気がしていた。かなり年上だし、結婚生活も長い。こういうことにも詳しいはずだった。「どう思う、ジャスパー？」マイケルがある午後、ぶっきらぼうにきいた。「やっぱり彼女と結婚するべきかな」

「ことしだいによるな」ジャスパーがからかった。「実際のところ、こういうときに、なにが一番大事か知ってるか？」

マイケルは居心地が悪そうだった。「そりゃ、決まってるさ。つまり……まあ、あれだろ……」

ジャスパーは相手がちゃんと理解しているのがわかった。

「まったくわからんな。ふたりとも自分で判断できる年だろう。きみは彼女を愛してるんだろう？」

「ああ、もちろん。しかしそれだけじゃやっていけないだろう」

「いや、すべてはそこから始まるんだ」

マイケルはとうとう、そのときに備えてダイヤモンドの指輪を用意した。ダイヤの石自体はそれほど大きなものではない。しかし彼女はそんなことを気にしないのもわかっていた。キャシーは男の財布を目当てにするような女ではない。そうでなかったら自分などとつきあっていないはずだ。

キャシーの誕生日の八月三十一日にそれをプレゼントしてびっくりさせようと考えた。その朝はずいぶん早く目が覚めたが、まだ迷っていた。とりあえずクラーク准将の事務所へ行って彼女に会おうとジープに乗りこんだところへ、ネイルズが駆け寄ってきた。

「おいおい、こんなときに出かけてなんかいられないぞ」とネイルズ。「ロンメルが飛びかかってきた」

マイケルは大きくため息をつき、にやっとして、それから大笑いした。

ネイルズはいぶかった。戦争が始まったのがどうしてそんなにうれしいのかわからなかった。

その前夜、マイケルがベッドの上で寝返りを打ちながらもんもんとしていたとき、ロンメルのアフリカ機甲軍団は主力の戦車を南へ移動させた。去っていく際に、ダミーの戦車とダミーの銃を飾っていった。ロンメルはエル・ガザラのときと同じように、南から攻撃するつもりでいた。カッタ−ラ低地に近いエル・アラメインの南の突端だけ防備が手薄になっているという報告を受けたのだ。それから北へ向かい散会してイギリス軍の守備隊と対決する。ここで再びロンメルは、ガソリンと弾薬の不足を持ち前の速攻と奇襲で補おうとしたのだった。

しかし今回は、第八軍が待ち構えていた。イギリスの情報部がロンメルの無線通信を傍受し、その計画を察知していたのだ。今回手痛い奇襲を受けたのは砂漠のキツネのほうだった。

〝硬い地面〟や〝安定した地盤〟と偽の地図に記された場所には地雷が密に撒かれていた。ロンメルの装甲部隊はまっすぐそこへ入りこんでしまった。彼の奇襲作戦は始まる前から奇襲の意味がなくなっていた。得意のスピードを生かすこともできない。ロンメルの戦車がやわらかい砂にはまって身動きがとれなくなると、イギリス空軍の爆撃機の群れがパラシュート照明弾を落として夜を照らした。それから高性能爆弾の雨が窮地に陥ったドイツ軍の縦隊の上に降り注いだ。

日が昇っても、ドイツ軍の攻撃隊は最初の目的さえ達成しておらず、すでに絶えがたい損害に苦しんでいた。数十台の戦車が大破した。第二十一装甲師団の司令官、ビスマルク将軍は地雷にやられて命を落とし、ネーリング将軍は空襲で重症を負った。ロンメルは当初のプランを捨て、自軍の兵士にアラム・ハルファ台地を占拠するように命令を出した。

モントゴメリーはそこで彼を待っていた。

イギリスの地雷原から延びる唯一安全なルートがあるが、そこを通った枢軸国の軍はやわらかい砂地にはまった。ドイツ軍の縦隊は砂嵐のおかげで束の間救われた。砂漠空軍の飛行機が離陸できなくなったのだ。しかしロンメルの装甲車は、砂で覆われた地域からやっと抜け出たところで、今度はそのまま第八軍の次のわなに入りこんだ。何台ものアメリカ製の戦車グラントと、対戦車砲がアラム・ハルファの尾根の塹壕に隠れており、ドイツ軍に向けて砲撃を始めた。さらには爆撃機と戦闘機が次々とやってきて空からも容赦ない攻撃を仕掛けた。

九月二日の午後、ロンメルは自分が絶望的な状況にあることに気がついた。地雷原ややわらかい砂地に翻弄《ほんろう》されながら進んでくるうちに、燃料をすっかり消耗し、頼みにしていた数千ガロンの備蓄燃料も、輸送途中にイギリスの駆逐艦とマルタからやってきた飛行機によって海に沈められた。ロンメルは慎重に退却を始めたが、そうしながらも、まだどこかに突破口はないか、攻撃を仕掛けられる場所はないかと探していた。しかしモントゴメリーはわずかなミスも犯さなかった。

いっぽう、最初の一斉射撃でダミーの野営地は跡形もなくなった。この野営地がロンメルの作戦にどんな影響を与えたかを知る確かな証拠はなかった。しかし、うれしいことにイギリス軍の予想に反してロンメルは八月の攻撃を自重し、この間に第五十一師団が到着して、エル・アラメインの隙間を埋められたのは、たしかな成果だった。

九月一日、ジャスパーはマイケルとフィリップを乗せて、見捨てられてふいに陰鬱な光景を見せるようになったダミーの野営地に向かった。二日前、そこはギャングたちにとって活気にあふれた胸躍る場所だった。そこがあるからこそ、自分たちが北アフリカをめぐる戦闘で重要な役割を果たしていると実感できたのだ。それがたった一夜のうちに陰鬱でみすぼらしい場所に変わってしまった。ボール紙の武器は、見ているだけでばつが悪くなり、自分たちがカメラを相手に懸命に戦っていたことを思うと苦々しい気持ちになるばかりだった。

ひっそりとした野営地を振り返りながら、フィリップがぼやいた。

「こうなってしまうと、まるで沈没したタイタニック号の未使用乗船券みたいに、自分が役立たずな気がしてくる」

「まあ、そう言うな。すぐに状況は変わるさ」ジャスパーがおどろくほど陽気な声で言った。「やるだけのことはやった。だから作ったものが壊されてちょっとがっかりしているだけだ。とにかくいい仕事をした。それは誇りに思っていい」

「まあそうかもしれないな」マイケルがむかつきながら言い、ダミー兵士の布の頭を蹴っ飛ばして、ボール紙のトラックの車体にぶつけた。「おれたちが生き残ってるってことをだれも知らないわけだからな」

戦場から届く勝利のニュースにギャングたちの気分は高揚したものの、晴れがましいダンスパーティーに自分たちだけが置いてきぼりをくらったような気持ちはどうしても拭えなかった。ジャスパーは自分はちがうと思いたかった。今回の仕事にも、カモフラージュ実験分隊の軍への貢献にも十分満足しているんだと繰り返し声に出して言った。何度もそう言いつづけて、実際、そう信じ始めていた。

ときに、ここにやってきたころの夢を思い出すことがあり、ずいぶん馬鹿なことを考えていたものだと恥ずかしくなった。あの頃はがむしゃらで、まったく自信過剰だった。マジックのテクニックを戦場で活用して戦争に勝とうなどと考えていたのだ。まるで紅海をふたつに分けたり、トロイアの木馬を作ろうとするのと同じだった。まったく初心《うぶ》だった。しかしそのときには、本物の戦争がどんなものか、これっぽっちも知らなかった。戦争の生傷が目の前で口を開けるのを見たことがなかったのだ。しかし今は十分に学んだ。ひとりの兵士にできるのは、自分の役割をこなすことだけで、それをできるだけうまくこなせばいいのだ。

彼はこれまで自分が演じた役を誇りに思っていた。たとえ壮大なイリュージョンで最後を飾れなかったとしても、それはそれでいいのだ。自分はマジックのショーに出ているマジシャンではない。国王の兵士として戦場に出ているのだ。

九月四日、ロンメルは八十八ミリの対空砲を水平に向け、その後ろで装甲車の撤退を始めた。モントゴメリーはその後を追いかけて息の根を止めてやりたくなるのをなんとかこらえた。前任の司令官たちを悲惨な結果に陥れた失敗は繰り返したくなかったのだ。

ロンメルの装甲部隊は徹底的に痛めつけられた。一センチも前進できないまま、四千人の犠牲者を出し、戦車を五十台失った。第八軍もドイツ軍の三分の一の犠牲者を出し、戦車を六十八台失った。しかしモントゴメリーのほうは、八キロも離れていないところに補給拠点があり、その程度の損失なら補うことができた。

最も重要なのは、第八軍がようやくロンメル陸軍元帥に対抗できる司令官を得たことが、証明されたことだった。ドイツ軍の装甲部隊は、モントゴメリーが予測した通りに動き、彼が入念に用意したわなのひとつひとつに順番にひっかかっていった。アラム・ハルファの戦闘はのちに〝シックス・デイ・レース〟の名で呼ばれ、疲れきった第八軍に元気を与えることになった。

主導権はイギリスの手に移った。一進一退の砂漠戦の開始以来初めて、イギリス軍は最終戦を自軍の補給基地の間近で戦えることになったのだ。モントゴメリーは数週間のうちに圧倒的な兵力で攻撃することが可能になるはずだった。ロンメルの最後の攻撃は失敗に終わった。

次の戦闘が勝負を決することになる。ロンメルの軍には撤退する燃料もないし、見通しのよい砂漠で第八軍と相対するだけの備蓄もなかった。あとは六十五キロのアラメインラインでの生き残り合戦が待っているだけだった。これまでモントゴメリーが利用してきた防御側のメリットを今度はロンメルのほうが利用することになった。第八軍が攻撃するなら、ドイツ軍にまっすぐ切りこんでいかなくてはならないからだ。ロンメルは、五十万個の地雷を壁にしてその後ろに残った軍をすべて集結させ、機動攻撃隊を組織した。イギリス軍の主要な攻撃が始まったとみれば、そこがどんなところでも駆けつけ、密集させた戦車隊で反撃に出ることができるようにした。アフリカ機甲軍団はたしかに痛手を負っていたが、そのかぎ爪はいまだ鋭さを失っていなかった。

モントゴメリーは敵が撤退を始めたらすぐに攻撃できるように〝ライトフット作戦〟と名づけられた作戦の準備を始めた。司令官の〝同窓生のつながり〟に彼はうんざりしていた。自分の命令にいちいち疑問を持たれるのが不満だった彼は、議論は必要ない、命令は遂行されるのみ、ときっぱり言った。これに従わないものはみな、ほかの部隊へやられた。

モントゴメリーはまた、兵士がこれまでに受けてきたいい加減な訓練も不満だった。戦況が有利なのを利用して、前線から部隊を引きもどして後方の訓練所で鍛え直すことにした。ドイツ軍もイタリア軍も今は砂漠で生き残るのに必死で、厳しく見張っている必要はなかった。ライトフット作戦が始まるころには、彼の軍には強力な装備が整い、兵士もこれまでにないほど鍛えられるはずだった。

チャーチルがここで再び、攻勢に出ろと迫ってきた。しかしモントゴメリーは、しかるべき準備が整うまではと、それをはねつけた。さらに首相に向かって、不十分なまま攻撃に出させるなら、自分は司令官を降りるとまで宣言した。チャーチルは新しいヒーローの言うことをきくしかなかった。連合軍の大攻撃は十月二十三日に開始することが決まった。

ジャスパーはその情報を知らなかった。しかし今度の戦闘こそ、彼が表舞台の中心に立つチャンスだった。モントゴメリーはジャスパーに、戦争史上最も巨大なトリックを披露してほしいと頼んだのだ。いよいよ壮大なイリュージョンが幕を開けることになった。

16
史上最大の擬装工作

ナイル川流域一帯は、みな、モントゴメリー将軍のライトフット作戦の準備に忙しかった――ただ一カ所、魔法の谷を除いては。特定の任務を与えられていないマジックギャングは作業場で、町を守るための何セットものダミーの仕掛けを生産していた。ただしそれが使われることはもうないはずだった。

モントゴメリーは第八軍に新しい闘志を吹きこんでいた。部隊は密集隊形で教練を行い、色とりどりの放浪民のようなだらしない格好は消え、兵士にはカーキ色の半ズボンまたは長ズボンが支給され、シャツの裾もズボンにたくしこまれるようになった！ なかには敬礼を復活させた兵士もいた。兵士のあいだからは、「モンティ（モントゴメリーの愛称）は勝っても負けても満足しない」という毒のない悪口もささやかれた。しかし秋風のなかに勝利が目の前だという手ごたえはだれもが感じていた。

ジャスパーは久しぶりの自由な時間をもて余していた。モントゴメリーのためにアイディアのいくつかをスケッチしてしまうと、あとはもうやることがなくなってしまい、魔法の谷をぶらぶらして、人の邪魔になっていた。ある午後などは、ゲジラ島で開催されたのんびりしたゴルフトーナメントに出たりもした。またある日には、カイロ博物館に出かけて、遅まきながらツタンカーメンの黄金マスクを見に行ったが、安全のために価値のある遺物はすべて砂漠のなかに埋められており、残っているものはたいして興味をひくものではなかった。

露店を冷やかし、カフェでコーヒーを飲んで、魔法の谷に帰ってくる。哀れなエジプトの農民は相変わらず谷の門前に集まってキャンプを張っており、なかに住む魔法使いが出てくるのを一目見ようと待っていた。しかし長いことそうやっているので、最初の目的は忘れてしまっている。ずっと前からそこにいる人間は、自分の力を誇示し敬意を集めようとして、魔法使いが奇跡を起こすのを見たなどという話をでっちあげる。話は大げさであればあるほどまわりから尊敬を集めた。超自然の力を持つ魔法使いは、しだいにその風貌も人間離れしたものとして語られるようになっていった。それでジャスパーはだれにも騒がれずに自由に門を出入りすることができるようになった。みなが待っているのは神なのだ。実際ジャスパーは、かつて自分が騒がれた日々をなんとなく懐かしく思い起こすようになっていた。

しかしそんな休眠状態も、九月十六日に終わりを告げた。その朝、オートバイに乗った伝令がやってきて、バーカス少佐が迎えにくるから用意をしておくようにという命令を伝えた。昼にはバーカスとトニー・エアトンがやってきて、幹部用のシボレーにジャスパーを乗せた。「どこへ行くんです？」とジャスパーがきいたときには、もう車は走り出していた。

「会議だよ」バーカスが答えた。

町へ向かうと思っていたジャスパーの予想ははずれ、車は西に向かった。ピラミッドの並ぶ一角を過ぎ、損傷した車体がところ狭しと並ぶ戦車の修理場を過ぎていく。さらにモントゴメリーの教練学校と射撃場と野営地を過ぎ、アラブ人の汚い部落も抜けて砂漠に出た。

あの日マイケルと迷って以来、砂漠に出るのはこの日が初めてだった。ジャスパーは恐怖に汗をにじませた。車に乗っているあいだ、みなは会合の目的について考えるのはやめて、モントゴメリーにまつわる最新のジョークや、シェパードホテルでのゴシップに花を咲かせた。北西アフリカに連合軍が上陸するといううわさもあった。それが実現すれば、ロンメルは万力にはさまれた卵のようにぺしゃんこにつぶされてしまうはずだった。

バーグ・エル・アラブ中継基地から五キロ北西に行ったところは、ターコイズブルーの地中海を見渡す地盤のしっかりした土手になっている。かつて不毛な砂漠のしみのようでしかなかった第八軍が、そこに、タコの足のように広がる移動司令部を作っていた。外側のぐるりを戦車と重火砲で安全に取り巻いたなかに、数百のオフィスが建ち、八月の終わりから補給物資のトラック、参謀の車、隊商、通信車が続々と入ってきていた。何キロにもわたって電話線や電気のケーブルが張られ、あらゆるサイズのテントが砂丘のなかに立ち並んでいる。

そこには軍事都市が誕生していた。ジャスパーが到着したときには、装備を強化されて機動力を高めた軍の組織が自信を持って戦闘の準備にかかっていた。オートバイに乗った伝令が防衛境界線のあたりを轟音をあげて走り回り、砂煙がもうもうとあがっている。イギリス連邦軍のあらゆる軍の将校がブリーフケースを抱えて忙しく歩き回っている。近くの飛行場から、ぴったり同じ間隔で砂漠空軍のスピットファイアーが飛び、空から厳しい警戒をするいっぽう、砂漠では長距離砂漠挺身隊が偵察の目を光らせていた。

万全のセキュリティー体制がとられていて、バーカスは車をとめるのを許されるまでに三カ所でパスを見せなければならなかった。ひとりの武装した番兵が彼らを大天幕へ案内していったが、入口の前で、また別の番兵に引き渡された。この状況に、ジャスパーは大いに興味をひかれた。なにか大きなことが今にも始まりそうだった。しかしいったいなにが？

ダドリー・クラーク准将は先に到着していて、三人を温かく迎えた。待っているあいだ、椅子にすわって世間話に興じた。ほかにも十二人ほどの将校が先に来ていて、さらに一時間のあいだにもう四人がバラバラに入ってきた。コーヒーと紅茶が出された。

そしてようやく憲兵が天幕のなかに入ってきて、気をつけの号令がかかった。みな立ち上がって、姿勢を正した。それからまもなく、ぎらつく太陽の陽射しのなかから、モントゴメリー将軍が現れた。そのあとから正確に一歩遅れて、補佐官のフランシス・ド・グィンガンがついてくる。

「着席」の声でみんなが腰をおろした。天幕のなかはしんと静まりかえっている。

モントゴメリーは黒い戦車ベレーをとり、補佐官と内輪の話を少ししたあとで、集まった小さな一団に向きあった。モントゴメリーのまわりを大きな戦況地図が取り囲んでいる。地図にはエル・アラメインをはさんで対峙するふたつの大軍が描かれていた。「諸君」モントゴメリーが歯切れよく言った。「前線はなにもない砂漠の上を六十五キロにわたって伸びている。北は海、南は流砂のカッターラ低地だ。通り抜けできる場所はまったくない。よってロンメル将軍はわが軍が真正面から彼の牙に向かってくるものと信じて待っている。これは大規模な戦闘になるだろう。そしてその戦局は、これからここで起こることによって、大きく左右される。そう言っても過言ではないと、わたしは思っている。これから諸君に頼むのは、普通に考えれば不可能なことだ。しかしやらねばならんのだ」彼はそこで言葉を切って、鋼色の目でジャスパーの姿を探した。「今日、魔法の杖を持ってきてくれただろうね。今こそ、それが必要なんだ」

モントゴメリーはそれから先を補佐官に任せた。ド・グィンガン補佐官は、トップシークレットとなっている攻撃作戦について簡潔に説明した。

「十月二十三日の満月の夜、第八軍はラインの北側にある敵の地雷原に突撃をかける。それから南へ向かって、アフリカ機甲軍団の補給線を断つ。軌道の終端も北岸にあり、砂漠で唯一良好な道路も北岸に沿って走っていることを思えば、われわれは北側で攻撃を始めるものと、敵は予測しているだろう。しかし、知恵と想像力を働かせ、さらに運が味方してくれるなら、われわれには奇襲攻撃が可能になる。そして今日、諸君に集まってもらったのはほかでもない、それを実現するためだ。モントゴメリー司令官はどうにかしてロンメルの諜報部に、第八軍の主力攻撃はエル・アラメインの南端で始まると信じこませたい。そして北側が騒がしいのは擬装なのだと思わせたい。もしこの作戦が成功すれば、ロンメルは混乱する。我が軍の攻撃の矛先がどこかを見極めるまでは、とっておきの師団は後方に控えさせておくだろう。そうなれば第八軍にはドイツ軍が仕掛けた巨大な地雷原を突っ切る時間が稼げる。もし完全な擬装が無理なら、せめて敵を混乱させるだけでもいいと司令官は言っている。攻撃の日と規模を敵から隠しておきたい」

「具体的に言おう」補佐官は結論の説明に入った。「諸君には、ビリヤード板のように固く平らで、何もない平原に置かれた、十五万の兵士と千の大砲と千の戦車を隠してほしい。そしてドイツ軍には、そのことについてなにも知られてはならない。もちろん向こうでは、こちらのあらゆる動きに目を光らせているだろう。あらゆる音に耳を傾け、こちらの動きを記録している。アラブ人は、紅茶一袋買う金欲しさに、こちらから始終目を離さず、どんなくだらない動きでもドイツ軍に逐一報告する。どう考えても、これは無理な話だ。しかしやらなければならない」

モントゴメリーはみんながこの作戦の難しさを理解するまで待ち、それから質問はないかときいた。

八本の手がさっとあがり、補佐官が各々に順番に答えていった。ジャスパーはゆっくりと問題の核心へ近づいていった。簡単に言えば、モントゴメリーは史上最大のトリックを見せてほしいと言っているのだった。片方の手のひらに、戦闘態勢にある軍隊を丸ごとのせておいて、それを、もう一方の手のほうにあるのだと敵に思わせる。催眠術でも使わない限り、とても無理な話で、将軍の言う通りだ。

それでは、どうすればいい？

会議が終了すると、ジャスパーはバーカス、エアトンといっしょにあたりを散歩した。三人はやがて白砂の小高い砂丘の上に落ち着いた。数キロ先から地中海が始まり、水平線の果てまで伸びている。三人はタバコをふかした。「とんでもない話だな」バーカスが言った。

「まったくです」ジャスパーも同意した。そしてなぜモントゴメリーはもう少し常識的なことを要求してこなかったのかといぶかった。紅海を割れとか、疫病を異常発生させるといったようなことを。ジャスパーは胃のなかをかき回されているような気がした。しかし今回のそれは、失敗することの恐怖からではなかった。チャンスを与えられた興奮に胃が動揺しているのだった。ようやく今、壮大なイリュージョンを作り出す機会を得たのだ！　非常に重要で、戦況さえも変えてしまうほどの大きな影響力を持つイリュージョン！　これまで戦場で行われたどんなものより強力で華々しく、祖父や父親が作り出したものより、はるかに難しいもの。三年前に自分が思い描いた挑戦が、今ここにようやく姿を現したのだ。史上最大のマジック。

穏やかな波が浜に打ち寄せては素早く大海の安全な懐にもどっていく。戦場のジャスパー・マスケリン、マジシャンのジャスパーに人々の命がかかっている。もしこのトリックが成功すれば、伝説の男ロンメルは装甲車をずっと前線に出せず、そのあいだに第八軍の大戦車隊がドイツ軍の地雷原を突っ切る。しかしもし失敗すれば、そのときは勇敢な何千人ものイギリス人兵士、オーストラリア人兵士、ニュージーランド人兵士、インド人兵士が地雷原で立ち往生することとなり、ドイツ装甲軍の機関銃、四・二インチ迫撃砲、大砲の格好の的になる。

劇場で生きてきた彼の人生が今、究極の舞台を用意した。これまで学んだあらゆる技術と経験を使って、困難な状況を切り抜けよと、迫られているのだ。

「まずもって不可能だ」とモントゴメリーは言った。「無理な話だ」と補佐官は言った。ジャスパーは海の空気を胸の奥深くに吸いこみ、まぶしいばかりの笑みを浮かべて、「ヘイ、プレスト！」と、そよ風にささやいた。

不可能を可能にする計画を練るため、一時的な作業場がエル・アラメインの鉄道駅の近くにある三等の待合室に用意された。エアトンは自然の地形を作戦に利用できないものかと、北の防衛区域を偵察に出かけた。そのあいだ、クラーク、バーカス、ジャスパーの三人は計画を練った。

それぞれが問題を違った角度から見ていた。クラークは戦争が始まる前は弁護士だったから、論法の練習のようにこれを理詰めで考えていった。「われわれの目的は、こちらが南の要塞に攻撃を仕掛けるつもりだと敵に思わせること。それを達成するには、北側にある兵や武器や物資を隠さなければならない。それと同時に軍の増強は南側で行われているように見せかけなければならない。

完全に成功しないまでも、少なくとも攻撃のタイミングについては敵を混乱させないといけない。敵は、自軍の偵察隊から情報を集め、こちらの無線を傍受し、スパイを雇って情報を買うだろう。砂漠の主要な道すじでは特に、どんな小さな動きも見逃さないように目を光らせているはずだ。こちらの軍の増強と給水については、片時も注意を怠らない。十分な水がなくては遠くへ進めないのがわかっているからな」彼はそこで言葉を切り、ため息をついた。「これはかなり厳しいな。前途多難だよ」

「そうなると、地域を細かく分けて、そのひとつひとつを検討し、最後に全体プランを立てるということになるかな」と、バーカス。

バーカスはふたつの大戦のあいだ、民間人としてドキュメンタリー映画を作る仕事に人生を費やしていた。世界中のあちこちで行われる小規模の戦争をフィルムに撮り続けてきたのだ。その経験から、これは昔からある隠匿とおとりの問題だといい、専門家らしく、この大がかりな擬装を完遂するために使えそうなものをざっと挙げてみせた。それからジャスパーのほうを見て言った。「きみのダミーは南では大いに役に立つと思う。ダミー軍を前進させる。ダミーの戦車、大砲、それ以外にきみの手の内にあるものをなんでも使う。これまでやってきたのと同じことを、少し大きなスケールでやるだけだ。もちろんそれだけでモントゴメリーの要望のすべてに応えるのは無理だろう。しかしまちがいなく助けにはなる」

ジャスパーはクラークとバーカスの話に耳を傾けながら、問題を整理した。複雑な状況はどうにも克服できないように思えた。ロンメルの軍は五十万個の地雷の後ろに、機関銃、八十八ミリ砲、四・二インチ迫撃砲、大砲、そのほか近代戦の兵器を多数用意して待ち構えている。彼のスパイも第八軍のわずかな動きも見逃さないように目を光らせている。それでもなんとかして騙さなければならない。「ラクダに空を飛ばせることはできない」と、かつてフランクはジャスパーに言った。しかしジャスパーには、自分でしょっちゅう言っていたように、仕掛けさえ整えておけばどんなトリックも可能だという確信があった。「そうだ、これはトリックなんだ」彼は声に出して言った。

「なんだね？」バーカスがきいた。

「トリックと考えればいいんです。昔からあるトリックの出番です。ある場所にあるものを、別の場所にあると思いこませればいい。わたしはこれまでの人生でずっとそれをやってきたわけですから、やり方はよく承知しています。ドイツ兵が誤った結論に行き着くよう、目の前にずらりと偽の証拠を並べてやる。うまく見せてやれば、向こうはこっちの思い通りの結論にたどり着くでしょう。しかしできあがった完成品をいきなり見せてやると向こうは疑ってきます。どれどれよく見せてみろってね。しかし、こちらが仕掛けの準備をしている段階から見せてやったらどうです。向こうは自分で結論を出すはず。そこがポイントです」ジャスパーはそんなふうに説明をしながら、胸のなかに興奮が満ちてくるのがわかった。可能性が見えてきたのだ。「劇場でイリュージョンを見せるのと同じやり方でドイツ兵を騙すのです。まずは仕掛けが必要です。これがうまくできるかどうかにそのあとの成功がかかっています。それができたら、彼らの目の前に並べてやる。そうしてたっぷり見せておいてから、取り替えるのです。片手からもう一方の手へ。そうして十分な仕込みが終わったあとで」ジャスパーは顔いっぱいに笑みをたたえた。「仕掛けのスイッチを入れるんです」

クラークもバーカスもジャスパーのプランに細かく質問をしてきたが、ジャスパーはそのひとつひとつに例をあげて答えていった。「うちの祖父は、マジックをこう定義していました。それは、人や物を、ある状態から別の状態にこっそり移しかえることだと。われわれがやろうとしているのも、まさにそれです」

「いいだろう」クラークがようやく同意した。「そのトリックを使ってロンメルを騙してやろう」

キーボードがべたつく古いタイプライターを使って、三人は『現状の認識』と題した総括計画書を作りあげた。それは三人の作成者の能力を反映して、論理的で、実用的で、突飛な計画だった。そこで必要とされるのはふたつの軍だ。ひとつは敵に致命傷を与えられる本物の軍。もうひとつはボール紙と糊で作った軍で、それを戦場に配置して敵の目に馴染むまでさらしておく。やがて敵はこちらの目的にかなった結論を出してくれる。そうしたら、頃合いを見計らって、黒いベルベットの夜のカーテンのなかでふたつを取り替える。プランにはそのほかに、おとり、擬装、模造といったステージマジックの原則も盛り込んだ。しかし要は、巨大なステージの上で観客の注意をほかへそらすという、じつに単純なトリックにすぎなかった。

三人が計画書を完成したのは、夜になってからだった。バーカスはそれを読み返して大いに興奮した。「もしこれがうまくいったら、トロイアの木馬なんか、メリーゴーランドの馬みたいなもんだ！」と胸を張った。

計画書は承認を得るために翌朝提出された。アバシアにもどってくる車のなかで、ジャスパーはバーカスに話した。

「もしこれが承認されたら、わたしの部下にも任務をください」

バーカスが笑った。「もしゴーサインが出たら、きみの部下は昼寝をする暇もなくなるよ、ジャスパー。第一、これだけ大掛かりなプランだ、何千というダミーが必要になり、魔法の谷だけではとても生産が追いつかないだろう。手伝いを出すよ。第八十五擬装部隊や機械部隊から……」

「ちがうんです」ジャスパーが言った。「そのことじゃないんです。それなら以前にも経験しています。わたしが言ってるのは、前線での任務です」

バーカスはそのリクエストをはねつけようとした。「前線のほうはもう十分間に合ってる」

「少佐、わたしは本気なんです」ジャスパーがきっぱり言った。「わたしには、彼らのところへもどって、今度の諸君の役目は舞台係だなんて言えません。みんな長いことそれを頑張ってやってきたんだ。なのに一度も自分自身が舞台に立つことはできないなんて」

少佐はため息をついた。そしてうなずいた。「わかった、なんとかしてみよう」

ライトフット作戦の詳細は〝極秘事項〟で、ジャスパーはギャングたちには、その概略だけしか話せなかった。「作戦全体の成否は、これまでに行われたことのない壮大なカモフラージュにかかっている。そして、今回われわれは、その舞台の中心に立つ。モントゴメリーはダミー軍を丸ごと戦場に置いて、砦の南端を攻撃するように見せかけて、ロンメルを騙してほしいと言っている。そのために……」

マイケルがそこで話をさえぎり、歌うような口調で馴染みのフレーズを口にした。「昔、昔、あるところに有名なマジシャンがおりまして……」

ほかのメンバーもそれを唱和した。

「ちがうんだ、今回は。今回のショーはわれわれみんなのショーなんだ。これまでだれもやったことのない大がかりなものだ。それに……」ジャスパーはバーカスが、彼らに現場の任務を与えてくれるよう動いていることを口にしかけたが、思いとどまった。もし今回もうまくいかなかったら、ショックが大きいのはわかっていた。「いや、それだけだ」

エル・アラメインの鉄道駅で練りあげた計画はモントゴメリーから承認を受け、細部の調整の後、〝バートラム作戦〟という名前で呼ばれることになった。バーカス、エアトン、クラーク、ジャスパーはA部隊の部屋で細かい部分を詰めていった。最初の日にジャスパーは、忘れてはいけないこととして、舞台でのことわざを引用して壁に貼り紙をした。

「なによりも優先して考えなければならないのは――細部まで仕上げたときに、観客の目にどのような印象を与えるかということだ」

理論的には、バートラム作戦は比較的シンプルなものだった。戦闘力のない輸送車や資材運搬トラックが北側に大量に集結していると見せかけるいっぽう、本物の装甲部隊は南側へ向かっていると見せかける。そして最後はタイミングよく両者の入れ替えを行い、北側で攻撃を始める。ギャングたちが考えなければならないのはそれをどうやって行うかだった。

バートラム作戦はいまだかつて行われたことのない巧妙なトリックだったが、ほかのどんなマジックショーでもそうであるように、まず手をつけなければならないのは舞台のセットだった。劇場ではさまざまな装置を仕掛けておく。砂漠では、戦車や大砲や兵士が舞台に上がるよりずっと前に、それらのための補給物資を用意しておかなければならなかった。ライトフット作戦では、二千トンのガソリン、六百トンの食糧、六百トンの弾薬をはじめとする軍需品、さらに工兵が使用する四百二十トンの資材が必要だった。そのすべてを敵の偵察隊に気づかれないように北へ運び、さらにそこで一カ月のあいだみつからないよう隠しておかなければならない。

それと同時に、攻撃は南側で始まると敵に思わせるために、南側にも補給物資を備蓄しているように見せかける。

隠すのが最も難しい補給物資はガソリンだった。砂漠の暑さのなかでは特にそれは深刻な問題だった。十五リットルのガソリン缶を何十万個も備蓄しなければならない。この問題に解決の糸口をみつけたのが、エアトンだった。彼はエル・アラメイン地域を一巡りしてもどってきたが、その際に、コンクリートブロックを並べた各個掩体が百個並んでいるのをみつけた。一年以上前に掘られたもので、この頃にはドイツ軍の諜報部も写真で見慣れていて、おそらく注意を払わなくなっているにちがいなかった。同様の後部に置かれた各個掩体を使って実験したところ、壁にガソリン缶をくっつけて積んでも、内部に疑われるような影はできないことがわかった。ステージに必要な道具の〝積みこみ〟は九月二十三日の夜に始まった。攻撃開始予定日のちょうど一カ月前で、このとき、トラックで運ばれてきたガソリン缶が、前線の各個掩体に整然と詰まれて保管された。

翌二十四日の実地テストでは、イギリス空軍の偵察機もガソリン缶の集積所をみつけられなかった。ライトフット作戦が活気づいた。

その同じ日、疲れ切ったロンメルはオーストリアの山地にあるゼンメリング峠に保養に出かけた。連合軍の諜報部がそれを知るのは一カ月後のことになる。この間ロンメルの装甲部隊の指揮はゲオルグ・シュトゥンメ将軍に任せておいた。ロンメルは諜報部からの情報を確認してから出発した。イギリスが攻撃をしかけてくるのは、最低でも二日前に分かると諜報部は請け合った。というのも、攻撃に向けてイギリス軍が増強を始めれば、一時間ごとに戦場を偵察しているドイツ空軍が、すぐに気づくからだった。

魔法の谷の作業場はモントゴメリーが要求するダミー軍の製作に忙しかった。〈サンシールド〉、ダミーの戦車、ダミーのトラック、ダミーの大砲。さらに何百万という〝大砲の閃光《せんこう》〟も、何千という布の〝兵士〟も、すべて魔法の谷で作らなければならない。民間人の労働者も工場でこれに加わったが、彼らはダミーひとつを完全に作り上げるのではなく、全体の製作工程の一工程だけに携わることになった。これは秘密が敵に漏れるのを防ぐためだった。

ロンドンのホワイトホール地下の作戦本部室では、チャーチル首相が砂漠戦の準備の進捗状況を逐一追いながら、期待に胸を膨らませていた。ウェイベル以来、代々の司令官をずっとせっついてきたが、北アフリカのドイツ軍を一蹴するための総攻撃がいよいよ始まるのだ。

攻撃を仕掛けるのに今を置いて最善の時期はなかっただろう。ヨーロッパにいるドイツ軍は、スターリングラードでソ連に対して非人道的な戦いを仕掛けていたし、日本軍は南太平洋で容赦なくアメリカ軍を叩いていた。そんななか、砂漠で全面的な勝利をあげられれば、北アフリカで戦っているイギリス連邦軍を、インドや極東に差し向けることができるし、虎の子のスエズ運河の補給ラインと中東の石油をヒトラーから守ることができるのだ。
しかしカイロにいるジャスパーには、世界規模で戦争の動向を考えている時間はなかった。彼の戦争は、すぐ数キロ先で行われており、そこでは自分が重要な役割を担うことになるのだ。ジャスパーはしょっちゅうあたりをうろついていた――遅い仕事をせっつき、士気を鼓舞し、ときには命令したり、丸めこんだり、おどしたり。そんなことのひとつひとつが楽しい経験だった。「ぼくらは今決戦の準備に忙しい」ジャスパーはそんな書き出しでメアリーへの手紙をつづった。検閲にひっかからないよう慎重に言葉を選ぶことも忘れなかった。

まったくすごいショーになりそうだ。今回はぼくの力がぜひとも必要ということで、とても忙しい毎日を送っている。ドイツ軍は自分たちにどんな攻撃が仕掛けられるのかを、まったく知らない。わが軍の将兵は自信満々――モントゴメリーは彼らの尊敬を得ている。きみもこれから数カ月のうちに、ぼくらの戦いについて新聞で読むことになるだろう。やきもきする必要はないよ。ぼくはだいじょうぶだ。
愛をこめて
ジャスパー

実際の舞台をセットするのは九月二十六日に始まった。攻撃の行われる日や場所についてドイツ軍を混乱させるために、イギリスの陸軍第五百七十八中隊は既存の水のパイプラインをさらに長く延ばすという手に出た。巨大なエル・イメイドの物資集積所から南の防衛拠点、サマケット・ガバラまで延長するのだ。もちろん、この計画全体が手のこんだ擬装であるのは言うまでもない。

ガソリン缶を切り開いてつぶし、それを並べて長いパイプに見せかける。毎日八キロずつ、砂漠の上に〝配管〟するために、数百人の兵士が溝を掘っていく。溝は夜間に埋められ、同じようにつぶした缶を拾って翌日の八キロ分の敷設予定地の傍らに置かれるという仕掛けだった。「我が軍が南に向かっている証拠がほかになにもなくても、このパイプラインが矢印となってそれを示してくれる」ジャスパーがジャックに説明した。「ドイツ軍がこれを見逃すわけがない」さらにもっと重要なのは、このパイプラインがサマケット・ガバラに到達するには、十一月初頭までかかるように見せかけること。それが完成するまではイギリス軍が攻撃に出るはずがないと敵の諜報部に思わせることだった。

こういった〝パイプライン〟を敷設するのに加えて、そのルート沿いにダミーの給水所を三カ所設置した。その地域一帯の砂の上に道を作れと命じられている小数の本物のトラックを含めて、ダミーのトラックがそこで〝給水〟を受けるのだ。

またそれと同時進行で、エル・アラメインの駐屯地に近接した場所に本物の食糧を備蓄する作業も始まった。何トンもの食肉、紅茶、ビスケット、タバコ、小麦粉、砂糖、粉ミルク、といった本物の食糧を、なんの特徴もない砂漠の平原に隠すのは不可能だから、それを擬装する手段を探さなければならない。長い論議を重ねたあげく、砂漠でもっともよく目にするのは輸送車だという事実にみんなの目が集まった。トラックが多数集まっている風景はほとんど日常の一コマになっていて、両軍とも特別な注意を払うことはない。擬装工兵のブライアン・ロブは、供給物資の入ったケースを積み重ね、その上に擬装ネットをかけることを提案した。そうすれば、普通の三トントラックが保護ネットの下におかれているように見せかけられると言うのだ。これは簡単で効果的な方法だとわかった。

さらに大量の物資が、ここに実際に駐屯しているオーストラリア人部隊の中に設置された小さなテントの下や兵士の個人テントのなかに隠された。イギリス空軍の偵察隊が定期的に空から写真を撮って、不審に思われるような点はないかを確かめ、必要な修正が行われた。

ドイツの偵察隊は、〝集結したトラック〟について頻繁に嗅ぎまわり、一度、メッサーシュミットが一機、機銃掃射を行った。オーストラリア人の兵士は素っ裸でキャンプ内を走り回り、「おれのビスケットが撃たれちまった」と叫んで回った。

弾薬と軍需品の多くが、エル・イメイドに設置された物資集積所に追加された。前線から三十二キロ離れた地点だ。この集積所はもうずいぶん前からあって、すでにドイツ軍によって詳しく調査されていた。そこで既存の物資の山のなかに新しい備蓄品を分散させた。もともとあった箱の山はカモフラージュをしないでそのままにしておき、新しい物資には網や砂で覆ったりして、増えた分をごまかした。砂漠の風が砂の覆いをしょっちゅう吹き飛ばしたものの、ライトフット作戦に必要な六百トンの物資のほとんどはその地域一帯に見事にまぎれこんだ。

六昼夜かかって、攻撃に必要な物資はしかるべき場所にすべてそろった。バートラム作戦はドイツ軍の注意深い偵察隊の目の前で次第に形をとり始めたが、ドイツ軍は気づいていないようだった。〝パイプライン〟によって、第八軍の攻撃が十一月まで始まらないという印象を敵に与えることになっていったが、それをさらに本当らしく見せるためにモントゴメリーは、南側でのダミー物資の備蓄の増強を、数週間遅らせることにした。

そのいっぽうで、北側の地点では、輸送車の大集合を九月三十日に始めることが決まった。次の週のあいだ、四千台の本物のトラックが予備部隊と戦務補給中隊から引っぱられてきた。そのほかに、七百台のダミートラックが設置され、魔法の谷で作られた〈サンシールド〉も続々と運びこまれた。これらはのちに縦十三キロ、横八キロの長方形、〈マルテロ〉と呼ばれるカモフラージュを施した陣形を作った。このような支援機器が集結するのは、大きな攻撃の前には当たり前のように見られる光景なので、ドイツ軍はそれを細かく分析し、新たな動きが起きるのを待つだろう。ただしそのなかには戦車や重火器はひとつもないので、敵が恐れることはなかった。

〈マルテロ〉はじつのところ、ステージマジシャンの使う仕掛けテーブルの軍事版と言ってよかった。モントゴメリー将軍が指をパチンと鳴らすと、七百台の戦車と二十五ポンド砲が、一見まったく戦闘力のない輸送車輛の集積から現われるのだ。第八軍が十月二十三日に、このマルテロから出撃をする。その夜以前に、ドイツ軍がこの仕掛けを見破れなければ、バートラム作戦、そしてライトフット作戦は、大成功を収めるチャンスに恵まれるはずだった。

〈サンシールド〉を輸送し、それを戦車に着せる準備を整えることに、ジャスパーはほとんどの時間を費やした。ところが九月二十九日、作業場を見て回っているときに、ジャックから、バーカス少佐が重要な問題ですぐ会いたいと言ってきていると言われた。ジャスパーは忙しいからと言って断ったが、ジャックは耳を貸さない。「上官の命令は絶対でしょうが」と言った。ふたりは車でグレイ・ピラーズに向かったが、ジャックは川べりで方向を変えた。「どういうことだ。わたしをどこへ連れていく？」ジャスパーは噛みつくように言った。次第にイライラしてきた。今は遊んでいるときではない。バーカスだってわかっているはずだった。

「特別会議へ」ジャックが答えた。車はようやくブルー・デイズというベリーダンスのクラブの前に到着した。

ジャスパーはさっさと店のなかに入ったものの、すっかりおどろいて、いきなり足をとめた。ギャングのメンバーが全員集まっており、グレゴリー大佐、キャシー、バーカス少佐もいる。さらにファーナム時代に付き合いのあった工兵隊員数人、エジプトに足を運べる工兵隊員と、彼の友人も数人そろっていた。マイケルがジャスパーに近づいていって片手を差し出した。「ハッピー・バースデー、ジャスパー!」

準備に奔走していたジャスパーは、自分の四十歳の誕生日も忘れていた。混乱して舌をもつれさせながら、ジャックに言った。「まったくおそれいったよ。このわたしを騙すとはな!」

ジャックは賛辞を受けとめた。「そうでなくちゃ、うちの仕事はつとまりません」

パーティーが始まり、乾杯が繰り返され、ユーモアに満ちたプレゼントが披露されたのち、午後の半ばには終了した。

ジャスパーはジャックのジープへ歩いていくところを、バーカス少佐に呼ばれた。少佐からのプレゼントは、かねてから要請していたマジックギャングの戦場勤務だった。「きみの部下は、船の偽装ですばらしい成功を収めた。よって陸海空軍共同作戦の一貫として、海上攻撃に出たらどうかと思ってね。手柄を立てる必要はない。モントゴメリーは海軍のカニンガム大将にこんな依頼をした。われわれが攻撃をするときに、北端の前線にいるドイツ軍の後ろの海上でちょっとした陽動作戦を行ってほしい。注意をひきつければそれでいい。海軍ではきみたちが必要とする機器はなんでも提供する。これはきみが思い描いていたようなショーとは違うかもしれない。攻撃の的になることもない。しかし少なくともショーのオープニングを飾ることはできると思うんだが。どうだね?」

「すばらしいプレゼントですよ、少佐」

「それは良かった。カニンガムの部下から連絡が入ると思う。詳しいことはそちらからきいてほしい」

ジャックののろのろ運転がもどかしくなるほど、ジャスパーは一刻も早く魔法の谷に帰りたかった。〝海軍大将〟マイケルの艦隊が再び航海に出発するのだ。

次の夜、十三日に、〈マルテロ〉作戦は予定通りに始まった。七百二十二個の〈サンシールド〉が擬装ネットの下に設置されたが、そのほとんどが空っぽのタール樽の上にかぶせてあった。空から見た場合、その樽がタイヤに見えるはずだった。

最終的にはすべての〈サンシールド〉を本物の戦車や重火器にかぶせることになる。〈サンシールド〉を装着した戦車が本物のトラックにまじって配備されると、それぞれに続き番号が与えられ、地図の上に場所がマークされた。この地図を使えば、兵士は自分に与えられた番号をたよりに、夜間の総入れ替えの際に、自分の〈サンシールド〉がある場所を正確にみつけることができる。

エル・アラメインは、舞台への〝荷積み〟のあいだは、戦闘とは無縁の穏やかな雰囲気に包まれていた。ただしモントゴメリーは、全体の状況を本当らしくみせるように、南側で一連の陽動攻撃を行った。ある夜にはイギリス軍の第四十四師団が、ムナシブ低地の手厚く防御された敵陣に攻撃を仕掛けて、三百九十二人の犠牲者を出しながらも必要な陣地を確保した。南側の地区で攻撃が始まったときにそこが中間準備基地になると敵に思わせるためだ。

ドイツ軍の偵察隊は、南側で特に活発に動いており、カモフラージュ隊員は、少なくともドイツ軍の注意を引き寄せるのには成功したと思うようになった。

南側の地区でのダミーの物資集積所〈ブライアン〉の建設は、十月七日に始まった。ビル・ムセイリクと呼ばれる場所のすぐ近くで、それを提案したブライアン・ロブの指揮の下で進められていった。九千トンの物資を集積したように見せかけた山は、ヤシの木のベッド枠、杭、ダミーの鉄道車輌、古いガソリン缶、トマトを入れる籐のかご、大量の針金といったものだった。その上にメッシュの布や、深緑色のスチールウール、黒っぽい擬装ネットをかぶせて擬装した。そういった山を全部で七百作ったのだが、弾薬に見せかけた山には、平面に絵を描いただけの立体感がないものも混じっていた。

ダミーの物資集積所の完成度を高めるために、ダミーの建物が作られ、テントが張られた。駐屯分隊はその地域一帯で三台のトラックを終日走り回らせ、何十台ものトラックが動いているように見せかけた。

〈ブライアン〉が完成すると、舞台のセットが始まった。〝輸送用〟の車輌が北側に置かれ、〝物資集積所〟が南側に設置された。いったんできあがっても、しばらくのあいだ、役者――第八軍の千台の戦車と大砲――は舞台に出なかった。観客の目がその舞台に十分に慣れるだけの時間をとるためだ。ちょうど、リンキングリングに何か仕掛けがあるのではないかと疑う観客に、自分で調べさせてみるのと同じように、敵の諜報部にも舞台をじっくり観察させるのだ。そこまでやって初めて、パフォーマンスの成功に欠かせない微妙な変化を起こさせることが可能になる。

そのあいだ、観客の目を楽しませることも忘れなかった。モントゴメリーは南側でのパトロール隊の数を増やすように命じ、地雷をばらまいた緩衝地帯に時々、不意打ちをかけさせた。そのいっぽうで、北側は依然のどかな雰囲気を維持した。

ドイツ諜報部は舞台セットを綿密に調べていった。偵察機のカメラが、毎日数回空からの写真を撮っていき、わずかな動きでも見逃さないようにしていた。ドイツの装甲部隊よりずっと大きな戦力でイギリス軍が攻撃を仕掛けてくるのはもう疑いようがなかった。ただそれがいつどこで始まるのか、その答えこそが重要だった。正確な情報されあれば、高度な機動力をもつドイツ機甲部隊が戦力を最大限に集中して、敵の攻撃を迎え撃つことができる。

ロンメルの目から見れば、あらゆる証拠が、攻撃は南側で始まり、その時期は十一月初頭と主張しているように思えた。南側に集積した物資の量を見れば、それ以外の結論は考えられなかった。さらに、現在敷設中のパイプラインもその頃まではとても完成しないように思えた。ドイツの諜報部は依然自信たっぷりでロンメルに請け合った。いずれにしろ、向こうが総攻撃を決めたら、こちらには二日前にはそれがわかります。それから戦場にもどってこられても十分間に合います、と。

魔法の谷での作業は第一陣のダミーがマルテロの陣形に到着すると、わずかだが楽になった。実際の総入れ替え――アメリカのギャングの言葉でいえば〝針刺し《スティング》〟――が行われるときまでには、あらゆるタイプのダミーをさらに何百も供給しなければならず、その夜には戦車や重火器を現在ある場所から別の場所に移動させなければならない。ジャスパーが、ギャングの海上からの陽動作戦の詳細について知ることになったのは、ようやく十月十日になってからのことだった。

カニンガム海軍大将は、さほど大がかりなことは期待していなかった。海軍では、高速ボートを三隻用意してくれることになっており、それぞれにデッキ砲がついていて、ドイツ兵が守る海岸に向けて発砲することができた。「軽く一騒ぎしてくれ」このプロジェクトを担当する将校、デヴィッド・フィールディング大尉が説明した。「それで敵の注意をひいたら、あとは一目散にずらかる。わかるね？」

ジャスパーは、もっと大きな作戦を考えていた。

「頑張れば、もう少し大きなこともできますよ」ひかえめに提案した。「大規模な上陸が行われてるんだと、ドイツ軍に思わせるのはいかがでしょうか」

フィールディングはその提案を一笑に付した。海軍には、そんな大それたことができるだけの兵士も設備もないと言った。

ジャスパーは自信たっぷりに微笑んだ。「もしうちの部下と三隻のボートだけで、それをやってみせると言ったらどうでしょう？」

「そりゃ願ったりかなったりだ」フィールディングが答えた。こうして〝フランク作戦〟が生まれた。

戦場に置く最後の舞台装置が十月十五日の夜、南側のムナシブ低地の近くに設置された。第四十四師団が凹座掩体を掘り、ダミーの野戦砲とダミーの前車、野戦砲連隊三個分に等しい数のダミー兵士が配備された。

ここで、悲運な船フーディンの数々の教訓が生かされることになった。砂漠のカモフラージュスタッフは、これらの仕掛けを中途半端に隠しておく。破れたネットがダミーの大砲を〝カバー〟するのに使われ、おかしな鋲のとめ方をしたボール紙の切れ端や布がそれらの下でそよ風にはためいた。ある三トントラックのダミーは車体が傾いていて、妙な影を落としている。ダミーの兵士は何日も同じ場所に置きっぱなしで、トイレに腰掛けている者もそのままだった。そういったミスを敵の諜報部がみつけやすいようにしておきながら、そのミスにわざとらしさがないよう気をつけた。ドイツ軍がこういったミスに気づいたことを確認してから、カモフラージュスタッフはその修正にかかった。まるで第八軍が自分たちでミスに気づき、あわてて直したように見せかけるのだ。

これは〝裏の裏をかく〟という古典的なトリックだった。敵に、第八軍の守りにミスをみつけたと思いこませる。すると敵は、必ずやその重大な発見を活用しようとする――そしてそのとき初めて、ボール紙の蜂も殺人的な針を持っていることを知るのだ。

フランク作戦、つまりギャングが海から敵陣へ上陸する作戦は、十月十六日に正式な承認を受けた。通信コードとタイムテーブルが作成され、必要な機材が集められた。ただしジャックが担当していた手回しの蓄音機の調達が意外に手間取った。ジャスパーのリクエストに応じて海軍では三隻の高速ボートに加えてはしけを三つ用意してくれた。

ギャングたちはこの任務にしだいに胸を躍らせるようになった。しかしマイケルだけは、「きっと海軍の連中、おれたちを捨てる馬鹿でかいゴミ箱を用意してるんだぜ」と不平を言った。

ジャスパーの最大のイリュージョンの役者――千台の戦車、二千門の大砲、十分な台数の輸送車――は十月十八日に舞台にあがった。その朝、敵の偵察隊に丸見えの状態で、モントゴメリーの装甲軍団は後方の訓練場から出発し、マレーフィールドとメルティングポットの中間準備基地にむかった。これらの基地は、エル・アラメインから八十キロ、車でおよそ二時間の距離にあり、南へ向かう主要道路の傍らに位置していた。この動きをカモフラージュする必要はなかった。ドイツ装甲部隊の諜報部は、それを見て、攻撃作戦の準備ではなく訓練が行われている模様だと報告した。それでも、ドイツ軍は装甲車の集積状況について、夜明けから日没まで監視を怠らなかった。

シュトゥンメ将軍の諜報部は、攻撃を察知してから実際に始まるまでには少なくとも四十八時間の余裕があると将軍に請け合ったが、この敵の装甲車の動きに、シュトゥンメは不安になった。砂漠戦で受けた痛手をまだ静養中のロンメル元帥と無線で話をしたあと、彼はすぐに実戦で使える五百台の戦車をふたつに分けることに決めた。第十五ドイツ装甲師団とイタリアのリットリオ師団を北側に残しておき、第二十一ドイツ装甲師団とイタリアのアリエテ師団を南側の前線で防衛に当たらせた。彼が予備としてとってある第九十軽アフリカ師団とトリエステ師団は、前線の後方に控えさせておいた。

イギリスの歩兵は、十月半ばの身の引きしまるような夜のなかを、徐々に前進していた。ほとんどは単純に自分の部隊の集積している場所にまぎれこんでいったのだが、なかにはカモフラージュされた塹壕のなかに何日も隠れている者もあった。

ステージマジックのパフォーマンスは、細部のひとつひとつが鎖のようにつながって、ひとつの効果を生み出すわけで、バートラム作戦のたくさんの仕掛けもひとつずつ所定の位置に並べられた。しかし、かつてジャスパーが舞台上で経験したように、細部にこだわるあまり全体が見えなくなるときがある。それに気づいたジャスパーは、一度自分の役を降り、一歩下がって作戦の全体を見渡した。自分をフットライトの先の観客席に置いて全体を見まわしてみる。

この舞台では、非常に巧妙に観客の注意をそらしてあった。

北側では大量の車輌が集結しているが、明らかに戦闘力のない支援車輌ばかりに見えるようカモフラージュを施してある。砂漠でいったいなにをしているのかと観客の興味をかきたてはするものの、トラックは同じ場所に数週間もじっとしており、なんの脅威も与えない。目はだんだんにその光景に慣れていき、まったく気にならなくなってくる。

一方南側はてんてこまいの様相で、かなりの注意を集めている。砂漠のなかに三十二キロの水のパイプラインが敷設され、給水所が毎日無数の車輌に給水を行っている。巨大な備蓄倉庫がいくつも建てられているし、装甲車が毎日忙しくパトロールをしている。空では航空中隊が縦横に飛んで警戒の目を光らせているし、砲兵の連隊が三個、前線で所定の位置についている——その一部を増援しているのはダミー部隊なのだが。

後方の作戦準備基地には、まぶしい陽射しを受けて、本物の脅威がうずくまっていた。モントゴメリーの機甲軍団の大砲が南を向いて、序曲が始まるのを待っていた。

十月二十日。ようやくそのときがやってきた——ふるえているアシスタントが入ったミイラの棺に蓋をして、大釘を打ち密封し、嘆きの乙女にシーツをかぶせて空中に浮かべ、電動丸鋸のスイッチを入れる。

いよいよ本物の見せ場がやってきたのだ。

その日の早朝、関係者全員に、日没と同時に総入れ替えを行うことが知らされた。ジャスパーと彼の部下はその日は終日、魔法の谷で作ったボール紙戦車をトラックの荷台に詰めこんでいた——五トントラック一台に十二台の戦車がきっちり収まった。

アマリヤ・シネマでのミーティングでは、モントゴメリーが、第八軍の少佐以上の士官全員に戦闘計画の全容を明らかにした。その朝から、ライトフット作戦の詳細について知る兵士は全員セキュリティー・エリアの外に出ることを禁じられた。エル・アラメイン近辺をパトロールしている番兵には、万が一捕虜になったときのことを考えてなにも知らせなかった。モントゴメリーは将校に向かって今回の戦いが「これまでにない激しい戦いになる」と警告しながらも、十分に鍛えられた軍は必ずや「敵を完膚なきまでに叩き潰す」と、大きな自信を持っていた。

日没から数分が経過すると、とたんに砂漠が動めいて、大きく揺れた。南から北へ、第八軍の総入れ替えが始まったのだ。

この動きを隠すため、第十装甲師団の無線通信士役は、イギリス軍の夜間訓練が順調に行われているといった話をえんえんと報じた。南側にいる第十三軍は、何度も急襲をかけたと見せかけて、うっかりダミー兵士を光のなかに浮かびあがらせ、敵の攻撃を受けて布の内臓が燃えているように見せかけた。

戦車とその他の車輛はマレーフィールドとメルティングポットの中間準備基地を出て、マルテロのダミー陣形の中に混じっていった。その後方では、ナイル川流域全土より、何百という予備のトラックや参謀車がマレーフィールドとメルティングポットに集結し、出ていった車輛と入れ替わった。

ジャスパーとマジックギャングは、ダミー戦車を載せたトラックの最初のグループに入って、メルティングポットに向かった。

戦車が一台出ていくたびに、別のトラックや車輛がその穴を埋める。本物の戦車があった場所には、魔法の谷で作られたダミー戦車が入った。それにはふつうのカモフラージュに使う擬装ネットがかかっている。バートラム作戦のために十分な量のダミー戦車を作ることは不可能だとわかってから、ヤシの木のベット枠を使ってそれに代えたものもあった。ベッドの側面を地面に立てて、上から擬装ネットをかぶせた。

第十装甲師団は、全速力でマルテロに入ってきた。これは難しい動きだった。というのも最小限の明かりのなかを、護衛隊のリーダーがつけたタイヤの跡の上を正確に走らないといけないからだ。

ジャスパーは月の銀色の光に照らされて、それらの車輛がメルティングポットから出ていくのを誇らしげに見ていた。最後の一団はそれまでの車輛がつけた跡を消していく装置を引きずっている。彼のまわりにいるのは、ふたり組み、三人組みに分かれたカモフラージュスタッフのチームで、糊、キャンバス地、ボール紙でできた機甲部隊の設置に忙しかった。この魔法の谷製の軍や大砲が命を吹きこまれていくのを見ていると、ファーナムでの遠い日々を思い出さずにはいられなかった。バックリーの教え子は、オルダーショットの訓練所で、正規軍の兵士から疎んじられ、そこにいるだけで軍の面汚しになるとばかりに、邪魔者扱いされていたのだ。

本物の戦車や大砲がマルテロに到着すると、そこから先は別のカモフラージュチームが、それぞれの番号がついた〈サンシールド〉のある場所に誘導していった。マルテロの陣形で数週間のあいだじっと待っていたダミーのトラックは分解されて、戦務補給中隊の車輛に積みこまれて、メルティングポットやマレーフィールドにもどり、本物の穴を埋めていく。

戦車や大砲がマルテロの正しい位置に配置されると、その乗員は日中のあいだ動き回ることを許されなかった。火を焚くことも、シーツを干すことも禁じられた。どんな小さなミスも計画を台無しにしかねない。

南側のムナシブ低地では、本物の砲兵中隊が粗末なカモフラージュのダミーと入れ替わった。すべての入れ替えが二晩で終わった。十月二十一日と二十二日の両日とも、夜明けの砂漠は静かだった。敵の偵察飛行機は毎朝そのエリア一帯の上空をいつものコースで飛び、第十装甲師団は依然としてエル・アラメインから八十キロ離れた地点にいると報告した。いつものように毛布やシーツが日に干され、数千の兵士が煙のあがる火のそばで紅茶を飲んだ。

ドイツ軍はまったく気づいていなかった。千五百台の車輌、千八百七十台の戦車と三トントラック——本物もボール紙のもあわせて——が、メルティングポットとマレーフィールドにいた第十装甲師団と入れ替わり、その結果、本物の装甲師団は、マルテロの陣形のなかに移り、前線の北側の真後ろで攻撃の開始を待っているということを。

シュトゥンメ将軍は二十一日も、いつものように本部に無線を送り、「敵の状況に変化なし」という報告をした。

同日、モントゴメリー将軍は、兵士の全休暇をこっそりキャンセルし、全部隊、それぞれのスタート地点にとどまるようにとの命令を出した。エル・アラメインでは歩兵が前方の各個掩体に横たわって身を隠し、ハエを追い払いながらひたすら待っていた。

ギャングたちもその日は終日、固唾を飲んで待っていた。待っているのは仕事をするよりも辛かった。「さっさと終わらせようぜ」マイケルがいらいらして文句を言った。「いったいなにを待ってるんだよ？　もう準備はオーケーなんだからさ、始めようぜ」

「もうじきだよ」フィリップが言う。「すぐさ」

「絶対失敗するよ。だいたいロンメルがそんなに簡単に騙されると思うか？」マイケルは自分で言って自分で首を振った。「ありえないね」

午後には、ジャスパーとグレゴリーがアレクサンドリア港に高速ボートのチェックをしに車で出かけた。「あともう一日だ」ジャスパーが言った。

「そんなに長く待てるか自信がないな」とグレゴリー。

カイロの町は待ちきれずにそわそわしていた。シェパードホテルの地下倉庫には、将校の荷物が山積みになっていた。日割りで四セント払えばそこに保管しておいてもらえるのだ。もうすぐだ、とみんなが知っていた。

ドイツ空軍の偵察機はいつものコースを飛んでいた。マレーフィールド近くに飛行中隊が投入されたのには気づいていたが、それ以外は状況になんの変化もないと思っていた。

二十二日の夕刻、ジャスパーは魔法の谷で真赤な夕日が沈んでいくのを見ながら待っていた。これ以上何もすることはない。軍は所定の位置についた。仕掛けはすべて設置した。ギャングの任務は明日の午後にならないと始まらない。自分にできることはすべてやった。

イタリアのワインが入ったグラスを、太陽の最後の光に向かって掲げた。今夜、史上最大のトリックがいよいよ披露される。壮大なイリュージョンが始まるのだ。

第八軍というマジシャンの手が、枢軸国という観客の目よりもすばやく動けば、観客はおどろきのあまり命を落とすだろう。

17

司令官からのメッセージ

十月二十三日の朝、〝司令官からの個人的なメッセージ〟が、戦場に向かう第八軍の兵士のひとりひとりに配られた。それには次のように書かれていた——

一、第八軍の司令官から、こちらの用意が整い次第、ロンメルと彼の軍を倒すことを命令する。
二、われわれはすでに用意が整っている。この戦いは、戦争の歴史を大きく変えることになるだろう。肝に銘じておいてほしい。世界中の目がわれわれに集まり、どちらが勝利を手にするか、はらはらしながら見守ることになる。
　答えは即座に出るはずだ。勝利はわれわれが手にするのだ。
三、われわれは最高の装備を備えている——優秀な戦車、高性能の対戦車砲、多数の大砲と大量の弾薬。さらに史上最強の空軍が後押しをしてくれる。
　あと必要なのは、われわれのひとりひとりが、将校も兵卒も、この戦いに固い決意をもって飛びこみ勝利を手にすることだ。

われわれを待っている結果はただひとつ。敵がほうほうの体で北アフリカから逃げていくことだ。
四、本戦争の巻き返しを図るこの戦いで、早々に勝利をあげたなら、国で待つ家族のもとへも早く帰れる。
五、そのためにも、全将校、全兵卒は、ゆるぎない決意で戦いに臨むこと。息のあるうちは、なにがなんでも任務を遂行すると自分に言いきかせること。
そして、負傷することなく戦えるうちは、決して敵に降伏しないこと。

さあ、みんなで祈るのだ。「戦いの全能の神よ、われらに勝利を与えたまえ」と。

B・L・モントゴメリー
第八軍司令官・陸軍中将

マジックギャングは午前七時に目を覚ました。ちょうど夜の冷えこみが緩んできたところで、みんなで紅茶をいれた。

「大型トラックが0900時にここにやってくる」ジャスパーはみんなに言った。「忘れ物がないか、最後の確認をしっかり頼むぞ」

戦場に向かうほかの兵士と同様に、全員がもしもの場合にそなえて書いた最後の手紙を提出した。これらは袋のなかに入れて封印され、ジャスパーの机の上に置かれた。もどってこられなかった場合にだけ投函されるのだ。ジャスパーは幸せに満ちた手紙を書き、攻撃についてはほとんど触れなかった。「忘れないでほしい。いつでもきみを愛している」という言葉で締めくくった。

大型トラックは午前九時半になってようやく来た。「上陸作戦を開始するってのに遅刻とはな」

マイケルが不平を言った。依然としてこの上陸作戦は、ギャングをやっかい払いする口実だと思っているのだ。ギャングたちは六台の折りたたみ式戦車、蓄音機、アンプ、ダミーの弾薬ケースといったものをトラックの荷台に積みこみ、十時にはアレクサンドリア港に向かう途上にいた。

砂漠では第三十歩兵隊の兵士が、ほとんど動かずに各個掩体のなかに身体を詰めこんでいた。サソリを追い払う場合を除いて、余計な動きは一切禁じられた。虫が這い上がってきて眠ることもままならない。横たわったまま、太陽の熱で蒸され、蜃気楼をながめながら、じっと待ち続けた。これから数時間のうちに彼らは史上最大の装甲戦に参加するのだ。五十万個の地雷、機関銃、四・二インチ迫撃砲、対戦車用武器、大砲などが並ぶロンメルの〝悪魔の園〟を突破する。

アレクサンドリアに着いたころには、ギャングのイライラは興奮にとってかわった。ようやく自分たちも攻撃に参加することになったのだ。温かな食事もろくに喉を通らず、みんなはボートに荷物を積みこむために港に出て行った。三隻の高速ボートには、すでにガソリンが入って用意ができており、そのそばに木製のはしけが三つ浮かんでいる。波止場から数百メートル離れたところに、大きな軍用輸送船が四隻繋留されている。

「ほら、いたいた」ジャスパーが言った。「約束どおりにちゃんと来てるじゃないか」ジャスパーが四隻の軍用輸送船を指差した。

「それ以外の道具は？」グレゴリー大佐がきいた。

ジャスパーは厳重に警戒されている倉庫のほうを指差した。

倉庫のまわりでは兵士が、ボール紙の戦車をトラックから降ろしたり、船に積みこんだりしていた。ビルが急に低い声で笑い出した。「こんな馬鹿げたことが、ほんとうに成功するのかな？」

マイケルは空襲警報のサイレンをはしけの上に載せながら「おれは賭けないぞ」と言った。

午後三時、戦闘準備を整えた八百人の兵士が波止場に到着した。トラックから続々と降りてきて整列し、それから整然と並んで行進しながら、輸送船に乗りこんだ。それと同時に、ごついクレーンが三十台の戦車を次々に持ち上げて、甲板の下に運びこんだ。

遠く離れた作業場で働くエジプト人がこの積みこみ風景を見ていて、ドイツ軍のスパイに伝えた。その情報は無線でアフリカ機甲軍団の諜報部に届いた。

ジャスパーとギャングは、この場面を自分たちの高速ボートの上から満足気に見守っていた。ダミーの上陸軍は形を成しつつあった。〝特殊部隊〟八百人は、本部と補給部、カイロの修理工場から集まった非戦闘要員だった。〝戦車〟は魔法の谷製のダミーで、甲板の下に消えるとすぐ分解されて船から運び出され、警護された倉庫のなかでもう一度すばやく組み立てられ、前車に乗せて再び輸送船に積載される、ということが繰り返された。

四時半には、船の積みこみは完了し、舷門《げんもん》の道板がはずされた。

疑心暗鬼だったマイケルさえ次第にやる気になってきた。

「こいつはすごいショーだ」彼は認めた。「こっちも本気でやってみるか」

五時には、四隻のダミーの軍隊輸送船がアレクサンドリア港を出航した。それから数分のうちに、この船団がリビアに向かっているというニュースが広まった。

五時半。ドイツ空軍の偵察機が砂漠の上空を飛んで、その日最後の偵察を行った。彼らはメルティングポットとマレーフィールドにいる装甲師団が夜営の準備を始めていると報告した。

ギャングは六時少し過ぎ、装備の再点検をした。ジャスパーとマイケルは最初のはしけに乗りこみ、ジャックとグレゴリー大佐はふたつめに、三つめのはしけには、ネイルズ、フィリップ、ビルが乗りこんだ。グレゴリー大佐が先頭に立って、小型艦艇部隊の機械と燃料の点検をした。ジャスパーといっしょにチェックをしながら、大佐が言った。

「六時三十分だ」

ジャスパーは自分の時計をそれに合わせた。「1830時ですね」

三十分後、イギリス海軍の高速ボート三隻は、それぞれはしけをひっぱりながら、黄昏どきの海にすべりだしていった。

日没直後、砂漠のネズミが涼しいねぐらから這い出すように、第八軍の歩兵がエル・アラメインで活動を始めた。何千人もの兵士が各個掩体から出てきて、しびれた手足をこすって感覚を取りもどそうとする。これから数週間はありつけない温かな食事が後方から運びこまれてきた。仲間どうしそれぞれに装備を点検しあう。兵士の装備は次の通り――銃一丁、弾薬帯の弾薬五十発、手榴弾二個、つるはし、または塹壕を掘る道具、防御のために砂を詰めて使うキャンバス製布袋四枚、暗闇のなかでもあとをついて行きやすいように聖アンデレ十字（キリストの十二使徒のひとり聖アンデレが処刑されたX字型の十字架を文様にしたもの）の白いマークをつけた背嚢。そしてこの背嚢のなかには、地面に敷く敷物、シェービングクリーム、カミソリ、一日分の牛肉の缶詰、ビスケット、非常食が入っている。どの兵士も水筒はダブルチェックした。

ホイッスルの音が出動の準備を知らせるまで、グループでたむろしている兵士もいれば、ひとりすわって手紙を書いている者、神と最後の言葉を交わしている者もいた。

血液を冷却して運ぶトラックには、巨大な吸血コウモリの絵が側面に描かれているが、それは兵士の目の届かないところで待機していた。その後方には医者や看護兵が、負傷者の続出した場合にそなえて備品をチェックしている。

テル・エル・エイサの西にあるドイツ軍の本部は落ち着いていた。シュトゥンメ将軍と彼の参謀はディナーの準備をしており、今夜の特別なごちそうとして新鮮なガゼルの肉が調理された。美味しいものに舌鼓を打って、せめて今夜だけでも憂鬱な状況を忘れたかった。

その午後になってようやくドイツ軍の諜報部は、イギリスが約二十万の兵士、千台の戦車、千門の大砲を戦場に投入したと報告した。どれをとってもドイツ軍の戦力の倍近くだった。それに加えてドイツ装甲軍団の燃料はあと三日分ほどに減っていて、水の備蓄量も下がり、軍用食はほとんど底をついた状況だった。

しかしドイツ軍の諜報部では、第八軍が全面的な攻撃を仕掛けてくるまでには、少なくともあと二週間以上の余裕があると見ていた。シュトゥンメは、ヒトラーが約束している補給物資がそのあいだには届くだろうと自信を持っていた。実際、兵士の数で負けていることについては、彼は心配していなかった。アフリカ機甲軍団は世界最強の兵士集団だ。そして戦略の天才であることが証明されている司令官のロンメルは、攻撃の気配を察知したらすぐに戦場にもどってくる。あとは補給物資さえ手に入れれば、負けるはずがない。

ディナーは午後八時に始まり、新鮮なガーデンサラダと金色のモーゼルワインがテーブルに華を添えた。

地中海はその夜、小さな波が立ち、冷えこんでもいた。そんななか三隻の高速ボートがはしけを牽引して走った。グレゴリー大佐は、目的地には午前一時に到着すると言って、ジャスパーを安心させた。

アレクサンドリア港から八キロ沖で、錨を下ろしている軍隊輸送船四隻の前を通過した。

「彼らも今から三時間は、寝台でぐっすり眠ることだろう」ネイルズがビルに言った。

「どうしたんだ、ネイルズ。眠れるのがうらやましいのか？」

ネイルズがにやっとした。「おまえ、頭が変なんじゃないか?」

マイケルでさえ、この任務が本物であることをもう疑わなかった。

「気をつけて運転してくれよ」マイケルがジャスパーに哀願するように言った。「ここで海に迷って、ショーを台無しにしたら大変だからな」

ジャスパーは高速ボートのエンジンの騒音のなかから、マイケルの声をなんとかききとった。水のしぶきが髪を濡らし、しょっぱい水滴が口ひげからもぽたぽた落ちてくる。ときどき手の甲で口元をぬぐったが、今以上に心が躍ったことはかつてなかった。

数分ごとに腕時計を確認した。時間の進み方が通常とはまったく違う。秒針が一周するのに一時間かかるような気がする。五分が永遠に感じられる。心臓がスイングを演奏するバンドのドラムのように激しい音をたてていた。一度など、ダミーである弾薬の閃光をしまった木箱の上にすわっていて、気がつくと左足を動かして早いリズムを取っていた。それを止めようと手でひざを押さえる。しかし数分もすると足はまた勝手に動き出していた。

「最高の夜だな」マイケルが大声で言った。こぼれそうな笑みを浮かべている。

「ああ、最高の夜だ」ジャスパーが大声で返した。

午後七時三十分、エル・アラメインの近くで、白い手袋に赤い帽子という格好の憲兵が、目印のピアノ線に白いテープをたらして各進路のスタートラインを示した。上空からはほとんど見えないピアノ線は数日前に前進用の進路を示すために張られていた。憲兵は、兵士や車輌を、幅七メートルの六つの進路に導く交通整理をすることになっている。巨大な地雷除去装置スコーピオンと、金属探知機を持った勇敢な工兵隊の地雷解体作業員が先頭を行き、そのあとを手押しの給水車が砂煙を落ち着かせるために水を撒きながら続き、さらに歩兵が、最後に戦車と装甲車が続く。みなきっちり順番を守って列をつくっていた。

モントゴメリー将軍は夕方の時間を兵士のあいだを歩き回って過ごした。ときに戦車の上に上がって腰かけ、まわりに自然と集まってきた兵士と作戦を一通り復習したりもした。八時になると自分のトレーラーにもどった。ひとりきりだった。ベッドの上の壁には宿敵ロンメルの実物以上によく見せた写真がはってある。その下にはテープでシェイクスピアの『ヘンリー五世』からひいた言葉があった――「おお軍神よ、わが将兵の心を鋼のごとく強くせよ」

ぴったり八時半に〈マルテロ〉が目を覚ました。夜の砂漠の静けさは、あたり一杯にとどろくエンジンの咆哮《ほうこう》に破られた。戦車や可動式大砲が繭のなかから姿を現した。支援車輌が後方に集結する。小隊があちこちで結集し出した。

モントゴメリー将軍の軍が動き出したのだ。

九時には第三十歩兵軍団の兵士が背嚢を背負い、銃剣を装着してスタートラインに向かった。まもなく、ジャスパーの史上最大のイリュージョンが成功したかどうかがわかる。兵士の命はそれにかかっているのだ。

マイケルは腕時計に目をやった。午後九時十五分。「風が冷たくなってきたな」ジャスパーに言った。

ジャスパーの喉は砂漠に迷ったあの日のように、からからに乾いていた。彼はマイケルに向かってうなずいた。

九時三十分、四十八機のウェリントン爆撃機が前線を飛んだ。その途上にドイツ軍の砲床があるとわかっていた。地上のイギリス軍砲兵には、所定の位置につくよう命令が出された。砲兵は手袋をつけ、ゴムの耳栓や綿の塊を耳に詰めた。スタートラインでは兵士が握手を交わし、互いの幸福を祈った。だれもがそわそわと身体を動かしている。軍曹らはラインを見て回り、兵士に大事なことをもう一度思い出させた。「互いに距離を取り、決して一カ所に固まるな。仕掛け線に気をつけ、何が起ころうと、つねに前進するように」

エジプト時間で2140時――午後九時四十分、砲兵隊の司令官がエル・アラメイン一帯に命令を出した。「号令に合わせて五発」それからひと息ほどの間を置いて、歯切れのいい号令が響いた。「撃て！」

一万年の戦いの歴史でずっと行われてきたように、太鼓のとどろきとともに、エル・アラメインの戦闘が始まった。第八軍の重大砲が古代のリズムに合わせて地面を叩く。こうして過去の戦士とのつながりを強化していくのだ。

弾幕砲火が砂漠をふるわせ、兵士の足元の砂も揺れた。九十五キロ離れたアレクサンドリアの地でもティーカップがカタカタ鳴った。第八軍の大砲は、一分間に九百発を発射した。そのうち九十六発が、居場所のわかっているドイツ軍に命中した。

最前線から百三十キロ離れた海では、ジャスパーが水平線の一部がピンク色に染まるのを認めた。それから数秒後に、ズシン、ズシン、ズシンとまぎれもない大砲のスタッカートがきこえてきた。二十五ポンド砲がターゲットを砲撃しているのだ。

ジャスパーの頭の中で、第八軍の千台の戦車が〈サンシールド〉を脱ぎ捨てて、戦備万端で前進し、砲弾が夜のなかに飛んでいく。「ヘイ、プレスト！」ささやいてから、今度ははっきり声に出して言った「ヘイ、プレスト！」そしてマイケルのほうを見て思いきり大きな声で叫んだ。「ヘイ、プレスト！」

マイケルは両手のこぶしを空に突きあげ、ジャスパーといっしょになって同じ言葉を叫んだ。何度も何度も……。

すさまじい一斉砲撃が始まった。砂漠に地獄の煙幕と砂塵が巻き起こり、戦場をすっぽり覆い隠した。兵士はバンダナで鼻と口を覆い、前進の命令が出るのを待っていた。

本部駐屯地の後方では、第十装甲師団の無線通信士役が、敵を惑わすために用意されたシナリオどおり、戦車による巨大な侵略攻撃が南側の地区で始まったことを興奮した調子で読み上げた。テル・エル・エイサの西で、シュトゥンメ将軍と彼の参謀がちょうどディナーを終えたとき、最初の砲撃が前方の陣地を襲った。全員が仰天して顔を見合わせた。そして恐怖に固まった。ビュフティング大佐は窓辺に寄って眼前で世界が崩壊していくのを見た。「あり得ない」と、信じられない思いでつぶやいた。

そのときシュトゥンメ将軍の頭に最初に浮かんだのは、オーストリアの山地でのんびり過ごしているロンメル将軍の姿だった。彼はそれからため息をつくと、ワインの最後の一口を飲んでから、落ち着いた足取りで砂漠に出ていった。そこから三十メートル先に、彼が指揮をとる指令所があった。

最初の爆撃で通信ネットワークはずたずたにされ、シュトゥンメ将軍は自軍と完全に切り離されてしまった。ベルリンに、イギリス軍の攻撃が始まったことを伝えると、まず心を落ち着けて、隊の伝令からの連絡を待った。そのうちに、今の状況がいくらかわかってくるかもしれないと考えていた。

モントゴメリーの砲兵隊は悪魔の園を〝歩いて〟いった。計算し尽した速度で前進しながら大量の地雷を除去していき、鉄条網に守られた陣地を切り開いて広い道を作っていった。防衛にあたっていたドイツ軍の兵士のなかには、脳震盪や精神的ショックのため、傷つく前に卒倒して死んだ者もいたが、前方の塹壕、防空壕、偵察塔などが崩れて、土の下に生き埋めになる者も多数出た。

シュトゥンメ将軍は自分の掩蓋陣地のなかで、砲撃が収まるのを辛抱強く待っていた。自軍の防御ラインをイギリス軍が突破できるはずがないと確固たる自信を持っていた。前線は一センチの隙もなく、地雷や砲兵が守っているのだ。


ギャングたちは、ライトフット作戦の太鼓の音に鼓舞され、シディ・アブド・エル・ラーマンを目指して海上を進んだ。二台目のボートに乗っていたグレゴリー大佐は、今この瞬間、歩兵の胸にどんな思いが浮かんでいるだろうと考えた。「もし、きみが同じ立場にいたらどうかね？」ジャックにきいた。

「逃げたいと思っているかもしれませんね」分別のある答えが返ってきた。


地雷除去装置スコーピオンに導かれながら、第八軍は地雷原に踏みこんでいった。スコーピオンのあとにぴったりくっついていくのは、陸軍工兵隊の地雷解体作業員。彼らは地雷が除去された安全な道の境界線を表示するために、八万八千個のランプと百十メートルの白いテープを携え、そのあとを旧時代的な手押しの給水車がついてくる。

給水車のすぐ後ろではライフルを構え、銃剣を構えた歩兵が、一分間に四十五メートルのペースで進んでいく。次から次へと列を成して入ってくる隊は、前の列とのあいだを正確に三メートルあけて、舞い上がる砂煙のなかへ、憂鬱な夢のなかに消えていく亡霊のように入っていった。曳光弾《えいこうだん》が彼らの頭上わずか一メートル上を飛び、雲のなかに白い道すじをつけていく。それが彼らを最初の目的地へと導くのだった。

北側では、第三十歩兵軍団の四個師団が十一キロにわたって前進するいっぽう、南側では、第十三軍（フランス自由軍）がロンメルの南の防衛拠点でおとり攻撃を始めた。

バートラム作戦で、ドイツ機甲軍団は完全に不意をつかれた。ドイツ軍の防衛態勢が整う頃には、第八軍はすでに地雷原に突入していた。そのときになっても、ドイツ軍のほうは場当たり的で、ばらばらの反応しかできなかった。しかしシュトゥンメ将軍の自信にも、たしかな裏づけがあった――悪魔の園はモントゴメリーの予想以上に突破が困難だった。

最初の数時間で、地雷除去装置スコーピオンの大半が故障するかオーバーヒートして使いものにならなくなった。五百人の地雷解体作業員が先頭に立って、手持ちの金属探知機を使って地雷の埋まっている場所をみつけていった。歩兵も力になろうと、四つんばいになって銃剣で探りを入れながら何キロも進んでいった。それでも兵士が足をのせたとたん爆発する地雷も多数あった。二百五十ポンドの航空爆弾が三十人の小隊をずたずたに切り裂き、軍用食ケースくらいのサイズの対人用S地雷が大きなダメージをもたらした。しかしライトフット計画にどれだけの期待がかかっているかが検討された結果、こんな無鉄砲なやり方もまた悪魔の園の清掃手段として受け入れられたのだった。

ドイツ装甲軍の諜報部にも次第に情報が入ってきて、イギリス軍がアラメインラインの六十五キロにわたる全域に攻撃をしかけているのが明らかになってきた。シュトゥンメ将軍は彼の装甲軍を、北側と南側のそれぞれに二分することにした。鍵となる予備軍は、相手の攻撃の矛先がはっきりするまで温存しておく。しかしヒメイメト尾根における第十三軍の執拗な攻撃を見るにつけ、最初の予想はたしかに正しいと思えてきた。主力の攻撃は南側で行われるとしか考えられなかった。

第八軍の容赦ない一斉砲撃は、開始からぴったり四時間で終了した。第三十歩兵軍団はいまだに地雷原を突破しようと奮闘しており、当初整然としていた行進は、完全に崩れていた。そこに戦車の通り道を切り開くには、モントゴメリーが思っていたよりずっと長い時間がかかりそうだった。さらにはドイツ軍の小口径火器により、信じられないほどの犠牲も出ていた。

砲撃が終わったとき、マジックギャングは敵のラインの背後、およそ三十キロ離れた海上にいた。フーカにある重要な飛行場の沖だ。まだ砲撃の最後のこだまも消えないうちから、ジャスパーは信号ランプを三回点滅させてギャングに上陸作戦開始の合図を送った。

それぞれのはしけで発煙筒に火がつき、三隻のボートが梯形隊形で、海岸と平行に高速で走っていく。陸上にいるドイツ軍と自分たちとのあいだに分厚い煙のカーテンをひいていくのだ。八百メートルほど走ったあとで、ボートは二度目の航行のために、ぐるりと方向を変えてもとの位置にもどった。次は煙幕に隠れて安全に航行することができる。

この二度目の航行のあいだに、海軍の乗員が甲板砲を海岸に向けて発射した。はしけの上ではギャングが蓄音機のボリュームをいっぱいにあげて、ドイツの手薄な防衛拠点のいくつかに向かって陸海空共同軍の上陸作戦が始まっているような音を響かせた。

沿岸警備の兵隊はあぜんとした。分厚い煙で視界がぼんやりしていたが、海からの砲撃で木箱が飛び散り、信号弾が夜空を多彩な色に染めている。彼らの耳には船からの砲撃の音、錨の鎖が落ちる音、命令を下す大声がはっきりと届いていた。空気中には船のエンジンオイルが燃えるときの臭いもただよった。巨大な陸海空共同軍が上陸作戦を始めたのは疑いようがなかった。おそらく目的地は飛行場だろう。彼らはあわてて本部に信号を送った。

先頭を行くはしけでは、ジャスパーが走り回っていた。ダミー砲の閃光を連続で光らせ、いるはずのない下士官に向かって偽の命令を叫び続けていた。二分ごとに蓄音機で弾幕射撃音を録音したレコードを再生し、船内時鐘を鳴らすことも忘れなかった。マイケルは空襲警報のサイレンを回し、無害の発煙手榴弾を浜に向かって投げつけた。投げるたびに、まるで学期末の学童のような興奮ぶりで、敵に向かって勇ましいののしり声をあげる。「ヒトラーめ、これでも食らえ！」とか、「いまいましいナチ野郎め、こいつはどうだ――！」と叫びまくった。

ジャックとグレゴリー大佐は二つ目のはしけで、オイルポットを担当した。これは船が全力疾走しているときのエンジンオイルと同じ、鼻をつんとつく臭いを発するものだ。さらに浜を彩る閃光を作り出し、蓄音機のレコードを大音響でかけた。三つ目のはしけでは、ネイルズ、フィリップ、ビルが、発煙手榴弾を投げ、でたらめなランプ信号を光らせた。そして録音してあった船の汽笛も鳴らした。

沿岸警備兵は、一刻も早く増援を頼むと必死に通信機に叫んでいた。自分たちの置かれた状況をどうにもならないと報告し、「敵は上陸寸前です」と叫びながら報告した。怒鳴らないとまわりの音に声が掻き消されてしまうのだ。

「繰り返します。敵が総力を注いで上陸作戦を始めています。地図と照合すると……」

第八軍の一斉砲撃が起こした恐ろしい混乱と、エル・アラメイン一帯への攻撃のさなか、フーカの飛行場に矛先が向いてもおかしくなかった。それに加えてシュトゥンメ将軍の補佐官は、これより前にアレクサンドリア港から送られていた無線連絡を知っていた。四隻の軍隊輸送船が荷上げを行っているという報告だった。どう考えても、これは敵が上陸を目論んでいるとしか思えなかった。短い討議のあと、第九十軽アフリカ師団の予備軍に上陸軍を迎えうつようにとの命令を出し、ドイツ空軍の爆撃機と戦闘機を前線から海岸のほうへ差し向けた。

そのいっぽうで海岸近くにいたドイツ装甲部隊は、〝上陸艦隊〟に対して目標を定めることもできないまま砲撃を始めた。

ドイツ軍の最初の砲撃は、ギャングの高速ボートが三度目の発煙航行を始めたときに起こり、発射された砲弾がボートの二、三キロ離れたところに落下した。海上の、なにもないところでいくつかのしぶきがあがるのを見て、マイケルが勝ち誇ったように大声で言った。

「やつらはおれたちをねらってきてるぞ！　これこそ本物の戦争だ！」

それからまた新たな一斉射撃が始まり、今度は右舷近くに、最初のときよりずっと近い距離に砲弾が落下した。はしけが揺れて、マイケルはぎょっとした。「こいつは一体……」すっかりおどろき、怒ったようだった。「やつらは、ほんとうにおれたちに向かって撃ってきてるぞ！」

ギャングは与えられた四十分の時間内に、海岸に平行に四回の発煙航行をおこなった。ドイツ軍の砲弾が何発か、すぐそばに落下したときには、浮かれ騒ぎにも水がさされたものの、怪我人は出なかった。ジャスパーが拡声器を使って乗船の命令を出すと、はしけを切り離して全員大急ぎで高速ボートに乗り移った。ジャスパーも自分のはしけを捨てたが、その際に導火線に点火した。脱出するギャングの姿を夜のなかに浮かび上がらせながら、ダミーの一斉射撃が起こり、ドイツ軍の監視兵は身をすくめた。

第九十軽アフリカ師団の予備軍が海岸に到着し、上陸軍と対決しようと布陣を敷いたのは、ギャングが全速力で逃亡してから数分後のことだった。ドイツ空軍のユンカースは数トンの爆弾を煙幕のなかに落としていったが、煙が晴れたあと、そこにいるはずの艦隊は丸ごと消えていた。明け方、ドイツ軍のパイロットが三つのはしけが海に漂っているのをみつけて、自分たちがかつがれたことにようやく気づいた。

ギャングは朝日のなかを疾走していた。それぞれの高速ボートの上では、握手や肩をたたきあって健闘をたたえ、ドイツ軍の反応に対する勝手な憶測が口をついて出ていた。マイケルは実際、異常に近いほど興奮し、攻撃の一コマ一コマについて何十回も同じ話を繰り返した。この作戦での彼の役割は、早くも後世まで語り継がれる伝説的な色を帯びてきていた。「おれたちがやってきたのを知ったとき、ドイツ兵のやつどんな顔をしたんだろう。見たかったよなあ。向こうは何が攻撃してきたと思ったんだろう。ドカーン！　夜のなかから突然現れたんだもんな」

ジャスパーの喜び方はもっとずっと控えめだった。マイケルのおどけに大笑いしたものの、帰りの航海中はずっと船尾座席にひとりですわり、ライトフット計画の進捗状況を把握しようと、きれぎれの情報に耳を傾けていた。ギャングの上陸作戦は楽しい手品だった。ライトフット作戦もイリュージョンでしかない。しかし彼の腹の奥底では深い満足感がじわじわ広がっていた。大人の分別がなかったら、踊り出していたことだろう。

ギャングもそれぞれに、それらしい反応をしていた。ジャックはボートの舳先に立って、夜のなかに目を凝らしていた。ようやく戦闘に参加した。敵の砲火のなかで決してひるまなかった。ジャックは海のしぶきが顔に吹きつけるのもかまわずにいた。顔から滴り落ちる大きなしずくのなかには、彼の満足の涙も混じっていたことをだれも知らない。

「いやはや、ほんとうにやっちまった」ネイルズは何度も何度もそう言った。「やったんだよ、信じられるか?」任務がまちがいなく成功したことで彼自身仰天していて、まともな会話ができなかった。

ビルは後部甲板にすわって、砂漠の向こうで繰り広げられている砲撃戦の明かりを見つめていた。それでもときどき声を上げて笑い出した。

フィリップも、マイケルと同じくらい興奮していた。まったく柄にもないその熱狂ぶりは、ヒステリーに近く、見ているほうが気恥ずかしくなるほどだった。

三隻のボートがアレクサンドリア港に到着すると、ジャスパーの〝艦隊〟の乗り組み員は全員甲板に上がり、数秒のあいだ、お互いの顔をまじまじと見ていた。それからマイケルがワー!と大声をあげると、みな一斉に抱き合ってもつれ合った。ジャスパーでさえ、気がつくとその集団のさなかにあって、大きな歓声をあげていた。

魔法の谷につく頃には、だれもが浮かれ気分に蓋をした。自分たちの役割は首尾よく果たしたが、砂漠では依然として戦闘が続いている。みんなは娯楽室のラジオのまわりに席をとり、勝利宣言を辛抱強く待った。今度こそ彼らは戦場で戦った戦士として勝利を祝えるのだ。

最初にBBCから入ったニュースは楽観的なものだったが、バートラム作戦の仕掛けが成功したかどうかはわからなかった。ドイツ軍は、当初の衝撃から立ち直って守りを強化し出し、機甲師団が数カ所で反撃を始めていった。モントゴメリー将軍は序盤戦の成果に満足していると言ったが、彼の第十装甲師団の戦車は、最初の夜にロンメルの地雷原を突破できず、朝日が昇るころに目立たない場所に撤退していた。

ドイツ軍のシュトゥンメ将軍は十分な情報が得られずに、防衛の計画が立てられなかった。そこで夜中、実際に戦場を視察しようと心を決めた。ビュフティング大佐を伴って、日の出とともに参謀が使うオープンカーに乗って本部を出発した。ところが車は伏兵のいる場所につっこんでしまった。オーストラリア人の機関銃兵が至近距離で発砲し、最初の一斉射撃でビュフティングは命を落とした。シュトゥンメ将軍は立ち上がり、車の外へ出ようと必死になった。運転手のヴォルフ伍長は車体をよじらせながら敵のわなから出ようとした。将軍がドアをつかんでいるときに、車が砂漠のなかでいきなり車体を傾けて走り出した。将軍は車から投げ出されて、胸をつかんで砂塵のなかに伏した。運転手のまったく知らないうちに、将軍は心臓発作を起こしてその場で息を引き取った。それ以降その日の終わりまで、アフリカ機甲軍団には司令官が不在となったが、兵士はロンメルに教えこまれたとおり勇敢に粘り強く戦った。

アドルフ・ヒトラーの緊急要請にこたえて、ロンメルはただちに北アフリカへもどる手はずを整えた。

バーカス少佐がその日の午前遅くに魔法の谷に到着し、〝上陸作戦〟の様子について実行部隊の報告を聞こうとしたところ、ジャスパーは、先にライトフット作戦の状況について詳しいことを聞かせてほしいとバーカスをせっついた。「ドイツ兵にひと泡吹かせたことはまちがいない」バーカスが答えた。「このまま成功を祈ろう。ドイツ軍はわれわれが今後どう出るのかはっきりわかっていないようだ。敵の二十一機甲師団は南側の前線に張りついている。これも成功と言っていいだろう。だが、地雷除去装置スコーピオンはほとんど故障しているし、モントゴメリーがどう言おうと、ロンメルが全力を傾けて、わが軍を地雷原で包囲したら、こっちはさっさと帰り支度を始めたほうがいい」

「そうですね。それで、モントゴメリー将軍はなんと言ってるんです?」

少佐は眉をひそめた。「すべてはすばらしく順調に進んでいる。前進あるのみだとさ」そういって肩をすくめてみせた。「そう言うしかないんだろう」

ふたりは、いつになくしんとした魔法の谷一帯を歩調を合わせて歩いた。戦いのまっただなかにあって、ここはまったく静かだった。魔法の谷の工房で作るどんな仕掛けも、この時点ではまったく役に立たない。あとは鉄と意志の戦いなのだ。

ジャスパーが上陸作戦について話すのを聞き終わったところで、バーカスがうれしいニュースを知らせた。「情報部が敵の通信を傍受したんだが、向こうはほんとうにきみたちが巨大な艦隊だと信じていたらしい。第九十軽アフリカ師団の一部と、飛行中隊のほとんどを差し向けて探し回っていたんだからな。きみたちのはしけをみつけたときの連中の顔が見たかったよ」

ジャスパーは愉快な場面を想像してうなずいたが、両手をポケットにつっこんだまま顔をうつむけて歩き続けた。

「あまりうれしそうじゃないな」

「いや、うれしいですよ」ジャスパーが言い張った。「ただ、ちょっと疲れたようで」

バーカスはジャスパーに同情した。戦闘のあとでは、しばしば気分がふさぐものだった。

「今はどんな気持ちだ？」

「さあどうでしょう。おどろいているというのが実際の気持ちに近いかもしれません」

「ほんとうかね？」

ジャスパーは自分の気持ちがよく理解できなかった。ましてやそれを説明することなど不可能だった。「つまり……うまく言えませんが、思っていたのとはちがうということでしょうか」自分はようやく戦闘に参加した。戦火のなかで戦った。試練をみごとくぐり抜けた。しかしだからと言って、それで心のなかに巣食う自分への疑念、祖父や父の亡霊と言ったものを追い払うことはできなかった。彼が望んでいた、魂が洗われるような体験にはまったくならなかった。憂鬱になっているのではない。ただ心底がっかりしていたのだ。もっとすごいものを期待していたのに、現実はそうではなかった。そこが一番のおどろきだった。

バーカスは理解したようだった。「めずらしいね。現実はいつだって期待には追いついてこないって、きみがいちばんよく知っているはずじゃないか。たとえ戦闘のような強烈な現実であってもそれはおなじなんだ」

ジャスパーは歩きながら、土埃をかぶった自分の靴を見ていた。

「なんともあっけなくて。いったいどんなことを期待していたのか自分でもわかりませんが。ただもっとなにかこう……」

「きみは実際にはそこに存在しないものを探しているんじゃないか。詮索《せんさく》好きの知ったかぶりの話に聞こえたら困るのだが、きみが探している答えというのは、たぶん戦場には転がっていないとわたしは思う。まず自分の心の内側から探してみたらどうかね」

バーカスは立ちどまってタバコに火をつけ、考えた。「第一次世界大戦で、わたしは大事なことを学んだ。自分の命を危険にさらしたからって、それでその後の人生が好転することはない。きみがわざわざ敵のターゲットになる必要などないんだ。そんなことは山ほどの不運に見舞われれば、いやでも実現する」

ジャスパーはくっくっと笑った。「自分でもこんなふうに感じるのは、おかしいと思います。とりわけ今も戦いが行われているというのに……」

「自分のやってきたことに、自信を持つんだよ、ジャスパー！　きみは砂漠で百人いてもだれもできないことをやってのけたんだ。もし命をかけることがすべてだっていうんなら、それだってもう立派にやってのけた。炎のなかを防火スーツも着ないで歩いていったんだから。軟膏があろうとなかろうと、そんなことは関係ない」

「しかしそれは安全だとわかっていましたから」

「ちがうね。安全だと思いこんでいただけだ。そこには大きな違いがある。きみがしょげる気持ちもわからないでもない。しかしきみは訓練を受けているわけではないし、砲弾の餌食になるためにここへやってきたのでもない。きみにはきみの仕事があり、それをベストを尽くしてやり遂げたんだ。われわれのささやかなバートラム作戦の結果がわかるのはこれからだが、見た限りでは、大成功のようじゃないか。きみにとってはたいしたことじゃないのかもしれんが、わたしの胸は興奮にうちふるえているよ」

ジャスパーは気がつくと、バーカスの話の要所要所でうなずいていた。少佐の言うことが正しいのはわかっていた。自分は力を尽くしてこの戦争に貢献したのだ。しかしなぜか、そう考えても気持ちは晴れなかった。

ロンメルのアフリカ機甲軍団は、初日をなんとか持ちこたえた。しかし両陣営とも多数の犠牲者を出していた。イギリスの第十装甲師団は北の地雷原を突破できなかった。よって悪魔の園に臨んでいく二度目のチャレンジが成功するまで、ロンメルの第二十一機甲師団を南側へとどめておくことがどうしても必要だった。そのために第四、第八軽騎兵中隊が〝ジャニュアリー〟、つまり南側の地雷原に急いで駆けつけた。彼らは二個中隊分のジャスパーのボール紙戦車を引っぱっていった。敵の偵察機が、ほぼすぐにそれをみつけ、装甲軍による攻撃が南側で始まったと報告をした。日が沈むと軽騎兵中隊の兵士は戦車軍が前進していると見せかける音を流しながら、一部地雷の除去された道にダミーを前進させていった。自分たちの乗っている本物の装甲車のエンジンも回転速度を上げて、擬装軍の威力をより大きく見せようとした。

ロンメルの第二十一機甲軍団は、このダミー攻撃に対して猛烈な攻撃を加えた。

北側では夜になると、第十装甲師団が再び地雷原の突破をめざした。今回はドイツ空軍の猛爆撃にあい、二十五台の輸送車輌の縦隊は巨大なたいまつのような火をあげて、その地域一帯を明るく照らした。第十五装甲師団の砲兵は、燃え上がるトラックの群れを見てため息をつき、その一帯を徹底的に痛めつけた。二十七台のイギリス軍の戦車が一時間で壊滅した。

あっというまに恐ろしいほどに膨れ上がっていく損失に、モントゴメリーの部下の将軍は、攻撃を中止するように懇願した。緊急会議が十月二十五日の午前三時に開かれた。モントゴメリーは九百台の戦車が依然無事に活動していることを指摘し、積極的に前進しようとしない司令官は即刻任務を解くと脅した。

ジャスパーは二十五日は終日ラジオのまわりでぶらぶらしていた。ライトフット作戦が、地雷原に阻まれて身動きがとれなくなっているのは明らかだった。ドイツ軍にここまで反撃を続けるだけの備蓄があるとは思えなかったのだが、敵は持てる力をふりしぼって第八軍の部隊のひとつひとつに激しい反撃を加えていた。

ネイルズは、最初の二日間の戦闘だけで一万人の死傷者が出た、という話をきいたと言う。「かわいそうに、兵士は丸裸にされてる」ネイルズは悲しそうに言った。「モンティはまるで敵の手斧の下に兵士を続々と投げこんでいってる。狂気の沙汰だ」

「うわさに過ぎない」ジャスパーが言った。「誇張されてるんだ」ギャングがアレクサンドリアにもどってきてからまだ二日しかたっていなかったが、自分たちはどうすることもできずにただラジオの前で待っているので、もうあれから二年も経過したような気分だった。あのダミー海軍の上陸作戦も、砂漠で戦われている恐ろしい戦闘にはなんの助けにもならなかったのだという気までしてきた。ジャスパーは出番が終わったリレー選手のような気分だった。あと自分にできるのは、走る仲間に声援を送るだけなのだという気がしていた。「そうとも、うわさは誇張されるものだ」ジャスパーは自分に向かってもう一度言った。

「そうかもな」ネイルズがため息をついた。ジャスパーやほかのギャングを苦しめているのと同じ欲求不満が彼の胸にもわきあがっていた。「おれたちも砂漠に出ていってなにかやらかしたいぜ。こうしてじっと待っているばかりじゃあ、頭が変になっちまう！」

二十五日の午後遅く、ドイツの戦車部隊が、ムナシブ低地の〝ダミー砲兵中隊〟を突破して反撃しようとした。そこには実は本物の大砲が二日前から見えないところに隠れており、早速、至近距離からの砲撃で迎え撃った。

二十五日の夜、ロンメルは、戦場で指揮をとるために砂漠の本部にもどってきた。彼を迎えたのは、気の滅入る報告ばかりだった。北側では、第十五装甲師団が百十九台の戦車のうち八十八台を失い、残っている戦車を走らせるにも、あと三日分の燃料しかないということだった。イギリス軍が最も大きな攻撃を加えようとしているのは、北側の海岸沿いだという可能性が高くなってきた。そこでは第九オーストラリア師団が地雷原を今にも突破しそうで、アフリカ機甲軍団のリビアへ伸びる補給線を分断される恐れが出てきた。

この差し迫った脅威に対してロンメルは仕方なく、大事にとっておいた第九十軽アフリカ師団のすべてを戦場に出すことにし、第二十一機甲軍団とともに北側での攻撃を迎え撃つよう命令を出した。南側でのバートラム作戦と、フランス自由軍のおとり攻撃にひっかかったせいで、このふたつの精鋭軍団は丸二日のあいだ戦闘の中心からはずれていて、これによってイギリス軍の北側での前進が可能になったのだ。

魔法の谷ではギャングたちが一日の大半を娯楽室のラジオのまわりで過ごしていた。みな部屋のなかをイライラしながら行ったり来たりしている。実際の戦闘をひと口かじったせいで、戦いに参加したいという飢えは余計につのっていた。しかしマジックギャングの特異な才能は、この段階の戦闘には必要とされなかった。ただすわって、テーブルの上を指で叩いたり、足を小刻みに動かしたりしながら、十五分ごとに報じられる戦況報告に一喜一憂するしかなく、だれもが次第に頭が変になっていくような気がした。

ドイツのアフリカ機甲軍団はそれからの数日間、北側での戦いに専念し、第八軍を地雷原で見事に釘付けにしていた。五日間の接近戦のあとでも、イギリスのほとんどの部隊が、まだ地雷原の突破という初日の目標を達成していなかった。上級将校は再び戦線を縮小することを提案したが、モントゴメリーはそれをはねつけ、ライトフット作戦の攻撃の矛先をさらに南へ動かしてロンメルの攻撃にこたえようと言い出した。敵陣に真っ向から突っこむという、この大きな試みは「スーパーチャージ作戦」というコードネームで呼ばれ、十一月一日の夜に決行が決まった。

第三十軍団は、フライバーグ将軍の第二ニュージーランド師団に率いられていたが、これがロンメルの防衛線の継ぎ目――ドイツ軍とイタリア軍が接している地点――を突破しようと試みた。モントゴメリーのほうは、自称〝渾身の一撃〟に対して、ドイツ軍が残っている大砲をすべて使って徹底的に反撃することはわかっていた。しかし必要とあればどんな損失でも受け入れる覚悟があった。フライバーグは、「きみの部隊長のなかには死傷者が全体の五十パーセントに及ぶことを見積もっている者がいるらしい」と言われて、「いや、そんなものじゃすまない」とぶっきらぼうに答えた。

「第八軍司令官は百パーセントの犠牲者を受け入れる用意があると言っている」

魔法の谷では、ギャングが満たされない気持ちと戦っていた。不満の吐き出し口がどこにもないので、お互いに当たり散らすことでフラストレーションを解消する始末だった。ジャスパーは魔法の谷の平穏を維持することに全力を尽くし、ギャングにその場しのぎの仕事を作って送り出したりもした。しかしどうしようもない緊張感は切り刻んで箱に入れておくわけにもいかなかった。

ここで再び、バーカスがこの雰囲気を一変させた。二十九日、バーカスは元気一杯の様子で魔法の谷に飛びこんできた。少なくとも一週間はまともに寝ていないだろうに、いつもとおなじように将校らしくさっそうと現れた。

「きみたちがあまり忙し過ぎなければいいんだが」と冗談めかして切り出した。

ジャスパーは鉛筆の尻を噛んでいた。

「ことしだいによりますね。このあたりの草は危険なほどに伸びています。真剣に草刈りをしないと」

「それは残念だ。きみたちに仕事を持ってきたんだが」

フィリップは寝台兼用の長椅子で昼寝をしていたが、片目を開けてそっと言った。

「いや、ほんとうは草のことなんて、どうでもいいんです」

バーカスは説明を始めた。ロンメルの第二十一機甲軍団が北へ向かういっぽう、イギリス軍の第三十軍団は南へ向かって「スーパーチャージ作戦」の準備を始めている。この第三十軍団の動きを隠すためにモントゴメリーは、北側一帯のあちこちで、できるだけ多数の小戦車部隊、ペニー《小銭》・パケット《袋》を北の防衛地区に置いて、ドイツ軍の目を引きたいと考えている。

「できるだけ多数のカモフラージュスタッフにダミーの戦車を引っぱって戦場に出てもらいたいと

いうんだ。きみたちは一応軍事教練もすんでいるわけだし、以前にもやったことがあるだろう」

具体的な命令が出るものと思って、ギャングたちは胸を躍らせてバーカスの次の言葉を待った。どこへ出撃するのか？　いつ出撃するのか？　ほかの部隊とは合流するのか？　そこにどのくらい出ているのか？　燃料はどのくらい供給されるのか？

差し迫った状況なので、正式の命令は出ないとバーカスは言う。

「多少いい加減な命令だとは思う」とバーカスが認めた。

ネイルズはあきれた顔をした。「多少？　砂漠のどこへでも適当なところへ行って、ボール紙の戦車を設置しろと言うんですか？」

バーカスがうなずいた。「ああ、そういうことになるだろうな。これは正式な作戦ではないんだ。よさそうな場所をみつけて、そこに戦車を設置する。敵にじっくりそれを見せたあとで、片付け、また別の場所に移動しておなじことをやるというわけだ。しかしそれができないなら、機甲部隊の邪魔にならないため、あとは人目につかないようにじっとしているんだな」

フィリップが馬鹿にするように鼻を鳴らした。「これが世界大戦の真最中にやることか？」

作業場を探し回ったところ、使えるダミー戦車が四台集まったが、敵をおどかすショーを演じるには、とても足りない。残りはマレーフィールドかメルティングポットに捨てられているだろうが、おそらく壊れているか、別の隊が拾って行ったかだろう。「それならアレクサンドリアにまだ五つ置いてあるじゃないか」ジャックがみんなに言った。

「まだあのあたりに置きっぱなしになっていたとしても、海軍がどうにかしちゃったさ」とビル。

マイケルがジャスパーを見た。「あと数台なら急いで作れるんじゃないか」

ジャスパーは首を振った。「ライトフット作戦のためにすべてを使ったんだ。キャンバス地だって一メートルもないし、ペンキだって残っていない。しかし……われわれの戦車を出すために、もうひとつ方法がある」

マイケルが目を閉じた。「ほらほらまた来たぞ」

「いいか、もしキャンバス地があったとしても、それにペンキを塗って乾くまでに二日はかかる。まあ、七、八台のダミー戦車をトラックに積んで、いっしょに乗りこむのは可能だろう。しかし、旅団をまるごとひとつ作り出して戦場に運べるとしたらどうだ？　一旅団といわず、おそらく十五旅団、いや二十旅団を」

「そいつは素敵だ」フィリップが答えた。「そんなことができるんなら、庭の石ころをすべて金塊に変えてくれって言ってもかなえてもらえそうだ」

「みんなでやればできるんだ」ジャスパーが言った。「ステージの上でやるのと同じようにやればいいんだ」ジャスパーは一瞬ためらって、それから娯楽室に集まった全員の顔をひとりひとり順番に見つめた。マジックギャング。世にも珍しい戦いをしてきた、自分の部下たち。ジャスパーはそこで、まぶしいばかりの笑みを浮かべた。これまで世界中の劇場を明るくし、数え切れない観客を魅了してきた笑み。フランク・ノックスがヘリオポリスの飛行場で倒れて以来、ずっと見せることのなかったその笑みが、今その顔いっぱいに広がっていた。「鏡を使えばいい。簡単なことだ」

「なんだって！」マイケルがすっとんきょうな声をあげた。

ネイルズが、頭のネジがはずれたかという目でマイケルを見て言った。「おまえ、ちゃんときいてなかったのか？　ボスは鏡を使えばそれができるって言ったんだよ」それからジャスパーのほうを向き、眉をひそめて念を押す。「今度は相当すごい仕掛けを袖の下に隠しているんだろうな」

18

ニセの戦車で奇襲をかけろ

「鏡？」外国語の単語でも発音するように、ビルが繰り返した。

「鏡だな」とフィリップも言った。まるできちがえじゃないかと確かめるように。

「鏡だ」ジャスパーがきっぱり言った。

マイケルは心底おどろいていた。「めちゃくちゃすごいアイディアじゃないか」皮肉っぽく言う。

「ただひとつ、小さな問題がある。おれたちには鏡なんて一枚もない」

「ああ、それなら心配はいらない」ジャスパーが答え、それからステージでやるように絶妙な間を置いてから言い足した。「実際、鏡は必要ないんだよ」

「またこれだ」マイケルが噛みつくように言った。両手をあげて降参の格好をした。「やれやれ、頭はだいじょうぶかよ。おい、だれか熱を計ってやれ。おれたちが持ってない戦車を、鏡を使って出してやると言っておいて、その鏡がないと言えば、それもいらないなんて。冗談じゃない、おれはおりたぜ！」

ジャスパーは説明をしようとした。「まあ、待ってくれ、つまり――」

ビルがしまいに笑いころげた。あんまり激しく笑ったので、眼鏡をとって目ににじんだ涙をふかなければならなかった。「信じられなくていいんだよ」ビルがなんとか話し出した。「最初っから信じられないことばかりだったじゃないか。この戦争のあいだに、おれたちがやったことを人に話してみろよ、いったいどれだけの人間が信じると思う?」ビルは、だれも信じないだろうと断言するように首を振ってみせてから、百戦錬磨の退役軍人よろしく、自信たっぷりに言った。「最初は、アレクサンドリア港を移動させた。次はスエズ運河を隠した。そして自分たちの海軍を作ったあとは、ジャスパーが炎のなかへ防火スーツも着ないで歩いていった。そして今度は鏡だ。戦車を作る必要はない。鏡を使えばいい。しかもその鏡さえ使わないで……」そこで声がしりすぼみになった。

ビルは胸に深く息を吸ってため息をついた。「わかったよ、ボス。どうかそのマジックショーにみんなを出してやってくれ。いったいどんな手を使ってそれを成功させるのか、興味津々だよ」

ジャスパーが説明を始めた。ダミーの戦車を作業場から運び出した時、彼は長方形のベニヤ板が山と積んであるのに気づいた。さらにペンキ塗りの作業場には、空軍や海軍のためのさまざまな作戦で使ったまぶしい銀色のペンキがたっぷり残っていた。

「このふたつの材料を使ってなにができる?」ジャスパーがきいた。

「銀色に塗ったベニヤ板だ」フィリップが答えた。「しかし鏡じゃない」

「その時点ではまだ鏡じゃない。しかしそれがこの先どうなるか、お楽しみだよ」

ギャングは鏡を作るべく、足並みをそろえて作業場に踏みこんでいった。ベニヤ板は中庭に並べ、みんなでそこに銀色のペンキを塗っていった。ペンキはぼろ布で均一に広げていく。マイケルは板の上に両手両足をつき、文字通りペンキのなかで溺れるような格好だ。しかし厚く塗ろうが薄く塗ろうが、そこに自分の姿が映ることはなかった。「今度ばかりは、はったりなんじゃないのかねえ」

マイケルはぶつぶつ言いながらも、ペンキを塗り伸ばす作業を続けた。

作業は数時間で完了した。板のペンキを午後の陽射しの下で乾かしているあいだに、みんなはそれぞれ自室にもどって五日間の旅支度を整えた。

翌朝、日が昇る前に、ギャングはもう走るトラックのなかにいた。ペンキを塗った二十五枚のベニヤ板と四台のダミー戦車を折りたたんだものを五トントラックの荷台に積んだ。ジャスパーとジャックが運転席に、残りのギャングは居心地悪そうに荷台に収まった。

朝日が悪魔の余興を見に姿を現した。ライトフット作戦は、砂漠を黒いカーニバルに変えていた。通り過ぎる景色を目にするなり、マジックギャングの軽い気分が消えた。つぶれて燃えた、トラック、ジープ、バン、参謀の車の残骸が数百。まだ黒い煙をあげてくすぶっているものもあれば、なかで死んだ兵士の焦げた肉がこびりついているものもある。前線に近づけば近づくほど、ギャングたちの目に多数の死体が飛びこんできた。ある兵士は食事をしている最中に死んだらしく、まだひざに抱えているブリキの缶詰に無数のハエが群がっていた。別の兵士はオートバイで鉄条網につっこんだ姿勢のままサドルの上で上体を立てて死んでいる。トラックのなかですわったまま死んでいる四人は、うたたねをしているようにも見えた。風がぞっとするような臭いを運んできたので、ジャスパーは窓を閉め、空気に混じる死臭を消そうとパイプに火をつけた。

前線から十キロ離れたところで、南へ向かうフライバーグの第二ニュージーランド軍の縦隊とぶつかった。マジックギャングは十分ほど待って、やっと隊列の切れ目をみつけて、前へ進むことができた。

第八軍のすべてが戦場に近いこの場所に集まっているようだった。戦車が前車に乗せられてほかへ運ばれていき、あるいは修理を受けるためにここに運ばれてくる。どうにもならない戦車の残骸は、部品を取りはずしての別途利用に回された。郵便隊員が緊急の手紙を配達し、戦場安全局は取調べ所を設置していた。兵士の列が仮設病院のテントを出たり入ったりしている。まるでカイロの軍事施設をそっくりそのままこの砂漠に移動したようだった。「ありとあらゆるものがそろってるな。『探しもんなら、この芝生クラブへ』って感じじゃないか」と、ビル。「ここにくれば、行方不明の大佐や将軍も見つかる！」

しかしそんな光景もまるで蜃気楼だったかのように、ギャングはやがて尾根を越えて、人影もない空っぽの砂漠に出ていった。戦闘の音がきこえてくるだけだった。砂漠には機関銃やライフルの音が絶え間なく響き、大きな砲弾が地上に落下する重々しい音が地面を揺らした。そんななかで、なにかを修理しているのか、金属を叩いているような場違いな音も聞こえた。

午前中の最初の水飲み休憩のあいだに、ジャスパーはギャングに銀色に塗ったベニヤ板をトラックから出して表面を砂でこするように命じた。暑いなかで無駄な仕事をさせやがって、とかなんとか文句を言いながらも、みんな命令に従った。ところが驚いたことに、細かい砂でこすっていくとベニヤの板が光を反射して、物影が映るようになった。ただし、にわか作りの鏡には、細かい部分は映らない。どんなに細かい砂の粒をすりつけてもだめだった。しかし大体の輪郭は映る。

「なるほど、これならいけそうだ……」ネイルズがうれしそうに言った。

「こんなのでだれの目をだませうっていうんだよ？」マイケルが言った。

「ロンメルだよ」ビルが教える。「おまえ知らなかったのか？」

マイケルがうれしそうに笑った。

ギャングたちは四台のダミー戦車を設置してから涸れ谷のそばで昼食をとった。

「ここで鏡もセットする？」ジャックがきいた。

「いや、まだだ」

ギャングたちは一時間ほどそこにすわっていた。味方の車輌が何台かそばを通り過ぎていったが、敵の気配は遠い空を飛んでいる一機の偵察機のみで、それ以外はなにも見られなかった。

「たいしたショーだぜ」マイケルが不平を言った。

「少なくとも、おれたちは戦場にいる」ジャックが言った。

みんなはやがてダミーの戦車を分解して、戦線を数キロ下った先に移動した。今度はわずかに西へずれた。このポイントにたどり着く途中に第八十五擬装中隊とすれ違った。その中のひとりの兵士は、「この先にはなにもない」と言った。

ギャングたちはなだらかな、ふたつの砂丘の尾根にはさまれた、浅いくぼ地に陣取った。戦車隊が休憩したり隠れたりするのには格好の場所だ。ネイルズが砂丘のてっぺんに立ってあたりを見まわした。「鏡は？」とジャックがきく。

「まだだ」

マジックギャングは、その日丸一日、ダミー戦車を組み立てたり分解したりして過ごした。五回ずつそれをやった。ジャスパーはベニヤ板の鏡を一度も使おうとはしなかった。一体なんのために作ったんだろう、とマイケルがきいた。

「さあね」ネイルズが答えた。「おれは言われるなりに動くだけさ。しかしボスはちゃんと考えているからだいじょうぶだ」それからジャスパーのほうを見てうなずきながら付け足した。「少なくとも、そう願っている」

十月三十一日も前日の繰り返しだった。ライトフット作戦が目の前で進行しており、支援車輌が彼らのすぐ後ろを忙しく走って懸命に働いているというのに、マジックギャングがやることといえば、そのへんをうろうろして、四台のボール紙戦車を組み立てたりばらしたりしているだけ。この作戦全体が、さすがに馬鹿らしく思えてきた。「前にもこんなことがあったじゃないか」ネイルズがみんなに言った。

マイケルは相変わらずジャスパーの意図を読もうとしていた。「ボスにはこの鏡を使った特別な計画がある」物のわかったように言う。「本人はそれを使ってなにをするのか、ちゃんとわかってる。しかしおれたちにそれを知られたくない」

「どうしてだ?」ジャックがきいた。

「秘密だからさ」マイケルが説明した。

戦闘の最中にいながらも、ギャングのいる場所には戦局の様子はまったく伝わってこない。砂漠全体が絶え間ない混乱の渦になっているようで、毎晩前線に入っていき、夜明け間近に帰ってくる第十装甲師団以外は、だれひとり自分がどこに向かえばいいのか、ほんとうのところはわからないようだった。トラックの運転手はあるポイントから別のポイントへ走り、物資を下ろし、また別の物資を運び、怪我人を拾い、水を運んでくる。あるトラックの運転手などは、カードゲームをやっていて、それも戦闘が始まる前日からやっているものがずっと続いているらしい。

ギャングたちがうわさ話から推測したところでは、ライトフット作戦は膠着状態に陥っているようだった。ロンメルは第八軍を悪魔の園から追い払う力はあっても、自分から打って出るだけの備蓄がない。西方砂漠の戦闘に特徴的な消耗戦が、ここでもまた始まっていた。

両陣営とも日光や熱気と戦った。ときどきジャスパーは砂漠の平原に馴染みのある動きを認めた。あるいは風が運んでくる匂いや自然の音。すると恐怖にふるえが走った。砂漠で迷って死にかけた時の記憶が蘇ってくるのだ。マイケルは一度だけそのことに触れた。あの日のことを思い出すことはないかときいてきたのだ。

「ときどき」ジャスパーは答えた。

「おれもさ。思い出しただけでぞっとする。ここでただひとつありがたいのは、砂漠で迷うことは二度とないってことさ。イギリス軍全体の半分の人間があちこちほっつき歩いているんだから」

十一月一日、北へ向かう途中、ギャングたちは小さな輸送隊をみつけ、そのそばで止まった。輸送隊は負傷した兵士を戦場から運んできており、ギャングたちは彼らから最新の情報を得ようとした。怪我がそれほど深刻でないグループは紅茶をいれていて、ジャスパーはそのなかに、ロンドンのホバートハウスの予備役将校入隊センターで会った澄まし顔の高級将校の姿を認めた。その少佐から、軍隊に必要なのは兵士であって、年を食ったマジシャンはいらないと、きっぱりはねつけられたのだった。

少佐は右腕に添え木をあて、三角巾で吊っていた。頭にはところどころ包帯を巻いている。その様子から見るに、肩を撃ち抜かれ、もう一発が頭をかすめたのだろう。少佐はジャスパーのことをすぐに思い出した。「きみのショーを一度カイロで楽しませてもらったよ」おどろくほどに陽気な声だった。「一体こんなところでなにをしているんだね？　今ごろ兵士を楽しませているところだと思っていたが」

「エジプトに来て以来、わたしはずっと前線に出ようと頑張ってきたんです」

少佐はあっけにとられた。「いったいなんのために？」

「戦争に参加するためです。自分の役割を果たしたかったんです」

「冗談はよしてくれ」少佐が鼻で笑った。

「いやまったく真面目です」ジャスパーが言った。かつてきりっとしていた将校はロンドンで会ったときとは大きく変わっていた。あごひげは密になり、制服は乱れている。全体的になんとなくたるんだ感じになっていた。典型的なイギリス人将校の雰囲気はすっかり消し飛んでいる。

「蛮勇というやつかい、ジャスパー?」少佐は面白がるような顔で首を振った。「きみはそんなくだらんことに惑わされるような青二才ではないと思っていたがね」そう言って三角巾で吊った腕を少し持ち上げてみせた。「これは勲章じゃないんだ。ただのいまいましい怪我だ。そりゃ、みなそれぞれに自分の役割を果たすべきだとは思う。しかしきみがなんと言おうとだな、ジャスパー、わたしのホバートハウスでの対応は、きみのためを思ってしたことなんだ」少佐は紅茶を飲んで考えた。「ところで、ドイツ兵のやつになにかトリックは見せてやったのかい?」

ジャスパーは魔法の谷について話をした。「ここで使われているダミーのほとんどはわれわれが作ったんです」得意げにそう言った。

「それはよかった。われわれのなかにも、ここですばらしいことをしたやつがいた、それはうれしいことだ」

ジャスパーは相手の気持ちがわからなかった。「しかしあなたのほうこそ、この戦場で意気揚々としていらっしゃるように見えますが、少佐」

少佐は顔いっぱいに笑みを浮かべた。「そりゃそうさ、戦場から生きて帰るんだからな」

休憩を終え、ギャングがさらに北へ進んでいるとき、ジャスパーはそのときの会話についてジャックに話をした。「わたしに言わせれば、その少佐は変わり者ですな」ジャックはそう言った。

「たぶんそうなんだろう」ジャスパーは同意した。しかしその少佐との再会でますます混乱したのは事実だった。もしかしたらバーカスが正しいのかもしれない。心を満たすものを探しながら、まちがった場所を見ているように思えてきた。

十一月一日の午後遅く、まるで爽やかな風が砂漠を一掃したように、第八軍にはつらつとした雰囲気がもどってきた。過去数日間の倦怠感は蒸発するように消えていた。乱れていた隊列も急にまっすぐになった。命令にも気迫がこもり、兵士の胸に固い決意が再びわいた。その言葉は恐ろしい速さで戦線を駆け抜けた——モントゴメリーの「スーパーチャージ作戦」が今夜始まる。

夕暮れ時、ギャングは戦車修理部隊の新兵たちと語らった。いつもと同じ夜が始まり、午後十時にはみなそれぞれ、まだ温かい地面に浅い塹壕を掘り、毛布を肩まで引っぱりあげて眠りについた。散発的に聞こえる砲撃の音が子守唄がわりだった。

四時間後、ジャスパーはふるえながら目覚めた。信じがたいほどの轟音の波が南のほうからやってきたかと思うと、瞬く間に広がって、砂漠全体を天蓋のように覆っていく。夜空はオープニングナイトの大天幕のように閃光できらめいている。スーパーチャージ作戦が始まっていた。そして彼はそのどまんなかにいた。

十キロ離れたミテイリャ尾根近くで始まった一斉射撃は、三分間で九十メートル前進した。そのあとについて歩兵と装甲車が砂塵のなかを進んでいく。七十台の戦車が最初の一時間で失われたが、モントゴメリーはそれに代えてさらに百台の戦車を投入した。そしてようやく鋼の軍隊がドイツの砲床に踏みこんだ。戦車のキャタピラーの下で砲兵が次々に死んでいく。朝になると戦場には、死体と壊れた車輌が散乱したが、ついに悪魔の園に道が開け、その細い通路から兵士や装甲車がなだれこんだ。一週間以上ものあいだ満を持して待っていたナイルのイギリス軍は再び突進していった。

ロンメルは必死に穴をふさごうとし、直接敵と交戦していない部隊はすべてここに結集するよう命令をかけた。エル・アラメインの戦闘と砂漠戦の勝敗が決するのはこの朝だということがわかっていた。

ギャングは荷物を積んで、午前七時には出発する準備が整っていた。モントゴメリーの装甲部隊が南へ向かっているので、彼らのダミー軍は北へ向かうことにした。

戦線からおよそ十五キロ北までやってきたところで、一台のトラックが全速力で向かってきた。タイヤを空回りさせてギャングのトラックのほぼ真正面に止まると、コックの白衣を着た兵士がひとり、運転席から飛び降りた。

「無線機を持ってませんか？」兵士が叫んだ。

「残念だが、ない」ジャスパーが言った。「どうしてだ？　なにかあったのか？」

コックは腹にパンチを食らったかのようにうなった。「ドイツ軍の一団がこっちにむかってる。自分たちの地雷原をジグザグに進んで、側面攻撃をかけようというんだ」

ジャスパーはこのチャンスをつかんで離さないと決めた。「そっちのトラックには何人の兵士がいる？」

「六人。しかしこちらはみなコックです。ライフルだって持ってない。砂漠でちょっと迷ってこの尾根に入った。そうしたらいきなり撃ってきたんです！」そう言って、コックは両手をパチンと打ち合わせた。「やつらはこっちにまっすぐ向かってきてる」

「わかった、軍曹。われわれの手伝いをしてもらいたいんだが、敵との距離はあとどのくらいだと言った？」

「五キロ、いや六キロか。しかし地雷原を通ってくるわけだから、動きはゆっくりです。たぶんあと二十分ぐらいはかかるでしょう。いや、それよりもうちょっとかかるかもしれない。しかし大尉、こっちは見ての通り、ただのコックなんです――」

「よかった。われわれには多少の時間があるというわけだ」ドイツの奇襲隊の目的は明らかだ。自分たちの地雷原をこっそり抜けて、戦車で側面から第八軍の進路を攻撃しようというのだ。運が良ければ、十分な損害を与えて、破損した装甲車で道をふさぐことができる。それでアフリカ機甲軍団はその地域の防衛軍を増強する時間ができるというわけだ。あと数時間、余分な時間を得られれば、ロンメルは反撃態勢を整え、自軍の防衛ラインの傷口をふさぐことができるだろう。

マイケルが荷台から顔を出した。「戦況はどうだい?」大きな声できいた。

ジャスパーはトラックの後部に走っていき、ギャングに状況を話した。「コックのひとりがトラックで仲間を呼びに行ってるあいだ、こちらは時間を稼ぐんだ」

マイケルはほかのギャングの顔をちらりと見た。「どういうことだ、ジャスパー」マイケルがようやく言った。「向こうは本物の戦車だ。本物の大砲を持っている。おれたちのダミー戦車がどんなに本物らしく見えたって無理だ。それも四台しかない。ドイツ野郎がその気になったら、怖がらせて追い払うなんてできるわけがない」

ジャスパーは奥歯を嚙みしめた。「戦闘に参加したいと不平をこぼしていたのは、おまえじゃないか。そのチャンスがやってきたんだ。今なら敵の動きを遅らせることができるはずだ。やってみるんだ。もしコックといっしょにもどりたい者がいれば、遠慮なく言ってくれ。しかし決めるのは今だ。迷っている時間はない」

マイケルはビルの顔を見た。ビルは一瞬ためらい、それから降参したように手を振った。「わかった。やるよ。もっとおかしな話だってきいてきたんだから」

「どんな話だい?」マイケルがいぶかった。本物の戦車の動きをボール紙の戦車とベニヤ板の鏡で止めようとする話以上に、おかしな話はきいたことがなかった。

全員がコックのトラックが作った轍をたどり、一キロ半ほど進んだところに広がるなだらかな砂丘のふもとでとまった。砂丘の高さは七・五メートル。ギャングたちはその陰にトラックを止めた。そのあいだにコックのひとりは空軍の支援を頼むために、自分たちのトラックを走らせて無線機を探しに行った。ほかのコックはギャングがダミーの戦車四台を組み立てるのを手伝った。ジャスパーは砂丘のてっぺんに上って、空っぽの砂漠をにらんだ。目の上に手をかざして午前の陽射しを遮ると、遠くに砂煙が見えるような気がした。しかしそれが本物なのか、それとも想像力が生みだした勝手な幻想なのか、わからなかった。

ジャスパーはダミー戦車を置く場所として、三十メートルの間隔をあけて砂の上に印をつけた。それぞれの置き場所からわずかに後ろに下がったところに、左へ四十五度、右へ四十五度の角度でまた別の印をつけていった。終わるとすぐ、全員に命令を出し、ダミー戦車を指定された目印から少し離れてくぼんでいる所に置かせた。さらにベニヤ板も銀色の面を上にして目印をつけた場所に横にして置いた。

「合図と同時に、戦車を所定の位置に上げてくれ。それから鏡を一枚ずつ立てていく。必ず号令をきいてからやることを忘れないでくれ」

コックは鏡がどこにあるのか、あたりを見まわした。

ジャスパーは地平線をじっと見守った。雲が近づいてきている。

ギャングは不安げに戦車の横で待っている。ネイルズがフィリップを見て言う。「緊張してるのか？」

「いいや」

「足でわかるって」ネイルズが言って、貧乏ゆすりをしているフィリップの左足を指差した。

「多少はな」フィリップが認めた。

コックのひとりが銀色のベニヤ板を見て即座に言った。「これは鏡じゃないでしょう」

ドイツの装甲分隊は、三号戦車五台、新しいマークⅢスペシャル戦車三台で構成されていた。司令官が先頭戦車の展望塔に立ち、双眼鏡で砂漠に目を走らせている。空軍が支援にくると約束していたが、まだやってきた気配はない。しかし驚かなかった。空軍は今ミテイリャ尾根のほうで戦闘中だ。彼の戦車隊にはひとつ有利な点があった——奇襲攻撃ができるということだ。イギリス軍もまさか側面から攻撃を仕掛けられるなど、思ってもいないだろう。もしこのまま運が逃げていかなければ……

「設置完了だ、ジャスパー」ネイルズが大きな声でジャスパーに言った。「あとは命令を待つばかりだ」

ジャスパーは敵の戦車はまだ三キロ先にいると推測していた。あともう少し近づいてきたら、イリュージョンを作り出すつもりだった。砂丘の頂からネイルズを見下ろして、大きな声で言葉を返した。「もし向こうが撃ってきたら、すぐにここから撤退するぞ」

マイケルが歓声を上げた。

みなは待った。時折、砲弾が砂漠を叩く音が聞こえてくる。それに空気を吸いつくすような衝撃音も。戦線のどこかでまた戦車がやられたのだ。

砂丘の頂で身を低くして、戦車の群れが近づいてくるのを見ていると、ジャスパーはふいにファーナムのフィールドで、狭苦しい掩蓋陣地に身体を押しこんでいた日のことを思い出した。ゴート司令官に居場所をみつけられないように息を詰めて待っていた。もうずいぶん昔のことのように思える。

「来るぞ!」フィリップがジャスパーに向かって叫んだ。

「わかってる」ドイツ軍の戦車はまっすぐに砂丘のほうへ向かってきた。ジャスパーはフランクがほうきの柄を掩蓋陣地から突き出したのを思い出してくすりと笑った。まったく無邪気な時代だった。むきになって、自信過剰で、そしてなにもわかっていなかった。

先頭の戦車がようやくスピードをあげ、砂煙のなかから飛び出してきた。「よし」ジャスパーは合図を出すことに決めた。「さあ今だ」

全員がダミーの戦車をなだらかな傾斜の上に持ち上げた。一台、一台、所定の位置に出して、木製の大砲の先を、近づいてくるドイツ軍の戦車に向ける。

ジャスパーはポケットから銀色のライターを取りだし、それを使って午後の陽射しを砂漠の表面に反射させる。ライターを上に上げては下げ、下げてはまた上に上げて慎重に動かしていく。はじける太陽の光で、敵の戦車縦隊の注意をひくつもりだった。

「彼はなにをしているんだ？」コックのひとりがネイルズにきいた。

「メーキャップを確認してるのさ」ネイルズが答えた。

ドイツ装甲分隊の司令官は光がちらちらしているのに気がついた。遠いので、なにがどうなっているか、正確に見極めることはできない。しかし彼は各戦車のリーダーにすぐに知らせ、戦車のスピードを緩めるように命じた。地雷原のなかを縫って進んでくるだけでも大変だった。この上さらに戦闘が待っているなどとは考えたくなかった。

ジャスパーはさらに一分待った。ただひたすら見守る。そしてぎりぎりまで待ってから「鏡を立てろ」と命じた。

フィリップとひとりのコックがジャスパーの右手でベニヤ板を立てた。それは敵の戦車縦隊に向かって光を反射させせた。

ネイルズもひとりでベニヤ板を立てた。

残りのベニヤが次々と立てられていく。ちょうど戦車が続々と砂丘の上にあがっていくようだった。

「ヘイ、プレスト！」ジャスパーは心のなかで言った。

ドイツ軍の装甲分隊の隊長は無線機を通じて隊員に呼びかけた。だれかあの光がなんだか見分けられる者がいないか。しかし答えを期待しているわけではなかった。彼自身答えはわかっていた。

それからわずかのうちに、すべてのベニヤが所定の位置に立ち上がった。

敵の戦車縦隊は前進を続けている。

マイケルが空に目を走らせた。砂漠空軍の中隊が現れるのを願っていた。

敵軍の各戦車のリーダーは、砂丘の頂に双眼鏡をずっと向けている。しかしはねかえる陽射しのせいで、そこにあるものの形が判別できなかった。砂漠での経験から、こういった反射光はそこに車輛があるときによく発生するものだということは知っていた。そして車輛は無害の輸送車である場合も、戦車である場合もあった。

戦車の縦隊がようやく止まった。地雷原のなかでじっと動かなくなった。このまま前進を続けても意味がないと司令官が気がついたのだ。あの閃光の源がイギリス軍のトラックなのか、戦車なのかという問題はもうどうでもよかった。とにかく奇襲攻撃は不可能になった。あれがトラックなら無線機がついているだろう。もしあれが地雷原の端でこちらを待ち伏せていた戦車軍なら、こんな小さな分隊など粉々にされてしまうだろう。

隊長は最後にもう一度双眼鏡をのぞいた。アメリカ製のグラント戦車のような形にみえるが、かといって確信はなかった。なんであってもいい。「撤退」。午前の高い太陽がイギリス軍のいることを教えてくれたのは運がよかった、そう思っていた。

「やつらが撤退していくぞ」コックのひとりが大喜びで叫んだ。「ほら、ほんとうに逃げていく！」

「おれの言った通りだろ」マイケルが叫んだ。「なっ、そうだろう？」ギャングは肩を抱き合って喜んだ。コックも小躍りしてその場でくるくるまわった。彼らにしてみれば、まったく奇妙なことだった。しかし、ボール紙の戦車とベニヤ板でドイツ軍の戦車を撃退したという事実に、踊り出したい気分だったのだ。

二十分後、次のショーのためにダミー戦車を片付けていると、六機のスピットファイアーが空を飛んできて、まっすぐ戦車隊を追跡していった。ジャックはそれらが太陽に向かって飛んでいくのを見ながら、ひとつ疑問が浮かんだ。

「大尉」ジャスパーに声をかけた。「もし曇り空だったらどうするつもりだったんですか？」

ジャスパーはしばらく考えて、にやっと笑った。「ずらかるしかなかっただろう」

その運命の日の終わり、ロンメルのアフリカ機甲軍団は、三十五台のドイツ製戦車と、使い物にならない百台のイタリア製戦車のみという状態になっていた。「引くな。一メートルたりとも譲るな。あらゆる兵と武器をすべて戦闘に投入せよ」というヒトラーの命令も無視して、陸軍元帥は撤退を始めた。彼のずたずたになった縦隊は海岸沿いの道路に六十五キロの距離で伸びていた。この撤退中に、何百台もの車輛が燃料切れになり、その場に捨て置かれた。エル・アラメインの戦闘で、ドイツ軍は三万二千人の兵士と、一千門以上の大砲と、四百五十台の戦車を失った。それ以上の損失を免れたのは、激しい暴風雨のためイギリス空軍が離陸できなくなったためだ。「死者は幸運だ」ロンメルは妻への手紙にそう書いた。「敗北を知らずにすんだ」

イギリスの新しいヒーロー、モントゴメリーは大喜びだった。「文句なしの戦いだった。完璧な勝利……ドイツ軍は壊滅した……終わったんだ！」

第九装甲旅団のカリー将軍は、スーパーチャージ作戦の真っ只中で旅団を率いてきたが、モントゴメリーのあふれんばかりの喜びを素直に受け入れられなかった。仲間の将校に、きみの連隊はどこだときかれて、十二台のぼろぼろになった戦車を指差した。

「これがわたしの装甲連隊だ」

ロンメルの撤退で西方砂漠での戦闘は終結したが、イギリス・アメリカ軍は数カ月にわたって北アフリカ中で彼を追跡し、最終的にドイツ軍を完全に壊滅させた。

今回の戦いでは、ギャングは戦闘に参加した兵士として勝利を祝った。もう酒場の奥にそっと入って、他人の自慢話が始まるのを待つ必要はなかった。彼らのおどろくべき〝上陸作戦〟の話は、カイロ中でまたたく間に有名になった。「まあ、ほんとうに上陸したわけじゃないけどさ」、とマイケルがうっとりききいる店員たちに控え目に話し出した。メロディの店で酒をおごってもらっているときだった。

「おれたちが乗っていたのは三隻のボート。だけど敵は完全な上陸軍だと思ったんだ。やつらが浜を慌てて走り回っているところを見せてやりたかったぜ。なかでもこのドイツ軍兵士の顔ときたら――」

「おい、敵の顔を見てないだろ」ビルが口をはさんだ。「まだ暗かったんだ」

マイケルはそんな細かいことで、面白い話を台無しにするタイプではなかった。

「いいじゃないか、たいした問題じゃないだろう？　やつらは確かに、おれたちがそこにいると思っていたんだ。ドイツ空軍の半分が、煙幕の陰を走り回るおれたちを血眼になって探してた――」

「いや、空軍の半分は大げさだよ」ジャックが正した。「それに彼らがやってきたときには、こっちはもういなかった。奇襲というのが重要なんだ。成功の鍵はそこにあったんだ」

マイケルは眉をひそめて首を振った。「一体、おれに話をさせるのか、させないのか？」ジャックに詰め寄った。

「しかし、細かい点こそ重要なんじゃないか」ジャックが答えた。

「ああ、細々としたこともちゃんと覚えてるよ、軍曹。しかしそんな小さなことにこだわって話を台無しにしたくないんだ！」

ジャスパーはバーカス少佐と薄暗い部屋の奥にすわって、エル・アラメインの戦闘についてもう何百回も議論していた。そうしながらジャスパーはコインを指の上に転がしていったが、何度やっても失敗した。

「それだけは疑いの余地がない！」バーカスが言った。「やつらはバートラム作戦に完全にひっかかったんだ。トーマ将軍が自分でそう言ってるんだからな。ロンメルの司令官のなかでもトップの将軍が、あとで捕虜になってモントゴメリーに認めたんだ。アフリカ機甲軍団は、攻撃が南側で始まるものだと完全に信じこんでいた。ムナシブ低地の反対側で。それにそなえて準備をしていたらしい」

「それに、ドイツ軍の諜報部からの報告もあります」ジャスパーはバーカスに言いながらコインをまた手から落としてしまった。自分の指がまるで丸太のように感じられた。これでは二度と人前でマジックを披露できない。ドイツ軍の諜報部からの報告によれば、アフリカ機甲軍団が、第八軍の攻撃は南側で始まると信じていて、北側の本物の攻撃を陽動作戦だと思いこんでいたらしい。

イタリア人も餌に食いついていた。イタリア軍の諜報部が作った地図を入手したところ、そこにはモントゴメリーの装甲師団は南側で作戦を展開すると書かれてあり、〈マルテロ〉の集結にはまった《ママ》く不安要素はないというコメントもついていた。

ジャスパーはグラスを掲げた。「バートラム作戦に乾杯!」

「バートラム作戦に乾杯!」バーカスも応じた。ロンメルは、命運がかかった初めの数日のうちに自分の装甲軍のかなりの部分を南側の地域での攻撃用に温存していた。その事実こそ、軍事史上最大のトリックに彼がひっかかった証拠だった。

ジャスパーはグラスを置いて、指の上にコインを転がしていった。そして手のひらでそれを受けとめて、ぎゅっと拳を握る。次にひっくりかえして開いたときには、コインは消えていた。「ヘイ、プレスト!」

「おいおい、それは困る」バーカスが文句を言った。「わたしのコインだ」

十一月十一日、ウィンストン・チャーチル首相は下院で演説を行った。第八軍の指揮官と兵士をたたえあとで、さらにこう続けた。「ここで一言言わなければならないことがある……奇襲と戦略だ。カモフラージュの見事な効果で、砂漠では戦術的奇襲が完全なる成功を見た。敵は疑っていた……いや知っていたと言っていい……われわれの攻撃が差し迫っていることを。しかしいつ、どこで、どのようにそれが行われるかは隠されていた。第十装甲師団は、空から見れば、後方八十キロで訓練をしているように見えた。しかし実際は、夜のうちにこっそりと動いていた。自分たちの戦車とそっくりなダミーを置いて、攻撃地点に向かっていたのだ。ドイツ軍はこちらの攻撃が、今にも始まろうとしているのを察知していた。しかし、いつ、どこで、どのようにそれが起こるのかは皆目見当がつかなかった。そして何よりも自分たちに迫っていた攻撃の規模の大きさについてはまったく知らなかったのだ」

戦場のマジシャンは立ち上がって賞讃にこたえた。

十二月のある日曜日の朝。その日の午後には、マイケルとキャシー・ルイスの婚約を祝うギャングのパーティーが予定されていた。ジャスパーは、ギザで大事な用事をすませておく必要があって、そちらへ車で向かった。ずっと以前に来たときと同じように、彼は両手両膝をついて狭い通路を渡り、巨大なピラミッドの内部の王の部屋にやってきた。ほかにはだれもいなかったが、近くの部屋に第八軍の司令部の通信センターがあるために、そこから電子機器のうなりが響いていた。

今回は石の床の上にすわりはしなかった。長くいるつもりはなかったからだ。もう古代のマジシャンが自分に話しかけてくるのをいつまでも待つことはしない。ここに来たのは、自分が遠い昔の偉大な魔法使いの系譜に連なるものかどうかを確かめるためだった。それがすめばもう二度とここに来る必要はない。しかしそれはだれか他人が教えてくれるものではないということもわかっていた。

ジャスパーは必要とされるイリュージョンをすべて創り出してきた。これらの巨大な記念碑を建てた古《いにしえびと》人たちよりもすばらしいイリュージョンを創ってきたのだ。戦闘の舞台に巨大な軍隊を生み出し、そこで使う武器も出してみせた。艦隊を海に送り出し、運河を消し、地面自体が動いたようにも見せてきた。彼はグランド・イリュージョンを成功させたのだ。

ジャスパーは立ったまま冷たい壁を見て、世間に名をとどろかせた、祖父のジョン・ネヴィル・マスケリン、そして父のネヴィル・マスケリンのことを思い描いた。ジャスパーは祖父や父に認めてもらうための試練を自分に課し、見事それに合格した。今ならふたりの横に胸を張って立てるような気がした。

砂漠ではたくさんのことを学んだ。本物の魔法はたしかにこの世に存在した。今でははっきりとわかる。しかしそれは、手のこんだ演出や巧妙なトリックではない。それは愛、喪失、再生、さらには死をも含めた、人間の営みの驚異だった。メアリーがそれを教えてくれた。何千キロも離れた地にいながら、彼女の心はいつも自分のそばにあった。そしてマジックギャングが、フランク・ノックスが教えてくれた。

ジャスパーは魔法の王国のまさに中心に立ちながら思った。たぶん、本物の魔法使いがどこかにひとりだけいるのだろう。

ジャスパーはファラオの息を胸に深く吸いこんだ。肩の緊張がほぐれ、両手が自然にわきに落ちて、心地よかった。これで探求の旅は終わったのだ。あとは好きなだけここにいられる。もう探しものは見つかったのだから。

ジャスパーはきっぱり背を向け、そこを後にした。友人の婚約パーティーに遅れたくはなかった。午後にはそこで、もうひとつ、新しい魔法が生まれる。

エピローグ

西方砂漠の戦いはイギリス軍の勝利のうちに終わった。しかしそこで第二次世界大戦におけるジャスパー・マスケリンの驚くべき偉業までが終わったわけではない。枢軸国が無条件降伏するまでのあいだに、彼は少佐に昇進し、十六カ国に赴いた。イタリア、バルカン諸国、インド、ビルマ、マレー半島、カナダといった国々だ。カナダではMステーション——Mはマジックのм——という部署を設立した。そこで世界中で使われることになる極秘のイリュージョンを創出したのだ。Mステーションにいるあいだ、彼はファーナムでゴート司令官をうならせたのと同じトリックを披露してみせた。あのときはドイツの戦艦グラーフ・シュペーがテムズ川を下るイリュージョンだったが、今回はアメリカのFBI長官エドガー・フーヴァーに、オンタリオ湖でドイツの巡洋艦が活動していると思いこませた。

戦時中のジャスパー・マスケリンの仕事は建前上は極秘とされているが、戦略立案者のあいだでは、彼が軍にどのような貢献をしたかは周知の事実だ。インドのデリーでは、到着するとすぐレセプションが催されて、ルイス・マウントバッテン侯爵は、侯爵夫人にジャスパーをこう紹介した。

「ジャスパー・マスケリン。彼こそはわれわれが活用している数々のカモフラージュとイリュージョンの生みの親といえる」

しかしながら戦争の影の部分ではこんな話もある。ヒトラーのゲシュタポがジャスパーの名を悪名高いブラックリストに載せ、その首に懸賞金がかけられたのだ。

西方砂漠の戦いが終わったあと、ジャスパーは連合軍のシークレットサービスのためにさまざまな仕事をしたが、その内容もまた秘密にされている。彼が発明した数々の機器のなかには、航空機と地上管制センターとのあいだで、赤外線を使って通信を行うというものがあった。また、低空を飛ぶ飛行機をサーチライトがみつけられないように消す、というのもそのひとつ。しかしおそらくもっとも興味深いのは、戦時中に彼の個人アルバムに貼られた一枚の写真だろう。そこには大きな船の底にぶら下がっているミニチュアの潜水艦が写っている。「この潜水艦はドイツの船を魚雷で攻撃するのに使われた。核兵器を作るのに必要な〝重水〟を、スカンジナビアからドイツに運ぼうとしている船をこれで撃沈した」と、手書きのキャプションがつき、そのページの頭には大きなXのマークがある。しかしこの潜水艦については、これ以上の情報は得られていない。

ジャスパーのマジックギャングはエル・アラメインの戦いが終結してすぐに解散となった。しかし魔法の谷の作業場では、機械工兵部隊の監督のもとに、引き続きダミーやおとりが作られ、中東やアジアでの戦争が終わるまで連合軍に供給し続けた。

マイケル・ヒルはインドに転属となり、軍曹に昇進した。キャシー・ルイスとはイングランドで一九四六年に結婚した。ジャック・フラーは戦後に陸軍を辞めたが、大きな貿易会社に勤めてそのまま中東にとどまった。そして一九六五年に死去。ビル・ロブソンは戦後イギリスにもどり、ファッション・イラストレーターとして成功し、ロンドン大学で美術も教えた。フィリップ・タウンゼンドはテレビコマーシャルのディレクターになり、幸せな再婚をした。セオドア・グレアムは家業にもどり、ロンドン郊外に工務店を開いた。

ジャスパーは一九四六年にメアリーと子どもたちのもとへ帰ってきた。戦後の復興に追われていた時期、イギリスではマジックが人々の興味をひくことはまれで、ジャスパーのマジック・ミステリー・ツアーは失敗に終わった。

一九四八年、ジャスパーはケニアに移った。一九五〇年代の初頭に、彼はそこで再び魔法の杖を手にとり、国家警察で働くことになる。反英抵抗運動の秘密結社マウマウ団との戦いにその腕を生かしたのだ。その戦争中に、常々、彼がやってみせると言っていたイリュージョンが披露された。マウマウ団のリーダー、ジョモ・ケニヤッタを、ケニア山上空に浮かび上がらせたのだ。

その戦争が終わったあと、ジャスパーはケニア・ナショナル・シアターの運営をまかされ、最終的にはナイロビ郊外の小さな農場に落ち着いた。

彼は戦後も長いことマジックギャングのメンバーと連絡をとっていたが、戦時の記憶が薄れていくにつれて、連絡も途絶えていった。

ジャスパー・マスケリン、戦場のマジシャンは、一九七三年にケニアでその生涯を終えた。

訳者あとがき

第二次世界大戦中の北アフリカ戦線で、スエズ運河を消した男がいた。その名はジャスパー・マスケリン。
マスケリン家は代々マジシャンの家系だった。とくに有名なのは八代目のジョン・ネヴィル・マスケリンで、本書にも次のように書かれている。

並外れた発明の才に恵まれ、現代マジックの父と謳われた。彼の披露した〝魔法の箱〟は、ふたりの人物が一瞬のうちに入れ替わるという、当時としては驚くべきトリックだった。ステージからジャンプしてシャンデリアにすわってみせたり、自分の体から恰幅のいい精霊を呼びだして、話をさせたりした。〝マジックサークル〟という選り抜きのグループを作り、ロンドンにある有名なエジプシャンシアターで〝マスケリンのマジカルツアー〟の初回公演を行った。

本書の主人公ジャスパー・マスケリンは十代目で、当時すでに世界的に有名なマジシャンだった……が、まったく違う世界でその手腕を発揮することになった。奇想天外なトリックを駆使してドイツ軍を翻弄《ほんろう》し、「砂漠のキツネ」の異名を取った名将ロンメルを敗走に追いこむのに一役買ったのだ。それも長年培ってきたマジックの原理を応用して。
マジック、つまり手品、奇術の原理を戦争に応用するというと、首をかしげる読者も多いかもしれないが、考えてみれば、ただ舞台が大きくなっただけにすぎない。トロイア戦争の昔から、最低限の兵力で最大限の効果を上げる、この手の奇策、奇略、術策、また陽動作戦は戦いの要でもあった。

ジャスパー・マスケリンは北アフリカ戦線を舞台に、アレクサンドリア港やスエズ運河を、マジックステージの美女のようにやすやすと消したり出現させたりしてみせた。ドイツ軍の夜間爆撃に悩まされる港を「移動」させたかと思えば、戦略的に重要な運河を「消して」敵の目をくらませたのだ。さらに高速ボート三隻とはしけだけで、巨大な陸海空共同軍が上陸作戦を始めたと思わせるようなことまでやってのけた。

大昔から部隊の配置、兵力、移動能力などを敵に誤認させて騙す、基本的なカモフラージュは多くの戦場で使われていたが、どれも案外と素朴なものだった。第二次世界大戦においても、まだその頃は擬装した網を大砲にかぶせて隠すとか、狙撃手を枯木の陰に隠して配置するといった程度だった。それをジャスパー・マスケリンが一変させる。

戦局をひっくりかえすほどの、文字通り魔法のようなカモフラージュを可能にしたのは科学技術だ。これはすでに十九世紀以降のマジシャンが積極的に採り入れていた。ジャスパーも、彼の父も、いや祖父も、そうだった。いや現代の多くのマジシャンも科学技術を巧みに使って、古いマジックを信じられないようなイリュージョンに変えてしまう。この本のなかで次々に披露されるマジックの数々も科学技術なしではすべて不可能だ。

しかしジャスパーにはもうひとつ、驚異のマジックを可能にしてくれたものがあった。それは「魔法の谷」で組織した「マジックギャング」の協力だ。

動物の擬態を専門とする大学教授、材料さえあればなんでも作ってしまう大工、色を知りぬいた画家、軍の組織体制に通じた軍曹などなど、それぞれ一芸に秀でた、しかし扱いにくいメンバーが、ジャスパーの奇抜な、ときどきばかばかしく思えるような発想を信じて団結し、その実現に向けて必死になる。いや、夢中になるといったほうがいいかもしれない。彼らにとっては、連合国の勝ち負けよりも、その都度仕掛ける、自分たちのダイナミックなイリュージョンが敵の目を欺けるか否かが一番の関心事だったらしい。だからこそ、一見お遊びにしか思えないような作戦にも子どものように取り組み、それが成功するたびに子どものように大はしゃぎする。そこには階級の上下はなく、人の目を欺くことに命を賭ける、ひたむきな男たちがいるだけだ。

この作品のおもしろさは知られざる史実を掘り起こしたことだけではなく、実在の魅力的なマジシャンを中核にすえ、非人間的な戦争に知恵と力を結集して立ち向かった仲間たちの、愛と友情と達成感を物語性豊かに描き出したところにある。固いノンフィクションではなく、歴史に材をとったスケールの大きなエンターテインメントとして楽しんでもらえたらと思う。

本作、じつは一九八三年の作品だが、トム・クルーズが本書の映画化権を取得し、ピーター・ウィラー監督で映画化されることになって、再び注目を集めることになった……が、映画のほうはどうなったのか……。

ちょっと変わった第二次世界大戦物だが、アイディアも抜群だし、読みごたえも十分。「ヘイ、プレスト（意外や意外）！」と、マジシャンの決まり文句でも唱えて、多くの読者に楽しんでもらえることを祈ろう。

二〇一一年八月十六日

金原瑞人・杉田七重

◉著者紹介

デヴィッド・フィッシャー *David Fisher*

政治、社会問題、芸能など、これまで様々な分野で書籍を執筆。主な著書に、アメリカ議会下院を描いた『Fire-Breathing Liberal』、マフィアの殺し屋の告白『Joey the Hitman: The Autobiography of a Mafia Killer』(本人との共著)、1950年代のアメリカで爆発的な人気を博した歌手エディ・フィッシャーを描いた『Been There, Done That』(本人との共著)、FBIの科学捜査を取材した『Hard Evidence』(邦訳『証拠は語る FBI犯罪科学研究所のすべて』ソニー・マガジンズ)などがある。

◉訳者紹介

金原瑞人(かねはら・みずひと)

1954年岡山市生まれ。翻訳家・法政大学教授。訳書に『豚の死なない日』(白水社)『青空のむこう』(求龍堂)『ブラッカムの爆撃機』(岩波書店)『国のない男』(NHK出版)『墓場の少年』(角川書店)『刑務所図書館の人びと　ハーバードを出て司書になった男の日記』(柏書房)など。エッセイに『翻訳のさじかげん』(ポプラ社)、編著書に『12歳からの読書案内』(すばる舎)などがある。

杉田七重(すぎた・ななえ)

1963年東京都生まれ。東京学芸大学卒業。翻訳家。訳書に『裏切りの峡谷』『暗闇の岬』『死の同窓会』(集英社)『カイト―パレスチナの風に希望をのせて』(あかね書房)『二番目のフローラ―一万一千の部屋を持つ屋敷と魔法の執事』(東京創元社)『石を積む人』(求龍堂)『ハティのはてしない空』(鈴木出版)などがある。

スエズ運河《うんが》を消《け》せ
トリックで戦《たたか》った男《おとこ》たち

二〇一一年一〇月一五日　第一刷発行

著者　デヴィッド・フィッシャー
訳者　金原瑞人　杉田七重

発行者　富澤凡子
発行所　柏書房株式会社
東京都文京区本駒込一―一三―一四
〒一一三―〇〇二一
電話（〇三）三九四七―八二五一（営業）
（〇三）三九四七―八二五四（編集）

DTP　有限会社共同工芸社
印刷・製本　共同印刷株式会社

ISBN978-4-7601-4020-6